Anni Koubek (Hrsg.)

Praxisbuch ISO 9001:2015

Anni Koubek (Hrsg.)

PRAXISBUCH ISO 9001:2015

Die neuen Anforderungen verstehen und umsetzen

Mitautorinnen und Mitautoren
Eckehard Bauer, Joseph B. Garscha, Wolfgang Hackenauer, Josef Hödl, Manfred Merten, Sabine Pelzmann, Rupert Pliem, Wolfgang Pölz, Johann Russegger, Werner Schachner, Agnes Sendlhofer-Steinberger, Friedrich Smida, Thomas Szabo, Alexander Woidich, Klaus Zeman

HANSER

Bibliografische Information der Deutschen Nationalbibliothek

Die Deutsche Nationalbibliothek verzeichnet diese Publikation in der Deutschen Nationalbibliografie; detaillierte bibliografische Daten sind im Internet über <http://dnb.d-nb.de> abrufbar.

www.hanser-fachbuch.de

Lektorat: Lisa Hoffmann-Bäuml
Herstellung: Thomas Gerhardy
Satz: Kösel Media GmbH, Krugzell
Umschlaggestaltung: Stephan Rönigk
Umschlagmotiv: Andrea Schwarz
Druck & Bindung: Hubert & Co., Göttingen
Printed in Germany

ISBN 978-3-446-44523-9
E-Book-ISBN 978-3-446-44612-0

Vorwort

Die ISO 9001 wurde seit ihrer Einführung im Jahr 1987 weltweit zur bedeutendsten und akzeptiertesten Norm im Qualitätsmanagement. Basierend auf einheitlichen Begriffsdefinitionen und den Grundsätzen des Qualitätsmanagements – wie Kunden- und Prozessorientierung – prägt sie das Qualitätsdenken in vielen Organisationen; sie ist zu einem bedeutenden Erfolgsfaktor geworden, sodass heute über 1,1 Million Organisationen durch ein Zertifikat den Nachweis erbringen, dass sie die gestellten Anforderungen der ISO 9001 erfüllen.

Diese Erfolgsgeschichte darf jedoch nicht dazu verführen, sich auf Lorbeeren auszuruhen. Die ISO 9001 muss immer wieder überprüft und gegebenenfalls überarbeitet werden, mit dem Ziel, sie aktuell zu halten und die sich in einem dynamischen Umfeld ständig ändernden Erwartungen der verschiedenen Interessengruppen zu berücksichtigen. Basierend auf den Ergebnissen einer Umfrage unter mehr als 11 000 Nutzern der Norm aus 122 verschiedenen Ländern wurde im Jahre 2012 eine Überarbeitung der ISO 9001 gestartet. Das Ergebnis dieses Prozesses liegt seit September dieses Jahres als ISO 9001:2015 vor. Ein kompetentes internationales Team erarbeitete einen Text, der dem heutigen Geschäftsleben entspricht und in einer Zeit der Komplexität und Dynamik den Fokus der Anstrengungen auf den Kunden richtet.

Durch die vorgesehene dreijährige Übergangsfrist haben Organisationen genügend Zeit, sich mit der neuen Norm vertraut zu machen und den Übergang von dem bestehenden Qualitätsmanagementsystem auf die neue Revision einzuleiten. Es ist jedoch zu empfehlen, frühzeitig den Übergangsprozess einzuleiten, die bereits implementierten Systeme zu überprüfen und sie für eine Zertifizierung nach dem neuen Standard vorzubereiten.

Die Autoren und Autorinnen des vorliegenden Praxisbuches bilden ein multi-disziplinäres Team, dessen Vertreter sowohl aus der Qualitätspraxis als auch der Qualitätsforschung kommen. Viele von ihnen haben in den vergangenen Jahren ungezählte Male Organisationen entweder beim Aufbau von QM-Systemen unterstützt oder sie bei der Weiterentwicklung begleitet. Sie wollen mit ihren praxisnahen Darstellungen konkrete Wege aufzeigen, wie diese neuen Normen in der Praxis zu interpretieren sind und wie der ihnen innewohnende Gestaltungsspielraum bei der Umsetzung der Normen, effektiv und effizient genutzt werden kann.

Zudem wurden die in diesem Buch dargelegten Analysen und die konkreten Praxis- und Umsetzungstipps auch von Führungskräften der Zertifizierungsgesellschaften geprüft, um damit innerhalb des deutschsprachigen Verbreitungsgebiets eine fachlich korrekte und identische Sichtweise sicherzustellen. Wir und alle Autorinnen und Autoren wünschen dem Leser und der Leserin viel Erfolg beim Umsetzen von ISO 9001:2015.

Quality Austria
Trainings-, Zertifizierungs- und Begutachtungs GmbH

Konrad Scheiber
Geschäftsführer

Schweizerische Vereinigung für Qualitäts- und Management-Systeme (SQS)

Roland Glauser
Geschäftsführer

DQS Holding GmbH
Deutsche Gesellschaft zur Zertifizierung von Managementsystemen

Michael Drechsel
Geschäftsführer

Inhalt

TEIL I: ISO 9001:2015 im Überblick 1

1 Entstehung der ISO 9001:2015 3

1.1 ISO 9001 – Eine beispiellose Erfolgsgeschichte 3

1.2 Gemeinsame Struktur von Managementsystemen 5

2 ISO 9001 in der Praxis 11

2.1 Umsetzung der in der Norm neuen, zusätzlichen Anforderungen in der Organisation 11

2.2 ISO 9001:2015 auditieren 15

TEIL II: Die Norm ISO 9001:2015 im Detail 17

Erläuterungen zu den Abschnitten 19

Einleitung 21

1 Anwendungsbereich 23

2 Normative Verweisungen 25

3 Begriffe und Definitionen 27

4 Kontext der Organisation 29

4.1 Verstehen der Organisation und ihres Kontextes 29

4.2 Verstehen der Erfordernisse und Erwartungen interessierter Parteien .. 34

4.3 Festlegen des Anwendungsbereichs des Qualitätsmanagementsystems (QMS) 40

4.4 Qualitätsmanagementsystem und dessen Prozesse 44

5 Führung 57
5.1 Führung und Verpflichtung 62
5.1.1 Allgemeines 62
5.1.2 Kundenorientierung 68
5.2 Politik 71
5.2.1 Entwicklung der Qualitätspolitik 71
5.2.2 Bekanntmachung der Qualitätspolitik 73
5.3 Rollen, Verantwortlichkeiten und Befugnisse in der Organisation 74

6 Planung 77
6.1 Maßnahmen zum Umgang mit Risiken und Chancen 77
6.2 Qualitätsziele und Planung zu deren Erreichung 94
6.3 Planung von Änderungen 99

7 Unterstützung 107
7.1 Ressourcen 108
7.1.1 Allgemeines 108
7.1.2 Personen 109
7.1.3 Infrastruktur 113
7.1.4 Umgebung zur Durchführung von Prozessen 114
7.1.5 Ressourcen zur Überwachung und Messung 115
7.1.6 Wissen der Organisation 127
7.2 Kompetenz 141
7.3 Bewusstsein 148
7.4 Kommunikation 152
7.5 Dokumentierte Information 156
7.5.1 Allgemeines 156
7.5.2 Erstellen und Aktualisieren 162
7.5.3 Lenkung dokumentierter Information 162

8 Betrieb 167
8.1 Betriebliche Planung und Steuerung 168
8.2 Anforderungen an Produkte und Dienstleistungen 172
8.2.1 Kommunikation mit den Kunden 172
8.2.2 Anforderungen an Produkte und Dienstleistungen 178
8.2.3 Überprüfung von Anforderungen in Bezug auf Produkte und Dienstleistungen 182
8.2.4 Änderungen von Anforderungen an Produkte und Dienstleistungen 185
8.3 Entwicklung von Produkten und Dienstleistungen 186
8.3.1 Allgemeines 187
8.3.2 Entwicklungsplanung 196

8.3.3 Entwicklungseingaben 211
8.3.4 Steuerungsmaßnahmen für die Entwicklung 218
8.3.5 Entwicklungsergebnisse 221
8.3.6 Entwicklungsänderungen 225
8.4 Steuerung von extern bereitgestellten Prozessen, Produkten und Dienstleistungen 228
8.4.1 Allgemeines 228
8.4.2 Art und Umfang der Steuerung 232
8.4.3 Informationen für externe Anbieter 238
8.5 Produktion und Dienstleistungserbringung 240
8.5.1 Steuerung der Produktion und der Dienstleistungserbringung .. 240
8.5.2 Kennzeichnung und Rückverfolgbarkeit 245
8.5.3 Eigentum der Kunden oder der externen Anbieter 247
8.5.4 Erhaltung 248
8.5.5 Tätigkeiten nach der Lieferung 249
8.5.6 Überwachung von Änderungen 251
8.6 Freigabe von Produkten und Dienstleistungen 252
8.7 Steuerung nichtkonformer Ergebnisse 254

9 Bewertung der Leistung 257
9.1 Überwachung, Messung, Analyse und Bewertung 257
9.1.1 Allgemeines 257
9.1.2 Kundenzufriedenheit 260
9.1.3 Analyse und Bewertung 263
9.2 Internes Audit 269
9.3 Managementbewertung 274
9.3.1 Allgemeines 274
9.3.2 Eingaben für die Managementbewertung 275
9.3.3 Ergebnisse der Managementbewertung 277

10 Verbesserung 281
10.1 Allgemeines 281
10.2 Nichtkonformität und Korrekturmaßnahmen 283
10.3 Fortlaufende Verbesserung 288

Annex A 295

TEIL III: Anhang **297**

ISO 9000:2015 .... **299**

Übergreifende Fragen **301**

Statusbewertung der Umsetzung der Anforderungen der ISO 9001:2015 (Delta-Analyse) **303**

Literatur **323**

Index **327**

Die Autorinnen und Autoren **341**

TEIL I

ISO 9001:2015 im Überblick

1

Entstehung der ISO 9001:2015

Thomas Szabo

1.1 ISO 9001 – Eine beispiellose Erfolgsgeschichte

Qualitätsmanagementnormen, so wie wir sie heute kennen, haben sich erst im 20. Jahrhundert entwickelt. Es war ein langer Weg, bis sich in den 60er und 70er Jahren, v. a. in den USA und Großbritannien Vertragsnormen entwickelten und im Jahre 1987 eine erste globale Norm veröffentlicht wurde: die ISO 9001:1987.

Die Norm wurde bald als Lieferbedingung bei Organisationen angewendet. Dies, und auch der Fakt, dass Organisationen wirtschaftlichen Nutzen in der Anwendung fanden, hat die ISO 9001 zur populärsten Norm weltweit gemacht. Derzeit sind weltweit über 1,1 Millionen Organisationen nach dieser Norm zertifiziert, wobei Europa und Asien die dominierenden Anwenderregionen sind.

Die ISO 9001 setzt nicht nur einen Standard für Kunden-/Lieferantenbeziehungen, sondern wurde insgesamt mittlerweile zu einem Bezugsrahmen, der den Kunden in den Mittelpunkt stellt.

Die erste Ausgabe in den 80er Jahren des vorigen Jahrhunderts wurde noch von der wirtschaftlichen Entwicklung nach dem kalten Krieg geprägt, als Vertragsnorm für die produzierende Industrie. Für die politische und wirtschaftliche Öffnung der 90er Jahre, die Schaffung des einheitlichen europäischen Marktes und die beginnende Globalisierung kam die Norm gerade rechtzeitig. Die Norm wurde von anderen Industriezweigen aber auch von Dienstleistungsorganisationen schnell angenommen. Mit der Revision 1994 wurde die damals noch dreistufige Norm als globaler „Stand der Technik" etabliert.

Die große Revision im Jahr 2000 brachte die Schaffung einer einzigen einheitlichen Norm ISO 9001 und den „prozessorientierten Ansatz". Zu Beginn des neuen Jahrtausends war die Prozessorientierung ein wichtiges innovatives Merkmal für die fortschreitende globale Arbeitsteilung. Im Jahr 2000 waren wir in der frühen Phase des Internetzeitalters, mittlerweile laufen Prozesse im virtuellen, globalen Netz in Echtzeit und über Kontinente koordiniert.

Bei der kleinen Anpassung im Jahr 2008, auf der die bis zum Erscheinen der ISO 9001:2015 gültige Ausgabe ISO 9001:2008 beruht, war schon ersichtlich, dass demnächst größere Änderungen anstehen. Das zuständige ISO-Fachkomitee begann die Arbeit an Zukunftskonzepten. Die Benutzer der Norm wurden im Jahr 2010/2011 über die Relevanz der diskutierten Konzepte befragt. Die Mehrheit sprach sich dabei für eine Revision aus und bestimmte auch die Prioritäten gemäß der Leitfrage „Wie wichtig ist die Integration folgender Konzepte in die ISO 9001?“ (vgl. Tabelle 1.1).

Tabelle 1.1 Ergebnisse der Benutzerbefragung der ISO im Jahr 2010/2011 zu den Zukunftskonzepten. Antworten in Prozent auf die Frage: „Wie wichtig ist die Integration folgender Konzepte in die ISO 9001?“

Konzept	% zu Gunsten
Management von Ressourcen	75
Voice of Customer (Stimme des Kunden)	74
Maßnahmen (Leistung, Zufriedenheit, Return of Investment)	72
Wissensmanagement	72
Integration von Risikomanagement	73
Systematische Problemlösung und Lernen	73
Instrumente zur Selbstbewertung	71
Strategische Planung	68
Innovation	65
Nutzung von Technologien, um die Normanforderungen auszuarbeiten/umzusetzen	63
Life Cycle Management	62
Nutzung von Technologien zur Führung Ihres Unternehmens	61
Finanzielle Mittel der Organisation	55
Werkzeuge zur Qualitätsunterstützung (Six Sigma, Lean, Statistische Prozesskontrolle)	55

Viele der hier erhobenen prioritären Themen wurden in der Norm entweder als zusätzliche Anforderungen aufgenommen oder ihre Konzepte im Rahmen der Revision nachgeschärft.

1.2 Gemeinsame Struktur von Managementsystemen

Jedoch nicht nur die qualitätsspezifischen Themen haben die Überarbeitung bestimmt. Wesentliche Änderungen ergeben sich durch eine gemeinsame Struktur und die gemeinsamen Kerninhalte, die für alle Managementsystemnormen seit dem Jahr 2012 verwendet werden.

In den frühen 2000er Jahren haben die ISO-Komitees für Qualitäts- und Umweltmanagement bereits begonnen, an der Annäherung der inhaltlichen Konzepte „process approach" und PDCA, dem Plan Do Check Act-Zyklus, der in allen Managementsystemen verankert ist, zu arbeiten. Diese Arbeit erhielt mehr Gewicht durch die Einbeziehung der Komitees anderer Managementsystem-Disziplinen im Jahr 2007 (IT Sicherheit, Lebensmittelsicherheit etc.) und den darauffolgenden Beschluss der ISO-Mitglieder über eine „Joint Vision", die besagt, dass zukünftige ISO-Managementsystemnormen

- eine gemeinsame Struktur,
- einen gemeinsamen Kerntext und
- eine gemeinsame Terminologie

benutzen müssen. Diese Arbeit wurde in 2010 abgeschlossen und in 2011 von den Komitees und den ISO-Mitgliedern bestätigt. Daraus resultierte eine Änderung der ISO/IEC Direktiven im Jahr 2012. Es wurde ein neuer Annex SL ins ISO Supplement aufgenommen, der nun Vorgaben für alle technischen Komitees im Bereich Managementsysteme enthält, wie Managementsystemnormen strukturiert sein müssen und welchen Kerntext sie beinhalten.

Damit wurde auch vorausbestimmt, dass die im September 2012 beschlossene Revision der ISO 9001 größere Änderungen im Text und Konzept bringen würde. Der verbindliche gemeinsame Kerntext aus dem Annex SL betrifft etwa 40 Prozent der Anforderungen und hat den Kapitelaufbau der ISO 9001 wesentlich verändert (vgl. Tabelle 1.2).

Tabelle 1.2 Kapitelstruktur von Managementsystemen laut Vorgabe aus den ISO Direktiven (Annex SL)

High Level Structure	
1. Anwendungsbereich	
2. Normative Verweisungen	
3. Begriffe	
4. Kontext der Organisation	▪ Verstehen der Organisation und ihres Kontextes ▪ Verstehen der Erfordernisse und Erwartungen interessierter Parteien ▪ Festlegen des Anwendungsbereichs des XXXmanagementsystems ▪ XXXmanagementsystem

Tabelle 1.2 *Fortsetzung*

High Level Structure	
5. Führung	▪ Führung und Verpflichtung ▪ Politik ▪ Rollen, Verantwortungen und Befugnisse in der Organisation
6. Planung	▪ Maßnahmen zum Umgang von Risiken und Chancen ▪ XXXziele und -pläne zu deren Erreichung
7. Unterstützung	▪ Ressourcen ▪ Kompetenz ▪ Bewusstsein ▪ Kommunikation ▪ dokumentierte Information
8. Betrieb	▪ betriebliche Planung und Steuerung
9. Leistungsbewertung	▪ Überwachung, Messung, Analyse und Bewertung ▪ internes Audit ▪ Managementbewertung
10. Verbesserung	▪ Nichtkonformität und Korrekturmaßnahmen ▪ fortlaufende Verbesserung

Konzeptionell beschreiben diese Anforderungen die Kernelemente eines Managementsystems (vgl. Bild 1.1). Die Kapitel Planung, Betrieb, Leistungsbewertung und Verbesserung bilden den PDCA-Kreislauf. Kontext und Stakeholder beschreiben die Systemgrenzen und die Einbettung der Organisation in ihr Umfeld; Führung und Unterstützung sind Themen, welche alle anderen Elemente des Systems beeinflussen.

Der Annex SL bildet, neben allen anderen Managementsystemnormen, auch die Basis für die Revision der ISO 14001 sowie für die ISO 45001, der Nachfolgenorm für den Standard OHSAS 1800, sowie einer Reihe weiterer ISO basierter Managementsysteme.

Mit der Umsetzung des Annex SL wurden Voraussetzungen geschaffen, die wesentliche Ziele der ISO-Revision unterstützen:

- die Wertschöpfung für die Organisation und für ihre Kunden zu verbessern,
- die Risikobeherrschung und Chancennutzung durch das System zu unterstützen,
- die Anwendbarkeit des Systems zu verbessern und eine durchgängige Sprache zu etablieren.

Diese Zielsetzungen sind eindeutig positiv für die Anwender zu bewerten und kreieren ein Potenzial für erhöhtes Vertrauen in die Systeme. Die Forderungen geben ebenfalls einen Rahmen für Organisationen, maßgeschneiderte Managementsysteme zur Erreichung ihrer Ziele zu etablieren.

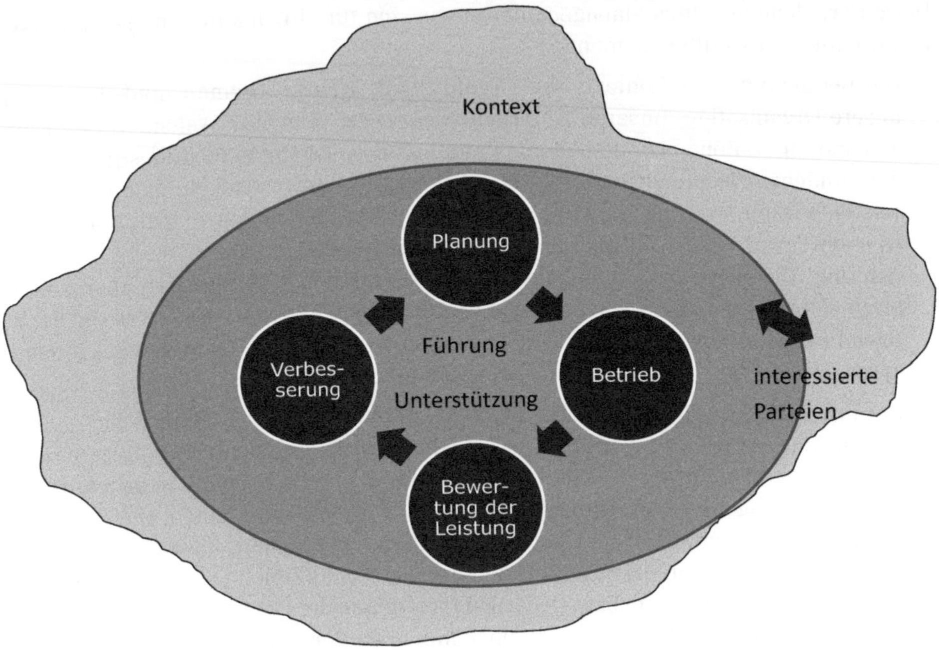

Bild 1.1 Kernelemente eines Managementsystems, basierend auf Annex SL

Maßgeschneiderte Managementsysteme

Organisationen sind gefordert, ihr Managementsystem an ihrer spezifischen Identität zu orientieren. Dazu sind in der Norm drei – im Wesentlichen neue – Anforderungen verankert (vgl. Bild 1.2), die durch den Annex SL definiert sind.

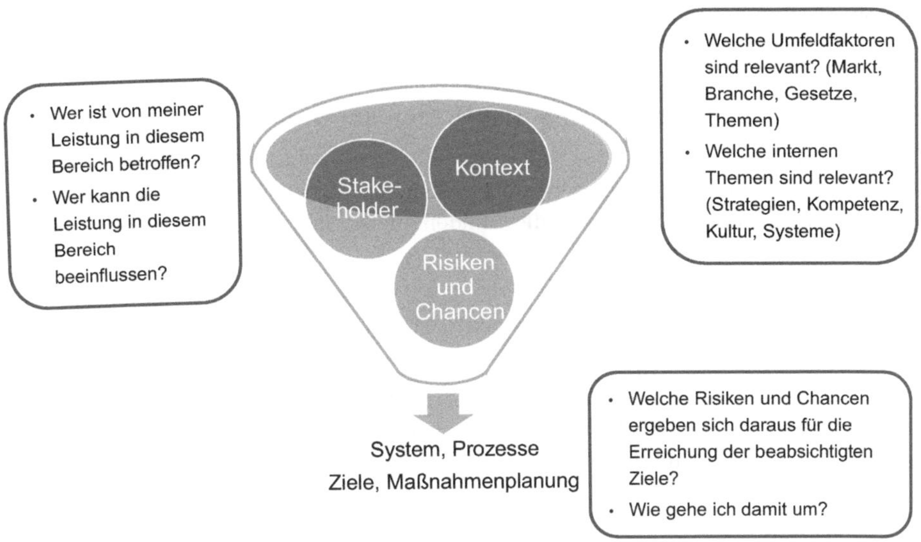

Bild 1.2 Maßgeschneiderte Managementsysteme

Diese Kernelemente eines Managementsystems sind für ein Qualitätsmanagementsystem wichtige konstitutive Elemente:

1. Die Betrachtung des Kontexts der Organisation: Welche Themen sind derzeit für unsere Organisation, unseren Unternehmenszweck, relevant? Welche Veränderungen und Innovationen könnten meine Produkt- und/oder Dienstleistungsqualität und die Kundenzufriedenheit beeinflussen? Welche gesetzlichen Regelungen treffen zu? Wie entwickelt sich der Markt und was werden meine Kunden in Zukunft fordern oder erwarten? Welche Technologien sind im Entstehen?
   Achtung: Die Norm fordert hier zwar eine längerfristige Perspektive aber keinen Strategieprozess – auch wenn derartige Informationen üblicherweise in einem derartigen Prozess erhoben werden. Diese Daten sind dazu da, das Qualitätsmanagementsystem zweckmäßig – also effektiv – auszurichten und zu planen.
2. Das Erfassen der Anforderungen der relevanten interessierten Parteien: Hier geht es darum, jene Gruppen zu identifizieren, welche meine Leistung im jeweiligen Bereich beeinflussen können bzw. welche von meiner Tätigkeit und Leistung in dem entsprechenden Managementbereich betroffen oder beeinflusst sein können. Diese können für das Thema Umwelt oder Arbeitnehmerschutz andere sein, als z. B. im Bereich Qualität oder Informationssicherheit. Während z. B. im Bereich Qualität Lieferanten, Mitarbeiter, Konsumenten, bzw. Behörden im Rahmen der Produktzulassung wesentliche interessierte Parteien sein werden, könnten im Bereich Umwelt z. B. Anwohner, Nichtregierungsorganisationen oder Behörden in der Anlagenzulassung von Bedeutung sein.
3. Der risikobasierte Zugang: In der Planung des Managementsystems sind Risiken und Chancen zu betrachten. Das System ist entsprechend dieser Chancen und Risiken auszulegen. Dies könnte heißen, mehr Kontrolle und Dokumentation bei risikoreichen Prozessen oder Funktionen und weniger bei risikoarmen. Es könnte auch heißen, zusätzliche Aspekte bei neuen Projekten oder in neuen Märkten zu beachten. Das System muss einen sicheren Rahmen für die Umsetzung von Managemententscheidungen bieten.

Qualitätsmanagementsysteme zum Nutzen der Organisation

Kontext, Strategie, Stakeholder, Chancen und Risiken – das ist die Sprache des Geschäftes. In diesem Rahmen muss ein Qualitätsmanagementsystem die Organisation und ihre Führung darin unterstützen, dass die Kundenanforderungen erfüllt und die Kundenzufriedenheit erhöht wird.

Eine schlechte Nachricht für alle, für die das QM-System fälschlich immer noch ein Handbuch, sechs Verfahrensanweisungen und eine bestimmte Anzahl von Ablagen bedeutet.

Eine gute Nachricht für alle Qualitätsmanager, für die das QM-System einen wichtigen Beitrag zum Geschäftserfolg bedeutet. Sie werden gestärkt, durch erweiterte Anforderungen an die Verpflichtung der obersten Leitung, ihre Strategie weiterzuverfolgen. Jene, die an die Errichtung eines QM-Systems nutzenorientiert herangehen, werden einen berechtigten Vorteil haben und alle schon zertifizierten Organisationen werden die Möglichkeit zu schätzen wissen, dass strategische und Risikoaspekte Teil der Auditdienstleistung werden. Die Durchgängigkeit der Organisationen, Stimmigkeit von der Strategie bis hin zur Umsetzung im Detail sowie die Integration der QMS-Vorkehrungen in die allgemeinen Geschäftsprozesse, wird dadurch unterstützt.

Explizite Anforderungen, welche ohne Verständnis für die Tätigkeit der Organisation isoliert betrachtet werden könnten, wären manchen Anwendern lieber. Sie könnten sich Gestaltungsarbeit zur Angemessenheit ersparen und würden möglichen Meinungsunterschieden ob intern oder extern z. B. mit dem Auditor aus dem Weg gehen. Manche Themen werden, speziell in Branchen mit hohem Bedarf an Gesetzeskonformität wie z. B. Medizinprodukte oder Luftfahrt, durch mehr spezifische Branchennormen noch vertieft werden müssen.

Für die allermeisten Anwender muss die Flexibilität für die Zukunft gewahrt werden. Der Umgang mit dokumentierter Information ändert sich rapide. QM-Dokumentation im Intranet ist der Standard, interne soziale Netzwerke und Company-Wikis laufen; die Prozesse gehen über die internen Systemgrenzen hinaus ins offene Netz. Wir alle werden uns den Herausforderungen durch die Änderung der Kommunikationstechnologie und den damit verbundenen Veränderung von Prozessen, Geschäftsmodellen oder sonstiger Anforderungen stellen müssen. Ob mit oder ohne ISO 9001 - aber wenn mit ISO 9001, dann vorausschauend, ergebnisorientiert und in systematischer Weise.

Sinnvolle Dokumentation

Der neu geschaffene Begriff „dokumentierte Information“ ersetzt den Begriff „Dokument“, wobei in dem Zusammenhang das Konzept der 2000er Revision weitgehend unverändert bleibt: Dokumentierte Information bezeichnet jene Information, die von einer Organisation gelenkt und aufrechterhalten respektive aufbewahrt werden muss, und das Medium auf dem sie enthalten ist. Darunter sind alle „Informationen“ gemeint, die

- sich auf das Managementsystem bzw. seine Prozesse beziehen,
- für das Funktionieren der Organisation geschaffen wurden und
- zum Nachweis von Ergebnissen (Aufzeichnungen) dienen.

Die Begriffe „dokumentiertes Verfahren“ und „Aufzeichnung“ werden im Anforderungsteil nicht mehr verwendet. Ein Handbuch wird als eigenes Schriftstück nicht mehr gefordert, auch dies ist eine Änderung, welche schon im Annex SL verankert ist. Weiterhin muss jedoch der Anwendungsbereich - und dies nun in mehr Detail - als „dokumentierte Information“ vorliegen.

a) Gänzlich verzichtet wurde im Annex SL auf die Nutzung des Begriffes „procedure/ Verfahren“. Vielfach wurde in der Anwendung der Normen „das System“ als eine Sammlung von Verfahrensanweisungen inklusive Prozessdiagrammen fehlgedeutet.

b) Die Steuerung dokumentierter Informationen soll sicherstellen, dass jede Organisation in einer für sie geeigneten Weise ihre erforderlichen Prozesse festlegt: dies kann auch durch Formblätter, Checklisten, Aufgabenbeschreibungen, Workflows, Datenbank-Anwendungen usw. festgelegt werden. Dabei können „dokumentierte Verfahren“ weiterhin nützlich und in vielen Fällen unerlässlich sein – aber entscheidend wird die Angemessenheit der Dokumentation für die jeweilige Organisation und für den konkreten Prozess sein. Es wird weniger darum gehen, ob Verfahrensanweisungen und Aufzeichnungen vorgefunden werden, sondern

- ob die für Entscheidungen und Arbeitsdurchführung benötigten Informationen am Arbeitsplatz verfügbar, gültig und angemessen sind, verwendet werden und damit beabsichtigte Ergebnisse erzielt werden können und
- ob die Informationen sicher aufgehoben werden, wo es zum Nachweis von Ergebnissen erforderlich ist.

2 ISO 9001 in der Praxis

2.1 Umsetzung der in der Norm neuen, zusätzlichen Anforderungen in der Organisation

Wolfgang Pölz

Bei Alice im Wunderland antwortet die Katze auf Alices Frage, wie es von hier aus weitergeht, mit: „Das hängt zum großen Teil davon ab, wohin du möchtest.“ Die Umsetzung der neuen bzw. geänderten Normforderungen findet in konkreten Organisationen und nicht in einem Märchen statt und dennoch verdeutlicht diese kurze Sequenz, dass es keinen Königsweg für die Umsetzung gibt! Es steht eine Vielzahl an Werkzeugen und erprobten Vorgangsweisen zur Verfügung, eine Erfolgsgarantie gibt es jedoch nicht. Zu unterschiedlich sind die Variablen einer jeden Organisation.

Zur Verdeutlichung: Organisationen können aus unterschiedlichen Blickwinkeln bzw. Seiten wie beispielsweise der Aufbauorganisation, der Ablauf-/Prozessorganisation, der betriebswirtschaftlichen Sichtweise; der Führung bzw. Kommunikation, der ständigen Verbesserung und auch der Managementsystemebene – also vergleichbar einem sechsseitigen Würfel – betrachtet werden (vgl. Bild 2.1).

In jedem Fall sollten dabei die Wechselwirkungen zwischen den Seiten berücksichtigt werden. Wann immer an einer Seite eine Veränderung erfolgt, wird diese auch auf die anderen Seiten einwirken.

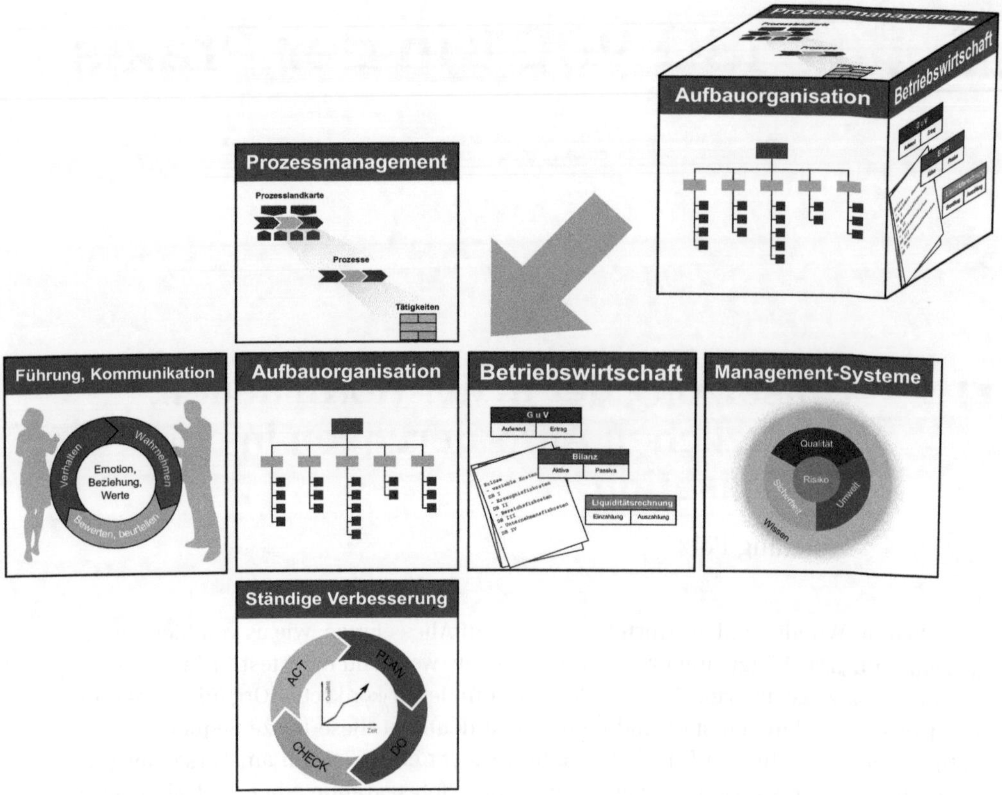

Bild 2.1 Wichtigste Gestaltungselemente in einem Managementsystem

Generisch betrachtet, kann trotz der angesprochenen Individualität der in Bild 2.2 dargestellter Lösungsansatz verfolgt werden.

Bezugnehmend auf die sechs Seiten einer Organisation liegt es auf der Hand, dass auf ein ausgeglichenes Verhältnis dieser Seiten bei jeder Veränderung zu achten ist. Wenn der Würfel als Symbolbild für eine Organisation verwendet wird, ergibt sich unter Berücksichtigung der ersten Anforderung der ISO 9001:2015 (siehe Kapitel 1.1) auch schon der erste Schritt zur Umsetzung: Betrachten des Unternehmenszwecks und der strategischen Richtung der Organisation und die Bestimmung des relevantes Umfelds (vgl. Bild 2.3)

Das Gestalten der Organisation, also die bewusste Veränderung, ruft in der Regel innere Widerstände bei den Mitarbeitenden hervor. Diesem Aspekt, wie auch anderen, die mit dem Thema Veränderungen des Qualitätsmanagements in Verbindung stehen, widmet die ISO 9001:2015 mit dem Normpunkt 6.3 ein eigenes Kapitel. Aus diesem Grund wird hier nicht näher darauf eingegangen.

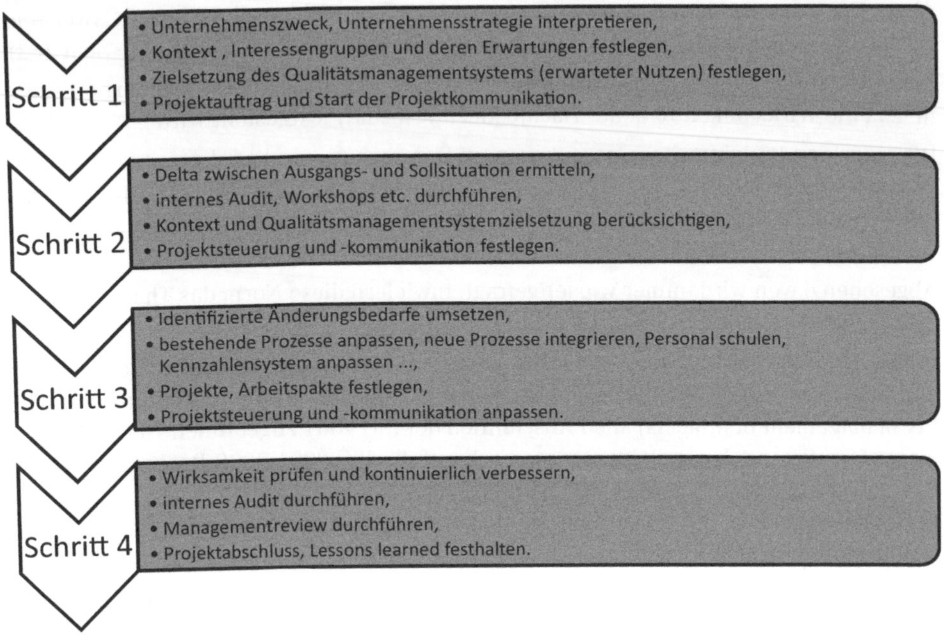

Bild 2.2 Übersicht zentraler Schritte zur Integration der neuen Normforderungen

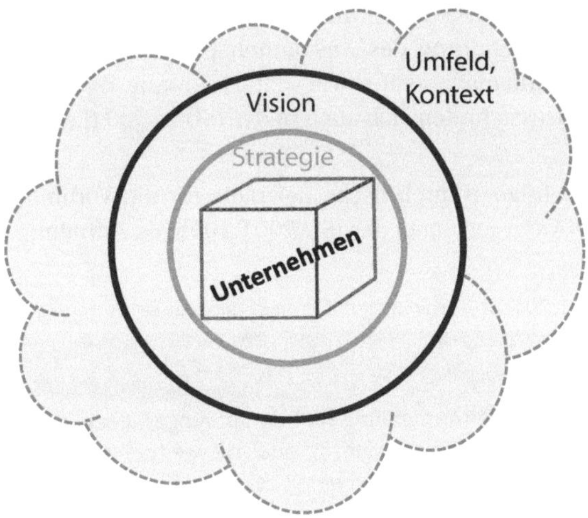

Bild 2.3 Einbettung der Organisation in das Systemumfeld

In Schritt 2 ist, ausgehend vom Kontext und den strategischen Schwerpunkten, eine Ist-Analyse – beispielsweise in Form eines internen Audits auf Basis der Anforderungen der ISO 9001:2015 – durchzuführen. Anstelle eines Audits bietet sich auch eine interne Workshopreihe oder auch andere Methoden zur Feststellung der Diskrepanzen zwischen dem bestehenden System und den neuen Anforderungen der ISO 9001:2015 an.

Abgeleitet von den identifizierten Änderungsbedarfen werden diese beispielsweise in Form eines Projekts oder von Arbeitspaketen erarbeitet und implementiert (= Schritt 3).

Den Abschluss und somit 4. Schritt bildet ein (neuerlich) durchgeführtes internes Audit, in dem die Wirksamkeit bzw. der Nachjustierungsbedarf festgestellt wird.

Die einzelnen Projektmanagementphasen und -werkzeuge sind an dieser Stelle nur angedeutet, finden jedoch in der Umsetzung der ISO 9001 an vielen Stellen Anwendungsmöglichkeit. Beispielhaft wird hier nur auf das Kapitel 6.3 Veränderungsmanagement verwiesen.

Abgesehen davon wird immer wieder gefragt, inwiefern diese Norm das Thema Projektmanagement enthalte.

In den Anforderungsabschnitten der Norm wird Projektmanagement zwar nicht explizit angesprochen, jedoch beispielsweise im Anhang A der ISO 10006 (Guidelines for quality management in projects) allen Abschnitten der ISO 9001 zugeordnet. Wenngleich in dieser Darstellung der Projektprozesse noch auf die ISO 9001:2000 Bezug genommen wird, zeigt sie dennoch sehr deutlich, dass (nahezu) alle Normforderungen auch beim Projektmanagement gut angewandt werden können bzw. mittels Projektmanagement erfüllt werden können (beispielsweise Entwicklung).

Je nach Branche wird Projektmanagement eine mehr oder weniger große Rolle in unterschiedlichen Phasen einnehmen. Im Zuge von Audits bietet der „Kontext der Organisation" einen guten Hinweis, welche Rolle Projektmanagement einnimmt bzw. einnehmen sollte. So kann beispielsweise im Anlagenbau oder auch im Schienenfahrzeugbau bereits in der Angebotsphase Projektmanagement (Angebotsprojekt) zutreffend sein. Anregungen für die Gestaltung des Zusammenspiels zwischen Strategie bzw. Wertschöpfung und Projektmanagement sowie weiterführende Wechselwirkungen und Projektmanagementprozesse finden sich auch in der ISO 21500 (Leitlinien Projektmanagement).

In Tabelle 2.1 sind einige exemplarische Beispiele für die Verbindung von Projektmanagement und den Anforderungen der ISO 9001:2015 als Anregung angeführt.

Tabelle 2.1 ISO 9001:2015 in Verbindung mit Projektmanagement

Normabschnitt der ISO 9001:2015	Hinweis in Richtung Projektmanagement
5.1: „Leadership and Commitment"	In der Anmerkung wird darauf hingewiesen, dass mit dem Wort „Geschäft (Business)" auch die weitere Bedeutung dieses Terms zu verstehen ist und damit zentrale, für den Zweck der Organisation entscheidende Tätigkeiten gemeint sind. Dies kann, beispielsweise im Falle von Schienenfahrzeugbauern oder auch Bau- oder IT-Organisationen, auch Projektmanagement sein.
6.3: „Planning of changes"	Um die Anforderung der planvollen Umsetzung von Änderungen des QM-Systems zu erfüllen, bietet Projektmanagement ein fundiertes und systematisches Vorgehen.

2.2 ISO 9001:2015 auditieren

Joseph B. Garscha

Der grundlegende Ansatz der ISO 9001:2015 ist es, dass das Qualitätsmanagementsystem für die Organisation maßgeschneidert sein muss. Entsprechend sind viele der Anforderungen auch so formuliert, dass der konkrete Anwendungsfall mit betrachtet werden muss. Die Organisation muss ihr Managementsystem geeignet, angemessen und wirksam gestalten. Was für eine Organisation genau richtig sein kann, kann bei einer anderen Organisation viel zu wenig oder sogar das Falsche sein.

Damit ergibt sich auch für das Audit, dass ein Auditor in der Lage sein muss, genau diesen spezifischen Bezugsrahmen zu verstehen, um die Eigenschaften des Systems zu beurteilen. Stellt das System sicher, dass fortlaufend Produkte hergestellt und Dienstleistungen erbracht werden, welche den Anforderungen entsprechen?

Neben einer tiefen Kenntnis von Qualitätsmanagementgrundsätzen und der Anwendung von Methoden erfordert diese gestellte Aufgabe zweifelsfrei auch, über ein Verständnis der Branche und deren Anforderungen zu verfügen. Ein Auditor muss auch den Kontext, in dem die Organisation agiert, verstehen können, damit er die entsprechenden Planungen und Aktivitäten im Rahmen des QM-Systems verstehen und deren Effektivität beurteilen kann. Das heißt, der Vorbereitung auf ein Audit ist noch größere Bedeutung beizumessen. Nur wenn Auditoren den Kontext der Organisation und dessen strategische Ausrichtung einordnen können, sind sie auch in der Lage, die Angemessenheit des Managementsystems zur Umsetzung dieser Aufgaben zu beurteilen.

Viele der Anforderungen können kaum „direkt" auditiert werden. Nehmen wir zum Beispiel die Anforderungen an die oberste Leitung: „Diese muss sicherstellen, dass ... [Hier folgen wesentliche Elemente und Aktivitäten eines Qualitätsmanagementsystems.] Ob diese Anforderungen erfüllt sind, kann man nicht erkennen, indem man die oberste Leitung fragt: „Wie haben Sie sichergestellt ...?", sondern man kann das erst dann erkennen, wenn man Nachweise gesehen hat, dass diese Aktivitäten wirklich durchgeführt wurden. Das heißt, in vielen Fällen wird sich die Erfüllung bzw. Nichterfüllung von Anforderungen durch das Nichtfunktionieren von Prozessen, durch Probleme bei Schnittstellen oder eventuell sogar durch nicht erfüllte Kundenanforderungen oder Reklamationen erkennen lassen. Das Sammeln von ausreichend und aussagekräftiger Auditinformation und das Selektionieren der signifikanten und objektiven Nachweise ist deshalb beim Auditieren wesentlich, um die geeigneten, zutreffenden und hilfreichen Schlussfolgerungen zu treffen.

Gleichzeitig müssen Auditoren die gestellten Mindestanforderungen sehr genau kennen und verinnerlicht haben. Da auch im Audit Wirkzusammenhänge betrachtet werden und dadurch auch Verbesserungen aufgezeigt werden können, stellen die Anforderungen, und damit Muss-Kriterien der Norm, die Grundlage für Audits zum Zertifikatserhalt dar. Auditfeststellungen dürfen nicht beliebig werden und von der persönlichen Beurteilung eines Auditors oder einer Auditorin abhängen. Über die Normforderungen hinausgehende Empfehlungen können zwar als Hinweis getätigt werden, aber Auditoren dürfen nicht ihre persönlichen Vorstellungen einer gut funktionierenden Organisation auf die im Audit betrachtete Organisation projizieren.

Das sollte allen Auditoren bewusst sein. Sie sollten ihre Audit-Rückmeldung (ob Abweichung zu Forderungen oder Hinweis zu Verbesserungspotenzialen) diesbezüglich klar formulieren. Allzu oft sind „strenge" Auditoren geneigt „Idealbilder", die es bei der universellen Anwendbarkeit nicht geben kann, einzufordern.

Nachhaltig erfolgreich agierende Organisationen werden jedoch selten mit der Erfüllung der aus der Norm ablesbaren „Minimalanforderungen" erfolgreich am Markt agieren können. Daher werden in der gelebten Praxis sehr oft weitere, interne und externe Verpflichtungen festgelegt, die mehr als nur das „normkonforme" QMS beinhalten. Diese „zusätzlichen Festlegungen" stellen selbstredend eine zusätzliche Anforderung an das System der Organisation dar, deren wirksame Umsetzung dann im Zuge von Audits auch als Auditkriterien zu sehen sind. Selbiges gilt für relevante gesetzliche und behördliche Forderungen sowie vertragliche Verpflichtungen, bezogen auf Produkte und Dienstleistungen, die für einen Kunden vorgesehen sind oder von diesem gefordert werden.

TEIL II

Die Norm ISO 9001:2015 im Detail

Erläuterungen zu den Abschnitten

Jeder Abschnitt der Norm wird im Folgenden im Detail erläutert. Die Textanalysen basieren auf der deutschen Fassung der Norm, EN ISO 9001:2015, Ausgabedatum 2015-11-15. Bezüge zur Norm (bezeichnet mit ISO 9001:2015) beziehen sich durch das gesamte Buch auf diese Fassung.

Am Anfang jedes Abschnitts steht die Erläuterung der Inhalte der Norm: Was heißt das? Warum ist es wichtig? In diesem ersten Abschnitt geht es primär um die Norm und deren Anforderungen. Was ist gefordert, was nicht? In vielen Fällen werden die Zusammenhänge der einzelnen Anforderungen grafisch dargestellt. Es wird empfohlen, parallel zu diesem Buch die Norm zu lesen.

Danach wird speziell auf die Veränderungen im Vergleich zur ISO 9001:2008 eingegangen. Diese Änderungen werden bildlich in Form einer Prozentangabe sichtbar gemacht. Bei diesen Einschätzungen wurden nicht primär die Formulierungen betrachtet, sondern die Inhalte dieser Anforderungen. Diese Unterschiede werden textlich dazu zusammengefasst in einem Kasten angegeben.

Im Abschnitt „Umsetzung" geht es um konkrete Ansätze, wie die angesprochenen Themen in der Organisation umgesetzt werden können. Die Länge dieser Abschnitte variiert. Der Umfang dieser Abschnitte ist abhängig von den Änderungen im Vergleich zur ISO 9001:2008. Wenn einzelne Themen schon derzeit in den Organisationen gut verankert und kaum Fragen dazu offen sind, wurde eine kürzere Darstellung gewählt. Wenn Themen derzeit noch eine Herausforderung darstellen oder der Abschnitt weitgehend oder gänzlich neu ist (wie z.B. risikobasiertes Denken, Wissen der Organisation oder der Kontext der Organisation), wurden detailliertere Ausführengen gewählt. Die Umsetzungsvorschläge orientieren sich nicht nur an den Normanforderungen, sondern auch an der betrieblichen Praxis. Für manche Organisationen können diese Vorschläge zu weit gehen, für andere könnten sie aber auch nicht ausreichend sein.

Oft wird dieser Abschnitt durch „Methoden" ergänzt. Diese Methoden können ebenso weiter gefasst sein, als für die strikte Normerfüllung notwendig ist. Es sind aber Methoden, die sich in Organisationen bewährt haben.

Die „Frequently Asked Questions" wurden bei Kunden, Partnern, bei Trainings und Veranstaltungen gesammelt. Manche sind eventuell überlappend. Sie wurden bewusst so stehen gelassen, wenn dies Bereiche sind, in denen häufig Fragen gestellt werden.

Einleitung

Auch in der ISO 9001:2015 ist der erste Abschnitt mit „Einleitung" benannt. Sie wird beim Lesen gern übersprungen. Viele beginnen gleich mit Kapitel 4. Denn dort beginnen die Anforderungen.

Dabei wird übersehen, dass gerade die Einleitung und im Fall der ISO 9001:2015 auch der Annex A, wertvolle Informationen für Anwender geben, über die größeren Zusammenhänge sowie über die Relevanz der Leitlinien für die Umsetzung. Auch wird abgegrenzt, was NICHT gefordert wird. Damit soll Sicherheit für Anwender und Auditoren geschaffen werden.

Einige dieser Aspekte sollen hier auch aufgegriffen werden:

Als erstes wird klargestellt, dass Qualitätsmanagement kein Selbstzweck ist, sondern dass es darum geht, die Gesamtleistung der Organisation zu verbessern, das heißt, den Erfolg – und hier ist letztendlich auch (insbesondere für Kapitalgesellschaften) finanzieller Erfolg gemeint – der Organisation zu verbessern.

In der Einleitung wird auch klar herausgestrichen, dass die Anforderungen zwar inhaltlich erfüllt werden müssen, die Organisation aber nicht ihr Tun danach strukturieren muss. Es ist nicht erforderlich ISO 9001-Terminologie zu verwenden oder das System nach den Kapiteln der Norm zu strukturieren.

In der Vergangenheit war das in manchen Fällen der Fall, dass man ein Managementsystem nach den Anforderungselementen der Norm aufgebaut hat. Dies scheint aber keineswegs sinnvoll. Denn bestimmend für das System sind viel mehr die Wertschöpfungsprozesse, und es hat sich bewährt, diese als Ausgangspunkt für die Systemgestaltung zu nehmen.

So wie jede Organisation unterschiedlich ist, wird auch ihr Managementsystem unterschiedlich sein. Es macht zwar Sinn, einzelne Methoden oder Elemente der Einfachheit halber von anderen Organisationen zu übernehmen. Aber es ist nicht ratsam, das eigene Managementsystem nach den Vorgaben einer generischen Norm zu gliedern.

Die Einleitung streicht auch die drei wesentlichsten Gestaltungselemente der ISO 9001 heraus:

- den prozessorientierten Ansatz (siehe Abschnitt 4.4),
- das risikobasierte Denken (siehe Abschnitt 6.1) und
- den PDCA-Kreislauf, der in der Norm durchgehend verankert ist.

Letztlich werden auch die Qualitätsmanagementgrundsätze und der Zusammenhang mit anderen Qualitätsmanagementstandards (ISO 9000, ISO 9004, branchenspezifische Normen) erläutert.

Oft gefragt – FAQs

Warum sind in Bild 2 in der Einleitung der ISO 9001:2015 die interessierten Parteien nicht auch auf der Ergebnisseite angeführt, sondern nur in Bezug auf Erfordernisse und Erwartungen?

Der Anwendungsbereich der Norm ist – wie in der Vergangenheit – die Erfüllung der Kundenanforderungen. Um diese Anforderungen und Erwartungen zu erfüllen, muss man in vielen Bereichen nicht nur die Anforderungen der Kunden wissen, sondern auch jene der „relevanten interessierten Parteien“. Zum Beispiel: Was sind die Anforderungen von Finanzgebern (öffentlicher Bereich)? Was sind die gesetzlichen Anforderungen? Was sind Anforderungen von Partnern, mit denen ich zusammenarbeite? Jedoch ist es nicht der Anwendungsbereich der Norm, umfassend die Zufriedenheit der interessierten Parteien (z. B. Mitarbeiter, andere Personen, die für das Unternehmen tätig sind, wie Leasingkräfte, projektbezogene Auftragnehmer etc., Lieferanten, Behörden) zu betrachten. Deswegen sind sie in der Abbildung auf der rechten Seite auch nicht angeführt.

1 Anwendungsbereich

Bei der Umsetzung der Norm sollte der Anwendungsbereich immer im Auge behalten werden. Dieser definiert, worum es geht, und sagt damit indirekt auch, worum es nicht geht. Um Missverständnisse zu vermeiden, wird der Anwendungsbereich auch immer wieder in der Norm angesprochen oder auch explizit nochmals angeführt (vgl. zum Beispiel der Einleitungssatz zu den Anforderungen 4.2 zu den interessierten Parteien).

Worum geht es also in der ISO 9001? Es geht darum,

1. kontinuierlich Produkte oder Dienstleistungen herstellen, liefern bzw. durchführen zu können, die die Anforderungen der Kunden und die zutreffenden gesetzlichen und behördlichen Anforderungen erfüllen, und
2. danach zu streben, die Kundenzufriedenheit zu erhöhen.

Im ersten Punkt geht es um Produkte und Dienstleistungen, die den Anforderungen der Kunden entsprechen, also jenen Organisationen oder Personen, die das Produkt oder die Dienstleistung empfangen oder nutzen. Hier muss eine klare Abgrenzung zu den relevanten interessierten Parteien getroffen werden: die ISO 9001 fokussiert weiterhin klar auf die Kunden (vgl. auch Abschnitt 4.2).

Wichtig ist es auch, die Rolle der gesetzlichen und behördlichen Anforderungen zu betrachten. Diese werden im Normentext mehr herausgestrichen, als in der Vergangenheit. Es muss aber auch hier die klare Einschränkung getroffen werden, dass es sich, entsprechend dem Anwendungsbereich immer um die produkt- oder dienstleistungsrelevanten gesetzlichen und behördlichen Anforderungen handelt.

Letztlich geht es auch um Kundenzufriedenheit. Dabei ist zu beachten, dass es um das Bemühen geht, diese zu erhöhen, aber es besteht keine Verpflichtung, dass dieses Bemühen auch realisiert wird. Das heißt, wenn eine Organisation laufend Prozesse und das System entsprechend den Anforderungen weiterentwickelt und verbessert, aber die Kundenzufriedenheit auf gleichem (wahrscheinlich hohem) Niveau bleibt, dann hat sie die Intention der Norm getroffen: Es gibt keine Anforderung, die Kundenzufriedenheit zu verbessern, sondern nur eine Forderung nach dem Streben danach.

Änderungen im Vergleich zu ISO 9001:2008

Neu: 0 bis 20 %

Der Anwendungsbereich der Norm wurde im Rahmen der Revision nicht verändert. Dies wurde schon in den Entwicklungsvorgaben für die Revisionsgruppe so festgelegt. Die einzigen sprachlichen Änderungen, die sich ergeben haben, sind jene, die sich aufgrund von Übersetzungsänderungen und auch aufgrund einer anderen Verwendung von Begriffen (z. B. „Produkte" versus „Produkte und Dienstleistungen") ergeben.

2 Normative Verweisungen

Wie in der Vergangenheit wird auf die ISO 9000 verwiesen, nun zu der Ausgabe ISO 9000:2015.

3 Begriffe und Definitionen

Die Begriffe und Definitionen sind wie schon bisher in der ISO 9000 enthalten und nicht direkt in der ISO 9001:2015. Viele Definitionen wurden im Zuge der Revision verändert. Dies betrifft Definitionen, welche im Annex SL verankert sind (z. B. Organisation, Managementsystem, interessierte Partei, Kompetenz, dokumentierte Information, Prozess etc.) aber auch qualitätsspezifische (Kunde, Qualitätsziel, Produkt, Entwicklung, Innovation etc.). Auch in den Definitionen spiegelt sich der Ansatz einer stärkeren Ergebnisorientierung wider. Für ein volles Verständnis der Anforderungen ist es notwendig, die Definitionen mit zu betrachten.

Im Zuge dieses Praxisbuchs kann nicht auf alle Änderungen der ISO 9000:2015 eingegangen werden. Einige neue Definitionen, die für das weitere Verständnis wichtig sind, werden hier zusammengefasst:

- **„Qualität“:** Auch wenn die Definition nur geringfügig angepasst wurde, ist dieser Begriff doch die Basis für die gesamte Norm. Qualität wird definiert als „Grad, in dem ein Satz inhärenter Merkmale **eines Objekts** Anforderungen erfüllt“. Die Präzisierung „eines Objekts“ wurde aufgenommen. Objekte werden anhand von Beispielen beschrieben: Produkt, Dienstleistung, Prozess, Organisation etc.
- **„Ergebnisse, Produkte und Dienstleistungen“:** In der ISO 9000:2005 umfasste der Begriff „Produkt“ sowohl Sachgüter, Dienstleistungen und auch Prozessergebnisse. Im Rahmen der Revision wird nun zwischen diesen Begriffen unterschieden. Dadurch soll eine bessere Verständlichkeit für Dienstleistungsorganisationen erzielt werden. In vielen Branchen (wie z. B. Bildung, Gesundheit etc.) ist es unüblich von „Produkt“ zu sprechen. Deswegen werden nun durchgehend die Begriffe „Produkte und Dienstleistungen“ als Paar verwendet. Die „Prozessergebnisse“ werden nun entsprechend als „Ergebnisse“ bezeichnet.
- **„Qualitätsmanagementsystem“:** In dieser Definition sind die Änderungen nicht gravierend, aber indikativ für wichtige Themen der Revision. Die Definition eines Managementsystems wurde ergänzt als System um „Politiken, Ziele und **Prozesse** zum Erreichen dieser Ziele festzulegen“. Die Prozesse wurden dabei neu in die Definition aufgenommen, das Erreichen der Ziele in den Mittelpunkt gestellt. Ein Qualitätsmanagementsystem ist dann jener **Teil** des Managementsystems bezüglich Qualität. Es wird also nur mehr von einem Managementsystem der Organisation gesprochen, die Aspekte Qualität, Umwelt etc. definieren einen Teil davon.

- **„Kompetenz“:** Die Definition von Kompetenz wurde an jene angepasst, die sich in den vergangenen Jahren in den ISO Normen etabliert hat: „Fähigkeit, Wissen und Fertigkeiten anzuwenden, um beabsichtigte Ergebnisse zu erzielen“. Wichtig dabei ist, dass in der Definition das Wort „dargelegt“ nicht mehr vorkommt. Es geht also nicht mehr um „Zeugnisse“, sondern um „Können“ (vgl. dazu auch Abschnitt 7.2).
- **„Verbesserung“:** In der Vergangenheit hat man nur den Term der „ständigen Verbesserung“ verwendet. Nun wird auch der Begriff „Verbesserung“ allein verwendet. Nicht jede Verbesserung ist eine wiederkehrende Aktivität. Statt „ständiger Verbesserung“ spricht man nun in der deutschen Version von „fortlaufender Verbesserung“, das ist eine Veränderung in der Übersetzung und resultiert aus der Harmonisierung der verschiedenen Normen im Rahmen der „High Level Structure“. Auch die Definition allein schon spiegelt die Ergebnisorientierung wider: Verbesserung wird nun als „Tätigkeit zum Steigern der Leistung“ definiert. In der Vergangenheit wurde die ständige Verbesserung als „wiederkehrende Tätigkeit zur Erhöhung der Eignung, Anforderungen zu erfüllen“ bezeichnet.
- **„Dokumentierte Information“:** In der ISO 9001 löst dieser Begriff, die bisher verwendeten Begriffe „Dokument“, „Aufzeichnung“ etc. ab (vgl. Abschnitt 7.5) und bezeichnet die „Information, die von der Organisation gelenkt und aufrechterhalten werden muss, und das Medium, auf dem sie enthalten ist.“
- **„Interessierte Partei“:** In der Vergangenheit waren das Personen oder Gruppen mit einem Interesse an der Leistung oder dem Erfolg der Organisation. Diese Definition wurde erheblich erweitert, nun sind interessierte Parteien jene Personen oder Organisationen, die eine Entscheidung oder Tätigkeit beeinflussen können, die davon beeinflusst sein können, oder die sich davon beeinflusst fühlen können.

Es werden weitere neue Begriffe im Anforderungstext der ISO 9001:2015 verwendet, wie „Kontext der Organisation“, Führung“, „strategische Ausrichtung“ etc. Diese werden, soweit erforderlich, in den entsprechenden Abschnitten weiter erläutert.

Änderungen im Vergleich zu ISO 9000:2005

Neu: 20 bis 40 %

Die ISO 9000:2015 enthält wesentliche Veränderungen. Die Qualitätsmanagementgrundsätze wurden weiterentwickelt. Die Definitionen wurden angepasst, teilweise inhaltlich verändert und neue Definitionen aufgenommen.

4 Kontext der Organisation

Der Abschnitt 4, „Kontext der Organisation“ enthält Anforderungen für die grundsätzliche Gestaltung eines Qualitätsmanagementsystems. Hier werden die Weichen gestellt: Was ist der Zweck, also die „Mission“ bzw. der „Primary Task“ der Organisation? Was sind die wichtigsten Einflussfaktoren? Wer hat welche Ansprüche und Erwartungen bezüglich der Produkte und Dienstleistungen? Es wird aber auch das Thema der Grenzen des Systems behandelt: Was genau wird mit diesem System umfasst, inklusive der Festlegung, um welche Produkte und Dienstleistungen es sich handelt.

Es wird also dargestellt, welche allgemeinen Anforderungen an das Qualitätsmanagementsystem gestellt werden. Diese werden in den weiteren Abschnitten vertieft und der prozessorientierte Ansatz wird umfassend erläutert.

■ 4.1 Verstehen der Organisation und ihres Kontextes

Die Anforderungen des Abschnitts 4.1 sind in Bild 4.1 in der Übersicht dargestellt. Die Anforderungen selbst sind in Schlagworten im zentralen Rechteck dargestellt. Themen, die dabei zu berücksichtigen sind, bzw. vorgelagerte Anforderungen sind links davon als Pfeile dargestellt. Die Pfeile auf der rechten Seite des Diagramms geben Querverweise auf Abschnitte, bei denen die Norm fordert, dass die Ergebnisse aus den Prozessen und Tätigkeiten dieses Abschnitts in weiterer Folge genutzt werden.

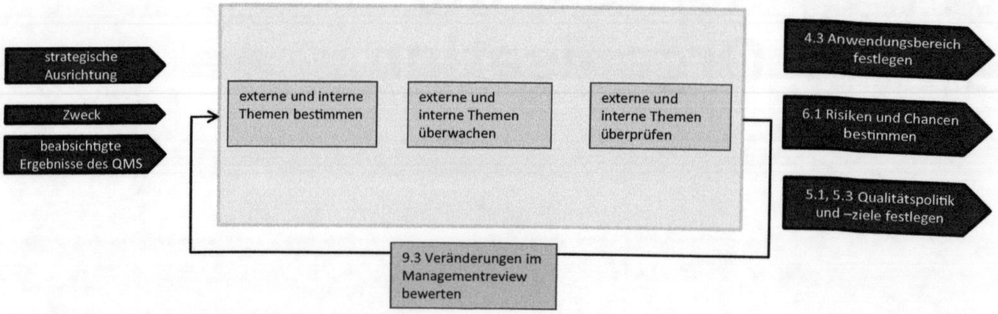

Bild 4.1 Anforderungen des Abschnitts 4.1 im Überblick

Der Abschnitt 4.1 stellt die Anforderung, die wesentlichen internen und externen Themen mit Einfluss auf die Organisation zu bestimmen. Damit schließen die Forderungen der ISO 9001:2015 sehr viel stärker an die Strategie der Organisation an, als dies in der Vergangenheit der Fall war. Daher sind sowohl der Zweck der Organisation als auch die strategische Ausrichtung explizit zu berücksichtigen, um die für diese beiden Gestaltelemente relevanten externen und internen Themen bestimmen zu können, die gleichzeitig wesentlichen Einfluss auf die Gestaltung des Qualitätsmanagementsystems (QMS) nehmen.

Damit gilt es strategische Führung und Qualitätsmanagementsystem durchgängig zu verbinden.

Normenauszug ISO 9001:2015:

Die Organisation muss externe und interne Themen bestimmen, die für ihren Zweck und ihre strategische Ausrichtung relevant sind und sich auf ihre Fähigkeit auswirken, die beabsichtigten Ergebnisse ihres Qualitätsmanagementsystems zu erreichen ...

Die Analyse der externen und internen strategischen Einflussfaktoren ist keine einmalige Aufgabe: die Organisation muss diese Themen „überwachen und überprüfen", also laufend darauf achten, wo wesentliche Änderungen passieren, und dass diese in die Gestaltung des QMS und der Prozesse mit einfließen. Dieses andauernde Hinsehen auf veränderte Rahmenbedingungen ist auch deswegen in Zukunft vermehrt notwendig, weil in einer hoch technologischen, vernetzten und globalen Wirtschaft Umfeldbedingungen sich zunehmend rascher und unvorhersehbarer verändern.

In der Strategiearbeit lauten die Kernfragen: Wie ist die Marktsituation? Was kann ich leisten? Wo stehe ich im Vergleich zu anderen? Wo will ich hin? In Bezug auf das Thema Qualität fokussieren die Fragen auf: Was will ich dem Kunden anbieten? Was brauche ich dazu? Was beeinflusst meine Fähigkeiten, die Anforderungen zu erfüllen?

Die Antworten auf diese Fragen legen die Basis für die Gestaltung des Qualitätsmanagementsystems fest: Dies wird also für jede Organisation anders aussehen und das QMS wird sich – wenn sich die Umfeldbedingungen ändern – auch entsprechend verändern müssen, z. B. ablesbar an den QMS-Zielsetzungen.

Änderungen im Vergleich zu ISO 9001:2008

Neu: 80 bis 100 %

Dieser Abschnitt ist als Anforderung neu. In der Version ISO 9001:2008 wurde dieser Ansatz in der Einleitung, die aber keinen normativen Charakter hat, erläutert: „Gestaltung und Verwirklichung eines QMS einer Organisation werden beeinflusst durch das Umfeld der Organisation, Änderungen in diesem Umfeld und die mit diesem Umfeld verbundenen Risiken, …“ (ISO 9001:2008, Abschnitt 0.1). Hier wird auch schon die Verbindung zur Identifikation der Risiken formuliert, die wir nun in der Ausgabe 2015 als Anforderung wiederfinden.

Umsetzung

Die Verbindung zwischen Strategiearbeit und Gestaltung des Qualitätsmanagementsystems ist in Zukunft ein zentrales Element. Umfeldanalysen werden derzeit schon oft im Bereich „Marketing“, „Vertrieb“ oder „Business-Development“ angesiedelt und sind auch aufgrund ihrer strategischen Bedeutung nur im Kreis der Ersteller und der Führung zugänglich. In größeren Organisationen wird diese geforderte Verbindung von Strategiearbeit und Qualitätsmanagementsystem-Etablierung eine große Herausforderung für die Organisationen in Bezug auf Transparenz und Informationsverfügbarkeit darstellen. In kleinen und mittleren Unternehmen (KMU) sind oft noch keine systematischen Vorgangsweisen zur Bestimmung des Kontexts etabliert, hier gilt es, eine zweckdienliche Vorgangsweise zu finden, die auch die Strategiearbeit nutzenbringend unterstützt. Wo möglich, sollten bestehende Vorgangsweisen verwendet bzw. adaptiert werden, um diese Anforderungen umzusetzen. Dabei sollte auch die Informationsweitergabe und Einbindung von Personen diskutiert werden. Eine zusätzliche, rein im Qualitätsmanagement angesiedelte Umfeld- bzw. Organisationsanalyse kann nicht empfohlen werden.

Für die Umsetzung gibt es eine Reihe von bewährten Methoden. Diese sind für die „externen Themen“ unter dem Überbegriff „Umfeldanalysen“ zu finden, für die internen Themen am ehesten unter dem Begriff „Organisationsanalysen“.

Für die Erarbeitung des Kontexts bieten sich vielfältige Methoden, abhängig von der Art und Größe der Organisation, an (vgl. Tabelle 4.1).

Tabelle 4.1 Methodenvorschläge zur Erarbeitung des Kontexts. Die Symbole „+“ kennzeichnen, dass diese Methoden additiv zu jenen von Kleinbetrieben eingesetzt werden können.

Organisationstypus	Was angewendet werden kann
Kleinstorganisation, kleine Vereine	Erarbeiten im Team und jährliches Update der wichtigsten Themen im Team.
Kleine und mittlere Unternehmen (KMU)	▪ SWOT-Analyse: Stärken-Schwächen fokussieren auf intern, Chancen/Gefahren fokussieren auf extern, ▪ Durchführung einer Umfeld- und Organisationsanalyse (sinnvoll alle drei Jahre), ▪ Analyse (auch SWOT oder Umfeldanalyse) unter Anwendung der Five Forces (vgl. Abschnitt 4.2), ▪ Mitbewerberanalysen, ▪ regelmäßige (Strategie-)Meetings, in denen auch sichergestellt ist, dass die Ergebnisse der Umfeldanalysen in konkrete Maßnahmen münden.
Industrieunternehmen, öffentliche Verwaltung etc.	▪ regelmäßige (üblich alle drei Jahre) quantitative und qualitative Befragungen der interessierten Parteien und Einbindung der Ergebnisse in den KVP-Prozess und das Managementreview, ▪ eventuell regelmäßige Stakeholderdialoge durchführen, ▪ Analysen zu Wertketten, Kernkompetenzen, Ressourcen etc.

Methodenbeispiel: PEST/STEP oder PESTEL

Um in einer Umfeldanalyse die wichtigsten Kategorien systematisch zu betrachten, ist es empfehlenswert, ein Modell zu verwenden, in dem das Team in der Erhebungssystematik unterstützt wird. Die gängigsten Methoden basieren auf der „PEST“- oder „STEP“-Methode: die Buchstaben der Akronyme stehen dabei für die Kategorien von Faktoren, die berücksichtigt werden (**s**oziokulturelle, **t**echnologische, ökonomische (im englischen **e**conomic) und **p**olitische Faktoren):

- **soziokulturelle Faktoren**, zu denen harte Fakten wie Bildung und Einkommensverteilung ebenso zählen wie weiche Einflussgrößen, etwa Werte und Lebensstile,
- **technologische Faktoren** wie Forschung, neue Produkte und Prozesse, Produktlebenszyklen und staatliche Forschungsausgaben,
- **ökonomische Faktoren** wie Wirtschaftswachstum, Inflation, Wechselkurse, Arbeitslosigkeit und Konjunkturzyklen,
- **politische Faktoren** wie rechtliche Vorgaben, aber auch die politische Stabilität eines Landes, Handelshemmnisse, Förderungen und Subventionen oder Sicherheitsaspekte.

Für Organisationen, die auch andere Managementsysteme integriert haben bzw. ressourcenintensiv arbeiten, ist es empfehlenswert, die Kategorisierung zu verfeinern und die rechtlichen und ökologischen Aspekte (legal/environmental Aspects) getrennt zu betrachten. Dies wird als „PESTEL-Analyse“ bezeichnet:

- **ökologische („ecological“) Faktoren** wie Ressourcenverfügbarkeit (Energie, Rohstoffe), Umweltbelastung, Umweltbewusstsein, Recycling,
- **rechtliche Faktoren** wie Gesetzgebung, Wettbewerbsvorschriften, lokale Behörden, Rechtssicherheit, normative Regeln (z. B. ISO Zertifizierungen etc.).

Diese Faktoren können in Form einer Liste erarbeitet werden (vgl. Bild 4.2) oder schon in diesem Schritt einer Erstanalyse unterzogen werden (vgl. Bild 4.3). Erkenntnisse aus der Umfeldanalyse können als Grundlage für eine Bewertung mittels der **Issue-Impact-Matrix** verwendet werden. Dabei werden die Themen nach der Wahrscheinlichkeit des Eintrittes und nach der Auswirkung auf die Organisation, in eine hohe, mittlere oder niedrige Priorität zugeordnet.

	Umfeldfaktor	Bedeutung für uns	Auswirkungen für unsere Zukunft
1.			
2.			
3.			
4.			

Bild 4.2 Einfache Analysetabelle für das Festhalten von bestimmenden Umfeldfaktoren (vgl. Kerth 2015)

		Einfluss auf das Unternehmen		
		hoch	mittel	gering
Wahrscheinlichkeit der Entwicklung	hoch	hohe Priorität	hohe Priorität	mittlere Priorität
	mittel	hohe Priorität	mittlere Priorität	geringe Priorität
	gering	mittlere Priorität	geringe Priorität	geringe Priorität

Bild 4.3 Issue-Impact-Matrix zur Bewertung der Umweltfaktoren

Oft gefragt – FAQs

Wie können Organisationen den Kontext erfassen?

Dazu gibt es keine Vorgaben in der ISO 9001:2015. Die Methode wird je nach Organisation (Größe, Komplexität, Komplexität und Dynamik des Umfeldes) zu bestimmen sein.

Welche Methoden können Organisationen einsetzen, um den Kontext der Organisation und die interessierten Parteien zu erfassen?

Typische Methoden, bezogen auf den externen Kontext, sind SWOT (Stärken-Schwächen-Analyse: Strength, Weakness, Opportunity, Threats), STEP-Analyse, Stakeholderanalysen, Umfeldebenenmodell und Analysen, die auch den internen Kontext (z. B. Wertketten, Ressourcen oder Unternehmenskultur) beinhalten, sind Audits und Assessments. Meist werden die externen und internen Themen in Strategiemeetings oder Workshops aktualisiert und üblicherweise auch dokumentiert bzw. protokolliert. Im Rahmen der Strategiearbeit wird dann aus diesen Informationen die strategische Stoßrichtung abgeleitet. Dieser Schritt ist aber als Forderung in der ISO 9001 nicht enthalten.

Welche Bedeutung hat der Kontext für ein Kleinstunternehmen?

Für ein Kleinstunternehmen, beispielsweise eine Gärtnerei, kann dies die geänderte Mitbewerbersituation oder geänderte Rechtsvorgaben sein (externer Kontext) oder die Nachfolgeplanung (interner Kontext). Der Einsatz von spezifischen Methoden wird hier nicht erforderlich.

■ 4.2 Verstehen der Erfordernisse und Erwartungen interessierter Parteien

Friedrich Smida

Im Abschnitt 4.2 geht es darum, Anforderungen von „interessierten Parteien“ zu berücksichtigen.

Interessierte Parteien sind jene Personen oder Organisationen, die „eine Entscheidung oder Tätigkeit beeinflussen können, die davon beeinflusst sein können oder die sich davon beeinflusst fühlen können“, entsprechend der neuen Definition des Begriffs in der ISO 9000:2015. Die Anforderung der Berücksichtigung der interessierten Parteien ist – ebenso wie die Berücksichtigung des Kontextes – ein Schulterschluss mit der strategischen Ausrichtung der Organisation. Dabei geht es nicht um einen umfassenden Stakeholderansatz, sondern um relevante Anforderungen von relevanten interessierten Parteien, also solchen Anforderungen, die unmittelbar auf das Qualitätsmanagementsystem bzw. die Produkte und Dienstleistungen Einfluss haben (vgl. Bild 4.4).

Dieser Ansatz ist in der ISO 9001 neu, jedoch ist die Berücksichtigung der Erfordernisse und Erwartungen der interessierten Parteien schon in der ISO 9004:2009 eine Empfehlung für den nachhaltigen Erfolg einer Organisation.

Zwischen dem „Kontext der Organisation“ und den „interessierten Parteien“ besteht ein enger Zusammenhang. Die direktesten Umfeldeinflüsse sind ja genau jene, aus dem nahen Umfeld der Organisation, also durch Organisationen, mit denen man in einer Geschäftsbeziehung, unter organisatorischem Einfluss (z. B. Eigentümer) oder im Mitbewerb steht. Rechtliche Rahmenbedingungen werden oft durch die Behörde, die in diesem Zusammenhang interessierte Partei ist, kommuniziert oder überwacht. Technologische Faktoren spiegeln sich in den Anforderungen von Kunden oder den Fähigkeiten von Lieferanten wider.

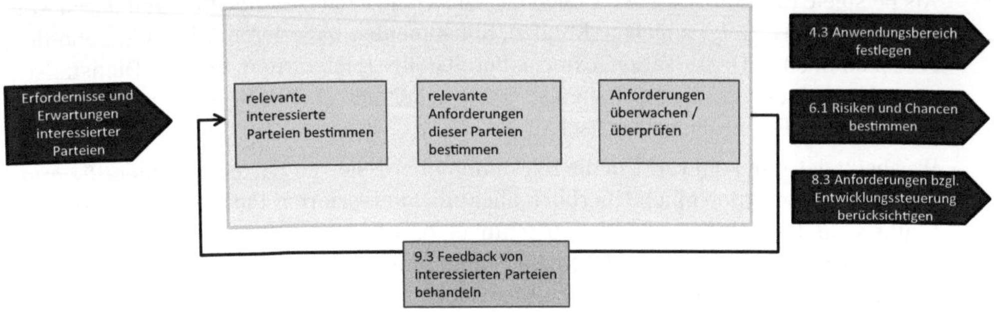

Bild 4.4 Anforderungen des Abschnitts 4.2 im Überblick

Die Auswahl der relevanten interessierten Parteien obliegt der Organisation. Es geht also nicht um einen generellen Stakeholderansatz, sondern um die Berücksichtigung jener interessierten Parteien, die entweder Einfluss auf Produkte oder Dienstleistungen haben bzw. von deren Gebrauch betroffen sind. Anforderungen, die von einer relevanten interessierten Partei gestellt werden und die die Organisation als nicht relevant einstuft, müssen ebenfalls nicht berücksichtigt werden. Auch hier geht es um die „relevanten" Anforderungen, also wieder um jene, welche primär das Produkt bzw. die Dienstleistung betreffen.

Diese doppelte Einschränkung kann an einem Beispiel erläutert werden. Die Behörde, welche eine Produktionsanlage genehmigt, wird für das Qualitätsmanagementsystem als relevant eingestuft werden. Äußert jedoch diese gleiche Behörde Anforderungen bezüglich der Abwässer, so wäre das eine für das Qualitätsmanagementsystem nicht relevante Anforderung. Im Rahmen eines integrierten Managementsystems sind diese Anforderungen allerdings relevant.

Wie kann nun eine Organisation entscheiden, welche interessierten Parteien bzw. welche von deren Anforderungen „relevant" sind?

Normenauszug ISO 9001:2015:

Aufgrund ihrer Auswirkung bzw. ihrer potenziellen Auswirkung auf die Fähigkeit der Organisation zur beständigen Bereitstellung von Produkten und Dienstleistungen, die die Anforderungen der Kunden und die zutreffenden gesetzlichen und behördlichen Anforderungen erfüllen, muss die Organisation:

- die interessierten Parteien, ...
- die ... Anforderungen dieser interessierten Parteien

bestimmen.

Diese Anforderungen reflektieren auch die in der ISO 9000:2015 beschriebenen Qualitätsmanagementprinzipien und im Besonderen die Qualitätsmanagementprinzipien Kundenorientierung und Beziehungsmanagement.

Als Beispiele für interessierte Parteien lassen sich, je nach Organisation und deren Kontext, folgende Vertreter angeben: Kunden, Konsumenten bzw. deren Vertreter, Behörden, Personen in einer Organisation, externe Bereitsteller (Lieferanten, externe Dienstleister etc.), Vereinigungen, normschaffende Stellen, Partner (Forschung, Geschäftspartner etc.), Banken, Eigentümer, Gesellschaft etc.

Was heißt das nun konkret? Um die relevanten interessierten Parteien zu identifizieren, muss die Organisation einen Überblick über alle interessierten Parteien haben: Wer hat Einfluss auf die Produkte und Dienstleistungen bzw. wer ist von diesen betroffen? Wenn diese interessierten Parteien identifiziert sind, müssen dann deren relevante Anforderungen bestimmt werden, also nicht alle, sondern nur jene, die auf Produkte und Dienstleistungen Einfluss haben.

Betrachten wir die interessierten Parteien, so ist klar, dass eine Organisation Anforderungen von Eigentümern zu berücksichtigen hat, aber im Rahmen der ISO 9001 wären nur die relevant, in denen die Eigentümer Aussagen zu den Produkten und Dienstleistungen machen.

Mitarbeitende der Organisation sind aber wesentlich bei der Festlegung von Anforderungen bzw. Merkmalen, da sie die Produkt- und Dienstleistungsqualität direkt durch ihre Leistung beeinflussen.

Tabelle 4.2 zeigt zwei Beispiele für relevante Anforderungen.

Tabelle 4.2 Beispiele für relevante Anforderungen interessierter Parteien

Interessierte Partei	Anforderung	Maßnahme/Umsetzung	Dokumentierte Information
Lieferant	Abnahme der Menge des Rahmenvertrages	Einholung der Zusicherung der Abnahme beim Kunden	Vertrag
Mitarbeitende	Gesetzliche Ruhezeiten	Einsatzplanung für Bürobesetzung	Dienstplan

Änderungen im Vergleich zu ISO 9001:2008

Neu: 80 bis 100 %

Dieser Abschnitt ist als Anforderung neu. In der Version ISO 9001:2008 wurde dieser Ansatz in der Einleitung (0.3 Beziehung zu ISO 9004) erläutert und darauf hingewiesen, dass die ISO 9004 das Qualitätsmanagementsystem in einem weiter gefassten Rahmen, in dem es die Erfordernisse und die Erwartungen **aller** interessierten Parteien und deren Zufriedenheit durch die systematische und ständige Verbesserung der Leistung der Organisation berücksichtigt, betrachtet.

Umsetzung

Nachdem die Bestimmung der interessierten Parteien und des Kontextes in engem Zusammenhang stehen, ist es empfehlenswert, die beiden Themen gemeinsam zu betrachten. Konkret können die relevanten interessierten Parteien im Rahmen der Umfeldanalyse (vgl. Abschnitt 4.1) bestimmt werden. Dabei werden einerseits das „weite" oder globale Umfeld und andererseits das „nahe" (in Organisationsnähe liegende) Umfeld betrachtet. Die relevanten interessierten Parteien, werden eher im „nahen" Umfeld zu finden sein. Für die Festlegung der relevanten interessierten Parteien bieten sich vielfältige Methoden, abhängig von der Unternehmensart und -größe, an (vgl. Tabelle 4.3).

Tabelle 4.3 Methodenvorschläge für die Festlegung der interessierten Parteien

Organisationstypus	Was angewendet werden kann
Kleinstorganisation, kleine Vereine	Erarbeiten der relevanten Parteien mittels Kreativitätstechniken im Team und periodisches Update (erneutes Hinterfragen der Relevanz).
Kleine und mittlere Unternehmen (KMU)	Neben dem Einsatz von Kreativitätstechniken, können Expertenbefragungen durchgeführt werden (z. B. Mitarbeitende mit Schnittstellen nach außen). Durchführung einer Analyse des engeren ökonomischen Umfeldes (Wettbewerbsanalyse und Konkurrenzanalyse) z. B. unter Anwendung der Five Forces.
Industrieunternehmen, öffentliche Verwaltung etc.	Einführen und Umsetzen des Prozesses des strategischen Managements, indem die interessierten Parteien mit betrachtet werden.

Methodenbeispiel

Neben dem Einsatz von Kreativitätstechniken, wie Brainstorming, Brainwriting, Affinitätsdiagramme oder Expertenbefragungen (Delphi-Methode), kann die Untersuchung der Wettbewerbskräfte nach Michael Porter (Five Forces) als eine aus dem strategischen Management abgeleitete Methode, als Basis zur Untersuchung der interessierten Parteien und somit zur Festlegung der Relevanz angewendet werden.

Um als Organisation wettbewerbsfähig zu bleiben, hat Porter (1980) die Strategiearbeit auf das, was um die Organisation herum geschieht, konzentriert und aus diesen Ergebnissen sein Modell der fünf Wettbewerbskräfte (Five Forces) als Basisinstrument entwickelt (Bild 4.5). Die fünf Wettbewerbskräfte, die Porter identifizierte, sind:

1. die Verhandlungsmacht der Abnehmer,
2. die Verhandlungsstärke der Lieferanten,
3. die Bedrohung durch Substitutionsprodukte,
4. die Bedrohung durch potenzielle Konkurrenten und
5. der bracheninterne Wettbewerb.

Die Stärke der Kräfte ist von Branche zu Branche unterschiedlich. Sie beeinflussen aber die Preisgestaltung, die Kosten (für Ressourcen) und die Investitionstätigkeit (-notwendigkeit) einer Organisation.

Bild 4.5 Five Forces (in Anlehnung an Porter 1980)

Zusätzlich zu den dargestellten fünf Wettbewerbskräften weist Porter auf zwei weitere wichtige Kräfte hin (Lombriser/Abplanalp 2005, S. 105):

- **Die Verhandlungsstärke der Arbeitnehmer** und der Gewerkschaften beeinflusst die Gewinnerwartungen von Eigentümern. Bei einem Mangel an hochqualifizierten Arbeitskräften besteht zusätzlich ein erhöhtes Erfordernis, auf individuelle Erwartungen von Arbeitnehmern einzugehen, um erforderliche Kompetenzen an das Unternehmen zu binden.
- **Staatliche Maßnahmen** können in einer Branche wirksam werden, in der der Staat Abnehmer von Gütern ist und er den Wettbewerb durch staatliche Maßnahmen (Gesetze, Subventionen, Förderungen, Steueranreize usw.) beeinflusst.

Neben den von Porter dargestellten interessierten Parteien sollten auch die Eigentümer (Eigentümerstruktur), Banken (Kreditgeber), Anrainer (Nachbarn) und die Gesellschaft im Allgemeinem bezüglich möglicher relevanter Anforderungen betrachtet werden.

Auch wenn das Modell von Porter keine vollständige Stakeholderanalyse definiert, so bildet es ein gutes Gerüst, um die Anforderungen der ISO 9001:2015 an eine Umfeldanalyse und die Betrachtung der interessierten Parteien in Abstimmung mit der strategischen Ausrichtung abzudecken. Es ist zweckmäßiger, die Umsetzung der Anforderungen in diesen strategischen Managementprozess zu integrieren.

Oft gefragt – FAQs

Welche relevanten interessierten Parteien müssen von der Organisation festgelegt werden?

Als relevant werden jene interessierten Parteien definiert, die unmittelbar für das Qualitätsmanagementsystem bedeutsam sind. Das heißt all jene, die die Fähigkeit der Organisation beeinflussen, die Anforderungen der Kunden bezüglich Produkten und Dienstleistungen zu verstehen und diesen Anforderungen zu entsprechen. Das sind neben den Kunden z. B. auch Endkunden, Konsumenten, Lieferanten, Partner, Händler, Regulatoren/Gesetzgeber. Es ist nicht notwendig, alle interessierten Parteien oder deren Anforderungen (zum Beispiel jene, die von Geldgebern bestimmt werden, bzw. Anforderungen zum Thema Umweltauswirkungen, Datensicherheit, Mitarbeiterschutz etc.) festzulegen.

Die Organisation muss die Informationen über diese interessierten Parteien und deren relevanten Anforderungen überwachen und überprüfen." Was ist konkret damit gemeint? Wie soll das gehen?

„Überwachen" ist hier die Übersetzung von „to monitor". Dieser Begriff beschreibt besser, was zu tun ist. Also: Laufend darauf zu schauen, ob und in welcher Form sich diese Anforderungen der interessierten Parteien ändern.

„Überprüfen" ist die in der deutschen Norm verwendete Übersetzung von „to evaluate", also im Sinn von „bewerten": Hier ist gemeint, dass man die Änderungen bewertet, angibt, welche Auswirkungen diese auf das Qualitätsmanagementsystem oder konkret auf die Produkte und Dienstleistungen haben bzw. was die Veränderung in Bezug auf „Risiken und Chancen" bedeutet, oder ob der „Anwendungsbereich" angepasst werden muss.

Wie weit müssen Umweltaspekte bezogen auf die interessierten Parteien ermittelt werden?

Umweltaspekte sind für die ISO 9001 nicht „relevant", sondern nur für die ISO 14001. Eine Berücksichtigung ist nur dann notwendig, wenn die Lieferfähigkeit beeinflusst wird oder diese Aspekte Kundenanforderungen sind oder ein ausgewiesenes Leistungsmerkmal (Werbung) darstellen.

Wie müssen die Erfordernisse und Erwartungen der interessierten Parteien an das QM-System dokumentiert werden?

Es gibt keine Anforderung, dass dokumentierte Information vorliegen muss. In den meisten Fällen wird dokumentierte Information schon im Erarbeitungsprozess entstehen (ein Protokoll, eine Recherche etc.) Auch wird in vielen Fällen eine Dokumentation notwendig sein, damit die erarbeitete Information dann auch entsprechend verwendet werden kann, wie z. B. bei der Bestimmung von Chancen und Gefahren (siehe auch 4.3, 6.1 oder 8.2) oder damit eine Überwachung und Überprüfung (also Feststellung von Änderungen und deren Bewertung) überhaupt möglich ist. Bei Kleinstorganisationen könnten die Verhältnisse so einfach sein, dass eine Dokumentation nicht erforderlich ist.

4.3 Festlegen des Anwendungsbereichs des Qualitätsmanagementsystems (QMS)

Ein umfassendes QMS muss alle Einflüsse und Aktivitäten erfassen, die wesentliche Auswirkungen auf die Wirksamkeit des Systems haben. Daher verlangt die ISO 9001:2015 den Anwendungsbereich des QMS an diesen wesentlichen Faktoren auszurichten. (Dies sind die internen und externen Faktoren des Kontexts der Organisation, Anforderungen interessierter Parteien sowie Produkte und Dienstleistungen.) Diese Faktoren stehen in Wechselwirkung zu den vom QMS umfassten Aktivitäten (z. B. Umgang mit Risiken und Chancen, Zielen, operativen Prozessen). Daher macht es Sinn, den Anwendungsbereich des QMS an diesen Erfolgsfaktoren zu orientieren. Manche, vor allem interne Faktoren, wie etwa die Kompetenz der Mitarbeitenden, die Aufbauorganisation, die Produktivität der Organisation oder die Entwicklung von Produkten und Dienstleistungen, können durch die Organisation selbst beeinflusst werden. Andere, vor allem externe Faktoren hingegen, wie beispielsweise gesetzliche Regelungen, der Ölpreis oder der Dollarkurs, sind durch die Organisation vielleicht gar nicht beeinflussbar, können aber dennoch äußerst kritisch für die Erfüllung von Anforderungen, insbesondere Kundenanforderungen sein und sind daher für die Bestimmung des Anwendungsbereiches wesentlich.

Bei der Festlegung des Anwendungsbereiches müssen folgende drei Themen berücksichtigt werden:

- **externe und interne Themen** (4.1) der Organisation: Wie interagiert sie mit dem Umfeld? Was ist der Zweck meiner Organisation, wie sieht ihre strategische Ausrichtung aus? Was sind die für Zweck und strategische Ausrichtung relevanten internen und externen Faktoren? Welchen Einfluss haben sie auf unsere Fähigkeit, Kundenanforderungen zu erfüllen bzw. die Kundenzufriedenheit zu steigern? Welche Tätigkeiten werden in der Organisation abgedeckt? Welche Kompetenz und Leistungsfähigkeit ist vorhanden?
- **die Anforderungen der relevanten interessierten Parteien** (4.2): Wer sind diese Parteien und welche ihrer Anforderungen sind für die eigene Geschäftstätigkeit bzw. das Qualitätsmanagementsystem wesentlich? Mit wem arbeite ich zusammen, dessen Aktivitäten im Sinne verteilter bzw. outgesourcter Prozesse oder Funktionen zu integrieren sind? Welche interessierten Parteien haben wesentlichen Einfluss auf die Fähigkeiten meiner Organisation, konforme Produkte und Dienstleistungen zu erstellen bzw. die Kundenzufriedenheit zu steigern?
- **die Produkte und Dienstleistungen der Organisation:** Welche Produkte und Dienstleistungen bietet die Organisation an? Alleine, mit Partnern, externen Anbietern, Zulieferern usw.? Welche Produkte und Dienstleistungen sollen im Rahmen des QMS erstellt werden? Wie sind die Prozesse zur Erstellung dieser Produkte und Dienstleistungen hinsichtlich Bereitstellung, Verantwortung etc. definiert?

Dass die Produktion und Dienstleistungserbringung der Organisation zum Anwendungsbereich gehören, liegt auf der Hand, gemäß ISO 9001:2015 ist der Anwendungsbereich des QMS aber umfassender zu verstehen. Denn es sind auch alle relevanten internen und externen Faktoren („issues“) (vgl. Abschnitt 4.1) sowie die Anforderungen aller relevanten interessierten Parteien (vgl. Abschnitt 4.2) zu berücksichtigen. Dies bedeutet, dass neben den wertschöpfenden Prozessen auch alle jene Prozesse aufzunehmen sind, die im Sinne des Kontexts der Organisation bzw. der relevanten Anforderungen der interessierten Parteien Einfluss auf die Fähigkeit der Organisation haben können, die angestrebten Ergebnisse des QMS zu erzielen.

Für die Produkte und Dienstleistungen, deren Erstellung das QMS umfasst, muss die Organisation alle innerhalb des festgelegten Anwendungsbereiches zutreffenden Anforderungen der ISO 9001:2015 auch tatsächlich anwenden. Falls die Organisation behauptet, dass eine Anforderung für den definierten Anwendungsbereich nicht zutreffend sei, muss sie dies begründen und dokumentieren. Dieses Prinzip bedeutet eine Art „Beweislastumkehr“.

Es ist nicht möglich, Themen nur weil sie nicht am Standort oder in diesem Rechtskörper durchgeführt werden, als „nicht zutreffend“ einzustufen. Dies ist die Schlüsselbotschaft in diesem Anforderungsabschnitt. Eine Organisation kann nicht einfach, z. B. weil es ihr zu viel Aufwand ist, etwas aus dem System ausklammern, das dem Kunden zwar geboten wird, sie aber im System nicht verankern möchte.

Es kann einzelne Anforderungen geben, die nicht anwendbar sind. Ein konkretes Beispiel ist die Kalibrierung von Ressourcen zur Überwachung und Messung: Wenn keine Messmittel mit entsprechender Genauigkeit für die Feststellung der Konformität von Produkten und Dienstleistungen erforderlich sind, sind diese Anforderungen auch nicht zutreffend (vgl. 7.1.5.2). Das heißt aber nicht, dass der gesamte Abschnitt 7.1.5 als „nicht zutreffend“ eingestuft werden kann.

Der Anwendungsbereich muss als dokumentierte Information verfügbar sein und aktuell gehalten werden. In dieser Dokumentation müssen die Produkte und Dienstleistungen, die unter das QMS fallen, angegeben sein, und stichhaltige Begründungen für jene Anforderungen gegeben werden, die von der Organisation als nicht zutreffend eingestuft werden.

Konformität mit der ISO 9001:2015 kann nur dann erreicht werden, wenn die in gerechtfertigter Weise als „nicht zutreffend“ erklärten Anforderungen nicht die Fähigkeit oder die Verantwortung der Organisation beeinträchtigen, die Konformität von ihren Produkten und Dienstleistungen sowie die Erhöhung der Kundenzufriedenheit sicherzustellen. Dies ist in der dokumentierten Information entsprechend zu belegen.

Änderungen im Vergleich zu ISO 9001:2008

Neu: 20 bis 40 %

Auch wenn dieser Abschnitt in dieser Form neu ist, waren die wesentlichen Inhalte schon in der ISO 9001:2008 enthalten: Ausschlüsse und Anwendbarkeit im Abschnitt 1.2, die Dokumentationsanforderungen im Abschnitt 4.2.2.

Neu ist, dass Ausschlüsse in dieser Form nicht mehr möglich sind, dafür wurde das Konzept der „nicht zutreffenden“ Anforderungen neu geschaffen. In der Dokumentation sind nun auch die Produkte und Services anzuführen, die vom Anwendungsbereich umfasst sind.

Umsetzung

Es gibt viele Organisationen, die nicht alle relevanten Prozesse selbst durchführen. Durch die Spezialisierung sind viele Organisationen in vielfältigen Netzwerken eingebettet, ob dies nun Lieferketten, verflochtene Organisationsstrukturen oder Partnerschaften sind. Damit kommt der Festlegung des Anwendungsbereichs ein besonderes Augenmerk zu.

Die Festlegung des Anwendungsbereichs kann durch folgende Fragen unterstützt werden:

- Wen und was benötigen wir, um von unseren Kundenerwartungen über die Festlegung von Anforderungen bis zu unserem Produkt und hin zum zufriedenen Kunden zu kommen?
- Wen und was benötigen wir, um die Anforderungen dieser Norm zu erfüllen?
- Welche externen Faktoren werden wie gesteuert? Wie sichern wir ab, dass diese Faktoren keine negativen Einflüsse auf unsere Fähigkeit zur Erfüllung von Kundenanforderungen haben?
- Welche Prozesse benötigen wir, um die Kundenzufriedenheit zu steigern und entsprechende Trends zu berücksichtigen?

Oft gefragt – FAQs

Wie kann eine sehr kleine Organisation nachweisen, dass bei der Festlegung des Anwendungsbereichs der Kontext und die Anforderungen der interessierten Parteien in Betracht gezogen wurden?

Die Kernfrage ist jene, ob die Einflüsse dieser wichtigen Faktoren wirksam im System abgebildet sind. Wird etwas innerhalb der Organisation geleistet oder wird das extern durchgeführt? Inwieweit sind diese Themen dann über ausgelagerte Prozesse abgebildet? Diese Kernfragen sollten von der Organisation beantwortet werden können.

Sind Ausschlüsse erlaubt?

Nein, pauschale Ausschlüsse von Normforderungen sind nicht möglich. Allerdings besteht die Möglichkeit, dass spezifische Normforderungen „nicht zutreffend" sind. Wenn eine bestimmte Anforderung aufgrund der Natur einer Organisation nicht anwendbar ist, dann kann diese Anforderung (z. B. Abschnitt 7.1.5.2) auch nicht angewendet werden. Ganze Abschnitte dürfen aber nicht mehr ausgeschlossen werden. Im Rahmen der ISO 9001:2008 konnte die Entwicklung ausgeschlossen werde. Dies wird bei Zertifizierungen nach ISO 9001:2015 nicht mehr möglich sein (siehe dazu auch Abschnitt 8.3). Wenn einzelne Anforderungen als nicht zutreffend bestimmt werden, so muss dies dokumentiert und begründet werden.

Was ist der Unterschied zwischen Anwendungsbereich und Geltungsbereich?

In der ISO 9001:2015 wird der Begriff Anwendungsbereich verwendet. Im Sinne der Normanwendung ist der Begriff „Geltungsbereich" identisch. Im Englischen wird generell für Anwendungsbereich (Wo wird die Norm angewendet?), Geltungsbereich (Teilaspekte z. B. Standorte) und Tätigkeitsbereich (z. B. EAC, NACE) der Begriff „Scope" verwendet und es wird zwischen beiden Begriffen nicht unterschieden. Auf dem Zertifikat wird der Anwendungsbereich auch in Zukunft mittels positiver Formulierung (gilt für folgende Produkte/Standorte etc.) vorgenommen werden. Zusätzlich ist am Zertifikat auch der Tätigkeitsbereich, üblicherweise als EAC-Scope Nummer, angeführt.

Was ist der Unterschied zwischen Ausschluss und der „nicht zutreffenden Bestimmung" (Nichtanwendbarkeit) in der Normung?

Beide Konzepte werden in der Normung verwendet.

„Nichtanwendbarkeit" gilt für Anforderungen, die für eine Organisation nicht zutreffen. Diese Nichtanwendbarkeit ist bei technischen Standards weit verbreitet und klar verständlich. Wenn ein Bauteil eine gewisse Technologie nicht verwendet, dann sind die entsprechenden Anforderungen bezüglich dieser Technologie nicht anwendbar bzw. nicht zutreffend.

Ausschlüsse bedeuten, dass die Anforderungen anwendbar wären, es aber der Organisation frei gestellt wird, die Anforderungen auszuschließen, also nicht zu erfüllen.

Kann der Anwendungsbereich auf nur ein Produkt oder eine Produktlinie eingeschränkt werden?

Grundsätzlich ja; der Anwendungsbereich kann z. B. nur auf Produkt oder Dienstleistung „XY" eingeschränkt werden und die betroffene Mitarbeiteranzahl wird für die Mindestzeitenrichtlinie herangezogen. Der Kunde muss den Anwendungsbereich entsprechend begründen und dokumentieren (Wo ist die oberste Leitung? Wie werden alle Normforderungen erfüllt? Welche Abteilungen müssen mit einbezogen werden?). Nachdem zur Erfüllung aller Anforderungen viele Abteilungen der Organisation betroffen sind, ist die Frage, ob es Sinn macht, die Zertifizierung auf nur ein Produkt einzuschränken. Zertifiziert wird in diesem Fall die Qualitätsmanagement-Organisation, die das Produkt oder die Dienstleistung „XY" anbietet.

Wir haben eine Konzernmutter, die auch Qualitätsvorgaben gibt. Werden jetzt diese auch auditiert?

Nein, diese werden im Sinne des Kontextes der Organisation betrachtet. Wenn ihr Anwendungsbereich eindeutig nur der zu auditierende Standort ist, dann ist das klar abgegrenzt. Anders ist es, wenn relevante Prozesse des QMS durch die Konzernmutter durchgeführt werde. Dann sind diese mit zu berücksichtigen.

4.4 Qualitätsmanagementsystem und dessen Prozesse

Joseph B. Garscha

Dieser Abschnitt legt den Grundbaustein für das Qualitätsmanagementsystem. Hier sind die allgemeinen Anforderungen formuliert, dass ein System, einschließlich der benötigten Prozesse und ihrer Wechselwirkungen, aufgebaut, verwirklicht, aufrechterhalten und fortlaufend verbessert werden muss. Es muss also festgelegt werden, wie Prozesse ablaufen. Sie müssen gelebt werden. Sie müssen immer wieder überprüft, angepasst und laufend verbessert werden.

In diesem Abschnitt sind auch alle Kernanforderungen zu den Prozessen zusammengefasst. Die Stärkung des prozessorientierten Ansatzes ist ein großes Anliegen dieser Revision. Wesentlich ist auch, dass der Terminus „dokumentierte Verfahren“ nicht mehr existiert und nunmehr durchgängig von Prozessen gesprochen wird und damit die Messbarkeit (sofern zutreffend) der wirksamen Umsetzung von getroffenen Festlegungen/Abläufen/Verfahren in den Vordergrund gerückt wurde.

Einige Punkte in Bezug auf das Prozessmanagement wurden nachgeschärft. Die Anforderungen beinhalten nun:

a) erforderliche Eingaben und erwartete Ergebnisse der Prozesse bestimmen; das ist eine neue Anforderung,

b) Abfolge und Wechselwirkung der Prozesse bestimmen; dies ist bereits in der Revision 9001:2008 enthalten,

c) die Kriterien und Verfahren, die für Steuerung und Durchführung der Prozesse benötigt werden, bestimmen und anwenden. Diese Anforderung ist zwar bereits in der ISO 9001:2008 enthalten, wird aber hier weiterentwickelt. Bei den Verfahren (neue Übersetzung für den englischen Term „methods“) wird angeführt: Verfahren einschließlich Überwachung, Messungen und die damit verbundenen Leistungsindikatoren). Speziell die Leistungsindikatoren sind ein neuer Aspekt. Auch wird hier nicht nur von der Bestimmung der Kriterien und Verfahren gesprochen, sondern auch von der Anwendung;

d) die benötigten Ressourcen bestimmen und die Verfügbarkeit sicherstellen. Auch die Ressourcen sind bereits in der ISO 9001:2008 angesprochen, der Zusatz „und die Verfügbarkeit sicherstellen“ ist neu dazugekommen,

e) Verantwortungen und Befugnisse für die Prozesse zuweisen – eine neue Anforderung,

f) die in Übereinstimmung mit den Anforderungen nach 6.1 bestimmten Risiken und Chancen behandeln; eine neue Anforderung,

g) Prozesse bewerten und jegliche notwendige Änderungen umsetzen, um sicherzustellen, dass die Prozesse ihre beabsichtigten Ergebnisse erzielen; diese Forderung wurde sinngemäß aus Punkt 8.2.3 „Überwachung und Messung von Prozessen“ der ISO 9001:2008 übernommen;

h) die Prozesse und das Qualitätsmanagementsystem verbessern; die Anforderung ist neu in der Aufzählungsliste, aber auch im ersten Satz des Abschnitts 4.4 schon enthalten.

Was in der Darstellung der ISO 9001:2015 neu ist und damit die Norm „konsistenter" und leichter erfassbar als bisher macht, ist diese konzentrierte Zusammenstellung aller Normforderungen zum prozessorientierten Zugang. In der ISO 9001:2008 wurden Anforderungen zum System im Abschnitt 4 und Anforderungen betreffend Messung, Analyse und Verbesserung von Prozessen im Abschnitt 8 festgelegt.

Auch die Anforderung an die Dokumentation hat sich geändert. Während diese in der Ausgabe 2008 im allgemeinen Einleitungssatz „Die Organisation muss ein QMS dokumentieren …" enthalten war, ist nun genauer spezifiziert, was gefordert ist:

Normenauszug ISO 9001:2015:

Die Organisation muss in erforderlichem Umfang:

- dokumentierte Informationen aufrechterhalten, um die Durchführung ihrer Prozesse zu unterstützen;
- dokumentierte Informationen aufbewahren, so dass darauf vertraut werden kann, dass die Prozesse wie geplant durchgeführt werden.

Das heißt, man braucht die notwendigen Vorgabedokumente und Nachweisdokumente für die Durchführung der Prozesse.

Ein großer Vorteil eines prozessorientierten Managementsystems ist, dass damit eine systemische Denkweise unterstützt wird und Zusammenhänge leichter erkannt werden. Dazu ist es erforderlich, die wesentlichen Wechselwirkungen zu erkennen, um diese dann in der Steuerung einsetzen zu können. Das Bestimmen der Wechselwirkung ist eine wichtige Anforderung der ISO 9001:2015 (dies war bereits in der Ausgabe 2008 eine Anforderung).

Wechselwirkungen können über verschiedene Ansätze bestimmt werden. Eine der effektivsten Möglichkeiten stellt das Finden von gemeinsamen Zielen von Prozessen dar. Wenn zwei oder mehr Prozesse zum Teil gleiche Ziele verfolgen, so besteht zwischen diesen Prozessen mit an Sicherheit grenzender Wahrscheinlichkeit eine Wechselwirkung. Dieser Ansatz wird durch die Normforderung ISO 9001:2015, Punkt 4.4.1 c) unterstützt, indem Messungen und zugehörige Leistungsindikatoren gefordert werden. Diese können als Indikatoren für die Prozessziele gewählt werden.

Entsprechend wird für die Umsetzung empfohlen, korrelierende Leistungsindikatoren und Prozessziele zu bestimmen. Damit lassen sich Systemzusammenhänge inklusive Wechselwirkungen leichter erkennen. Man kann so auch auf Veränderungen rascher reagieren und die Wirksamkeit des Managementsystems erhöhen.

Die Forderung der Darlegung der Abfolge der für das QM-System benötigten Prozesse bleibt auch in der ISO 9001:2015 (wie bereits in der ISO 9001:2008) bestehen.

Vielfach wurde in der Vergangenheit als Darlegung der Abfolge der Prozesse eine „Prozesslandkarte“ erarbeitet. Die Prozesslandkarte ist ein probates Instrument, um die Ablauffolge der Prozesse in übersichtlicher Form darzustellen. Eine Wechselwirkung lässt sich aus einer Prozessabfolge (meist als Pfeile dargestellt) jedoch noch nicht ablesen.

Eine grafische Möglichkeit zur Darstellung von Wechselwirkungen von Prozessen findet man in sogenannten Prozessmodellen. Diese sind eine Weiterentwicklung von Prozesslandkarten und werden dazu verwendet, um Wechselwirkungen auf verschiedenen Ebenen darzustellen. Abhängig von der Anzahl der Ebenen und der Komplexität der Prozesse können durch ein Prozessmodell Wechselwirkungen ausreichend beschrieben werden.

Änderungen im Vergleich zu ISO 9001:2008

Neu: 40 bis 60 %

Die Empfehlung „... diese Norm fördert die Wahl eines prozessorientierten Ansatzes für ...“ war schon in der ISO 9001:2008 vorhanden und wurde in der ISO 9001:2015 vertieft.

Dazu sind unter Punkt 4.4 Qualitätsmanagementsystem und dessen Prozesse wesentliche, zusätzliche Anforderungen enthalten, die über jene aus der Ausgabe 2008 (dort Punkt 4.1) deutlich hinausgehen. Speziell sind das die Anforderungen zu Prozesseingaben und -ergebnissen, Messungen und Leistungsindikatoren, Verantwortungen (Prozesseigner), Risiken und Chancen (Abschnitt 4.4.1 Unterpunkte a, c, e, f).

Umsetzung

Wie könnte nun ein Qualitätsmanagementsystem, das auf einem wirksamen Prozessmanagement basiert, gestaltet werden?

Dazu sollten die Anforderungen dieses Abschnitts nicht isoliert betrachtet werden. In einem wirksamen prozessorientierten Qualitätsmanagementsystem werden die Prozesse aus der normativen Ebene (Vision, Mission) und der strategischen Ebene abgeleitet. Dieser Top-down-Ansatz findet sich auch in der ISO 9001:2015 wieder, und kann hier folgendermaßen zusammengefasst werden:

1. Darlegung des Organisationszwecks und Bestimmung der strategischen Ausrichtung basierend auf dem Kontext der Organisation (vgl. ISO 9001:2015 Abschnitt 4).
2. Festlegen der beabsichtigten Ergebnisse, z. B. in Form von strategischen Zielen und aus diesen heruntergebrochen Ziele für das Qualitätsmanagementsystem, bzw. operative Ziele. Nur durch die Festlegung von Zielen, kann die Wirksamkeit und Leistungsfähigkeit des Qualitätsmanagementsystems dann auch bewertet werden. Anmerkung: Die Effizienz, in vielen Organisationen ein wichtiges Prozessziel, wird in der ISO 9001:2015 unter Punkt 0.3 als Konsequenz eines prozessorientierten QMS beschrieben, aber nicht als Forderung formuliert. Forderungen bestehen lediglich betreffend der Wirksamkeit, also der Effektivität. Dies bedeutet, die richtigen Dinge tun und damit die geplanten Ergebnisse erreichen.
3. Identifikation der erforderlichen Prozesse, um diese Zielsetzungen zu erreichen.

4. Herstellen der Verknüpfungen zwischen den einzelnen Zielen und Prozessen und damit die Darlegung der Wechselwirkungen.
5. Erst wenn die für das QMS erforderlichen Prozesse, deren Wechselwirkungen und die zur Wirksamkeitsmessung erforderlichen Ziele festgelegt sind sowie „die Zuweisung von Verantwortungen und Befugnissen" erfolgt ist, sollten weitere Ablaufbeschreibungen und Festlegungen zur Umsetzung getroffen werden.

Diesem Implementierungsansatz folgend wird der „Innenausbau" des Systems erst nach erfolgtem Organisationsdesign umgesetzt. Dieser Zugang kann auch für ein Re-Design, also eine Überarbeitung oder Weiterentwicklung eines bestehenden Systems gewählt werden.

Es wird der Reifegrad der Organisation bestimmend sein, ob sich die Organisation im Gesamtkontext generell der Lern- und Optimierungslogiken aus dem QMS bedient oder nicht. Zudem hat sich mehrfach gezeigt: Je umfassender die Anwendung in der Organisation ist, desto mehr wird diese Form des Denkens und Handelns zur Organisationskultur und damit zur durchgängig gelebten und von allen akzeptierten Praxis.

In den Anfängen der ISO 9001 wurden oft lediglich die unmittelbar mit der Produkt- und Dienstleistungserbringung befassten Prozesse der Organisation in die Methodik und Systematik des Qualitätsmanagementsystems eingebunden. In Managementsystemen mit einer hohen Unternehmensqualität werden heute üblicherweise alle Organisationsprozesse im Managementsystem dargestellt und gesteuert und nicht nur die wertschöpfenden.

Die Abgrenzung, welche Prozesse für das Qualitätsmanagementsystem im Sinne der ISO 9001:2015 benötigt werden sowie deren Anwendung, ist von der jeweiligen Organisation selbst zu treffen. Das stellt in der Substanz keine Neuerung zur ISO 9001:2008 und dem darin gewählten Ansatz dar!

Methodenbeispiele

Die Beispiele sollen den beschriebenen Top-down-Ansatz veranschaulichen. Dabei werden hier nur jene Elemente detaillierter ausgeführt, die direkt mit der Festlegung und Steuerung der Prozesse zusammenhängen.

Wir gehen davon aus, dass zunächst der Kontext der Organisation und die Systemgrenzen sowie aufbauend auf dem Zweck der Organisation die strategische Ausrichtung festgelegt wurden. Darauf aufbauend wurden die Kenngrößen bestimmt, anhand deren die wirksame Umsetzung der strategischen Ziele bewertet werden können. Diese Zusammenhänge sind in Bild 4.6 dargestellt.

Danach ist zu bestimmen, welche Prozesse zur Realisierung der getroffenen Vorgaben erforderlich sind und wo diese in der Organisation anzuwenden sind. In komplexeren Organisationen ist es sinnvoll, die erforderlichen Prozesse in unterschiedlichen Ebenen (Makro-Modellierung des Prozessmodells für die oberste Ebenen, Mikro-Modellierung, also Gestaltung der Details eines einzelnen Prozesses, auf den darunterliegenden Ebenen) darzustellen, damit eine übersichtliche Darstellung gewährleistet ist. In Bild 4.7 sind die Fragen, die in der Prozessmodellierung entscheidend sind, dargestellt. Sie stehen in engem Zusammenhang mit den Anforderungen der ISO 9001:2015: Womit star-

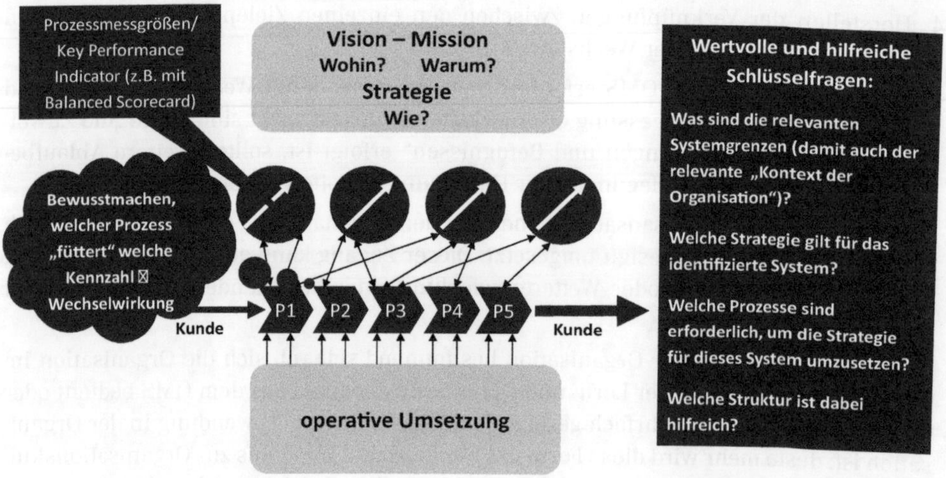

Bild 4.6 Wirkung des Prozessmanagements

tet der Prozess und womit endet dieser? Was sind Input und Output? Was sind die erwarteten Ergebnisse und welche Indikatoren können gemessen werden, damit der Erfolg messbar ist und eine Steuerung möglich ist? Welche Risiken sind mit den erwarteten Ergebnissen verbunden und welche Maßnahmen müssen dafür im Prozess getroffen werden? Welche Wechselbeziehungen gibt es zu anderen Prozessen? Welche Personen sind involviert und verantwortlich? Welche Ressourcen und Dokumentation werden benötigt?

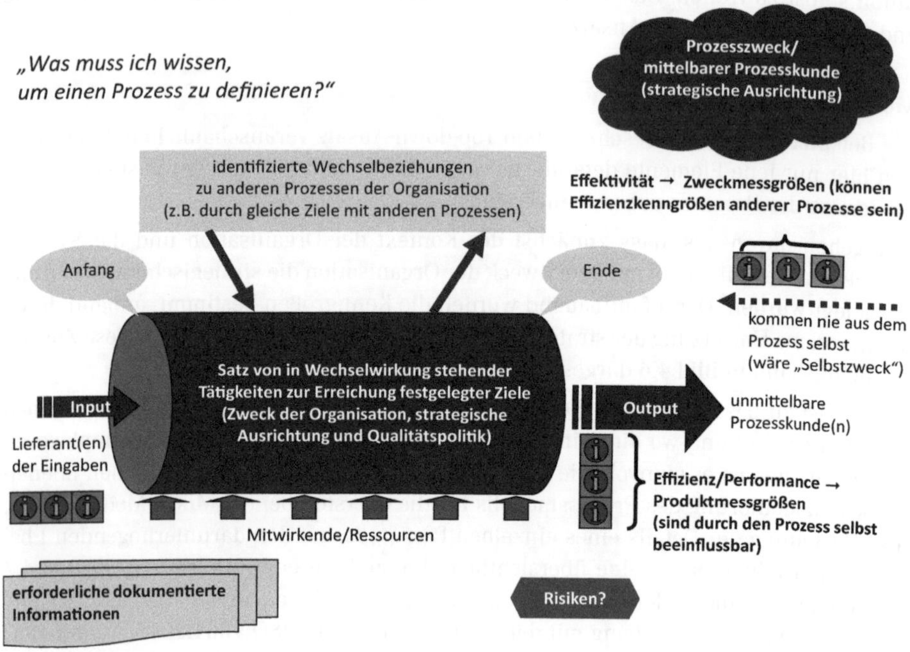

Bild 4.7 Prozessidentifikation

Ein zielführender Ansatz dabei ist, dass zunächst die Prozesse der „obersten Prozesshierarchie“ identifiziert werden. Das sind all jene Prozesse, deren Vorhandensein, die wirksame Umsetzung der Organisationsstrategie auf Basis des Zwecks ermöglichen. Diese Prozesse können in einer Prozesslandkarte dargestellt werden – um die Prozess-Ablauffolge damit zu skizzieren. In Bild 4.8 ist ein realisiertes Praxisbeispiel dargestellt. Dabei sind auch Subprozesse zu den strategierelevanten Hauptprozessen angedeutet. Durch diesen Top-down-Ansatz können auch Ziele sowie Maßnahmen zu Risiken gezielt auf die einzelnen Subprozesse heruntergebrochen werden. Es wird damit ersichtlich, wie sich diese Maßnahmen und Zielgrößen wiederum zu den Gesamtzielen hin zusammensetzen müssen, damit ein Erfolg für die Organisation gewährleistet ist.

Für die Darstellung und Modellierung von Prozessen gibt es verschiedene Werkzeuge und grafische Möglichkeiten. Eine richtige Darstellung gibt es dabei nicht. Es hängt jeweils vom Zweck der Organisation, den zur Verfügung stehenden Ressourcen, der Organisationskultur, der historischen Entwicklung, der bestehenden Netzwerke und Beziehungen etc. ab, was für die Organisation am geeignetsten erscheint.

Das Methodenbeispiel in Bild 4.8 ist unter diesen Gesichtspunkten zu betrachten. Es soll eine Idee gegeben werden, wie eine diesbezügliche Realisierung gestaltet sein könnte. In diesem Fall wurde neben den unmittelbar strategierelevanten Prozessen auch noch eine Prozessebene darunter angedeutet, um das Verständnis und die Konsistenz zu verdeutlichen. Im gegenständlichen Fallunternehmen wurden die unterschiedlichen Prozessebenen in eigenen Prozesslandkarten dargestellt.

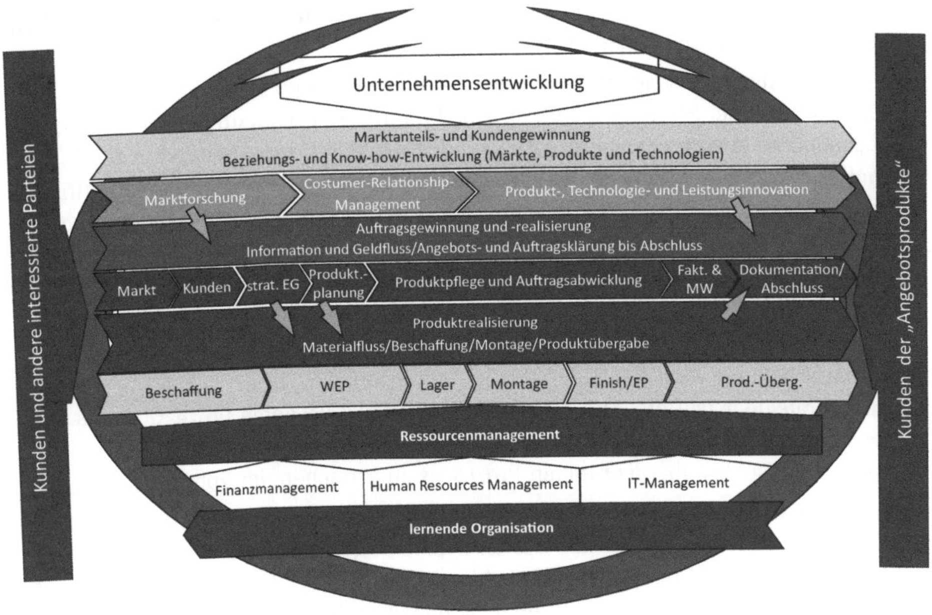

Bild 4.8 Methodenbeispiel für eine Prozesslandkarte

Die unterschiedlichen Grauschattierungen signalisieren Organisationsbereiche des Fallunternehmens und machen deutlich, dass strategierelevanten Prozesse meist über Abteilungsgrenzen hinweg wirken. Die aus diesen Prozessen generierten Zielsetzungen zur Steuerung der Organisation sind daher als Kollektivziele zu sehen. Das heißt, die Festlegung der Größenordnung wie auch das Treffen von Maßnahmen für Optimierung und Verbesserung werden durch dieses Kollektiv angestoßen. Die für jeden Prozess benannten Prozesseigner sind in der Rolle von Koordinatoren und steuern lediglich die erforderlichen Aktivitäten seitens der „ressourcengebenden" Schnittstellenpartner im Prozess.

Für die Prozesse, die dieser „obersten Prozesshierarchie" zugeordnet werden können, sollten die zwei Dimensionen von Prozessmessgrößen (Effektivität = „das Richtige tun" und Effizienz = „es richtig zu tun") gefunden werden:

1. An welchen Merkmalen/Zielen/KPIs (Key Performance Indikatoren) kann die **Effektivität = Wirksamkeit** des Prozesses (im Sinne seines Beitrags zur Realisierung der Organisationsstrategie) gemessen werden? Und:
2. An welchen Leistungsmerkmalen/Zielen kann die **Effizienz = Wirtschaftlichkeit** des Prozesses (im Sinne der Erreichung von Leistungsvorgaben) dargelegt und gemessen werden?

Wesentlich ist dabei zu erkennen, dass der Prozesszweck und die damit verbundene Effektivitätsmessung nicht aus dem Prozess selbst kommen. Der Prozess würde sich „selbstzwecken". Der Prozesszweck in dieser Prozesshierarchie resultiert aus einer prozessexternen Forderung. Diese Ziele sind damit Indikatoren für bestehende Wechselwirkungen im Prozessmanagementsystem der Organisation.

Sind die Organisationsstrategie und die Leistungsmerkmale, anhand deren die wirksame Umsetzung der Strategie gemessen und bewertet werden kann, festgelegt und den dafür „hauptverantwortlichen" Prozessen auf der obersten Prozesshierarchie zugeordnet, so sind die Wechselwirkungen der Prozesse im System nachvollziehbar identifiziert. Sollten festgelegte Leistungsmerkmale nicht erreicht werden, so sind auf Basis dieser Zuordnung Verbesserungen relevanter Prozesse ableitbar. Es wird damit das zweckmäßigerweise dafür verantwortliche Team zur Weiterentwicklung des Prozesses ebenfalls bereits eindeutig erkennbar (vgl. Verantwortungen und Befugnisse zuweisen – siehe Normforderung Punkt 4.4.1 e).

Eine Unterscheidung zwischen „Effektivitäts-" und „Effizienzzielen" mit Bezug zur Organisationsstrategie macht für „Subprozesse" der strategierelevanten Prozesse wenig Sinn. Hier sollten die festgelegten Leistungsmerkmale, die benötigt werden, um die beabsichtigten Ergebnisse des übergeordneten Prozesses zu erreichen, im Vordergrund stehen.

Es ist empfehlenswert, „Subprozesse" in Form von Fluss-Schaubildern zu gestalten. Dies ist keine Normforderung, hat sich aber für ein gemeinsames Verständnis in der Organisation als zielführend erwiesen. Abhängig von der zur Verfügung stehenden Software, können diese „Flow-Charts" unterschiedlich gestaltet sein.

Bei der Fluss-Schaubild-Darstellung (siehe Bild 4.9 und Bild 4.10) sind insbesondere an den Schnittstellen zu Input-/Outputstellen des dargestellten Flusses Wechselbeziehungen und über weite Bereiche auch „Wechselwirkungen" erkennbar.

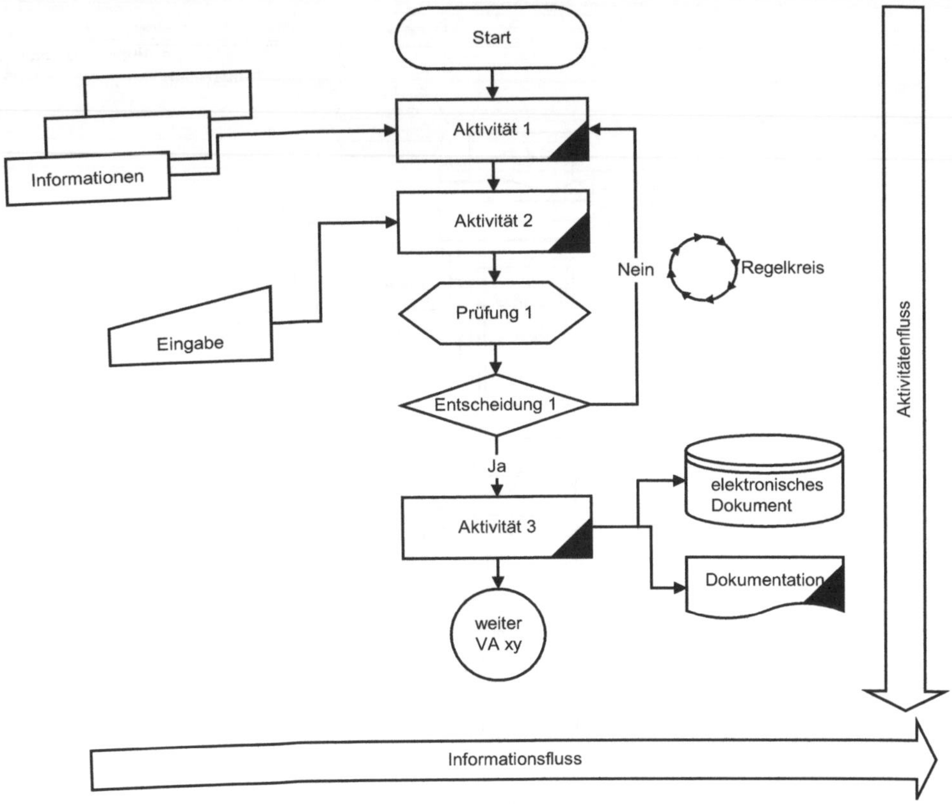

Bild 4.9 Prinzip eines Prozessablaufs

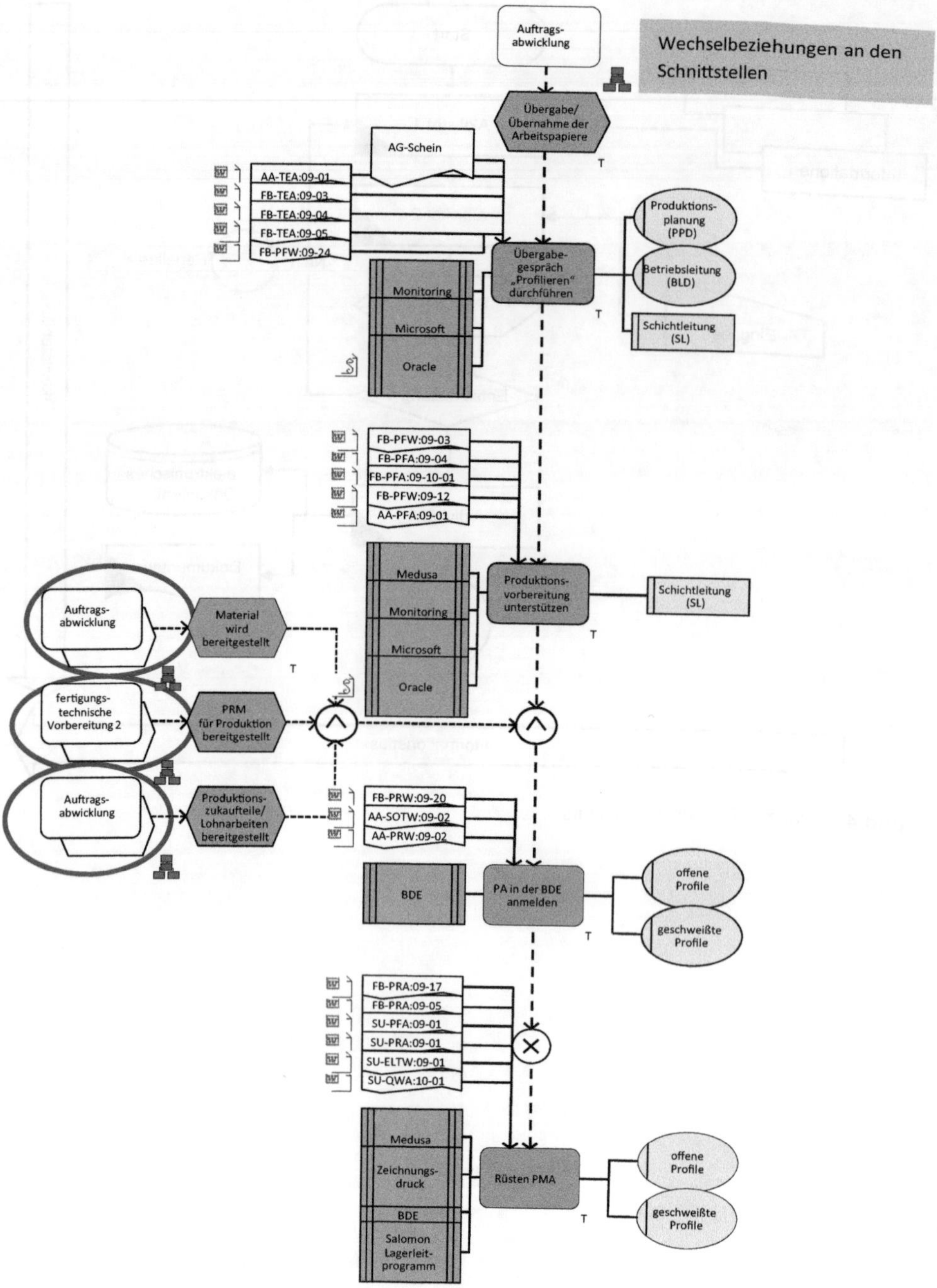

Bild 4.10 Beispiel eines Prozessablaufs

Des Weiteren könnten die identifizierten (Prozess-)Ziele und Indikatoren in einer Balanced Scorecard-Methodik (BSC) dargestellt werden (siehe Bild 4.11). Durch den Einsatz der BSC können verschiedene Ziele in Abgleich mit der Strategie gebracht und untereinander ausbalanciert werden. Diese Ziele können dann auf die Prozesse heruntergebrochen werden. Mögliche Zielkonflikte wurden schon durch die Verwendung der Scorecard bereinigt.

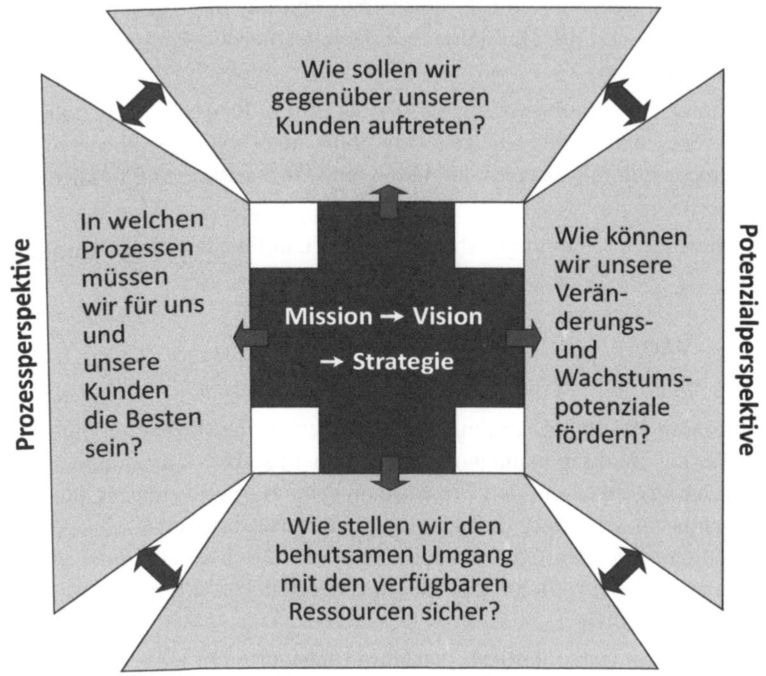

Bild 4.11 Systematik der Balanced Scorecard (BSC)

Die dargestellten Methodenbeispiele sollen einen Anhaltspunkt geben, wie eine Realisierung der Normforderungen für ein wirksames QMS unter Verwendung eines prozessorientierten Ansatzes gestaltet werden kann.

In der Praxis hat sich herausgestellt, dass die Aufrechterhaltung und Weiterentwicklung der implementierten Qualitätsmanagementsysteme eine mindestens so große Herausforderung darstellen, wie das ursprüngliche System-Design und dessen Implementierung. Die diesbezüglichen Ansätze dazu sind aus den Forderungen der ISO 9001:2015 unter Punkt 4.4.1 f) bis h) ableitbar.

Ein regelmäßiges Planen und Überwachen in der Logik eines „Prozessreviews" kann dazu ein hilfreiches Instrument darstellen. Ein Prozessreview ist eine Methode, um Schwachstellen sowie Potenziale in einem bestehenden Prozess zu identifizieren. Ausgehend von den erreichten Effektivitäts- und Effizienzzielen, aber auch unter Berücksichtigung von

Veränderungen und daraus resultierenden Chancen und Risiken werden dabei Optimierungs- und Verbesserungsmaßnahmen erarbeitet (vgl. Normforderungen 4.1 und 4.2, 6.1 und 6.2).

Die Abstände können dabei, abhängig vom Zweck des Prozesses und den Änderungen und Einflüssen denen dieser unterworfen ist, unterschiedlich sein. Monatliche bis quartalsweise Prozessreviews haben sich dabei bereits vielfach als praktikabel herausgestellt. Mindestens einmal jährlich sollte ein derartiges Prozessreview jedoch stattfinden.

Zieladressat der Ergebnisse könnte die oberste Leitung bzw. das Führungsteam der Organisation sein, damit die Maßnahmen eingeleitet werden können und mit Ressourcen ausgestattet werden.

Die zweckmäßige Zusammensetzung des Teams für ein Prozessreview sollte die Stakeholder der Prozesse (interne wie gegebenenfalls auch externe) sowie auf alle Fälle Repräsentanten aus den Prozessen, zu denen eine Wechselwirkung identifiziert wurde, berücksichtigen.

Weitere Ansätze dazu siehe auch Abschnitt 6.2 „Qualitätsziele und Planung zu deren Erreichung".

Oft gefragt – FAQs

Wie muss das Managementsystem von der Organisation dokumentiert werden?

Der Gestaltungsspielraum der Organisationen ist größer geworden, da die Dokumentationspflicht für das Qualitätsmanagementsystem nicht starr erfolgt, sondern sich an der Komplexität der Organisation, den Prozessmanagementerfordernissen, den Kommunikationsbedürfnissen orientiert und Flexibilität bewusst ermöglicht. Die Organisation muss jedoch die notwendigen Vorgabedokumente und Nachweisdokumente für die Prozesse bestimmen. Die verpflichtenden dokumentierten Verfahren sind nicht mehr als Normforderung enthalten.

(Hinweis: Der Begriff dokumentierte Verfahren besteht nicht mehr. Es geht um wirksame Prozessführung. Die Organisation ist verantwortlich, die Prozesse so einzurichten, dass die beabsichtigten Ergebnisse ermöglicht werden.)

Müssen die Qualitätsmanagement-Handbücher der Organisationen nach dem Annex SL umgestaltet werden?

Nein, es gibt keine entsprechende Forderung. Die Dokumentation soll möglichst praktikabel für die Organisation gestaltet werden. Ein explizites „QM-Handbuch" ist keine Normanforderung mehr, aber in vielen Fällen können Handbücher weiterhin sinnvoll sein, auch um einen praktikablen Überblick über das System zu geben, sei es für neu eingestellte Personen, für Kunden oder andere interessierte Parteien.

Welche Prozesse sind zu dokumentieren?

Die sechs dokumentierten Verfahren, die in der ISO 9001:2008 enthalten waren, sind nun nicht mehr angeführt. Jedoch wird gefordert, dass Prozesse so weit dokumentiert werden, dass sie wie geplant ausgeführt werden können und dass auch überprüft werden kann, dass sie wie geplant ausgeführt worden sind. Das heißt, es geht primär um die

„Geschäftsprozesse“ (primär also die Ausführungsprozesse des Qualitätsmanagementsystems in Bezug auf Kunden sowie Produkt und Dienstleistungen), also jene Prozesse, die Leistungen zum Kunden bringen, weil dort ja auch die Anforderungen zu erfüllen sind. Für diese Prozesse braucht es „notwendige“ Dokumentation: Was erforderlich ist, wird dann stark variieren zwischen einem Drei-Personen-Betrieb im Dienstleistungssektor und einem global agierenden Konzern mit eventuell sicherheitskritischen Produkten.

Was wird unter Leistungsindikatoren im prozessorientierten Ansatz verstanden?

Leistungsindikatoren sind kennzeichnende Eigenschaften, die einen signifikanten Einfluss auf die Ergebnisse haben. Oft ist der Zweck eines Prozesses in Bezug auf die Leistung (Erfüllung von Kundenanforderungen und Erhöhung der Kundenzufriedenheit) nicht direkt in messbaren Größen abbildbar. Deswegen sind „Indikatoren“, also messbare Größen mit signifikantem Einfluss auf diese Leistungsgrößen, zu bestimmen.

Müssen für jeden einzelnen Prozess die Risiken erkannt werden und Maßnahmen zur Risikominimierung geplant und umgesetzt werden?

Nein, denn wie Prozesse gegliedert werden, ist ja ein freies Gestaltungselement der Organisation. Es geht darum, wie im Abschnitt 6.1 gefordert, Risiken und Chancen zu bestimmen, und die entsprechenden Maßnahmen in den Prozessen umzusetzen.

Ist ein Prozessmodell erforderlich?

Ein Prozessmodell ist eine einfache Möglichkeit, Abfolge und Wechselbeziehungen darzustellen und kann für Organisationen mit einer niedrigen Komplexität als Methode der Darstellung ausreichend sein.
Prozessbeschreibungen in Flow-Chart-Form werden nicht gefordert. Eine entsprechende Darstellung wird aber vielfach sinnvoll sein.

Was ist bei ausgelagerten Prozessen zu beachten?

Ausgelagerte Prozesse sind, wie in der Vergangenheit schon, Teil des Qualitätsmanagementsystems. Damit gelten die Anforderungen von 4.4 auch für diese, gemeinsam mit den Bestimmungen des Abschnitts 8.4, wo nun ausgegliederte Prozesse behandelt werden.

5 Führung

Wolfgang Pölz, Sabine Pelzmann

Der Begriff „Führung“ ist in der ISO 9001 neu. Der Abschnitt war in der ISO 9001:2008 „Verantwortung der Leitung“ benannt. Dies scheint auf den ersten Blick eine marginale Veränderung. Jedoch wurden die Anforderungen in Richtung Führungsrolle und Verantwortung der obersten Leitung stark nachgeschärft. Eine Anforderung adressiert konkret das Führen der Mitarbeitenden: Dabei geht es um das Einbeziehen, Anleiten und Unterstützen von Personen, um zur Wirksamkeit des Qualitätsmanagementsystems beizutragen. Die „Vermittlung“ der Qualitätspolitik, oder die Förderung des Bewusstseins über den prozessorientierten Ansatz und das risikobasierte Denken sind dafür konkrete Beispiele von Anforderungen in der ISO 9001:2015.

Die ISO 9001:2015 untergliedert das Thema Führung in 3 Abschnitte (vgl. Bild 5.1), wobei der erste Unterpunkt (5.1.1) das Grundverständnis von Führung und Verpflichtung beinhaltet und damit die zentrale und die anderen Unterpunkte (5.1.2, 5.2 und 5.3) spezifische Ausprägungen dieses grundlegenden Verständnisses mit konkreten Anforderungen präzisieren.

Bild 5.1 Übersicht der Anforderungen des Normabschnitts 5

Führung ist ein breit diskutierter Begriff mit vielen Facetten. Daher wird nachfolgend auf diesen Begriff näher eingegangen:

Unter „Führung" wird im Allgemeinen ein sozialer Beeinflussungsprozess verstanden, bei dem eine Person (der Führende) versucht, andere Personen (die Geführten) zur Erfüllung gemeinsamer Aufgaben und Erreichung gemeinsamer Ziele zu veranlassen (Steyrer 2002, S. 159). Dazu finden sich in der Literatur Definitionen wie die folgenden:

- „Führung in Organisationen ist zielorientierte soziale Einflussnahme zur Erfüllung gemeinsamer Aufgaben in/mit einer strukturierten Arbeitssituation." (Wunderer/Grunwald 1980, S. 62)
- „Führung erfordert, die Organisation und ihr Umfeld als Ganzes zu sehen, die komplexe, bewegliche Abhängigkeit in einem multiplen System. Führungskräfte müssen standfest – und kreativ offen – bleiben, wenn sie mit Unsicherheit und Bedrohungen konfrontiert werden – in einem Umfeld von einem ständig fordernden sich ständig verändernden Umfeld. Führung ist die Fähigkeit, das Ganze besser hören zu können als irgendjemand sonst." (Hollender, S. 43)
- „Führung unterscheidet sich vom Management darin, dass es darum geht, den größeren Kontext zu sehen und weiterzuentwickeln, also den Boden und Raum für die Zusammenarbeit vorzubereiten." (Krauthammer/Hinterhuber 2005)
- „Führung heißt, andere durch eigenes sozial akzeptiertes Verhalten so zu beeinflussen, dass dies bei den Beeinflussten mittelbar oder unmittelbar ein intendiertes Verhalten bewirkt." (Weibler 2001, S. 29)

Die Aussage, dass ein Führender versucht, andere Personen in eine vorgegebene Richtung zu beeinflussen, ist relativ simpel, scheint aber die Essenz dessen auszudrücken, was wir unter Leadership verstehen (Kormann 1971, S. 115). Auch wenn diese Aussage schon etwas älter ist, ist sie immer noch passend.

Aus den zitierten Definitionen geht auch hervor, dass Führung und Management zwar eng verwandte Begriffe sind, es dennoch aber klare Unterschiede gibt. Führung zielt immer darauf ab, jemanden zu führen. Der englische Begriff „Leadership" bringt diese Eigenheit auf den Punkt. Bild 5.2 stellt die wichtigsten Unterschiede zwischen Leadership und Management zusammenfassend dar.

In der ISO 9001:2015 nimmt nun Führung mit seinen unterschiedlichen Aspekten eine zentrale Stellung ein: Im Abschnitt 5 werden die Anforderungen und Informationen, welche Anforderungen in Bezug auf Führung und Verpflichtung in der Organisation umgesetzt werden müssen, dargestellt. Es geht um die Führungsverantwortung in Bezug auf das Qualitätsmanagement (Abschnitt 5.1.1, Allgemeines), in Bezug auf die Kundenorientierung (Abschnitt 5.1.2), die Qualitätspolitik als Orientierungsrahmen (Abschnitt 5.2) und das Festlegen einiger zentraler Verantwortungen und Befugnisse (Abschnitt 5.3).

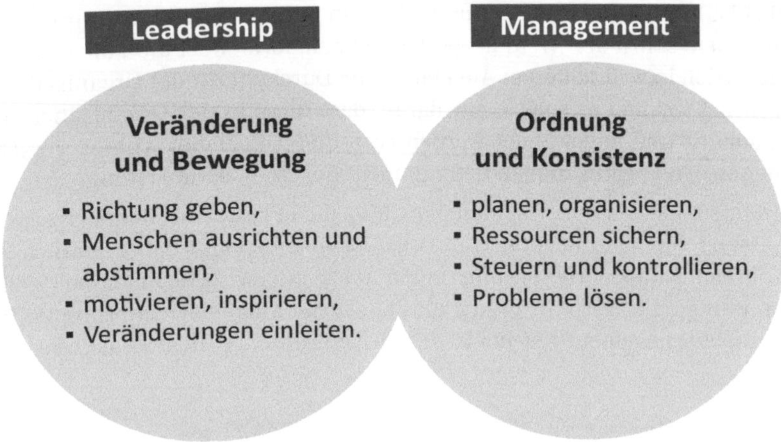

Bild 5.2 Gegenüberstellung der Konzepte „Leadership" und „Management" (in Anlehnung an Northouse 2007 bzw. Kotter 1990)

Kunden zu verstehen und auf ihre Erwartungen und Erfordernisse einzugehen, ist nicht nur ein Thema der ISO 9001 sondern auch eine der wesentlichen Prioritäten in erfolgreichen Organisationen. In Zeiten dynamischer Veränderungen ist es wichtiger denn je, den Kundenfokus in der Organisation zu stärken. Dies wird in einer IBM-Untersuchung deutlich, in der CEOs angeben, sich in vielfältigen Bereichen in der Zukunft noch intensiver mit den Kunden vernetzen zu wollen (vgl. Bild 5.3), und das nicht nur in den schon weit verbreiteten Themen wie Produkt- und Dienstleistungsentwicklung oder Testen von Produkten und Dienstleistungen sondern auch in Themen wie Geschäftsstrategie entwickeln oder Umwelt- und Sozialpolitik entwickeln. Für diese Untersuchung wurden über 4000 CEOs aus mehr als 70 Ländern befragt. Kundenorientierung ist also ein globales Anliegen.

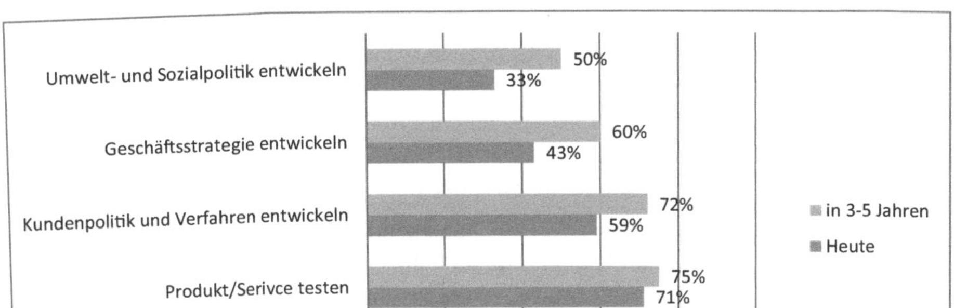

Bild 5.3 Geschäftsbereiche, bei denen Geschäftsführer (CEOs) Kunden involvieren möchten (nach IBM 2013, S.11)

Umgekehrt ist Führung eine Basis für Qualität. In Organisationen, die ihr Qualitätsmanagementsystem selbst als „Weltklasse" bezeichnen, formuliert die Führung Qualitätswerte und -vision in weit höherem Ausmaß als im Durchschnitt der Organisationen, lebt diese vermehrt vor und arbeitet mehr daran, dass diese in der Organisation durchgehend verstanden und angewendet werden (vgl. Bild 5.4). Dabei wurden verschiedene Funktionen in den Organisationen befragt, nicht nur die oberste Leitung.

Die Trennlinie zwischen den Visionen der CEOs, die in Bild 5.4 reflektiert werden, und den erfahrenen, heutigen Realitäten in Organisationen kommt dabei deutlich zur Geltung. Während Kundenorientierung einen noch weiter zunehmenden Stellenwert bekommt, werden die Werte in Bezug auf die gelebte Kundenorientierung im Rahmen eines Qualitätsmanagementsystems in den Organisation als nicht konsistent erfahren.

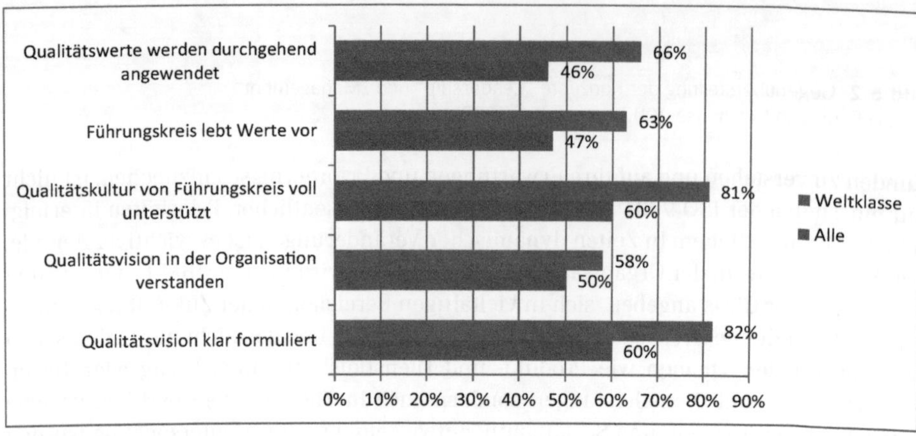

Bild 5.4 Rolle der Führung für eine umfassende Qualitätskultur (Forbes Insights 2014)

Führungskräfte auf allen Ebenen haben dafür zu sorgen, dass der Zweck und die Vision der Organisation(-seinheit) erreicht werden. Sie müssen dazu Ziele setzen und Bedingungen schaffen, damit die Mitarbeitenden bereit sind, an diesen Zielen mitzuarbeiten und diese – wenn auch mit Anstrengungen verbunden – zu erreichen. Entsprechend fordert auch die ISO 9001:2015, dass die oberste Leitung sicherstellt, dass eine Qualitätspolitik und Qualitätsziele festgelegt sind. Die Qualitätspolitik muss in der Organisation kommuniziert, verstanden und angewendet werden.

Dabei bekommen, neben den klassischen Managementfaktoren, die in der ISO 9001:2008 schon eine große Rolle gespielt haben, nun auch die „weichen" Faktoren wie Kommunikation und Bewusstseinsbildung eine besondere Rolle. Damit rücken auch die Führungs- und Kommunikationsprozesse ins Blickfeld: Wie sorgt die Führungskraft dafür, dass die Botschaft der Qualitätspolitik in der Organisation ankommt? Wie verhindert die Führungskraft, dass Ihre Botschaft in den hierarchischen Ebenen unter ihr „versickert"? Wie unterstützt das Topmanagement andere Führungskräfte oder Mitarbeiter in ihren Rollen und Aufgaben?

Aufgabe der Führung ist es, Mitarbeitern eine gute Basis und einen sicheren Rahmen für die Leistungserstellung zu bieten. Dazu gehört, dass Mitarbeiter weder überfordert, noch unterfordert werden und dass sie sich wertgeschätzt fühlen. Generell sehen sich Mitarbeiter großen Belastungen ausgesetzt. Sollen Mitarbeiter dauerhaft an eine Organisation gebunden werden, muss eine Führungskraft dafür sorgen, dass solche Belastungen nicht überhandnehmen.

Eine zentrale Führungsaufgabe ist die Motivation der Mitarbeiter (vgl. Bild 5.5). Mitarbeiter können intrinsisch und extrinsisch motiviert werden. Die extrinsische Motivation bezieht sich beispielsweise auf monetäre Anreize. Die intrinsische Motivation bezieht sich beispielsweise darauf, wie sinnhaft Mitarbeiter ihre Aufgaben für sich selbst definieren. Die Bedeutung der intrinsischen Motivation steht über der von außen motivierten Motivation. Eng gekoppelt an dieser intrinsischen Motivation ist die Kommunikationsfähigkeit der Führungskraft, ihre Fähigkeit, Mitarbeiter zu befähigen, diese achtsam zu führen, die Rolle eines Coach oder eines Mentors einzunehmen. Mitarbeiter entscheiden sich in den seltensten Fällen für eine Organisation, weil ihnen die Führungskraft zusagt, aber einer der häufigsten Gründe für Kündigungen liegt im Fehlverhalten von Führungskräften.

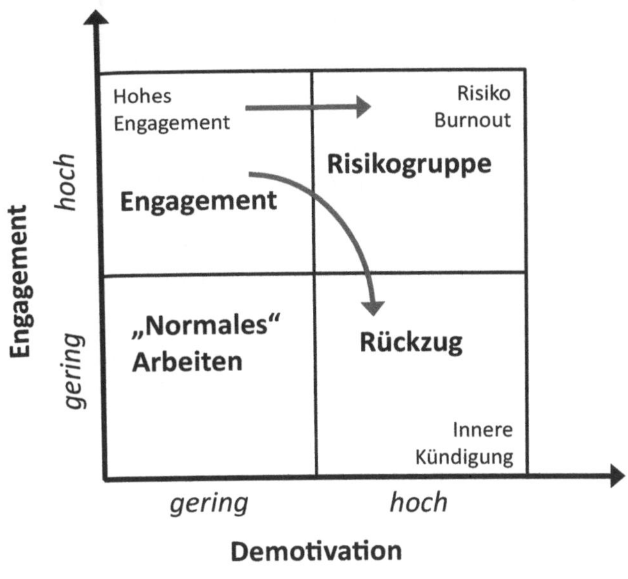

Bild 5.5 EDEM-Modell: Verhältnis von Engagement und Demotivation (Jiménez 2013)

Im Führungsmodell von Karsten Funke-Steinberg wird Führung als Dienstleistung gesehen und die Führungskraft ist sozusagen „Diener dreier Herren“, diese drei Herren sind die Kunden, die Mitarbeiter und die Kapitalgeber (Funke-Steinberg 2013) Jemand, der Führungsverantwortung übernimmt, wird damit Teil eines Spannungsfeldes.

5.1 Führung und Verpflichtung

5.1.1 Allgemeines

Anforderungen im Überblick

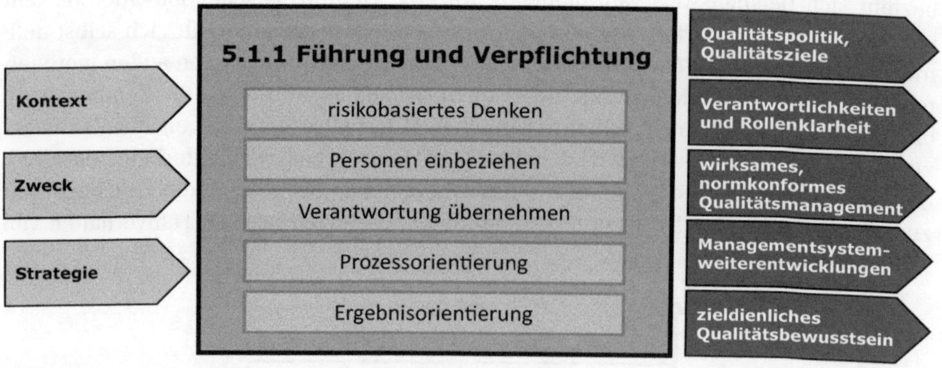

Bild 5.6 Anforderungen des Normabschnitts 5.1.1 im Überblick

Bild 5.6 zeigt die Anforderungen des Abschnitts 5.1.1. im Überblick. Das Führungsverständnis ausgehend vom Kontext, dem Zweck und der Strategie der Organisation ist eine wesentliche Komponente für ein wirksames Qualitätsmanagementsystem. In diesem Zusammenhang kann der Normpunkt 5.1.1 grob in zwei Bereiche unterteilt werden, wenngleich die Grenzen in der Realität wie auch bei den Anforderungen seitens der Norm ineinander- und übergreifend sind.

So zielt die Norm klar auf zu erreichende Wirkungen – Effektivität – ab, was sich in einem wirksamen, anforderungskonformen und laufend weiterentwickelnden Qualitätsmanagementsystem widerspiegelt. Hierzu braucht es aus Sicht der Norm klare Verantwortlichkeiten, Rollen- und Aufgabenklarheit sowie eine definierte und kommunizierte Qualitätspolitik, welche unter anderem die Basis für die Qualitätsziele darstellt. Diese Ziele und das wirksame QMS basieren nicht zuletzt auf einem entsprechenden Qualitätsbewusstsein, das seinerseits Themen wie Prozess- und Ergebnisorientierung, risikobasiertes Denken und Übernahme von Verantwortung sowie die Unterstützung von Personen beinhaltet. Eine der Aufgaben der Führung aus Sicht der ISO 9001:2015 ist es somit, eine diesen Anforderungen genügende Haltung zu leben und dafür zu sorgen, dass diese in der gesamten Organisation gelebt wird.

Neu in der ISO 9001:2015 ist, dass die oberste Leitung in Bezug auf das Qualitätsmanagementsystem Führung und Verpflichtung zeigen muss, indem sie die Rechenschaftspflicht für die Wirksamkeit des Qualitätsmanagementsystems übernimmt. In dieser Klarheit war die Führungsverantwortung in der Vergangenheit nicht formuliert.

Neu ist auch die Verantwortung, dass die festgelegte Qualitätspolitik und die Qualitätsziele mit der strategischen Ausrichtung und dem Kontext der Organisation vereinbar sind.

Zudem fordert die ISO 9001:2015, dass die Anforderungen des Qualitätsmanagementsystems in die Geschäftsprozesse der Organisation integriert werden müssen und dass die oberste Leitung das Bewusstsein über den prozessorientierten Ansatz und das risikobasierte Denken fördert.

Die oberste Leitung muss sicherstellen, dass die für das Qualitätsmanagementsystem erforderlichen Ressourcen zur Verfügung stehen und dass die Relevanz eines wirksamen Qualitätsmanagements und die Bedeutung der Erfüllung der Anforderungen des Qualitätsmanagementsystems vermittelt werden. In der ISO 9001:2008 wurde lediglich gefordert, die Bedeutung der Erfüllung der Kundenanforderungen sowie der gesetzlich-behördlichen Anforderungen zu vermitteln.

Im Rahmen der ISO 9001:2015 ist die oberste Leitung aufgefordert, sicherzustellen, dass das Qualitätsmanagementsystem seine beabsichtigten Ergebnisse erzielt und Personen – also die Mitarbeitenden – einsetzt, anleitet und unterstützt, damit diese zur Wirksamkeit des Qualitätsmanagementsystems beitragen können.

Auch ist die oberste Leitung dazu aufgefordert, Verbesserung zu fördern: Hier wird der Abschnitt 10.1 angesprochen, wo es nicht nur um kontinuierliche Verbesserung, sondern auch z.B. um Neuorganisation, Innovation oder Korrekturmaßnahmen geht. Zudem muss sie Führungskräfte dabei unterstützen, ihre Führungsrolle und ihre Führungsverantwortung zu leben.

Der obersten Leitung wurde hier eine Anzahl von Führungsaufgaben zugewiesen, die sicherstellen sollen, dass die Personen in der Organisation in Bezug auf das Thema Qualität in der gesamten Organisation gefördert werden, dass Führungskräfte ihre Führungsverantwortung wahrnehmen, dass aber gleichzeitig auch von oberster Stelle die Ergebnisse eingefordert werden bzw. die erforderlichen Weichen und Entscheidungen getroffen werden.

Änderungen im Vergleich zu ISO 9001:2008

Neu: 60 bis 80 %

Leadership/Führung ist zwar ein neuer Begriff in der Norm, ein Teil der Anforderungen war jedoch auch schon in der ISO 9001:2008 unter dem Titel „Verpflichtung der Leitung“ enthalten.

Jedoch wurden die Anforderungen der Führung wesentlich verstärkt und genau die Aspekte der „Führerschaft“, des Sicherstellens von Ergebnissen, Personen zu unterstützen und das gelebte System zu stärken, wurden deutlich ausgedehnt.

Umsetzung

Für die Umsetzung gibt es eine Reihe von Maßnahmen, die in Abhängigkeit von der Unternehmensgröße ausgewählt werden können. In der ISO 9001:2015 sind im Wesentlichen zu allen in diesem Normabschnitt angesprochenen Führungsthemen weitere Konkretisierungen vorgesehen (vgl. Tabelle 5.1).

Tabelle 5.1 Gegenüberstellung der Normforderungen 5.1 und weiterführenden Normforderungen

Norm-referenz	Forderung an die Führung (kurz und prägnant formuliert)	Weiterführende Umsetzungs-anforderungen im Normpunkt …
5.1.1 a	Rechenschaftspflicht für effektives QMS	7.2, 9.3
5.1.1 b	Qualitätspolitik und -ziele mit Bezug zur Strategie	5.2
5.1.1 c	QMS-Anforderungen in Geschäftsprozesse integrieren	4.4
5.1.1 d	Bewusstsein für Prozessorientierung und risikobasiertes Denken schaffen	4.4; 6.1
5.1.1 e	Ressourcenverfügbarkeit sicherstellen	7.1
5.1.1 f	Bedeutung eines wirksamen QMS kommunizieren	5.1.2, 7.3, 7.4
5.1.1 g	Sicherstellen, dass das QMS die erwarteten Ergebnisse erreicht	9.3
5.1.1 h	Mitarbeitende anleiten und unterstützen	7.1.6; 7.2
5.1.1 i	Verbesserung fördern	7.1.6; 10.1; 10.3
5.1.1 j	Relevante Führungskräfte unterstützen	7.1.6; 5.3

All diese Normforderungen bilden – eine konsequente und gerade von Führungskräften vorgelebte Anwendung vorausgesetzt – über kurz oder lang eine eigene (Qualitäts-)Kultur, also ein ganz spezifisches Verständnis in der Organisation, wie mit Aspekten wie risikobasiertem Denken, Einbeziehung von Mitarbeitenden, Ergebnisorientierung usw. umgegangen wird. Diese erwünschte Kultur entsteht vor allem dann, wenn unablässig dieses Verhalten eingefordert und praktiziert wird.

Vorausgesetzt, dass diese Führungsaufgabe als „unternehmenskulturbildende bzw. -beeinflussende" Tätigkeit angesehen wird, kann für die Umsetzung auf den umfangreichen Fundus an Methoden und Herangehensweisen zurückgegriffen werden. Zwar existieren unterschiedliche Modelle zur Beschreibung der Unternehmenskultur, aber diese können – etwas vereinfachend – auf das grundlegende Modell von Edgar Schein (1999) zusammengeführt werden. Schein unterscheidet hier im Wesentlichen drei Ebenen:

- Artefakte und symbolische Manifestationen wie beispielsweise Kleidung, Architektur, Einrichtung, Kunstwerke, Riten usw.,
- sichtbare Werte, Regeln und Leitbilder wie beispielsweise Qualitätspolitik, Management-Handbuch, Verhaltenskodex, Organisationshandbücher usw.,
- unbewusste Selbstverständlichkeiten und grundlegende Annahmen wie beispielsweise Haltungen, Werte, eigene Überzeugungen.

Während auf den ersten beiden Ebenen noch relativ einfach Interventionen gesetzt werden können, bedarf es auf der dritten Ebene, vereinfacht zusammengefasst, zwei wesentliche Punkte: Vertrauen und Zeit!

„Der Versuch, die [...] grundlegenden Annahmen und Werte mit Ansprachen, Plakaten und Rundschreiben zu beeinflussen, beinhaltet einen *psychologischen Fehlschluss*: Erfahrungen, wie die Welt funktioniert, lassen sich nicht durch Behauptungen verändern, dass es auch anders ginge. Erfahrungen werden nur verändert durch neue Erfahrungen [...]"(Loebbert 2009, S. 129). Es braucht also Zeit, damit aus veränderten Erfahrungen ein neues Verhalten entsteht.

Vertrauen ist eine Vorschlussleistung, die erbracht wird, wobei im Nachlauf festgestellt werden kann, ob dieses Vertrauen gerechtfertigt war oder missbraucht wurde. Abgesehen davon, sind Themen wie „Berechenbarkeit", konsistente, nachvollziehbare, transparente Entscheidungen, regelmäßiges und ehrliches Feedback, beispielsweise in Form von situationsspezifischem/anlassbezogenem und auch strukturellem Feedback in Form von Mitarbeitergesprächen, hilfreiche Bausteine, um Vertrauen aufzubauen bzw. beizubehalten.

Zielvereinbarungen mit regelmäßigen Zwischenfeedback und gegebenenfalls auch Unterstützung zur Erreichung der Ziele, offene Kommunikation des Managementreviews, Kennzahlenaushänge, diverse Motivationsmaßnahmen usw. stellen weitere Umsetzungsansätze dar.

Für kleinere Organisationen, deren Führung stark vom Eigentümer oder vom einzelnen Geschäftsführer geprägt ist, könnte ein Führungsleitbild als Baustein zur erwünschten (Qualitäts-)Unternehmenskultur einen geeigneten Rahmen für ein durchgängiges Führungsverständnis in der Organisation sein. Fragen, die darin geklärt werden sollten, sind: Wie gehen wir mit Zielerreichungen um? Wie anerkennen wir Erreichtes? Welche Fehlerkultur leben wir?

Entsprechend sollen die angeführten Methoden Anregungen beinhalten, jedoch können diese eine ausgeprägte Qualitätskultur und das persönliche glaubwürdige Eintreten der obersten Leitung für Qualität nicht ersetzen. Dieses persönlich, authentische Eintreten ist – im Sinne der Vorbildwirkung – ein Schlüsselfaktor für die Gestaltung eines Qualitätsmanagementsystems. Es vermittelt den Mitarbeitenden die Gewissheit, dass ein Eintreten für Qualität lohnend ist, und ihre Anstrengungen für Qualität nicht anderen Zielen geopfert werden.

Ergänzend zu Tabelle 5.1, in der auf weiterführende Normforderungen verwiesen wurde, sind je nach Unternehmenszweck aber auch Unternehmensgröße (siehe Abschnitt 4) andere Methoden zielführend. In Tabelle 5.2 werden Methoden und Beispiele vorgestellt, wie Organisationen unterschiedlicher Größe die neu geforderten Führungsverpflichtungen methodisch umsetzen könnten. Die Kategorisierung in Organisationsgröße ist dabei nur indikativ.

Tabelle 5.2 Möglichkeiten, um die in der ISO 9001:2015 geforderten Aspekte zu Führung umzusetzen

Organisationstypus	Was angewendet werden kann
Kleinstorganisation, kleine Vereine	+ persönliche Kommunikation der Leitung an die Mitarbeitenden + persönliche Besprechungen der Leitung, welche dem Qualitätsmanagementsystem und der zugeordneten Ziele gewidmet sind + Organigramm und Stellenbeschreibungen mit definierten Kompetenzen
Kleine und mittlere Unternehmen (KMU)	+ niedergeschriebene Führungsgrundsätze und darauf abgestimmte Führungskräfteentwicklung + Führungsleitbild, in dem Bezug auf Qualität und Kundenanforderungen genommen wird + Balanced Scorecard mit Qualitätszielen verbinden + Reflexion der Kommunikationsprozesse und der Führung im Führungsteam + Dialogprozesses zur Umsetzung der Verbesserungs- und Innovationsziele
Industrieunternehmen, öffentliche Verwaltung etc.	+ Ausbildungs- und Unterstützungsmaßnahmen für Führungskräfte aller Ebenen + 360-Grad-Feedback + Entwickeln und Umsetzen einer Qualitätsmanagementstrategie, welche Qualitätsziele und -maßnahmen integriert und eines darauf abgestimmten Kommunikationsprozesses + Personaldiagnostik als Instrument bei der Auswahl von Führungskräften (Reiss-Profile, Insights etc.)

Methodenbeispiel

In einem Führungsleitbild werden die Aufgaben und das Verständnis von Führung für eine Organisation beschrieben. Üblicherweise wird das Führungsleitbild im Rahmen eines partizipativen Prozesses entwickelt, in dem Bewusstseinsbildung, Dialog und Auseinandersetzung mit den wichtigsten Führungsaufgaben und auch der Verantwortung von Führung in Bezug auf die Vermittlung und Umsetzung der Qualitätspolitik passiert. In Bild 5.7 sind Formulierungen aus einem Beispiel eines Führungsleitbildes dargestellt.

Führungskräfte haben in ihrer Organisation eine Vorbildfunktion. Deswegen ist die Weiterentwicklung der Führungskräfte in Reflexion der eigenen Fähigkeiten und Führungsaufgaben ein wichtiges Anliegen. Für Führungskräfte sind ausgeprägte personale Kompetenzen sowie sozial/kommunikative Kompetenzen (vgl. auch Abschnitt 7.2) wesentlich. Als Ausbildungs- und Unterstützungsmaßnahmen für Führungskräfte können, in Abhängigkeit der Art der Organisation, folgende Maßnahmen umgesetzt werden:

- Mentoringprozesse für Nachwuchsführungskräfte,
- High Potential Assessment-Center für Nachwuchsführungskräfte,

- begleitendes Coaching bei der Übernahme einer neuen Führungsposition,
- regelmäßiger Erfahrungsaustausch unter Führungskräften,
- regelmäßige Supervision für Führungskräfte,
- Prozessbegleitung bei der Teamentwicklung im Managementteam,
- Durchführung eines 360-Grad-Feedbacks,
- Führungskräfteweiterbildungen (intern und extern),
- berufsbegleitende Masterausbildungen etc.

Die Führungskräfte verantworten die Entwicklung von Vision und Strategie in ihrer Organisationseinheit und ermöglichen deren Umsetzung. Sie sind sich bewusst, dass sie dadurch in besonderer Weise zur Entwicklung der gesamten Organisation beitragen.

Durch ihre Entscheidungsbefugnis verantworten die Führungskräfte in ihrem Bereich den wirtschaftlichen Erfolg und die wissenschaftliche und fachliche Exzellenz. Die Führungskräfte fördern und fordern ihre Mitarbeiterinnen und Mitarbeiter, indem sie ihre Erwartungen und Ziele klar formulieren und nachhaltige Freiräume für Kreativität schaffen und neue Ideen ermöglichen sowie den Rahmen für professionelle Entwicklung der Mitarbeitenden schaffen.

Die Führungskräfte gestalten ein Umfeld, das geprägt ist von einem vorurteilsfreien und respektvollen Miteinander.

Wertschätzung von Individualität und Vielfalt sowie Dynamik und Leistungsbereitschaft. Führungskräfte gestalten den Handlungsrahmen, indem sie die unterschiedlichen Spannungsfelder eigenverantwortlich ausbalancieren.

Dazu zählen insbesondere

- *kreative Freiräume – klare Ziele,*
- *Wissenschaft – Wirtschaftsorientierung,*
- *Individualität – Teamwork und Kooperation,*
- *verlässliche Rahmenbedingungen,*
- *…*

Bild 5.7 Formulierungsbeispiele aus einem Führungsleitbild

Oft gefragt – FAQs

Wer ist das für die „Sicherstellung der Wirksamkeit des QMS … verantwortliche Topmanagement“?

Im Abschnitt 5 wird immer die „oberste Leitung“ adressiert. Diese ist üblicherweise als Geschäftsführung oder Vorstand (z. B. GmbH, AG) etabliert und in vielen Fällen mit der operativ tätigen Leitung der Organisation identisch. Es ist jene Person, oder Personen, welche die Organisation auf oberster Ebene leiten. Die Verantwortung dieser „obersten Leitung“ in Bezug auf das Qualitätsmanagementsystem ist nicht delegierbar. Bei Unternehmensbereichen oder Standorten ist die oberste Leitung jene Person, welche die Verantwortung für den Bereich trägt, also die Bereichsleitung oder die standortverantwortliche Person, sofern sie innerhalb der Organisation entsprechende Verantwortung und Entscheidungsvollmachten besitzt.

Wie können die neuen Anforderungen an das Topmanagement auditiert werden?

Ein sinnvoller Ansatz besteht darin, das Topmanagement zu fragen, was ihr Ansatz in Bezug auf Führung ist, und wie die Anforderungen der ISO 9001:2015 behandelt wurden. Dieses Bild kann dann in der Organisation bei verschiedenen anderen Führungskräften und Mitarbeitenden hinterfragt werden. Ist das rückgespiegelte Bild konsistent? Sind die gesetzten Maßnahmen und Ansätze der obersten Leitung effektiv in Bezug auf die Anforderungen?

Wenn z. B. die Qualitätspolitik in der Organisation nicht bekannt ist, stellt dies auch eine Nichtkonformität für die oberste Leitung dar, weil diese ihrer Verpflichtung, sicherzustellen dass die Qualitätspolitik bekannt gemacht und verstanden wird, nicht nachgekommen ist.

5.1.2 Kundenorientierung

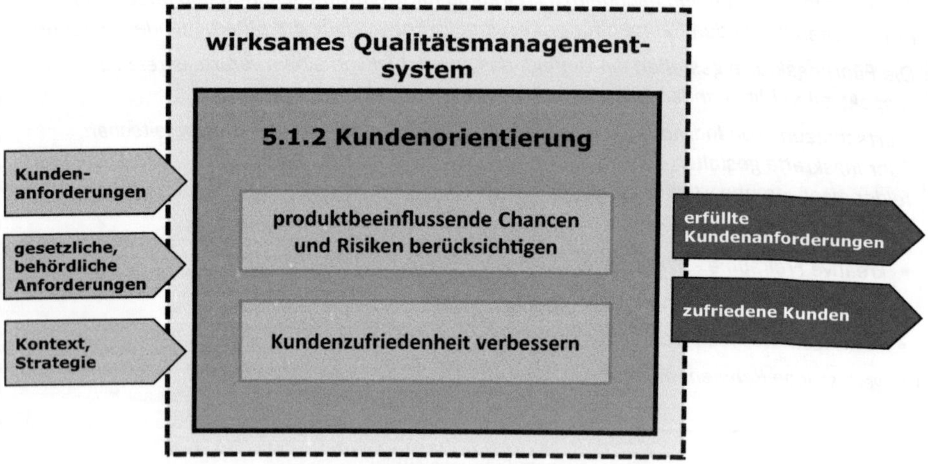

Bild 5.8 Anforderungen des Normabschnitts 5.1.2 im Überblick

Ein wirksames Qualitätsmanagementsystem baut auf Kundenorientierung. Diese muss von der obersten Leitung in die Organisation getragen werden (vgl. Bild 5.8). Die ISO 9001:2015 fordert in diesem Zusammenhang, dass die oberste Leitung in Bezug auf die Kundenorientierung Führung und Verpflichtung zeigt. Die oberste Leitung muss in diesem Zusammenhang sicherstellen, dass:

Normenauszug ISO 9001:2015:

a) die Anforderungen der Kunden und zutreffende gesetzliche sowie behördliche Anforderungen bestimmt, verstanden und beständig erfüllt werden (die gesetzlich/behördlichen Anforderungen sind hier neu),

b) die Risiken und Chancen, die die Konformität von Produkten und Dienstleistungen beeinflussen können, sowie die Fähigkeit zur Verbesserung der Kundenzufriedenheit bestimmt und behandelt werden (neu),

c) der Fokus auf die Verbesserung der Kundenzufriedenheit aufrechterhalten wird (in anderer Formulierung in ISO 9001:2008 sinngemäß enthalten).

Kundenorientierung ist ein wesentliches Prinzip des Qualitätsmanagements, das in der Zukunft eher noch eine größere Bedeutung gewinnen wird. Auch in der ISO 9001 wurden deswegen die Anforderungen an die oberste Leitung in Bezug auf Kundenorientierung verstärkt. Kundenorientierung wird in der ISO 9000:2015 als das erste der sieben Qualitätsmanagementprinzipien erläutert:

Normenauszug ISO 9000:2015, 2.3.1.1:

Der Hauptschwerpunkt des Qualitätsmanagements liegt in der Erfüllung der Kundenanforderungen und dem Bestreben, die Kundenerwartungen zu übertreffen.

Um dies zu erreichen, kommt der Führung eine wesentliche Aufgabe zu: den Fokus auf der Verbesserung der Kundenzufriedenheit aufrechtzuerhalten.

Änderungen im Vergleich zu ISO 9001:2008

Neu: 40 bis 60 %

Führung und Verpflichtung in Hinblick auf die Kundenorientierung wurden wesentlich erweitert. In der Ausgabe ISO 9001:2008 ist dafür nur ein Satz angeführt.

Schon bisher musste die oberste Leitung sicherstellen, dass Kundenanforderungen festgelegt und erfüllt werden, neu dazugekommene Aspekte sind:

- produkt- und dienstleistungsrelevante Risiken und Chancen erkennen und aufnehmen,
- die zutreffenden gesetzlichen und behördlichen Anforderungen bestimmen, verstehen und beständig erfüllen.

Umsetzung

Wie genau bei der Erfassung der Kundenanforderungen vorgegangen werden soll und was dabei beachtet werden soll, ist im Normabschnitt 8.2 konkretisiert. Die Aufgabe der Führung ist, für ein entsprechendes Verständnis bei allen Mitarbeitenden zu sorgen. Der für die Organisation passende Umgang mit Chancen und Risiken sowie der Umfang zu erfassender Kundenanforderungen und Gesetze ist nicht nur zu regeln: Er ist durch die Führung im Sinne eines Vorbildes vorzuleben. Verschiedene Möglichkeiten und Methoden, um das Bewusstsein der Mitarbeitenden zu schärfen und so unter anderem eine entsprechende Unternehmenskultur zu schaffen, erfordert sowohl Achtsamkeit gegenüber allfälliger Regelbrüche, Klarheit in der Kommunikation und fortwährende Auseinandersetzung mit dem Thema. Eine kundenorientierte Haltung bei allen Mitarbeitenden ist zu schaffen und laufend weiter zu schärfen.

Methodenbeispiel

Eine basale Methode ist das Erstellen und Einführen eines verpflichtenden Verhaltenkodexes (Code of Conduct – CoC). Dieser CoC legt unter anderem fest, welches Verhalten in bestimmten Situationen angewandt werden soll. Klassische Beispiele sind Regelungen im Umgang mit Geschenken, Bewirtungen, Rechtskonformität usw. Abgesehen von der Vermittlung im Zuge der Neueinstellung von Mitarbeitenden wird dieser Kodex regelmäßig auf Kenntnis (beispielsweise online-Module über das Intranet) und auch auf Einhaltung (beispielsweise internes Kontrollsystem) geprüft.

Mikroartikel (siehe Kapitel 7.1.6) oder auch Success Stories eignen sich ebenfalls, um Botschaften (un-)erwünschten Verhaltens anschaulich zu kommunizieren. Kommunikation ist – egal in welcher Form – der Schlüssel zum Erfolg. Verbunden mit anschaulichen Beispielen lässt sich Bewusstsein und gemeinsames Verständnis am ehesten bilden. Bücher wie beispielsweise „Gung Ho“, „Die Mäusestrategie“, „Der Minuten-Manager“ oder „Fish“ – um nur einige Beispiele zu nennen – zeigen, wie Botschaften wirksam in Geschichten eingebettet und damit erwünschte Botschaften vermittelt werden können. Methoden wie „Appreciative Inquiry“ nutzen diese Kraft solcher Geschichten, um Veränderungen in Organisationen zu bewirken. Mehr oder weniger regelmäßige Veranstaltungen und Ansprachen für Mitarbeitende bieten ebenfalls Möglichkeiten, um konkrete „Geschichten“ und Beispiele von erfolgreich angewandter Kundenorientierung zu kommunizieren.

Abgesehen von den bereits erwähnten Methoden bietet das regelmäßig stattfindende Mitarbeitergespräch eine hervorragende Plattform, um unter anderem „Kundenorientierung“ zwischen Führungskraft und Mitarbeitenden zu thematisieren und das Bewusstsein zu schärfen. Beispiele können auch Kundenbesuche durch die Führung oder die Integration der Führung in alle Formen des Kundenfeedbacks (auch Reklamationen) sein.

Letztendlich sollte Kundenorientierung an dessen Wirkung erkennbar sein. In „Whale done – von Walen lernen“ (Blanchard 2002, S. 49) ist unter anderem folgender Satz zu finden: „Aufmerksamkeit ist wie Sonnenschein für Menschen. Alles, dem wir unsere Aufmerksamkeit zuwenden, wächst und gedeiht. Alles, das wir mit Nichtbeachtung strafen, welkt und vergeht.“ Kundenzufriedenheit zu erfassen und diese auch im Managementreview zu behandeln, ist schon lange eine Forderung der ISO 9001. Diese Kundenrückmeldungen für die Ableitung weiterer Schritte zu nutzen, die Ergebnisse in der Organisation zu kommunizieren und aktiv diese Daten und Rückmeldungen als Führungskraft einzufordern und zu kommentieren, hilft ebenfalls ein kundenorientiertes Bewusstsein in der Organisation zu vermitteln und zu schärfen.

5.2 Politik

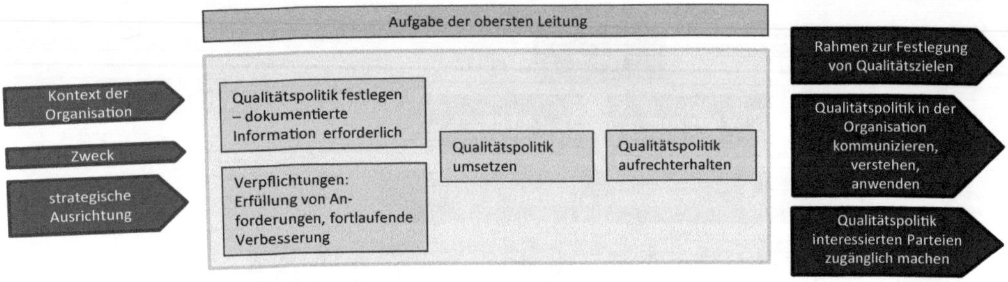

Bild 5.9 Anforderungen des Abschnitts 5.2 im Überblick

Die Anforderungen des Abschnittes 5.2 sind in Bild 5.9 im Überblick dargestellt. Auch in Abschnitt 5.1.1 ist gefordert, dass die oberste Leitung die Entwicklung der Qualitätspolitik sicherstellt in Übereinstimmung mit dem Kontext und der strategischen Ausrichtung der Organisation. Die Qualitätspolitik ist im Weiteren ein wichtiges Dokument in der Norm:

- Die Qualitätsziele müssen im Einklang mit der Qualitätspolitik stehen (Abschnitt 6.2.1).
- Personen, die unter Aufsicht der Organisation Tätigkeiten verrichten, müssen sich der Qualitätspolitik bewusst sein (Abschnitt 7.3).

Damit wirkt die Qualitätspolitik auf allen Ebenen, von den Prozessen zur Zielsetzung bis hin zu einzelnen Personen, inklusive Leiharbeiter, die für das Unternehmen tätig sind.

Änderungen im Vergleich zu ISO 9001:2008

Neu: 0 bis 20 %

Der Abschnitt zur Qualitätspolitik hat sich kaum verändert. Zwei zusätzliche Anforderungen sind enthalten: Einmal, dass die Qualitätspolitik nicht nur bekannt gemacht und verstanden wird, sondern auch „angewendet". Die zweite zusätzliche Anforderung ist, dass die Qualitätspolitik auch für relevante interessierte Parteien verfügbar ist, soweit angemessen.

Formal wurden die Anforderungen in zwei Subabschnitte gegliedert: „Die Qualitätspolitik entwickeln" sowie „Die Qualitätspolitik vermitteln".

5.2.1 Entwicklung der Qualitätspolitik

Umsetzung

Die Qualitätspolitik legt die grundlegenden Absichten und Ausrichtung einer Organisation in Bezug auf Qualität fest. Sie ist eine Richtschnur, die von der Unternehmensleitung (bzw. der obersten Leitung) gelegt wird. Die Politik soll Handlungsgrundsätze und

Werte beschreiben und damit gemeinsam mit der Vision und Mission der Organisationen einen sinnvollen, klaren Rahmen für die strategische Ausrichtung und in weiterer Folge auch für die operative Umsetzung geben (vgl. Bild 5.10).

Bild 5.10 Politik als Teil der normativen Ebene in Anlehnung an das St. Gallener Konzept „Integriertes Qualitätsmanagement" (in Anlehnung an Seghezzi 1996)

Gerade in Zeiten von Veränderungen und hoher Komplexität ist es oft nicht möglich, jeden Prozess im Detail zu planen bzw. jede Entscheidung über alle Hierarchieebenen abzusichern. In diesen Fällen ist es entscheidend, dass die handelnden Personen diese Grundausrichtung der Organisation in Bezug auf Qualität kennen und anwenden.

Die Qualitätspolitik ist in vielen Organisationen zu einem allgemeinen Dokument ohne betriebliche Relevanz geworden. Die Aussagen darin sind oft zu allgemein, um einen Handlungsrahmen für die Mitarbeitenden herzustellen. Dabei kann eine auf die Organisation konkretisierte Qualitätspolitik ein wesentliches Mittel sein, um Werte und Kultur zu prägen und weiterzuentwickeln.

Aussagen wie „Kundenzufriedenheit ist unser oberstes Gebot" oder „Unsere Mitarbeiterinnen und Mitarbeiter sind die wertvollste Stütze unseres Unternehmens" sind dabei gute Schlagworte, sollten aber mit konkreten, organisationsspezifischen Ausprägungen hinterlegt werden, wie z. B: „Unsere Infrastruktur richten wir darauf aus, die Anfragen unserer Kunden mit zeitgemäßen Arbeitsplätzen und guten technischen Einrichtungen wirtschaftlich vorteilhaft zu bearbeiten" oder „Wir legen Wert auf durchgängige Qualifizierung unserer Mitarbeitenden zu den uns betreffenden Hygienestandards.".

Diese Zusammenhänge sind in Bild 5.11 dargestellt. Die Politik konstituiert Leitlinien der Organisation in der Umsetzung ihrer Mission.

Die Qualitätspolitik muss nun nicht nur vermittelt und verstanden werden (ISO 9001:2008), sondern auch angewendet werden. Dies war auch schon bisher die Intention. Aber die Organisation sollte auch sicherstellen, dass den Menschen nicht nur bewusst ist, was diese Politik konkret für sie bedeutet, sondern dass sie diese Grundhaltungen und Werte auch wirklich teilen.

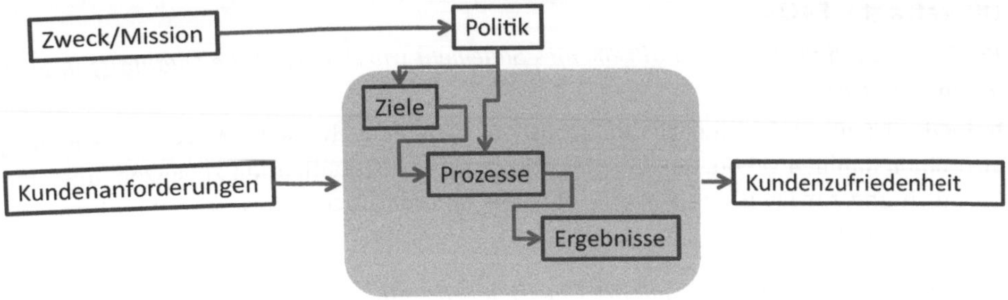

Bild 5.11 Qualitätspolitik als Rahmenwerk für Ziele, Prozesse und die Bewertung von Ergebnissen

5.2.2 Bekanntmachung der Qualitätspolitik

Umsetzung

Neu in der ISO 9001:2015 ist, dass die Qualitätspolitik für die relevanten interessierten Parteien verfügbar sein muss, soweit angemessen. Viele Organisationen haben eine öffentlich zugängliche Qualitätspolitik, z. B. im Internet. Soweit geht die Anforderung hier nicht. Organisationen können hier klare Einschränkungen vornehmen. Die Verfügbarkeit beschränkt sich zum einen auf „relevante" interessierte Parteien. Diese werden von der Organisation festgelegt (vgl. Abschnitt 4.2). Die weitere Einschränkung ist, dass diese nur „soweit angemessen" verfügbar sein muss. Auch hier hat die Organisation Spielräume in begründeten Fällen (zum Beispiel wenn Projektpartner in anderen Bereichen Mitbewerber sind) hier Einschränkungen vorzunehmen.

Im Sinne von Transparenz und Authentizität ist eine möglichst offen kommunizierte Qualitätspolitik zu begrüßen.

Die Organisation kann diese Vermittlung der Qualitätspolitik auf unterschiedlichen Wegen sicherstellen:

- Schriftliche Vermittlung:
  - Qualitätspolitikbrief an die Mitarbeitenden,
  - E-Mail,
  - regelmäßiger Qualitätsblog,
  - Anschlagstafeln etc.
- Dialogische Vermittlung:
  - Besprechungspunkte im Mitarbeitergespräch zum Thema Qualitätspolitik und die Rolle des Einzelnen dabei festlegen,
  - bei Teambesprechungen einmal pro Jahr, die Bedeutung der Qualitätspolitik und die Rolle des Einzelnen dabei thematisieren.
- Analoge Vermittlung:
  - gemeinsam ein Qualitätspolitikbild für die Organisation gestalten,
  - Symbole, die für die Qualitätspolitik der Organisation stehen, an die Mitarbeitenden austeilen.

Oft gefragt – FAQs

Reicht als Qualitätspolitik ein allgemeines Statement wie „Wir sind die Qualitätsführer in unserer Branche“?

Nein, das ist zu wenig. Eine Qualitätspolitik enthält oft auch solche Aussagen. Sie muss aber einen Rahmen geben, um Ziele für die spezifische Organisation zu setzen, und eine Verpflichtung zur Erfüllung von zutreffenden Anforderungen sowie zur ständigen Verbesserung enthalten.

Wie hängt die Qualitätspolitik mit der Unternehmenskultur zusammen?

Die beiden Themen stehen in einer engen Wechselwirkung: Die Qualitätspolitik sollte dialogisch entwickelt werden und damit ein Abbild der Unternehmenskultur, im Sinne der leitenden Werte, beinhalten. Umgekehrt kann die Qualitätspolitik ein Mittel sein, Werte und Kultur in der Organisation weiterzuentwickeln: Indem man sich gemeinsam darauf einigt, sich von nicht mehr sinnvollen Verhaltensweisen zu lösen und dies gemeinsam in die Politik mit aufnimmt, kann man neue Leitplanken verankern und dann über eine Konkretisierung durch Ziele in der Organisation verankern.

5.3 Rollen, Verantwortlichkeiten und Befugnisse in der Organisation

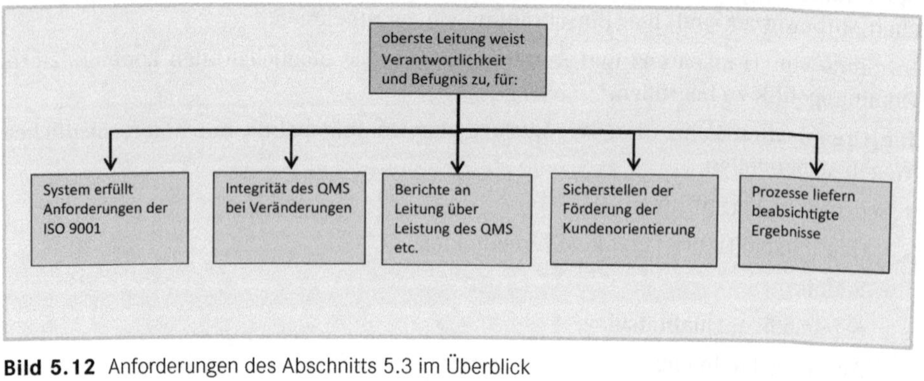

Bild 5.12 Anforderungen des Abschnitts 5.3 im Überblick

In diesem Abschnitt geht es um Verantwortlichkeiten und Befugnisse (vgl. Bild 5.12). Für alle relevanten Rollen gilt, dass die Verantwortlichkeiten und Befugnisse zugewiesen, in der Organisation bekannt gemacht und verstanden werden müssen, wobei der Hinweis darauf, dass Verantwortlichkeiten auch „verstanden“ werden müssen, die einzige Neuerung in der ISO 9001:2015 ist. Die Personen in der Organisation müssen Klarheit haben, wer wofür zuständig ist. Es reicht nicht, Rollen- oder Stellenprofile zu erstellen und im Intranet abzubilden. Es ist daher wichtig, festzustellen und zu überprüfen, ob Ihre Organisation diese Anforderung erfüllen kann. Eine einfache Methode sie zu überprüfen, besteht darin, verschiedene Personen in der Organisation zu befragen: „Wer ist bei Ihnen letztverantwortlich für ...?".

Zudem werden in diesem Abschnitt Anforderungen gestellt, welche Verantwortungen und Befugnisse zwingend festzulegen sind. Auch wenn der Term „Beauftragter der obersten Leitung" nicht mehr in der Norm genannt wird, so sind die mit dieser Funktion verbundenen Aufgaben solche, die Fachwissen erfordern sowie auch eine qualifizierte Stellung in der Organisation voraussetzen, sodass die Befugnisse entsprechend umgesetzt werden können.

Auch Verantwortung und Befugnis zum Thema „Sicherstellen, dass das QMS die Anforderungen der ISO 9001 erfüllt", ist einer Person zuzuweisen. Dies ist üblicherweise eine Kernaufgabe des Qualitätsmanagers bzw. der Qualitätsmanagerin der Organisation.

Die Aufgabe des „Sicherstellens, dass die Prozesse die beabsichtigten Ergebnisse liefern" ist eine umfassende Aufgabe. Hier geht es nicht um die einzelnen Prozesseigner, die eine Sicht auf ihre individuellen Prozesse haben, sondern um eine Person in der Organisation, die dafür verantwortlich ist, dass die Prozesse in ihrer Gesamtheit und Wechselwirkung die entsprechenden Qualitätsergebnisse, also konforme Produkte und Dienstleistungen liefern.

Die Aufgabe der Berichterstattung an die oberste Leitung wurde ebenfalls erweitert. Es geht um die Verantwortlichkeit und Befugnis über die Leistung des QMS (also über die messbaren Ergebnisse) zu berichten sowie um Verbesserungsmöglichkeiten und Notwendigkeiten von Änderungen oder Innovation. Damit verweist diese Anforderung auf den Abschnitt 10, der die Anforderungen zum Thema Verbesserung enthält.

Die Aufgabe des Sicherstellens der Förderung der Kundenorientierung ist auch in ISO 9001:2008 enthalten. Sie bezieht sich auf das Schlagwort des Qualitätsmanagers als „Anwalt des Kunden" innerhalb der Organisation.

Nachdem in Zukunft Veränderungen eine wichtigere Rolle in Organisationen spielen werden, wurde auch diesbezüglich ein Thema in den Aufgabenkatalog neu aufgenommen: Sicherstellen der Integrität des QMS bei Veränderungen. Damit diese Aufgabe erfüllt werden kann, ist es erforderlich, dass die verantwortliche Person bei der Planung und Umsetzung von Veränderungen in der Organisation mit einbezogen wird.

Änderungen im Vergleich zu ISO 9001:2008

Neu: 20 bis 40 %

Dieser Abschnitt hat einige Veränderungen erfahren. Der internen Kommunikation wird nun ein eigener Abschnitt (7.4) gewidmet. Die Überschrift „Beauftragter der obersten Leitung" fehlt und damit auch diese spezifische Rollenbezeichnung. Die festzulegenden Verantwortungen müssen nicht notwendigerweise durch eine einzelne Person abgedeckt werden und diese müssen auch nicht Mitglied der Leitung sein. Die festzulegenden Verantwortlichkeiten und Befugnisse wurden erweitert.

Umsetzung

Für die Festlegung von Verantwortlichkeiten und Befugnisse gibt es bewährte Ansätze:

Organigramme sind nützlich Darstellungen des Zusammenhangs von Rollen und Funktionen in einer Organisation. Sie zeigen die Weisungs- und Berichtslinien, jedoch oft nicht die vollständigen Verantwortungen und Beziehungen zwischen einzelnen Rollen. Für die Klarstellung von Verantwortungen und Befugnissen sind sie zu ungenau.

Funktions- oder Rollenbeschreibungen sind personenunabhängige Beschreibungen (z. B. Rolle Qualitätsmanager, Verkäufer, Produktionsleiter etc.). Sie sind eine gute Möglichkeit, um die gebündelten Verantwortlichkeiten, Befugnisse und oft auch Tätigkeiten einer spezifischen Rolle zu beschreiben. Damit kann auch sehr gut Transparenz über Aufgaben in der Organisation geschaffen werden. Eine Person kann mehrere Rollen oder Funktionen einnehmen.

Stellenprofile sind auf eine einzelne Person abgestimmt. Darin sind entweder die konkreten Aufgaben, Verantwortlichkeiten und Befugnisse geregelt, oder es wird, für jene Bereiche wo vorhanden, auf Funktions- und Rollenbeschreibungen verwiesen. Stellenprofile sind für Stellenausschreibungen, Stellenbesetzung, Gehaltsschemata etc. nützlich. Gelegentlich enthalten Stellenprofile auch noch Ziele für die einzelnen Personen.

In **Prozessbeschreibungen** werden üblicherweise auch die Beiträge und Verantwortungen von Funktionen für konkrete Prozesse und Prozessschritte abgebildet. Sie sind ein wesentliches Element in der Festlegung von Verantwortlichkeiten und Befugnissen im Rahmen eines Qualitätsmanagementsystems.

Oft gefragt – FAQs

Kann die Verantwortung, dass „das QMS den Anforderungen der Norm entspricht und die Prozesse die erwarteten Ergebnisse erzielen …" delegiert werden?

Ja, die Verantwortung muss festgelegt sein. Es muss aber nicht die oberste Leitung sein (auch nicht eine Person aus der obersten Leitung).

Muss es die Funktion „Qualitätsmanager" in der Organisation geben?

Die Verantwortungen, dass das QM-System den Anforderungen der Norm entspricht, müssen festgelegt sein und dies gilt auch für die Verantwortung für die Berichterstattung an die oberste Leitung über die Leistungen des QM-Systems sowie Erfordernisse für Änderungen und Innovationen im QM-System. Diese Aufgaben werden üblicherweise von einem „Qualitätsmanager" wahrgenommen. Sie müssen aber nicht bei einer einzigen Person gebündelt sein und diese Funktion kann auch organisationsspezifisch anders benannt werden.

6 Planung

Der Abschnitt 6 zum Thema „Planung“ gliedert sich in drei Kapitel.

Abschnitt 6.1 befasst sich mit dem Thema „Maßnahmen zum Umgang mit Risiken und Chancen“. Dazu gibt es viele inhaltliche Anknüpfungspunkte mit der Thematik des Abschnitts 4, da im Rahmen des Kontexts der Organisation jene Themen bestimmt werden, aus denen sich Risiken und Chancen ergeben können. Hier finden sich die zentralen Anforderungen zum Thema „risikobasiertes Denken“. Für die identifizierten Risiken und Chancen sind Maßnahmen zu planen. In Abschnitt 6.2 geht es um Qualitätsziele für die verschiedenen Funktionen, Ebenen und Prozesse sowie der Planung von Maßnahmen zur Umsetzung der Ziele. Letztlich wird im Abschnitt 6.3 besonders auf das Thema „Change“ bzw. „Änderung“ eingegangen.

6.1 Maßnahmen zum Umgang mit Risiken und Chancen

Eckehard Bauer

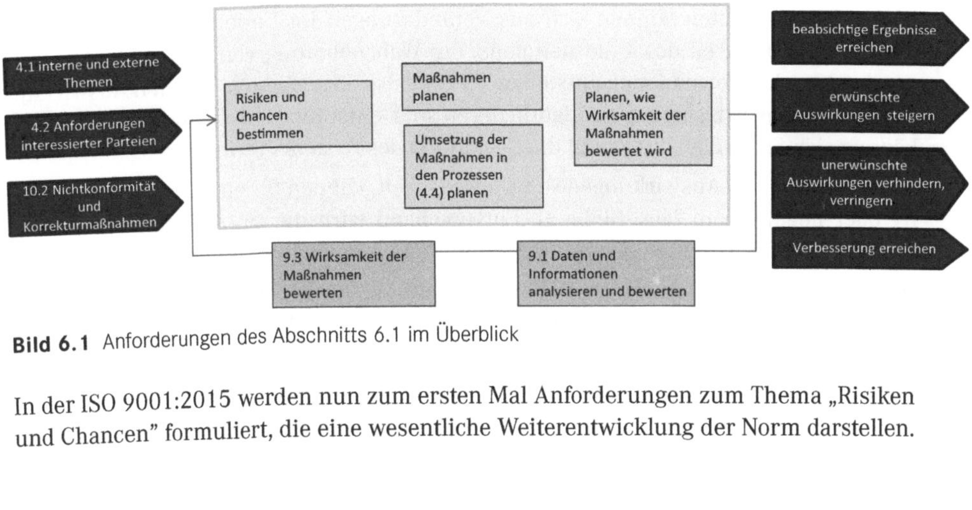

Bild 6.1 Anforderungen des Abschnitts 6.1 im Überblick

In der ISO 9001:2015 werden nun zum ersten Mal Anforderungen zum Thema „Risiken und Chancen” formuliert, die eine wesentliche Weiterentwicklung der Norm darstellen.

Dieser Zugang der ISO 9001:2015 wird zusammengefasst als „risikobasiertes Denken" bezeichnet.

Dabei ist der Ansatz des risikobasierten Denkens nicht neu. Schon in der ISO 9001:1994 waren Organisationen gefordert, Vorbeugemaßnahmen zu setzen, um potenzielle Fehler und Probleme zu vermeiden. Wenn Fehler passieren, müssen Fehler analysiert und Korrekturmaßnahmen ergriffen werden, um das erneute Auftreten von Fehlern zu verhindern.

Dieser Ansatz wird nun in der ISO 9001:2015 wesentlich weiterentwickelt. Die Kernanforderungen sind nun im Abschnitt 6.1, also im Rahmen der Planung, angesiedelt. Um diese Änderungen zu verstehen, analysieren wir zuerst den Begriff „Risiko" und beschäftigen uns mit der Definition von Risiko (vgl. ISO 9000:2015), die in Bild 6.2 dargestellt ist.

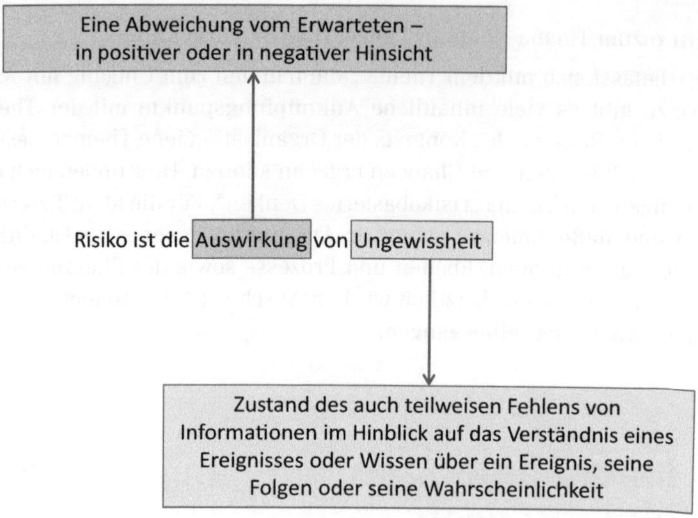

Bild 6.2 Darstellung der Definition von Risiko entsprechend ISO 9000:2015

Der Begriff „Risiko" geht damit über den vorbeugenden Ansatz der ISO 9001:2008 wesentlich hinaus. Unternehmerisches Tun ist immer mit Ungewissheiten behaftet. Diese Ungewissheiten können sich aus Veränderungen im Umfeld, möglichen Veränderungen im Inneren des Unternehmens, die Wahrnehmung von Chancen oder auch durch fehlende Informationen entstehen. Es geht also darum, die möglichen Auswirkungen dieser Ungewissheiten zu identifizieren und entsprechend zu handeln. Dadurch können sich Strategien, Ziele und die Gestaltung des Systems verändern.

Risiken, also diese Auswirkungen von Ungewissheit, können für eine Organisation positiv oder negativ sein (vgl. Bild 6.3). Entsprechend wird die Organisation versuchen, positive Auswirkungen möglichst zu maximieren und negative zu minimieren.

Die Ergebnisse dieser Analysen sind in der Planung des Qualitätsmanagementsystems und der Prozesse zu berücksichtigen und stellen eine Entscheidungsgrundlage z. B. für die Prozesssteuerung oder für den Umfang der dokumentierten Information dar. Die Konsistenz dieses Ansatzes wurde in der ISO 9001:2015 gewährleistet, indem die Anforderungen bezüglich der Leistungsbewertung und der Formulierung von Zielen verstärkt wurden (vgl. Abschnitte 6.2 und 9.1).

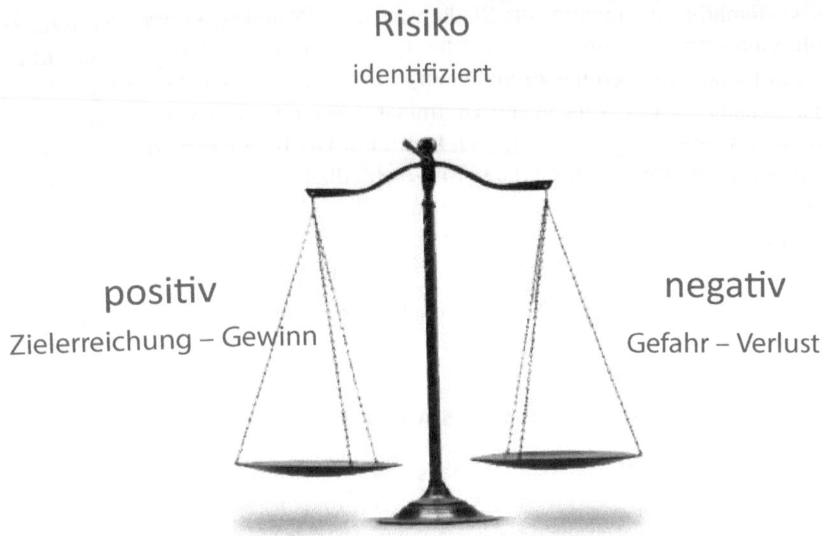

Bild 6.3 Risiko – positive und negative Auswirkungen

Der zweite neue Begriff in den Anforderungen der ISO 9001:2015 ist der Begriff „Chance". Dieser Begriff ist nicht in der ISO 9000:2015 definiert, aber durch eine Anmerkung im Abschnitt 6.1 erläutert:

Normenauszug ISO 9001:2015:

ANMERKUNG 2 Chancen können zur Übernahme neuer Praktiken führen, der Markteinführung neuer Produkte, der Erschließung neuer Märkte, Neukundengewinnung, Aufbau von Partnerschaften, Einsatz neuer Techniken und anderen erwünschten und realisierbaren Möglichkeiten zur Berücksichtigung von Erfordernissen der Organisation oder ihrer Kunden. ■

Auch wenn die Norm von Risiken und Chancen spricht, so erfolgen die verbundenen Tätigkeiten üblicherweise in der umgekehrten Reihenfolge: Organisationen ergreifen Chancen, indem sie Produkte bzw. Dienstleistungen weiterentwickeln oder neue auf den Markt bringen oder indem sie neue Kunden, eventuell in neuen Branchen, ansprechen, indem sie neue Technologien einsetzen etc. Aus diesen Vorhaben bzw. Entscheidungen entstehen Risiken – es gibt offene Fragen, z. B. zur Akzeptanz eines neuen Produkts, zur Sicherheit einer neuen Technologie, zu den Rahmenbedingungen auf einem neuen Markt.

Daraus wird klar, dass Risiken ein integraler Bestandteil jeder unternehmerischen Tätigkeit sind. Eine Organisation ist dann erfolgreich, wenn sie einerseits systematisch Chancen erkennen, analysieren und ergreifen und die damit verbundenen Risiken verstehen und entsprechende Maßnahmen setzen kann, um diese Risiken zu beherrschen.

Dieser systematische Umgang mit Risiken ist kein formales, starres System, sondern spiegelt vielmehr die unternehmerische Grundhaltung und den Gestaltungswillen wider. Um Risiken erfolgreich zu managen, muss es zu einer vollständigen Integration des risikobasierten Denkens in die Organisationssteuerungssysteme und in die Entscheidungsprozesse der Organisationen kommen. Wo die wichtigsten Steuerungshebel sind, kann für jede Organisation dabei unterschiedlich sein und kann sich auch je nach Ziel bzw. aufgegriffener Chance verändern. Deshalb ist es erforderlich, das systematische Managen von Risiken in den Köpfen der Personen in Schlüsselfunktionen und Entscheidungsträgern in der Organisation zu verankern.

Der Anhang A4 der ISO 9001:2015 gibt noch eine wesentliche Einschränkung der Anforderungen:

Normenauszug ISO 9001:2015 Anhang A4:

Obwohl in 6.1 festgelegt ist, dass die Organisation Maßnahmen zur Behandlung von Risiken planen muss, sind keine formellen Methoden für das Risikomanagement oder ein dokumentierter Risikomanagementprozess erforderlich. ■

Mit diesen Erläuterungen wird die Abgrenzung der Anforderungen der ISO 9001:2015 zu anderen Normen, wie z. B. ISO 31000 getroffen (ISO/IEC 31000:2009 Risikomanagement – Grundsätze und Richtlinien). Hier wird auch explizit festgehalten, dass die Anwendung von Risikomanagementmethoden und deren Dokumentation keine Normforderung darstellt. Was in diesem Zusammenhang notwendig ist, muss die Organisation festlegen. Diese Festlegung ist nicht beliebig, sondern wird im Normentext klar beschrieben. Wie in Bild 6.1 dargestellt, müssen Risiken und Chancen betrachtet werden um:

1. Sicherzustellen, dass das QMS die beabsichtigten Ergebnisse erzielen kann – also dass Ziele erreicht werden, Kundenanforderungen erfüllt werden, Kundenzufriedenheit gesteigert wird etc.,
2. erwünschte Ergebnisse gestärkt werden – dass also Chancen wahrgenommen werden – neue Produkte oder Verfahren entwickelt werden, neue Märkte adressiert werden etc.,
3. unerwünschte Auswirkungen zu verhindern oder zu verringern – Fehlerraten senken, Reklamationen senken, Kundenverlust verhindern etc.,
4. Verbesserung zu erreichen – bessere Kennzahlen und Leistungen bei Produkten, Dienstleistungen, Prozessen, in Bezug auf Kunden etc.

Je nach Art, Größe und Komplexität kann es dazu notwendig sein, sich verschiedener Werkzeuge zu bedienen.

Das Ziel beim Managen von Risiken ist die **systematische** Verhinderung von Schadensfällen und **systematische** Nutzung von Chancen durch das Setzen gezielter Handlungen. Dies wird in der Norm als „Maßnahmen zum Umgang mit Risiken und Chancen" bezeichnet. Diese Maßnahmen sind in die Prozesse zu integrieren und umzusetzen. Das bedeutet, dass bei Prozessen mit großen Risiken z. B. verstärkte Steuerungs- oder Kontrollmaßnahmen umgesetzt oder häufiger Audits durchgeführt werden etc. als bei anderen Prozessen, die von keinen wesentlichen Risiken betroffen sind.

Eine wichtige Anforderung ist auch, dass geplant werden muss, wie die Wirksamkeit der gesetzten Maßnahmen bewertet wird. Dazu sind Anforderungen auch im Abschnitt 9.1 (Überwachung, Messung, Analyse und Bewertung) und 9.3 (Managementbewertung) zu berücksichtigen (vgl. Bild 6.1). Das bedeutet, dass die Bewertung auf entsprechenden Ergebnissen von Überwachung und Messung basieren und eine Bewertung auf Unternehmensebene auch durch die oberste Leitung durchgeführt werden muss.

Um am Markt erfolgreich agieren zu können, müssen Risiken einerseits dort - soweit möglich - vermieden, vermindert oder auf Dritte übertragen werden. Andererseits müssen Risiken zur Wahrnehmung von Chancen jedoch auch bewusst akzeptiert und eingegangen werden (unternehmerisches Risiko). Risiken und Chancen zu managen ist eine Entscheidung für eine positive Zukunft. Risiken und Chancen zu managen bedeutet, **heute** zu erkennen, was uns **morgen** beeinflussen kann, die besten Chancen zu nutzen und die damit einhergehenden Risiken mit geeigneten Maßnahmen im Sinne der Organisationsziele und -strategie zu steuern.

Die Kernanforderungen zum „risikobasierten Denken" sind im Abschnitt 6.1 enthalten. Jedoch stellt die Norm auch an anderen Stellen Anforderungen an die Organisation, sich mit Auswirkungen von Ungewissheiten zu beschäftigen:

- Bei der Planung von Änderungen (vgl. Abschnitt 6.3) sind **mögliche Konsequenzen** der Änderungen zu berücksichtigen.
- Bei der Bestimmung der Anforderungen an Produkte und Dienstleistungen, die entwickelt werden (Abschnitt 8.3.3), müssen **mögliche Konsequenzen** aus Fehlern aufgrund der Art der Produkte und Dienstleistungen betrachtet werden.
- Bei der Festlegung der Steuerung der externen Anbieter (8.4.2) müssen **potenzielle Auswirkungen** der extern bereitgestellten Prozessen, Produkten und Dienstleistungen berücksichtigt werden.
- Bei der Ermittlung des Umfangs von Tätigkeiten nach der Lieferung (8.5.5) sind die **möglichen unerwünschten Folgen** in Verbindung mit Produkten und Dienstleistungen zu berücksichtigen.

Der konsequente Umgang mit Risiken und Chancen gehört zur Rechenschaftspflicht der obersten Leitung. Entsprechend ist gefordert, dass die oberste Leitung das risikobasierte Denken fördert (5.1.1) und sicherstellt, dass Risiken und Chancen, sowohl betreffend der Konformität der Produkte und Dienstleistungen wie auch betreffend der Verbesserung der Kundenzufriedenheit, bestimmt und behandelt werden (5.1.2).

Änderungen im Vergleich zu ISO 9001:2008

Neu: 60 bis 80 %

In der neuen ISO 9001:2015 ist der Begriff der „Vorbeugemaßnahme“ zur Gänze verschwunden, da sich die gesamte Norm als „präventives Werkzeug“ für normanwendende Organisationen versteht.

Die Anforderungen zum Thema „Risiken und Chancen“ sind durch den Annex SL in die ISO 9001:2015 ein verpflichtender Teil geworden und bedeuten eine wesentliche Aufwertung dieses Themas.

Umsetzung

In der Praxis gibt es eine Vielzahl Instrumente und Methoden zum Managen bekannter Risiken aber auch, um neue Risiken und Veränderungen bereits erkannter Risiken frühzeitig zu identifizieren. Im Gegensatz zum sogenannten Krisen- oder Problemmanagement ist das Managen von Risiken durch eine ausgeprägte Zukunftsorientierung bestimmt. Durch vorausschauende Maßnahmen soll ein effektives und effizientes Managen von Risiken dazu beitragen, das Eintreten akuter Krisen und Probleme zu vermeiden bzw. deren meist negative Auswirkungen zu vermindern – nach dem Motto **“Good managers manage risks, poor managers manage problems”**.

Beispiel: Ein Unternehmen, welches Partikelfilter für Lackieranlagen herstellt, plant ein neues Produkt, um auf die Entwicklung von Lacken mit neuen Harzgrundkörpern zu reagieren. Das Unternehmen möchte diese **Chance** wahrnehmen. Bei der Risikoanalyse wird festgestellt, dass sich die rechtlichen Rahmenbedingungen in den nächsten 18 Monaten durch eine Gesetzesnovelle verändern könnten. Ein diesbezüglicher Gesetzesentwurf liegt vor. Im Raum steht, den Grenzwert für Partikel in der Abluft von Lackieranlagen in einem Ausmaß von bis zu 20 Prozent zu senken. Mit diesen potenziellen, neuen Grenzwerten wären die Filter entsprechend dem derzeitigen Herstellverfahren nach dem Inkrafttreten der Gesetzesänderung nicht mehr zu verkaufen. Bei einem Zeitraum von 18 Monaten ist die Neuentwicklung nicht wirtschaftlich und dieses **Risiko** somit ein Gefahrenpotenzial für **Verluste**. Das Wissen über die potenziellen, neuen Grenzwerte bietet jedoch die Chance, den neuen Partikelfilter schon in der Designphase so zu gestalten, dass er auch diesen Anforderungen entspricht. Diese Anpassung in der frühen Projektphase bedeutet jedoch in die Entwicklung zu investieren, um hier diesen Technologiesprung zu erreichen. Mit dem neuen Produkt könnte ein erheblicher **Gewinn** verbunden sein, da das Unternehmen als einer der ersten Anbieter mit dem neuen „zukunftsorientiertem“ Produkt am Markt eine Innovation bieten und damit neue Kunden gewinnen könnte.

Der Sinn des risikobasierten Ansatzes der ISO 9001:2015 ist es, Organisationen vor Schaden zu bewahren sowie Chancen zu erkennen und zu nutzen. Die Risiken sind ein wichtiges Element im Planungsprozess der gesamten Organisation, ausgehend von der Strategie bis hin zu Prozessen und Teilprozessen. Im Fokus steht immer die Erreichung der von der Organisation gewünschten oder geplanten Ergebnisse.

Zur Umsetzung des „risikobasierten Denkens“ gibt es eine Vielzahl von Werkzeugen und Methoden. Aus der Praxis hat sich bewährt, zuerst festzustellen, welche Methoden und Werkzeuge in der Organisation bekannt und im Alltag schon genutzt werden. Darauf kann dann meist sehr gut aufgesetzt werden. Dies kann sehr einfache Vorgangsweisen umfassen, aber auch etablierte Methoden.

Beispiele:

- Organisationen leiten oft schon im Rahmen ihres Strategieprozesses aus dem Kontext der Organisation Risiken und Chancen ab (vgl. Abschnitt 4.1 und 4.2).
- In projektorientierten Organisationen wird die Risikobetrachtung meist im Rahmen der Projektplanung oder im Rahmen einer Angebotserstellung mit berücksichtigt.
- Im Bereich des Lieferantenmanagements werden in manchen Organisationen Checklisten eingesetzt, um zu den wichtigsten Risiken im Rahmen der Lieferantenauswahl eine Beurteilung zu treffen.
- Im Rahmen der Produktentwicklung ist z.B. die Fehlermöglichkeits- und Einfluss-Analyse (FMEA) ein bewährtes Werkzeug.

Daneben sind in vielen Branchen spezifische Methoden im Einsatz. Diese Methoden fokussieren meist auf bestimmte Aspekte. Sie decken damit zwar nicht eine umfassende Betrachtung aller Kontextfaktoren ab, sind aber meist auf die für die entsprechende Branche kritischen Themen ausgerichtet. Beispiele dafür sind:

- HAZOP (Hazard and Operability) ist eine speziell in der Chemieindustrie weitverbreitete Methode zur Erkennung von möglichen Problemen bezüglich Sicherheit und Funktion von technischen Systemen und Anlagen.
- HACCP (Hazard Analysis and Critical Control Point) ist eine Methode, mit deren Hilfe mögliche Gefährdungen in der Lebensmittelherstellung identifiziert und Maßnahmen getroffen bzw. kritische Kontrollpunkte festgelegt werden.
- CIRS (Critical Incident Reporting System) ist ein System zur anonymen Meldung von kritischen Ereignissen und Beinahe-Schäden. Dieses System wird speziell im Gesundheitssektor als Instrument zur Verbesserung der Patientensicherheit eingesetzt.

Für viele Organisationen wird es deswegen in der Umsetzung dieser Normforderungen nicht darum gehen, völlig neue Vorgangsweisen zu etablieren, sondern die vorhandenen Aspekte zu verbinden bzw. Lücken zu schließen. Einige methodische Anregungen dazu, die im Rahmen der Methodenbeispiele vertieft werden:

- Organisationen, welche noch nie systematisch risikobasiertes Denken verwendet haben, können mit Tools wie dem Risikoscan einen ersten Überblick schaffen, um so ein Fundament für die Bearbeitung von Chancen und Gefahren zu erhalten. Das Ergebnis des Risikoscan kann dann in der Folge direkt mit Aktionen bearbeitet oder im Bedarfsfall verfeinert werden.
- Für die Identifikation der potenziellen Risiken kann Brainstorming angewendet werden. Das Ergebnis kann in einem Ishikawa-Diagramm (siehe Methodenbeispiele in diesem Kapitel) weiterbearbeitet und mit einer klassischen Punktebewertung quantifiziert werden.
- Das Ergebnis des Brainstormings kann aber auch in einem Risikoportfolio (Darstellung nach Eintrittswahrscheinlichkeit und Folgen des Ereignisses) bewertet und dargestellt werden.

Ein über die ISO 9001:2015 hinausführender Leitfaden ist die ISO 31000. Darin ist ein umfassender, systematischer Ansatz zum Umgang mit Risiken dargestellt. Die Risikobeurteilung (mittleres Feld im Prozessmodell der ISO 31000:2009) wird differenziert in drei Hauptaktivitäten durchgeführt: Risikoidentifikation, Risikoanalyse und Risikobewertung (vgl. Bild 6.4).

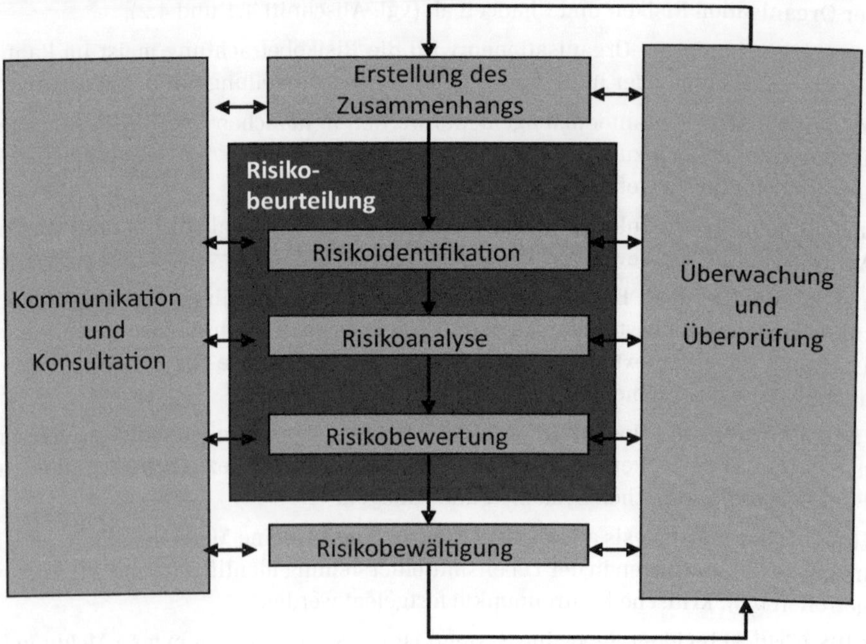

Bild 6.4 Prozessmodell der ISO 31000

1. **Risikoidentifikation:**
   Prozess zum Finden, Erkennen und Beschreiben von Risiken. Das Ergebnis ist eine Übersicht (z. B. als Liste) der wesentlichen Risiken, die betrachtet werden. Dies ist im Sinne der ISO 31000 die gesamte Organisation. Für Qualitätsmanagementsysteme kann diese Betrachtungsebene auf die relevanten Bereiche eingeschränkt werden.
2. **Risikoanalyse:**
   Prozess zur Erfassung des Wesens eines Risikos und zur Bestimmung der Risikohöhe. Die Risikoanalyse betrachtet die Ursachen und Quellen der Risiken, ihre positiven und negativen Auswirkungen und die Wahrscheinlichkeit ihres Eintretens. Faktoren, welche die Auswirkungen und die Wahrscheinlichkeiten beeinflussen, sollten identifiziert werden. Das Risiko wird durch Bestimmung der Auswirkungen und Wahrscheinlichkeiten sowie anderer Merkmale des Risikos analysiert. Ein Ereignis kann vielfältige Auswirkungen haben und mehrere Ziele betreffen. Bestehende Maßnahmen zur Beherrschung von Risiken sowie ihre Wirksamkeit sollten in Betracht gezogen werden.
   Die Risikoanalyse kann je nach Risiko, Zweck der Risikoanalyse sowie den verfügbaren Informationen und Daten mit unterschiedlicher Untersuchungstiefe durchge-

führt werden. Sie kann je nach Umständen quantitativer, halb-quantitativer oder qualitativer Natur sein oder eine Kombination davon darstellen.

3. **Risikobewertung:**
   Prozess, bei dem die Ergebnisse der Risikoanalyse mit den von der Organisation festgelegten Risikokriterien verglichen werden, um zu bestimmen, ob das Risiko und/oder sein Ausmaß akzeptierbar oder tolerierbar sind.
   Die Auswirkungen und ihre Eintrittswahrscheinlichkeit können durch Modellierung der Ergebnisse eines oder mehrerer Ereignisse oder durch Extrapolation von experimentellen Studien oder von verfügbaren Daten bestimmt werden. Sie können anhand der materiellen oder immateriellen Folgen erfasst werden. In manchen Fällen reicht ein einziger nummerischer Wert oder ein einziges Merkmal nicht, um die Auswirkungen und ihre Eintrittswahrscheinlichkeit für verschiedene Zeiträume, Orte, Gruppen oder Situationen zu spezifizieren.
4. **Risikobewältigung:**
   Die Aufgabe der Risikobewältigung besteht in der Auswahl, Initiierung und Umsetzung von Maßnahmen, durch die Risiken auf das für die Organisation akzeptierbare bzw. tolerierbare Maß gebracht werden können. Für die identifizierten Risiken ist die jeweils beste Alternative der Risikobewältigung auszuwählen und über deren spezifische Ausgestaltung im konkreten Anwendungsfall zu entscheiden.

Wie man an diesem kurzen Einblick in das Themenfeld des Risikomanagements nach ISO 31000 sieht, gehen hier die Empfehlungen weit über die Anforderungen der ISO 9001:2015 hinaus. Speziell die konkreten Anleitungen zum Thema „Analyse und Bewertung“ sind in der ISO 9001:2015 nicht abgebildet. Insofern ist es korrekt, nicht von einem Risikomanagementsystem zu sprechen, das gefordert wird, sondern von risikobasiertem Denken.

Optionen in der Risikobewältigung

Eine Organisation hat verschiedene Möglichkeiten, Maßnahmen, welche zur Erreichung der gewünschten oder geplanten Ergebnisse der Organisation gesetzt werden müssen, auszuwählen. Diese Möglichkeiten sind in einer Anmerkung im Abschnitt 6.1 angeführt:

- **Risiken vermeiden:**
  Risiken werden vermieden. Allerdings ist das oft nur möglich, wenn dabei die mit den Risiken verbundenen Chancen auch nicht wahrgenommen werden.

  Beispiele:

  - Verzicht auf Technologien und Herstellverfahren, die schwer beherrscht werden können.
  - Verzicht auf Kundenaufträge, bei denen keine Sicherheit besteht, die Anforderungen erfüllen zu können.
  - Die Chance für neue Produkte/Dienstleistungen nicht wahrzunehmen, wenn keine günstige wirtschaftliche Erlösprognose vorliegt.
  - Drosselung oder Einstellen der Lieferung in bestimmte Länder, wenn dort beispielsweise Unruhen zu erwarten sind.

- **Risiken auf sich zu nehmen, um eine Chance wahrzunehmen:**
  Risiken werden im Sinne der unternehmerischen Tätigkeiten auf sich genommen, oder sogar vermehrt, um Chancen wahrzunehmen.
- **Beseitigen der Risikoquelle:**
  Die Ungewissheiten, die mit dem Risiko verbunden sind, werden beseitigt. Dies heißt primär, die bestehenden Ungewissheiten durch Einholen von Informationen zu beseitigen.
  Beispiele:
  - Marktforschung, um Marktbedingungen vor Markteintritt zu klären,
  - technische Machbarkeitsstudien für neue Anforderungen.
- **Ändern der Wahrscheinlichkeit oder der Konsequenzen:**
  Für Risiken mit negativen Auswirkungen wird dies als Risikoverminderung bezeichnet. Das Ziel dabei ist die Senkung der ursachenorientierten Eintrittswahrscheinlichkeit und des wirkungsorientierten Schadensausmaßes bestehender Risikolagen. Dies setzt voraus, Eingriffsmöglichkeiten zur Reduzierung des Risikos zur Verfügung zu haben. Gefahren können durch personelle, organisatorische und technische Maßnahmen reduziert werden. Die Verminderungsmaßnahmen bilden üblicherweise das Gros der Risikobewältigungsstrategien, bezogen auf die Anzahl der Einzelrisiken.
  Bei Risiken mit erhofften positiven Auswirkungen wird man umgekehrt die Eintrittswahrscheinlichkeit und das Gewinnausmaß zu erhöhen versuchen.
  Beispiele:
  - technische Schutzmaßnahmen,
  - rechtzeitige Produktrückrufe,
  - Kontrollpunkte im Prozess,
  - Verbesserung von Maschinen und Ausrüstung,
  - Kompetenz der handelnden Personen,
  - dokumentierte Verfahren und Regeln.
- **Risiken teilen bzw. übertragen:**
  Das Risiko wird zum Teil oder zur Gänze auf andere übertragen, z.B. auf eine Versicherung (Captive). Dies kann aber nur funktionieren, wenn alle Beteiligten ihre Risiken beherrschen, eine gute Risikokommunikation praktizieren und eine offene Risikokultur leben.
  Das allgemeine negative Unternehmens- oder Kernrisiko, das unmittelbar beim Aufbau und der Nutzung der Erfolgspotenziale entsteht, ist nicht übertrag- oder delegierbar. Andere Risiken wie z.B. Brandschaden, Elementarereignisse, Transport können tendenziell auf andere Risikoträger übertragen werden.
  Beispiele:
  - Versicherungen,
  - Verträge und Geschäftsbedingungen,
  - Risikodiversifikation.

- **Beibehaltung des Risikos durch eine fundierte Entscheidung:**
  Je nach den von der Organisation festgelegten Risikokriterien kann die Organisation auch bestimmen, ob das Risiko und/oder sein Ausmaß akzeptierbar oder tolerierbar sind. Dies wird speziell von den Anforderungen der Kunden und den eigenen Qualitätszielen abhängen.

Methodenbeispiele

Für die Identifikation der Risiken ist es erforderlich, dass dies in einem Team geschieht, das alle möglichen Sichtweisen auf ein Thema abdecken kann. Dabei ist darauf zu achten, dass dieses Team einen Gesamtquerschnitt über die Organisation bzw. das konkrete Thema darstellt, um Einseitigkeit zu vermeiden. Wenn ein Team aus Managementsystem-Experten versucht, eine Risikoidentifikation für die Gesamtorganisation zu erstellen, so wird diese fachspezifische Brille die Ergebnisse stark einschränken. Es besteht die Gefahr, dass in diesem Fall die erkannten Risiken hauptsächlich aus dem Bereich der Managementsysteme bzw. aus deren Blickwinken identifiziert werden.

In vielen Organisationen steht nur eine begrenzte Anzahl von Experten zur Verfügung, sodass zu manchen relevanten Themen zu wenig Wissen für eine umfassende Beurteilung vorliegt. In solchen Fällen ist es sinnvoll, ein strukturiertes Werkzeug zu benutzen, um einen ersten Überblick zu erhalten.

Die Verwendung einer Methode zur Analyse und Beurteilung von Risiken ist in der ISO 9001:2015 nicht gefordert. Jedoch wird es bei komplexen Sachverhalten sinnvoll sein, Analysen durchzuführen, um wirksame Maßnahmen für den Umgang mit den Risiken ableiten zu können. In welchem Fall der Einsatz sinnvoll oder auch notwendig ist, hängt wiederum von der Art der Organisation ab.

Risikomatrix bzw. Risikoscan

Ein bewährtes Instrument ist der Risikoscan oder auch Risikomatrix genannt. Der Vorteil dieses Risikoscans liegt darin, dass sich mit seiner Hilfe die Risiken einer Organisation auf einer qualitativen Weise umfassend erheben lassen. Dabei sind Themen allgemeingültiger Natur schon vorformuliert, organisationsspezifische Themen können ergänzt und individuell angepasst werden.

Der Risikoscan besteht aus einer Übersicht, in der die Ausprägungen der einzelnen Risikokategorien anhand einer Fieberkurve veranschaulicht werden, und aus detaillierten Scans, die eine umfassende Bewertung der einzelnen Risikokategorien ermöglichen.

In der Übersichtsdarstellung werden die jeweils höchsten Bewertungen der zehn Risikokategorien (Detailscans) eingetragen. Verbindet man die Bewertungen mit einer Linie, erhält man eine aussagekräftige „Fieberkurve“ der Unternehmensrisiken (vgl. Bild 6.5).

Risikofieberkurve						
		Nicht relevant	Geringes Risiko	Niedriges Risiko	Hohes Risiko	Sehr hohes Risiko
R01	Marktbezogene Risiken	4	4	16	6	3
R02	Personenbezogene Risiken	1	0	25	18	0
R03	Kommerzielle (wirtschaftliche Risiken)	0	7	10	5	0
R04	Technische Risiken	12	0	25	5	0
R05	Rechtsrisiken (Rechtskonformität)	11	13	17	6	0
R06	Securityrisiken	13	2	19	7	1
R07	Administrative Risiken	0	3	15	3	0
R08	Gesellschaftsbezogene Risiken	1	6	13	2	0
R09	Naturbezogene Risiken	25	0	13	0	0
R10	Datenverarbeitungs-/IT-Risiken	0	1	14	10	2

Bild 6.5 Übersichtsblatt eines fertigen Risikoscans. Die Nummer in den jeweiligen Kategorien stellt das Ergebnis der Fragebeantwortung aus den zehn Detailchecklisten dar. Der schwarze Strich ist die Risikofieberkurve der Organisation.

Die Basis zum Risikoscan bilden zehn Risikohauptkategorien (vgl. Tabelle 6.1,) welche von Fachexperten aus unterschiedlichen Branchen aus der ISO 31000 abgeleitet wurden. Es gibt keine explizite Forderung in der ISO 9001:2015 für die Verwendung eines Risikoscans oder eines anderen systematischen Tools, welches die gesamte Organisation betrachtet. Die Normforderung bezieht sich darauf, dass sich die Organisation mit den Risiken und Chancen in Bezug auf deren Fähigkeit, Produkte und Dienstleistungen zu erstellen, auseinanderzusetzen hat. Es hat sich aber in der Praxis gezeigt, dass eine systematische Erweiterung auf die gesamte Organisation einen geringen Mehraufwand im Vergleich zu dem erzielbaren Nutzen bringen kann.

Tabelle 6.1 Übersicht über die im Risikoscan verwendeten zehn Risikokategorien

	Risikokategorien	Risikobereiche
R 01	Marktbezogene Risiken	Marketing
R 02	Personenbezogene Risiken	Unternehmensführung mit Arbeitsschutz
R 03	Kommerzielle (wirtschaftliche) Risiken	Unternehmensführung
R 04	Technische Risiken	Technik und Arbeitsvorbereitung
R 05	Rechtsrisiken (Rechtskonformität)	Unternehmensführung und verantwortliche Beauftragte
R 06	Securityrisiken	Infrastrukturbereiche

	Risikokategorien	Risikobereiche
R 07	Administrative Risiken	Unternehmensführung und verantwortliche Beauftragte, Qualitätsmanagement
R 08	Gesellschaftsbezogene Risiken	Unternehmensführung und verantwortliche Beauftragte, Umweltmanagement, Sicherheitsmanagement
R 09	Naturbezogene Risiken	Unternehmensführung und Beauftragte
R 10	Datenverarbeitungs-/IT-Risiken	Unternehmensführung und IT

Je nach Produkt oder Dienstleistung einer Organisation können alle oder nur einige dieser zehn Kategorien im Sinn der Norm zutreffend sein und der Risikoscan kann auch auf die normrelevanten Themen eingeschränkt werden.

Ishikawa-Diagramm mit den zehn Hauptkategorien

Das klassische Ishikawa-Diagramm (Ursachen-Wirkungsdiagramm) ist in vielen Organisationen im Einsatz. Dieses einfache Werkzeug kann für die Analyse und Beurteilung von Risiken im Unternehmen herangezogen werden.

Die Anwendung des Ishikawa-Diagramms mit den zehn RCM-Kategorien (RCM = Reliability Centred Maintenance) ist eines der einfachsten Tools, um die gesamtheitliche Risikobetrachtung durchzuführen (vgl. Bild 6.6).

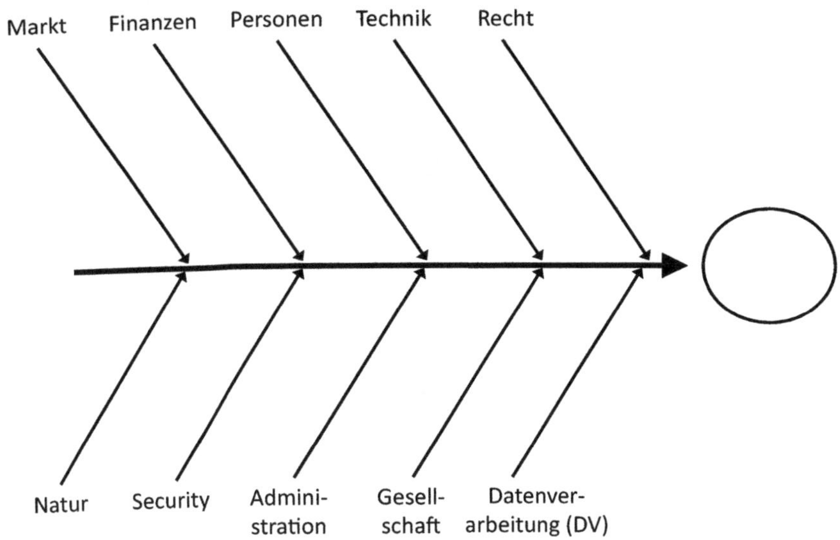

Bild 6.6 Anwendung des Ishikawa-Diagramms zur Analyse von Risiken

Die Durchführungsschritte werden hier am Beispiel einer Risikobeurteilung für ein neues Produkt dargestellt (Bild 6.7):

1. Definition der Kernfrage „neues Produkt Laserpointer“,
2. Zusammenstellung des Teams,
3. Durchführen eines Brainstormings mittels Kartenabfrage,
4. Argumente auf den Karten in die zehn RCM-Kategorien eintragen,
5. Diskussion über Argumente bzw. die dargestellten Sachverhalte.
   a) … ob es sich um Risiken oder Chancen handelt,
   b) … welchen Hintergrund die Informationen haben,
   c) … welchen Zusammenhang (Wechselwirkung) es zwischen den Argumenten der zehn Kategorien gibt.
6. Bewertung bzw. Priorisierung der Argumente in den Kategorien. Dies kann z. B. mit einer Punkteabfrage erfolgen.

Das Ergebnis kann nun für die Festlegung der Maßnahmen genutzt werden, da die Risiken schon den relevanten Bereichen zugeordnet sind. Dadurch sind auch Wechselwirkungen besser zu erkennen.

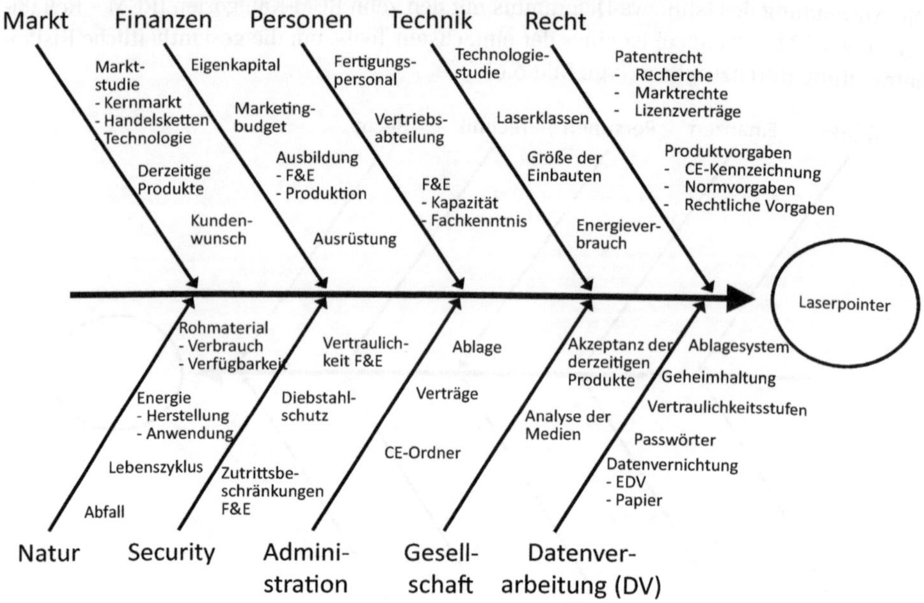

Bild 6.7 Anwendungsbeispiel für ein Ishikawa-Diagramm

Portfolioanalyse

Eine sehr einfache und effiziente Darstellungsmethode einer Risikobetrachtung bildet die „Portfolio-Darstellung“ (vgl. Bild 6.8). Die verschiedenen Darstellungen und Betrachtungsformen haben dazu geführt, dass die Portfolio-Darstellung auch unter verschiedenen Namen am Markt bekannt ist, alle haben jedoch ein und dieselbe Grundidee. Beim Risikoportfolio wird die Eintrittswahrscheinlichkeit auf einer Achse aufgetragen und auf der anderen Achse die erwartete Schadenshöhe.

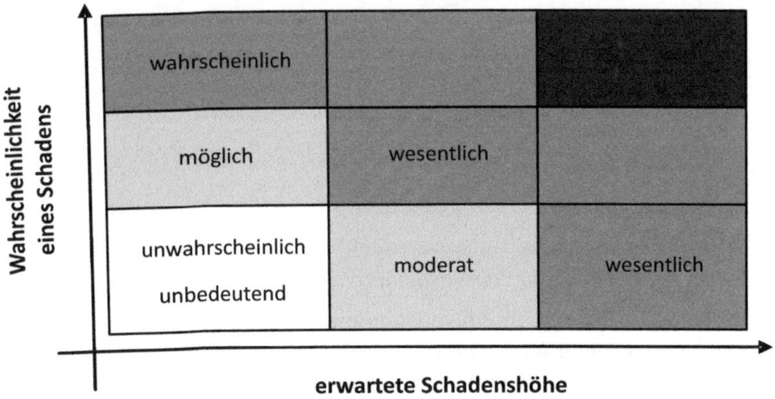

Bild 6.8 Portfolioanalyse mittels Neunfeldermatrix (Beispiel Schadensanalyse)

In der einfachsten Darstellungsform hat ein Risikoportfolio vier Felder, in erweiterten Betrachtungen kann die Risikoportfolio-Darstellung bis 16 oder mehr Felder haben.

In einer Portfolio-Darstellung können Risiken differenziert betrachtet werden. Speziell Risiken, die mit geringer Wahrscheinlichkeit eintreten, aber enorme Auswirkungen auf die Organisation haben bzw. umgekehrt, Risiken die sehr oft auftreten, bei denen jedes Einzelereignis geringe Auswirkungen hat, können so identifiziert werden. In beiden Fällen sollten die Themen besondere Beachtung finden. Auch für Chancen kann ein derartiges Portfolio erstellt werden: Realisierungswahrscheinlichkeit der Chance versus Marktpotenzial der Chance in Euro/Produktmenge etc.

Szenariotrichter

Szenarios werden häufig in Form eines Szenariotrichters dargestellt (vgl. Bild 6.9). Den Ausgangspunkt der Betrachtung bildet dabei das Trendszenario, das auf einer Zeitachse aufgespannt wird. Dieses Trendszenario stellt die zukünftige Entwicklung unter der Annahme stabiler Umfeldentwicklungen dar. Da im Regelfall allerdings von instabilen Umgebungsbedingungen ausgegangen werden muss, werden sowohl positive als auch negative Entwicklungsmöglichkeiten berücksichtigt.

Durch die immer weitere Entfernung von der Gegenwart und den damit verbundenen möglichen Abweichungen vom Trendszenario, erhöht sich die Spannweite mit Fortdauer der Zeit. Jenes Extremszenario, das die bestmögliche Entwicklung (best case) aufzeigt, stellt das obere Ende des Trichters dar, während die schlechteste Entwicklungsmöglichkeit (worst case) das untere Ende bildet.

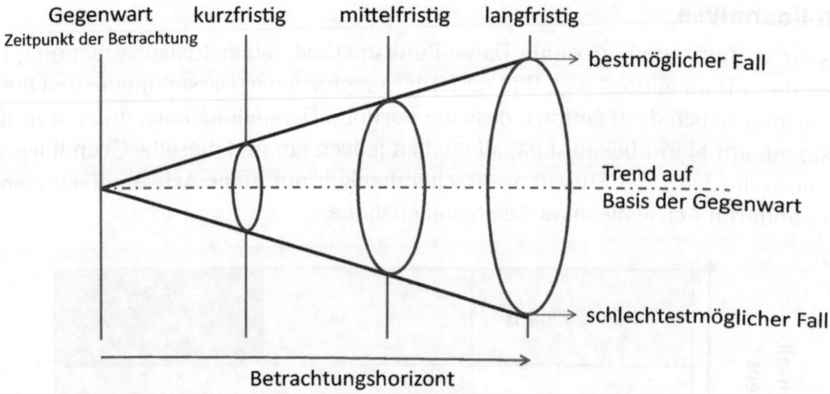

Bild 6.9 Szenariotrichter

Oft gefragt – FAQs

Muss von Seiten der Organisation ein Risikomanagementsystem dargelegt werden?

Nein, es gibt keine Forderung für ein vollständiges Risikomanagementsystem, wie es in der ISO 31000 beschrieben wird. Die ISO 31000:2009 ist die internationale Norm für Risikomanagement. Der gesamtheitliche Risikomanagementprozess nach ISO 31000 ist in Bild 6.10 dargestellt. In der ISO 9001:2015 geht es um die Betrachtung der Risiken im Zusammenhang mit dem Qualitätsaspekt. Gefordert ist die Identifikation („Risiken bestimmen") und die Risikobewältigung („Maßnahmen zum Umgang mit diesen Risiken und Chancen") und die Integration der Maßnahmen in die Prozesse.

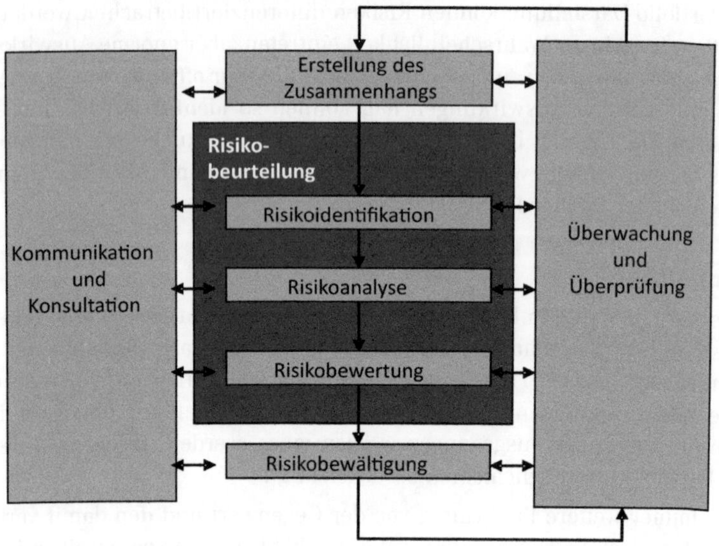

Bild 6.10 Risikomanagementprozess nach ISO 31000

Entsprechend verlangt die ISO 9001:2015 kein vollständiges Risikomanagementsystem, wie dies in der ISO 31000:2009 definiert ist. Die ISO 31000:2009 ist jedoch ein wertvoller Leitfaden, der darstellt, wie Risikomanagement über die Anforderungen der ISO 9001:2015 hinaus gesamthaft zum Vorteil der Organisation umgesetzt werden kann.

Wo liegt der Unterschied zwischen Vorbeugemaßnahmen der ISO 9001:2008 und in der ISO 9001:2015 geforderten risikobasierten Ansatz?

Der risikobasierte Ansatz aus der ISO 9001:2015 ist breiter zu sehen und bezieht sich auf die Auswirkung von Ungewissheit. Dabei wird auf die relevanten internen und externen Themen verwiesen, sei es rechtliches, technologisches Umfeld, seien es Kompetenzen, Unternehmenskultur etc. (vgl. Abschnitt 4). Diese Faktoren können Auswirkungen auf alle Systemelemente inklusive strategische Zielsetzungen, Politik, Märkte und Geschäfte haben. Die Vorbeugemaßnahmen hatten einen engeren Fokus. Hier ging es darum, unerwünschte Situationen und das Auftreten von Fehlern zu verhindern.

Sind mit Risiken nur Gefahren oder auch Chancen verbunden?

Risiken sind „Auswirkungen von Unsicherheiten". Damit können sich aus Risiken auch Chancen ergeben. Der Begriff „Chancen" kann jedoch nicht auf positive Auswirkungen von Unsicherheiten reduziert werden. Chancen sind Möglichkeiten, etwas zu tun – also neue Produkte zu entwickeln, um heutige oder zukünftige Kundenanforderungen abdecken zu können, neue Märkte zu erschließen etc. Das heißt aber auch, dass sich aus Chancen wiederum Unsicherheiten und damit Risiken ergeben können.

Gibt es Anforderungen an die Identifikation und den Umgang mit Risiken, ist eine bestimmte Methode vorgeschrieben?

Nein, hier besteht ein individueller Freiraum für Organisationen, eine Methode und Vorgangsweise frei zu wählen. An einigen Stellen werden qualitative Methoden sinnvoll sein (vgl. Risikoscan); z. B. Verfahren wie die FMEA speziell im Bereich Produkte und Prozesse, oder Wahrscheinlichkeitsberechnungen insbesondere bei Themen, wo quantitative Grunddaten vorhanden sind (z. B. Finanzsektor, Versicherungen etc.). In sehr kleinen Organisationen mit einer geringen Komplexität der Produkte oder Dienstleistungen, kann es auch ausreichend sein, wenn die Identifikation der Risiken rein qualitativ erfolgt.

Eine Anforderung zur Dokumentation der Risiken und Chancen gibt es in der ISO 9001:2015 nicht. Wiederum kann in einer sehr kleinen Organisation dieser Freiraum genutzt werden. Die Maßnahmen, deren Wirksamkeit ja auch zu bewerten ist, bedürfen jedenfalls einer Dokumentation. Bei größeren Organisation bzw. Organisation mit komplexeren Risiken wird eine Dokumentation aus praktischen Gründen unumgänglich sein. Wesentliches Entscheidungskriterium bezüglich der Dokumentation ist, ob die Anforderungen, die Risiken zu bestimmen, Maßnahmen abzuleiten und die Risiken auf Basis von Überwachung und Messung zu beurteilen sowie im Managementreview die Effektivität zu bewerten, überhaupt umgesetzt werden können.

6.2 Qualitätsziele und Planung zu deren Erreichung

Joseph B. Garscha

Der Abschnitt 6.2 widmet sich der Planung zur Erreichung von Qualitätszielen. Dieser Begriff ist nicht neu, die diesem Abschnitt entsprechenden Anforderungen waren in der ISO 9001:2008 im Abschnitt 5 „Verantwortung der Leitung“ enthalten. Der Begriff „Ziel“ ist in der ISO 9000:2015 als „zu erreichendes Ergebnis“ definiert.

Normenauszug ISO 9001:2015:

Die Organisation muss Qualitätsziele für relevante Funktionen, Ebenen und Prozesse festlegen, die für das Qualitätsmanagementsystem benötigt werden.

Auch hier wird, wie auch in anderen Abschnitten, auf die jeweilige spezifische Situation von Organisationen hingewiesen. Das heißt, die Organisation muss festlegen, welche Funktionsbereiche, Ebenen und Prozesse relevant sind. Konkret: Was muss gesteuert werden, damit das System wirksam funktioniert?

In diesem Zusammenhang sind auch die Anforderungen unter 5.1 zu beachten. Unter 5.1.1 b) wird die oberste Leitung verpflichtet sicherzustellen, dass die Qualitätsziele festgelegt und mit der strategischen Ausrichtung und dem Kontext der Organisation vereinbar sind. Die Anforderungen im Abschnitt 5.3 „Rollen, Verantwortlichkeiten und Befugnisse in der Organisation“ sind wiederum für die Definition der Funktionen von Bedeutung. Die „relevanten Prozesse“ lassen sich aus den Anforderungen im Normabschnitt 4.4 „Qualitätsmanagementsystem und dessen Prozesse“ ableiten.

Für die Gestaltung des Managementsystems wird man sich zweckmäßigerweise an diesen Eckpunkten orientieren. Die grundsätzliche Forderung, dass Qualitätsziele messbar sein müssen und im Einklang mit der Qualitätspolitik zu stehen haben, war auch bereits in der ISO 9001:2008 eine Anforderung an das Qualitätsmanagementsystem.

Die Qualitätsziele müssen:

Normenauszug ISO 9001:2015 (mit Ergänzungen in Klammer gesetzt):

a) im Einklang mit der Qualitätspolitik stehen;

b) messbar sein;

c) anwendbare Anforderungen berücksichtigen;

d) für die Konformität von Produkten und Dienstleistungen sowie für die Erhöhung der Kundenzufriedenheit relevant sein (Anmerkung: Die Formulierung betreffend Verbesserung der Kundenzufriedenheit ist in dieser Form neu.);

e) überwacht werden (neu);
f) vermittelt werden (neu);
g) soweit erforderlich, aktualisiert werden (neu). ■

Mit den ausführlicheren Formulierungen wurden die Anforderungen konkretisiert. In der Praxis werden sich wenige Änderungen ergeben, da die neu hinzugekommenen Punkte in einer sinnvollen Umsetzung der Qualitätsziele sich automatisch ergeben.

Ferner muss die Organisation Informationen zu den festgelegten Qualitätszielen dokumentieren und aufbewahren.

Deutlich übersichtlicher und konkreter sind in der ISO 9001:2015 Abschnitt 6.2.2 auch die Anforderungen bezüglich der Planung. Hier wurden die in der ISO 9001:2008 (Punkt 5.4.2) gemachten zwei „Prosa-Textstellen" durch eine taxative Auflistung von konkreten Festlegungen ersetzt (siehe nachstehender Normenauszug). Damit ergeben sich von selbst die Überschriften in den Spalten eines Aktions- oder Maßnahmenplans.

Normenauszug ISO 9001:2015:

Bei der Planung zum Erreichen der Qualitätsziele muss die Organisation bestimmen:

a) was getan wird;
b) welche Ressourcen erforderlich sind;
c) wer verantwortlich ist;
d) wann es abgeschlossen wird;
e) wie die Ergebnisse bewertet werden. ■

In der Praxis ist es herausfordernd, die Bewertung der Ergebnisse schon in der Planung zu berücksichtigen. Dies erfordert einen hohen Grad an Analyse des Themas und eine fundierte Planung auf Basis von Zahlen, Daten und Fakten.

Die Aspekte und Forderungen betreffend der betrieblichen Planung und Steuerung werden im Abschnitt 8.1 noch weiter ausgeführt.

Änderungen im Vergleich zu ISO 9001:2008

Neu: 20 bis 40 %

Neu in der ISO 9001:2015 ist, dass die Qualitätsziele von der Organisation nicht nur für relevante Funktionsbereiche und Ebenen, sondern nunmehr auch für relevante Prozesse festzulegen sind.

In der Formulierung der Anforderungen wurden einige Konkretisierungen getroffen: bezüglich Qualitätszielen, die für die Erhöhung der Kundenzufriedenheit relevant sind, bezüglich Überwachung der Qualitätsziele sowie ihrer Vermittlung und Aktualisierung.

Betreffend Planung zur Erreichung der Qualitätsziele wurden textliche Konkretisierungen getroffen.

Umsetzung

In diesem Abschnitt sind keine grundsätzlichen Neuerungen, jedoch wichtige Nachschärfungen enthalten. Das systematische Setzen von realistischen, messbaren Zielen für die relevanten Funktionen und Prozesse ist eine herausfordernde Aufgabe in der Praxis. Dazu einige Tipps:

- Die Messbarkeit von Zielen ist nicht nur eine Normforderung, sondern auch in der Praxis ein wichtiger Erfolgsfaktor. Dabei ist oft nicht eine einzelne „Zielzahl" ausreichend, sondern das Einvernehmen, welches Zielbild am Ende erreicht werden soll. Dies kann komplexer sein, als nur das Erreichen einer einzelnen Messgröße, ohne Berücksichtigung von anderen wechselwirkenden Prozessen (vgl. Abschnitt 4.4).
- Für quantitative Ziele sollte damit auch sichergestellt sein, dass diese die Maßzahl (Größenordnung) und die Einheit (was gemessen wird) enthalten sowie die Periodizitäten, zu denen die Zielerreichung überwacht und der Fortschritt bzw. das Ergebnis bewertet werden muss.
- Entsprechend der Forderung von Zielen, die konsistent mit der strategischen Ausrichtung der Organisation sind, sollten Ziele konsistent in Übereinstimmung mit der Strategie der Organisation definiert werden. Entsprechend werden oft mehrere Funktionen und Prozesse zu einem einzelnen strategischen Ziel beitragen.
- Die für die jeweilige Bewertungsperiode relevanten Ziele sollten mit den für die Umsetzung Verantwortlichen zu festgelegten Planungszeiträumen vereinbart werden. Nützlich kann dabei sein, ein Rahmenwerk für Ziele (siehe Methodenbeispiele) zu erstellen, aus dem Wechselwirkungen ersichtlich werden und damit auch klar wird, welcher Kreis von Verantwortlichen bei der Festlegung von Zielsetzungen einbezogen werden sollte.
- Sollte im Zuge der Überwachung oder Bewertung festgestellt werden, dass in der Planung festgelegte und vereinbarte Zielvorgaben nicht erreicht werden, sind innerhalb der Organisation Eskalationsmechanismen festzulegen, wie in solchen Fällen zu verfahren ist. Ein derartiger Eskalationsmechanismus muss zur Kultur der Organisation passen. Jedoch ist es wichtig, die Konsequenz in der Zielerreichung sicherzustellen.
- Zweckmäßig ist bei der Nichterreichung von Zielen die Einleitung einer „Korrekturmaßnahme", im Sinne der Identifikation von Ursachen für das Nichterreichen der Ziele, um so nicht nur „Nachbesserungen", sondern auch ein Hinterfragen der Annahmen in der Planung zu erreichen (vgl. auch Abschnitt 10.2).

Methodenbeispiele

Eine Methodik, wie relevante Ansprechpersonen zur Festlegung und Vereinbarung von Zielen (insbesondere der Maßzahlen/Größenordnung) innerhalb einer Organisation identifiziert werden können, ist das „Rahmenwerk für Ziele" (Garscha 2002, S. 125). Bild 6.11 stellt dies sinngemäß dar. Auch die in Abschnitt 4.4 dargestellte Balanced Scorecard kann in diesem Kontext unterstützend eingesetzt werden.

In Bild 6.11 sind in der horizontalen Achse alle aus der Unternehmensstrategie abgeleiteten Ziele (fortlaufend nummeriert) dargestellt: Wer ist vom Ziel 1 betroffen (runde Symbole in der ersten Spalte), vom Ziel 2 (Symbole in der 2. Spalte) etc. Auf der vertikalen Achse wurden die Verantwortlichen aufgetragen (in diesem Beispiel für Bereiche, Funktionen und Prozesse). Damit soll auch dargestellt werden, dass mehrere Betrachtungs- und Steuerungsebenen in einer Organisation existieren können, die sich nicht in einer einzigen Struktur einordnen lassen (vgl. auch Abschnitt „Umsetzung der in der Norm neuen, zusätzlichen Anforderungen in der Organisation").

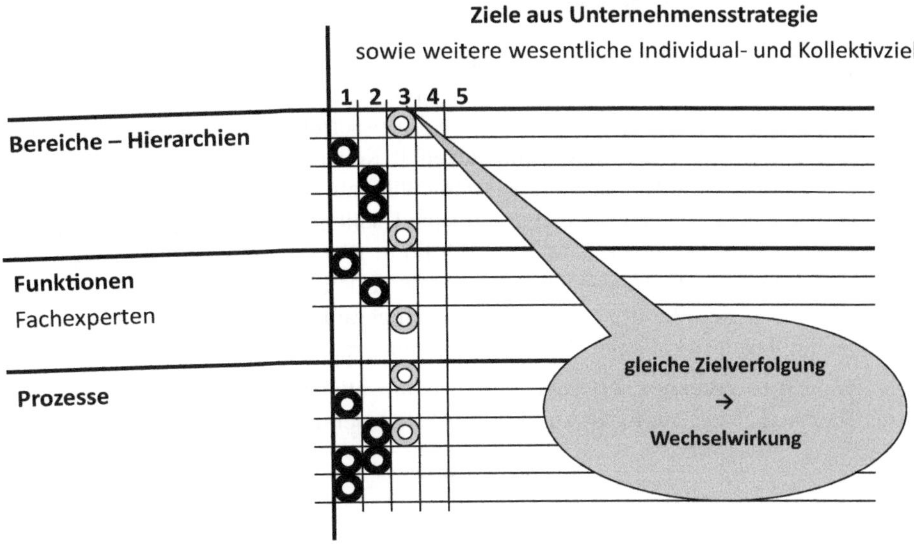

Bild 6.11 Rahmenwerk für Ziele von Funktionen, Ebenen und Prozessen

Wie beispielsweise anhand des 3. Ziels ersichtlich ist, sind zur Festlegung und Erreichung des geforderten Ziels insgesamt zwei hierarchische Bereiche, eine Funktion sowie zwei Prozesse hauptverantwortlich. Die hinter diesen Verantwortlichkeiten stehenden Personen werden das Team bilden, das sich im Planungsstadium zusammensetzt und das Ziel und die dazu erforderlichen Maßnahmen verhandeln und festlegen wird. Diese Gruppe von Personen bildet auch das Team, das für das so vereinbarte Kollektivziel verantwortlich zeichnet.

Durch die Festlegung von derartigen Kollektivzielen, für die ein Team verantwortlich zeichnet, kann auch Abteilungsegoismen entgegengewirkt werden. Damit wird zudem auch sichergestellt, dass Zielsetzungen übergreifend konsistent sind. Das Erreichen von Kollektivzielen erfordert ein hohes Maß an wirksamer Kommunikation und kann damit auch einen Indikator für den Reifegrad der Organisation darstellen.

Zur Umsetzung von Zielen werden in vielen Organisationen Maßnahmenpläne eingesetzt. Dafür gibt es gängige Software-Werkzeuge, in Bild 6.12 ist eine einfache, exemplarische Darstellung gegeben.

fortl. Nr.	Aufgabe	Wer?	Mit wem?	Bis wann?	erforderliche Ressourcen	Erledigt?/ Status	Wirksamkeits- vermerk	Anmer- kungen

Bild 6.12 Beispiel eines Maßnahmenplans

In der Umsetzung ist auf die Balance zwischen Individual- und Kollektivzielen zu achten (siehe Bild 6.13). Der Balken zum Balancieren wurde hier als bewusste Metapher gewählt. Es wird z. B. kaum möglich sein, im prozessorientierten Managementsystem nachhaltig vereinbarte Prozessziele (im Regelfall Kollektivziele) zu erreichen, wenn sich das verantwortliche Management ausschließlich nur darum kümmert, seine jeweiligen Individualziele zu erreichen. Entsprechend sollten leistungsorientierte Entlohnungssysteme diese Balance reflektieren. Wird dort den Individualzielen der betroffenen Führungskraft eindeutig der Vorrang gegenüber den Kollektivzielen (an denen die betroffene Führungskraft mitwirken soll/muss) eingeräumt, so wird diese Situation das Verhalten der davon betroffenen Personen determinieren.

Diese Balance zu erkennen, erfordert einen organisationsweiten Blick. Damit könnte dieses Thema auch bei Audits als zusätzlicher Fokus verankert werden.

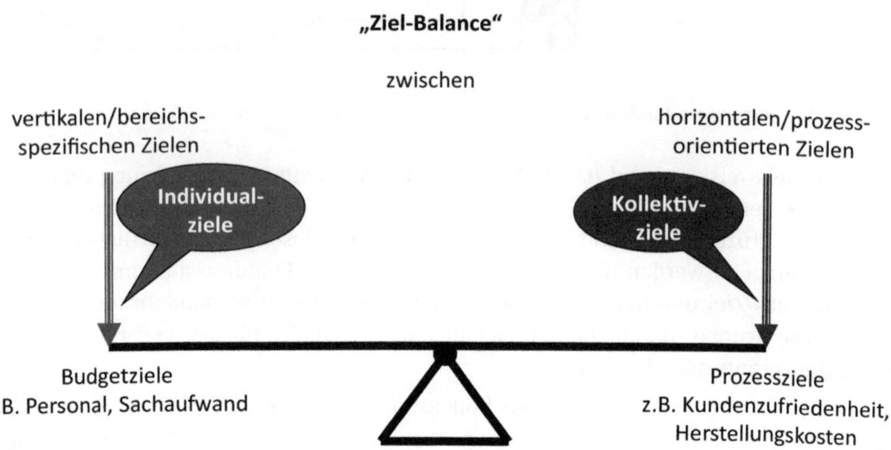

Bild 6.13 Ziel-Balance

Oft gefragt – FAQs

Was ist der Unterschied zwischen Ergebnissen und Zielen?

Die beiden Begriffe hängen durch ihre Definition zusammen: „Ziel" ist ein zu erreichendes Ergebnis. Der Begriff „Ergebnis" wird in mehreren Zusammenhängen in der Norm verwendet: Auditergebnisse, Messergebnisse, Entwicklungsergebnisse etc. Der Begriff

„Ziele“ wird in den Anforderungen nur im Zusammenhang mit dem Begriff „Qualität“, also „Qualitätsziele“, verwendet.

Wir haben in unserem Unternehmen „Unternehmensziele, und diese sind auf alle Abteilungen heruntergebrochen. Brauchen wir noch zusätzliche Qualitätsziele?

Wenn im Unternehmen Unternehmensziele, basierend auf einer Strategie formuliert sind, und diese auch systematisch auf Funktionen heruntergebrochen werden, ist dies eine exzellente Basis. In der ISO 9001:2015 müssen nun zusätzlich diese Ziele auf die Prozesse umgelegt werden. Separate Qualitätsziele zu formulieren ist nicht sinnvoll. Jedoch müssen die formulierten Ziele relevant für die Konformität von Produkten und Dienstleistungen und die Erhöhung der Kundenzufriedenheit sein (vgl. Anforderung 6.2.1 d). Reine Finanzziele würden dem nicht entsprechen.

6.3 Planung von Änderungen

Wolfgang Pölz

Mit diesem Normpunkt der ISO 9001:2015 werden konkrete Anforderungen dargelegt, was zu beachten ist, wenn Änderungen am Qualitätsmanagementsystem vorgenommen werden. Um dies in geplanter Weise durchzuführen sind vier Aspekte zu berücksichtigen, die in Bild 6.14 dargestellt sind:

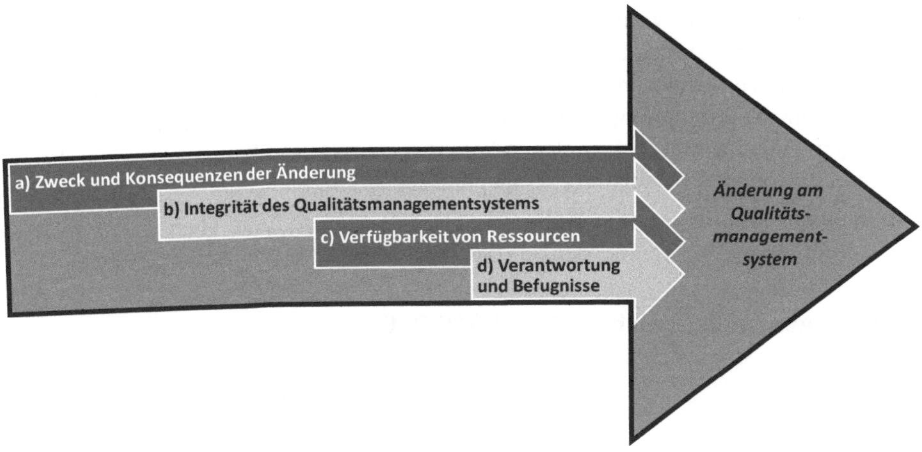

Bild 6.14 Änderungen am Qualitätsmanagementsystem (QMS)

a) Zweck und Konsequenzen der Änderungen fokussiert einerseits auf der klaren Sinnstiftung (Warum wird diese Änderung durchgeführt und was genau soll damit erreicht werden?) und andererseits wird damit sowohl das risikobasierte Denken als auch das Thema „Wechselwirkung“ (siehe ISO 9001:2015 4.4) explizit angesprochen. Zentrale Fragen hierbei sind: Was genau soll durch diese Änderung bewirkt werden?

Was würde passieren, wenn diese Änderung nicht (vollständig) umgesetzt wird? Wer merkt als erstes, und woran, dass diese Änderung umgesetzt wurde? Welche Prozesse, Organisationseinheiten, Produkte bzw. Dienstleistungen, Kunden, interessierte Parteien sind durch diese Änderung direkt oder indirekt betroffen?

b) Integrität des Qualitätsmanagementsystems verlangt von Organisationen, dass Änderungen durchgeführt werden, ohne das funktionierende Qualitätsmanagementsystem und die Fähigkeit, anforderungskonforme Produkte zu liefern bzw. Dienstleistungen zu erbringen, zu gefährden. Die Leitfragen schließen nahtlos an jene des Punktes „a" an: Gibt es Regelungen bzw. Vorgaben, die – eventuell auch nur kurzfristig – angepasst werden müssen? Ist eine Risikobewertung bezogen auf bestimmte Produkte bzw. Dienstleistungen durchzuführen bzw. anzupassen? Braucht es zusätzliche Messungen, Überprüfungen oder Audits in der Übergangsphase?

c) Verfügbarkeit von Ressourcen bezieht sich sowohl auf materielle als auch personelle Ressourcen. Letzteres erfordert nicht nur die Betrachtung der erforderlichen Anzahl von Personen, sondern auch deren Kompetenz für die veränderten Anforderungen. Die Kernfragen lauten: Sind ausreichend viele Mitarbeiterinnen und Mitarbeiter mit den notwendigen Kenntnissen und Erfahrungen in der Organisation? Gibt es Erfahrungen aus anderen Änderungen, die hier berücksichtigt werden können bzw. müssen? Welches Wissen und welche Kompetenzen sind für die Umsetzung der Änderung erforderlich? Welche materiellen Ressourcen (Technologie, Material, Raum, Information, finanzielle Investitionen usw.) sind für die Änderung erforderlich? Welche externen Ressourcen (beispielsweise Lieferanten, Umsetzungspartner, Experten, Ausbildungsorganisationen, Wissenschaft) sind hilfreich bzw. erforderlich?

d) Zuweisung oder Neuzuweisung von Verantwortlichkeiten und Befugnisse erfordert die Prüfung der Auswirkungen auf die Aufbauorganisation. Hilfreiche Fragen sind: Welche Verantwortungen und Befugnisse sind anzupassen, um die Änderung umzusetzen? Welche Änderungen bei den Verantwortungen und Befugnissen müssen nach erfolgter Umsetzung in den Prozessen und eventuell in den IT-Zugriffsrechten vorgenommen werden? Mit welchen Verantwortungen und Befugnissen sind die am Änderungsprojekt beteiligten Personen auszustatten?

Zusammenfassend finden sich in diesen Anforderungen zentrale Themen des Projektmanagements, die bei Veränderungen (Veränderungsmanagement) anzuwenden sind.

Änderungen im Vergleich zu ISO 9001:2008

Neu: 60 bis 80 %

Dieser Abschnitt ist als Anforderung nicht ganz neu, wenngleich die Ausprägung wesentlich konkreter ist. In der Version ISO 9001:2008 wurde dieses Thema in Ansätzen unter 5.4.2 „Planung des Qualitätsmanagementsystems" im Unterpunkt „b" angesprochen. Hier lag der Fokus darin, dass die Funktionsfähigkeit des Qualitätsmanagementsystems aufrechterhalten bleibt, wenn Änderungen geplant und umgesetzt werden. Die konkret zu beachtenden Punkte a bis d stellen eine deutliche Präzisierung dar, wie eine Veränderung systematisch umgesetzt werden kann.

Umsetzung

Zur Umsetzung steht die gesamte Palette an Chance-Management-Methoden in den unterschiedlichsten Ausprägungen zur Verfügung. Auch an dieser Stelle ist auf den Kontext sowie die Art der Organisation hinzuweisen: Auf die Größe der Organisation, die Kompetenz der Mitarbeiter und Mitarbeiterinnen sowie auf das mit der Änderung verbundene Risiko.

Die Anforderungen der ISO 9001:2015 gehen im Wesentlichen konform mit der Idee der erfolgskritischen Komponenten von erfolgreichem Veränderungsmanagement (vgl. Bild 6.15).

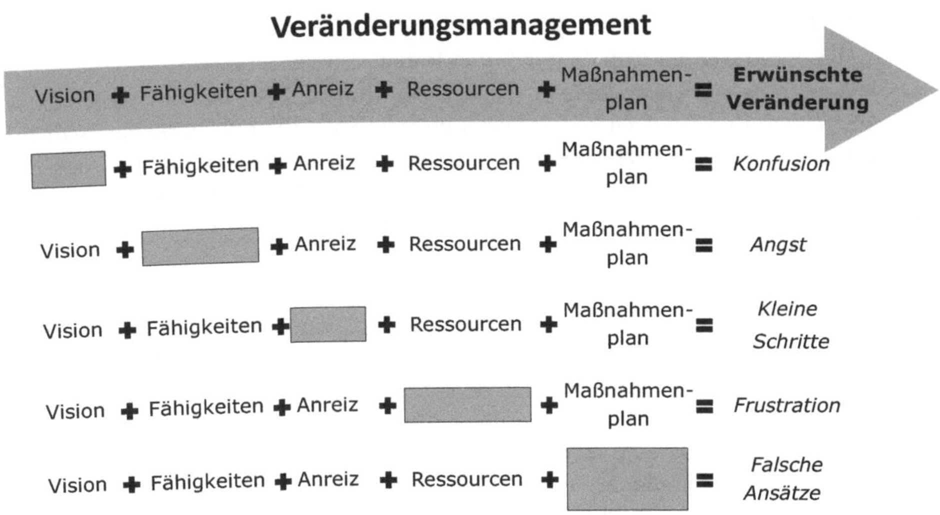

Bild 6.15 Fünf erfolgskritische Komponenten des Veränderungsmanagements (HQC, NPDT 2005, S.37)

Allein das Fehlen einer einzigen der fünf Komponenten gefährdet das Veränderungsvorhaben. Ohne eine klare Vision und einem damit einhergehenden klar kommunizierten Ziel besteht die Gefahr, dass im Laufe der Zeit, welche das Veränderungsvorhaben in Anspruch nimmt, die Orientierung verloren geht und somit die Maßnahmen zum Teil widersprüchlich gesetzt werden. Konfusion und Verwirrung bei den Mitarbeitenden wird entstehen.

Stellen Sie sich vor, Sie werden aufgefordert eine Bühne zu betreten und ein Konzert zu spielen bzw. dabei mitzuwirken. Michael Bohne, unter anderem tätig als Auftrittscoach, betrachtet öffentliche Bühnen wie beispielsweise ein Rednerpult, eine Kamera, eine Vorstandssitzung oder tatsächliche Bühnen wie ein Vergrößerungsglas für persönliche Unsicherheiten und Selbstwertzweifel. Sie wirken als Reaktivatoren unbearbeiteter negativer Auftrittserfahrungen. In solchen Situationen sind wir dann nicht fähig, unsere volle Leistungsfähigkeit abzurufen (Bohne 2015). Diese Unsicherheit kann und wird sehr wahrscheinlich zur Angst, wenn wir uns der eigenen Unfähigkeit – beispielsweise dem Bewusstsein, dass wir gar keine Ausbildung, keine Praxis oder ähnliches haben, um diese Aufgabe zu bewältigen, gewahr werden.

Aufgaben, die ohne besonderem Anreiz, sei es nun monetärer oder auch ideeller Art, verfolgt werden, haben eine geringere „Sogwirkung". Eine besondere Bedeutung hat hier die Sinnhaftigkeit einer Aufgabe. Denken Sie einmal zurück an Ihre Schulzeit und die damit verbundenen Hausaufgaben. Da gab es welche, die Ihnen leicht von der Hand gingen und andere, die nur unter viel (externen) Nachdruck und dann meist nur mit mäßiger Qualität umgesetzt wurden? Ähnlich verhält es sich mit Veränderungen in Organisationen.
Die Arbeits- und Organisationspsychologie betrachtet Ressourcenmangel als eine Quelle von negativem Stress. Ähnlich wie mangelnde Fähigkeiten wirken sich fehlende Ressourcen – egal ob Personalkapazität, zeitliche Verfügbarkeit, Investitionsmöglichkeiten usw. – negativ auf den Veränderungserfolg aus.

Planung ist der Ersatz des Zufalls durch den Irrtum. Dieses Zitat wird zwar Winston Churchill zugeschrieben, doch können alle, die schon einmal Pläne erstellt haben, diese Erfahrung teilen. Und dennoch helfen Pläne, einerseits um die erforderlichen Schritte zu identifizieren, zu reihen, zu gewichten und mit einem Fähigkeits- und Ressourcenbedarf in Verbindung zu bringen. Andererseits ermöglichen Pläne – selbst wenn sie mit Irrtum behaftet sind – individuell und auch als Organisation zu lernen – ein Nutzen, den der Zufall nicht leisten kann.

Kinder haben eine große Bereitschaft zum und Lust am Entdecken und Gestalten. Dies erklärt Gerald Hüther damit, dass bei Kindern sehr häufig neue Lösungen gefunden werden und dadurch das sogenannte Belohnungszentrum im Gehirn aktiviert wird. Beim Älterwerden schwindet oft die Bereitschaft, sich auf Neues einzulassen. Schließlich hat man im Laufe des Lebens gelernt, sich in der Welt zurechtzufinden (Hüther 2009). Jede grundlegende Veränderung stellt – gerade in Organisationen – eine große Herausforderung für das Management und die darin arbeitenden Menschen dar. Die Verbindung zwischen „soft facts" und „hard facts" bzw. „leading change und managing change" ist ein kritischer Erfolgsfaktor für gelungene Veränderungen, wie bereits Bild 6.15 mit den fünf erfolgskritischen Komponenten zum Ausdruck bringt. Die Vision, der Anreiz und zum Teil auch die Fähigkeit können auch als das „Wie" im Sinne der Führung, der Art und Weise, wie damit umgegangen wird, gesehen werden und haben dabei wesentlich mehr Bedeutung als das „Womit" im Sinne, welche Werkzeuge und Methoden – wie beispielsweise Ressourcen und Maßnahmenplan – dabei eingesetzt werden. Acht Schritte zum Veränderungserfolg werden hierzu empfohlen (vgl. Bild 6.16).

Die in Bild 6.16 dargestellten Schritte sind zwar grafisch klar voneinander abgetrennt, in der Praxis gehen diese Schritte meist ineinander über. Besonderes Augenmerk ist auf die Berücksichtigung beider Ebenen, also der fachlichen und der emotionalen zu lenken. Auch wenn die fachliche Veränderungskomponente fundiert erarbeitet wurde, heißt dies noch lange nicht, dass Mitarbeiterinnen und Mitarbeiter mit dieser Veränderung umgehen können und deren nachhaltige Verwirklichung letztendlich ermöglichen. Die Menschen in der Organisation müssen auch emotional hierfür bereit sein. Hüther spricht in diesem Zusammenhang von der Anwendung eines „supportiven Führungssystems", also einer Führung, die es sich zur Aufgabe macht, das vorhandene Know-how der Organisation, das Schaffen einer positiven Fehlerkultur, das Sorgen für positive Erfahrungen und nicht zuletzt das Schaffen von regelmäßigen Herausforderungen zu-

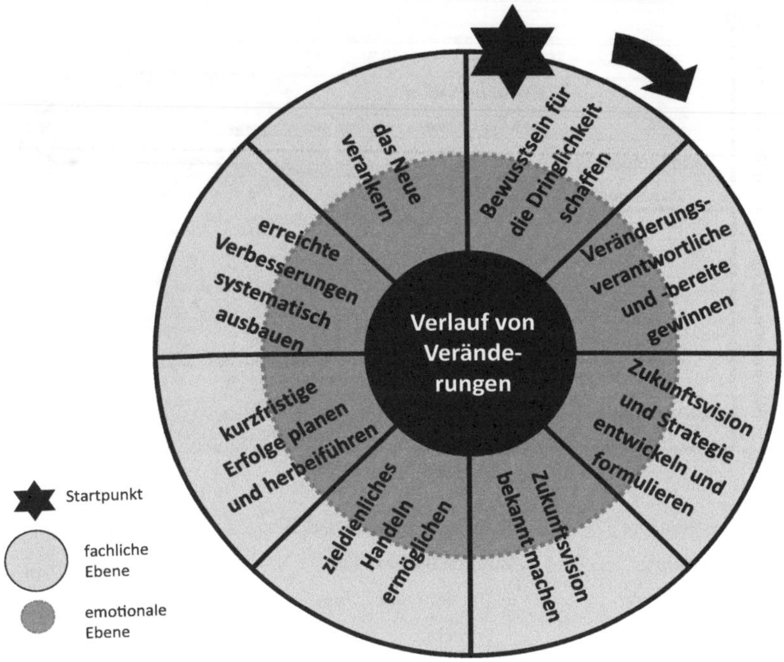

Bild 6.16 Acht Schritte zum Veränderungserfolg (in Anlehnung an Kotter 2012, S.21ff.)

vernetzen (Hüther 2009). Themen, die auch bei der ISO 9001:2015 in ähnlicher Form in Abschnitt 5 „Führung“ zu finden sind.

Jeder Veränderungsprozess gleicht einer emotionalen Achterbahnfahrt, welche sich mit unterschiedlichen Gefühlszuständen (siehe Bild 6.17) beschreiben lässt. Jede Veränderung bedeutet auch immer ein Hinterfragen vorhandener Rituale, Muster und Verhaltensweisen. Damit werden auch das eigene Tun und das gewohnte System infrage gestellt, was bei den allermeisten Betroffenen zu einer Abwehrhaltung führt. Dem Umgang mit Widerständen muss in einem Veränderungsprozess die größte Aufmerksamkeit geschenkt werden.

Diese Achterbahnfahrt startet bei der bestehenden Situation, bei der aus Sicht des Betroffenen noch „alles in Ordnung“ ist. Die emotionale Achterbahnfahrt beginnt bereits, wenn – auch hinter verschlossenen Türen – das Vorhaben besprochen wird. Bereits zu diesem Zeitpunkt breiten sich erste Vermutungen und Gerüchte (1) aus. Ab dem Zeitpunkt der Kommunikation der Veränderung folgt bei den Betroffenen parallel zur Überraschung meist auch der Schock (2). Widerstand gegen die Veränderung bzw. Verleugnung der Veränderung stellen den nächsten emotionalen „Höhepunkt“ (3) dar. Ab dem Zeitpunkt, an dem Fakten die Veränderung klar belegen und eine persönliche Auswirkung absehbar ist, folgt zunächst einmal Frustration, Wut und Resignation (4). Damit wird das Loslassen eingeleitet, was teils schnell, teils langsam zu der rationalen Einsicht des Unvermeidlichen führt (5) und im „Tal der Tränen“, der Trauerphase (6), seinen vorläufigen Endpunkt findet. Nach Abschluss der Trauer, dem Verabschieden vom Bis-

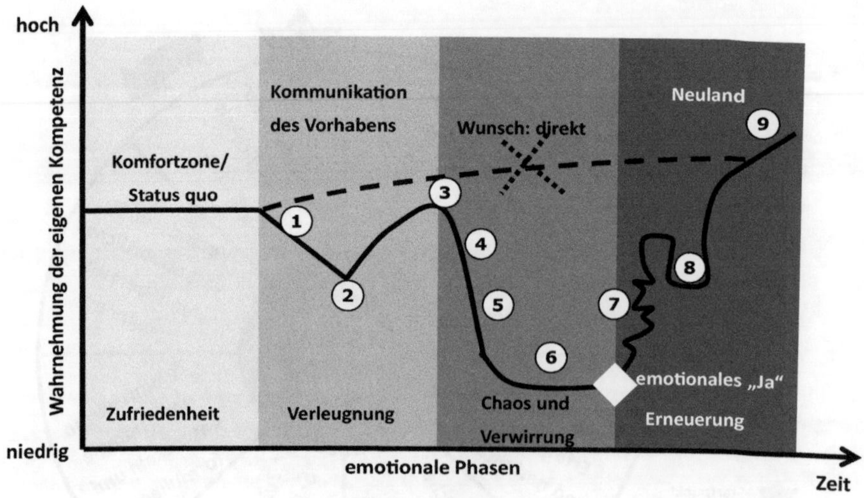

1) Vermutungen/Gerüchte
2) Schock/Überraschung
3) Widerstand/Verneinung
4) Frustration/Resignation
5) rationale Einsicht
6) „Tal der Tränen"/emotionale Einsicht
7) Bereitschaft für Neues
8) Versuche/Rückschläge
9) Integration/neue Routine

Bild 6.17 Emotionale Phasen im Verlauf einer Änderung (Netzwerk Human Change 2015)

herigen, ist auch eine ausreichende emotionale Einsicht, dass etwas Neues entstehen muss und kann, vorhanden (7). Damit ist es möglich, Neues auszuprobieren, wobei hier der eine oder andere Rückschlag auftreten wird (8). Nach einiger Zeit wird das Neue von den Betroffenen integriert und die neuen Arbeitsaufgaben zur Routine (9). Der Veränderungsprozess ist emotional durchschritten und ein neuer Status Quo ist erreicht.

Diese Phasen zeigen, dass den Betroffenen die Hintergründe, Motivation und Ziele des Veränderungsvorhabens (insbesondere jene, die auch nach der geplanten Veränderung weiterhin Teil des Systems bleiben) verständlich zu kommunizieren sind und deren Integration auch frühestmöglich sicherzustellen ist. Je intensiver die Integration, umso eher kann das für die Veränderung erforderliche Vertrauen zwischen den Initiatoren und den Betroffenen erreicht werden.

Methodenbeispiel

In Tabelle 6.2 werden einige der bekanntesten Methoden und Werkzeuge im Veränderungsmanagement, bezogen auf ihren Zielgruppenfokus (Individuen, Gruppen, gesamte Organisation) sowie getrennt nach weichen und harten Faktoren (Wirkungsfokus) dargestellt.

Bei den weichen Faktoren ist es das primäre Ziel, durch die dargestellten Interventionen Veränderungsbereitschaft in der Einstellung und dem Verhalten der Betroffenen herzustellen. Bei den harten Faktoren hingegen geht es um das Erzeugen einer Ordnung bezüglich Strukturen, Abläufen und Spielregeln. Diese sollen es letztendlich ermöglichen, dass trotz der stattfindenden Veränderung ein Bündel an Orientierungsmaßnahmen und -möglichkeiten geschaffen wird, die den Veränderungsprozess positiv unterstützen können.

Tabelle 6.2 Methoden und Werkzeuge im Veränderungsmanagement

Methode	Zielgruppenfokus			Wirkungsfokus
	Individuum	Gruppe	Unternehmen	
Unternehmenskultur		X	X	Weich
Coaching	X	X		Weich
Mitarbeiterbefragung		X	X	Weich
Kundenbefragung		X	X	Weich
Personalentwicklung	X	X		Weich
Teamentwicklung		X		Weich
Total Quality Management			X	Hart
Workshops		X	X	Hart
Benchmarking			X	Hart
Funktionsanalysen	X	X		Hart
Zielvereinbarungen	X			Hart
Prozessmanagement	X	X	X	Hart
Qualitätszirkel	X	X	X	Hart
Projektmanagement		X	X	Hart

Die Zuordnung in der Tabelle könnte auch anders getroffen werden. Um exemplarisch beispielsweise Zielvereinbarungen herauszugreifen, gibt es Fälle, in denen diese auch für Gruppen oder auch auf Unternehmensebene getroffen werden. Es wird auch Beispiele geben, bei denen Ziele „weich" formuliert sind.

Oft gefragt – FAQs

Muss ab nun jede Veränderung als Change-Projekt abgewickelt werden?

Nein. Den Bezugsrahmen für alle Qualitätsmanagement-Maßnahmen bildet der festgelegte „Kontext der Organisation" (Normabschnitt 4). Daraus leiten sich, speziell unter Berücksichtigung der Anforderungen bezüglich der Prozesse in Abschnitt 4.4, die Anforderungen ab, die im Rahmen der Veränderungen berücksichtigt werden müssen. Je nach Kontext, Größe und Art der Organisation sowie der Art und dem Umfang der Änderungen werden unterschiedlichste Methoden notwendig und möglich sein.

Braucht es eigene „Change-Agents" zur Umsetzung von Veränderungen?

Nein. Auch hier ist auf die Art der Veränderung und im Speziellen auf die Komplexität der Organisation Rücksicht zu nehmen. So kann es in einigen Fällen sinnvoll sein, die Rolle des Change-Agents, welche sich in vielen Fällen mit jener des Projektleiters für interne Projekte deckt, einzusetzen. In vielen Fällen wird die Rolle des Veränderungsmanagers durch den Qualitätsmanager oder andere Funktionen in der Organisation wahrgenommen werden bzw. wird dieser die Koordination der Veränderungsprojekte übernehmen. Berücksichtigt sollte an dieser Stelle auch die Rolle der Führung werden.

7 Unterstützung

Das Thema „Unterstützung“ erweitert die Sichtweise zum Thema „Ressourcen“, dem in der ISO 9001:2008 auch ein eigener Abschnitt gewidmet ist. Ressourcen sind in der ISO 9001:2015 nun ein Teil des Abschnitts „Unterstützung“. Mit dieser Umgestaltung wurden Anforderungen, welche die Menschen in der Organisation betreffen, in eigenen Abschnitten formuliert (Kompetenz, Bewusstsein, Kommunikation). Es sind jedoch weiterhin viele der in der ISO 9001:2008 formulierten Anforderungen – anders zusammengestellt – wieder zu finden. Eine Übersicht über die neue Anordnung im Vergleich zur ISO 9001:2008 ist in Bild 7.1 dargestellt.

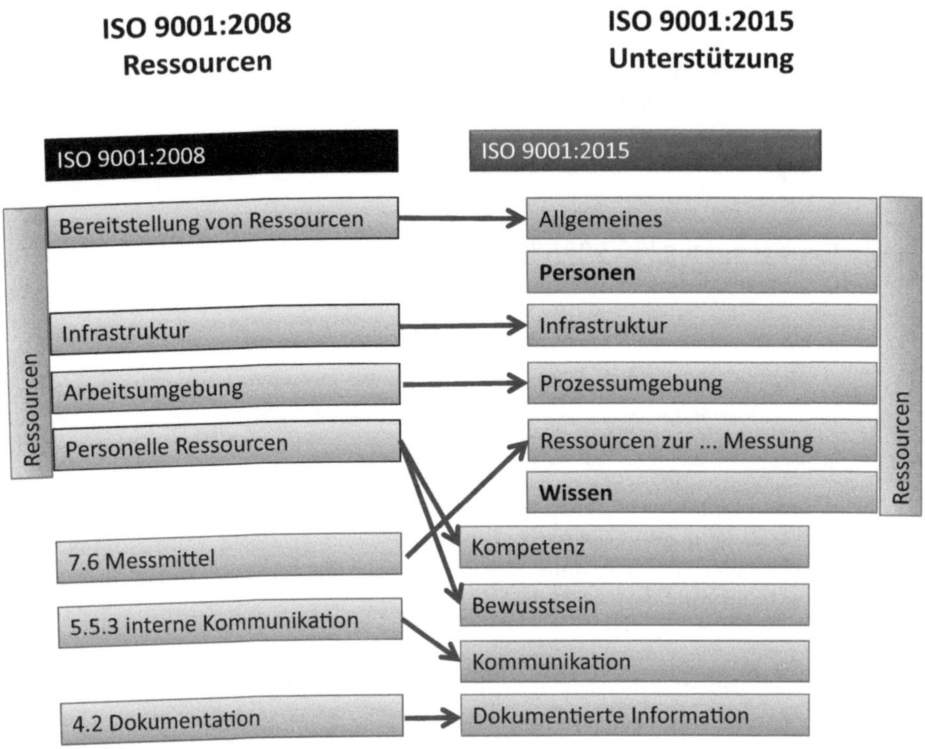

Bild 7.1 Vergleich des Abschnittes „6 Management von Ressourcen“ der ISO 9001:2008 mit Abschnitt „7 Unterstützung“ der ISO 9001:2015

7.1 Ressourcen

7.1.1 Allgemeines

Die wesentliche Aussage dieses Abschnittes ist es, dass die Organisation die erforderlichen Ressourcen planen und bereitstellen muss.

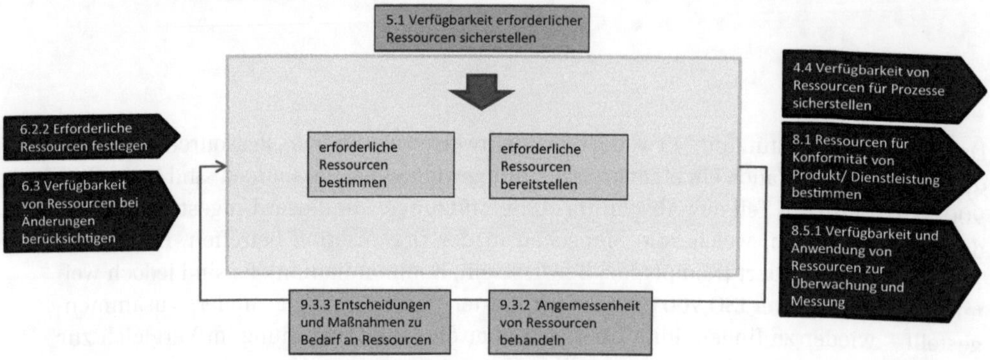

Bild 7.2 Anforderungen des Abschnittes 7.1 im Überblick

Diese Anforderungen sind nicht neu. In der Gesamtanalyse der Norm sind zwei Querverweise auf Ressourcen dazugekommen (vgl. Bild 7.2): im Abschnitt 6.3 bezüglich Änderungen und im Abschnitt 9.3 in der Managementbewertung.

Im Vergleich zur ISO 9001:2008 wurden auch noch zwei neue Unterpunkte a) und b) mit aufgenommen:

Normenauszug ISO 9001:2015:

Die Organisation muss Folgendes berücksichtigen:

a) die Fähigkeiten und Beschränkungen von bestehenden internen Ressourcen;

b) was notwendigerweise von externen Anbietern zu beziehen ist.

Hier wird darauf hingewiesen, dass a) die Ressourcenverfügbarkeit von selbst erbrachten Produkten, Leistungen, Prozessen zu prüfen ist und b) welche Infrastruktur, Personen, Wissen, Messmittel etc. unter Beachtung der Anforderungen gemäß 8.4 dieser Norm von externen Anbietern einbezogen werden müssen.

Änderungen im Vergleich zu ISO 9001:2008

Neu: 0 bis 20 %

Im Wesentlichen keine neuen Anforderungen. Neu ist der Hinweis auf die eigenen Ressourcen und die externen Anbieter (Aufzählungspunkte a und b).

Umsetzung

Ressourcen können vielfältig sein: finanzielle Ressourcen, Zeit, Personen, Fertigkeiten, Maschinen, Materialien, Gebäude, Räume, Einrichtungen, Information, Wissen etc. Um die Verfügbarkeit von Ressourcen sicherzustellen, wie die Anforderung an die oberste Leitung lautet (vgl. Abschnitt 5.1), muss die Organisation wissen:

- welche Ziele erreicht werden sollen,
- welche Ressourcen dafür benötigt werden,
- wann diese benötigt werden,
- welche davon intern und extern verfügbar sind.

Pläne können ohne Ressourcen nicht in die Tat umgesetzt werden. In manchen Organisationen werden Pläne erstellt und Ressourcen geplant, zum Zeitpunkt der Investition sind diese Planungen aber hinfällig. Eine fundierte, realistische Ressourcenplanung kann hier interne Frustration ersparen und auch den Mehraufwand, den eine wiederholte Planung verursacht.

Das heißt nicht, dass eine Geschäftsleitung nicht auf veränderte Umfeldbedingungen reagieren soll und muss. Jedoch sollte bei derartigen Änderungen hinterfragt werden, ob die Annahmen, die in der Planung getroffen wurden, korrekt und die Veränderungen vorhersehbar waren. Damit kann auch die Qualität der Planung verbessert werden.

Oft gefragt – FAQs

Welchen konkreten Sinn verfolgt diese Forderung, wenn Leistungsplanung und -erbringung ohnedies an anderen Stellen dieser Norm beschrieben sind?

Es wird an dieser Stelle bewusst gemacht, dass es nicht nur um die grundsätzliche Fähigkeit geht, die betreffenden Anforderungen zu erfüllen, sondern dass auch ausreichende Ressourcen hierfür sowohl in der eigenen Organisation als auch bei externen Leistungserbringern sichergestellt werden müssen.

7.1.2 Personen

Joseph B. Garscha

Dieser Normabschnitt wurde auf ein Minimum reduziert, da alle Anforderungen zum Thema „Kompetenz“ und „Bewusstsein“ in eigene Abschnitte gegeben wurden.

Normenauszug ISO 9001:2015:

Die Organisation muss die Personen bestimmen und bereitstellen, die für die wirksame Umsetzung ihres Qualitätsmanagementsystems und für das Betreiben und Steuern seiner Prozesse notwendig sind.

Der Abschnitt ist damit sehr allgemein gehalten. Die Formulierung „die Personen, die notwendig sind“ umfasst sowohl die Anzahl der Personen als auch die „richtigen“ Personen. Im weiteren Sinn geht es also hier um die Personalplanung. Dieser Abschnitt ist eng mit dem Abschnitt über Kompetenz verbunden (Abschnitt 7.2).

Änderungen im Vergleich zu ISO 9001:2008

Neu: 0 bis 20 %

Alle weiteren in der ISO 9001:2008 unter „personelle Ressourcen“ (Punkt 6.2) festgelegten Forderungen werden in der ISO 9001:2015 unter 7.2 „Kompetenz“ und 7.3 „Bewusstsein“ dargestellt.

Umsetzung

Ein Ansatz der Operationalisierung der Normforderung betreffend Personen kann in der Personalplanung wie auch in der Personalentwicklung gesehen werden.

Die Personalplanung beschäftigt sich mit der Frage, für welche der angebotenen Produkte und Dienstleistungen werden in welchen Prozessen der Realisierung welche Personalkapazitäten und Personalkompetenzen benötigt (z. B. dargestellt durch ein Mengengerüst und eine Kompetenzmatrix). Hier könnte noch die Unterscheidung gemacht werden, ob die Personalressourcen organisationsintern zur Verfügung stehen müssen (eigenes Personal und/oder Leasing-Personal) oder ob entsprechende Leistungen extern zugekauft werden.

Bei der Personalentwicklung geht es darum, welche der bereits in der Organisation vorhandenen Personen (z. B. in Form einer Entwicklungs- oder Laufbahnplanung oder eines Talentmanagementsystems) in welchen Aspekten weiterqualifiziert oder entwickelt werden sollen. Diese Personen können dauerhaft in der Organisation beschäftigt sein oder auch nur temporär, z. B. zur auftrags- oder projektspezifischen Kapazitätsunterstützung.

Daraus geht klar hervor, dass die Anforderungen in diesem Abschnitt und noch mehr die Umsetzungsmöglichkeiten sehr eng mit dem Thema „Kompetenz“, Abschnitt 7.2 verknüpft sind.

Ein paralleler Zugang ist, die erforderlichen Kompetenzen in den relevanten Prozessen zu definieren und diese entweder dem vorhandenen Personal zuzuordnen (gegebenenfalls mit entsprechender individueller Personalentwicklung unterstützt) und/oder für entsprechende Personalbeschaffung (z. B. internes oder externes Recruiting) zu sorgen. Im zweiten Fall wären noch die Festlegungen bezüglich des „onboarding process“ von wesentlicher Bedeutung: „Wie wird sichergestellt, dass neues Personal schnellstmöglich mit vertretbarem Aufwand die beabsichtigten Aufgaben wirksam erfüllen kann? Wie funktioniert das ‚An-Bord-Holen‘ von neuen Mitarbeitern und Mitarbeiterinnen?“. Einige Beispiele zum Thema „Kompetenzentwicklung“ werden in Abschnitt 7.2 dargestellt.

Methodenbeispiele

Die in Tabelle 7.1 angeführten Personalentwicklungsmethoden sind in der ISO 9001:2015 nicht gefordert, in hochentwickelten Managementsystemen jedoch anzutreffen und zu empfehlen. Sie entsprechen in der Reihenfolge in gewisser Art einem „Lebenszyklus" in der Personalarbeit.

Wenn diese Methoden in einem Managementsystem verankert werden, so sollte dabei immer auch die Methodik zur Wirksamkeitsmessung von Interesse sein.

Tabelle 7.1 Personalentwicklungsmethoden

Organisations-typus	Was angewendet werden kann …
Kleinstorganisation, kleine Vereine	▪ Recruiting-Prozess: Ein strukturiertes Verfahren, um bestehende Bedarfe mit neuen Mitarbeitenden abdecken zu können, beginnend von der Definition der zu besetzenden Stelle, bis zum abgeschlossenen Arbeitsvertrag. Der Bedarf kann durch interne Nachbesetzung als auch durch externe Ergänzung erfolgen. ▪ Kompetenzbildungsmaßnahmen: vgl. auch Abschnitt 7.2; Maßnahmen, um die Kompetenz der Mitarbeitenden für ihre Tätigkeit sicherzustellen. Das kann von fachlicher „Aufqualifizierung" bis zu Führungsentwicklungsprogrammen reichen. ▪ Krankenstandrückkehrgespräche: Diese sollten u. a. dazu dienen, den aus dem Krankenstand wieder zurückgekommenen Mitarbeitenden die Chance zu geben, krankmachende Faktoren in der Organisation ansprechen zu dürfen. Auch hier sind erforderliche Maßnahmen zwingend weiterzuverfolgen. Ansonsten entsteht, wie bei der Mitarbeiterbefragung, mehr Schaden als Nutzen.
Kleine und mittlere Unternehmen	▪ Onboarding-Prozess: Dies bezeichnet den Vorgang des Einstellens und Integrierens von neuen Personen in die Organisation, also das „An-Bord-Nehmen", das heißt, die aktive, von der Organisation gestaltete Integration der Mitarbeitenden in ihr Arbeitsumfeld und in die Organisation. Üblicherweise wird je nach relevanter Funktion ein Einarbeitungs- und Betreuungsplan festgelegt, der spätestens nach einem Jahr (bis zum ersten Mitarbeiter-Entwicklungs- und Fördergespräch) abgeschlossen sein sollte. ▪ Offboarding-Prozess: Das „Gegenstück" zum Onboarding-Prozess. Im Regelfall ist dieser unterschiedlich ausgeprägt, je nachdem ob es sich um eine gewollte oder ungewollte Fluktuation handelt. Insbesondere bei ungewollter Fluktuation (z. B. Selbstkündigung von Mitarbeitenden) sollte die Möglichkeit eingeräumt werden, die möglicherweise in der Organisation zu findenden Kündigungsgründe aus der Sicht eines Betroffenen zu erfahren. ▪ Mitarbeiter-Entwicklungs- und -Fördergespräche: Dieses Gespräch findet im Regelfall über alle Hierarchieebenen einer Organisation mit einer jährlichen Frequenz statt. Je „weiter oben", desto eher wird dieses Gespräch auch für die Evaluierung von entgeltrelevanten

Tabelle 7.3 *(Fortsetzung)*

Organisationstypus	Was angewendet werden kann …
	Leistungsvereinbarungen genutzt. Wesentlich dabei ist, dass der Raum geschaffen wird, in neutraler Atmosphäre, unabhängig vom Tagesgeschäft einen Jahresrückblick und eine -vorschau zu machen. Oftmals werden in diesem Kontext auch kompetenzbildende Maßnahmen vereinbart, die in weiterer Folge zentral administriert werden (z. B. mit Unterstützung von entsprechenden Fachbereichen oder auch externen Dienstleistern). ▪ Outplacement: Als Hilfestellung für Mitarbeitende, die aus den verschiedensten Gründen in der Organisation nicht mehr beschäftigt werden, denen aber geholfen werden soll, sich beruflich neu zu orientieren. ▪ Zufriedenheitsevaluierung, Mitarbeiterbefragung: Während im Mitarbeiter-Entwicklungs- und Fördergespräch der direkte Dialog zwischen Mitarbeitenden und Führungskraft erfolgt, werden Mitarbeiterbefragungen im Regelfall anonym und oftmals auch mit externer Unterstützung durchgeführt. Dabei erhöht insbesondere die zweidimensionale Befragung (Wichtigkeit und Zufriedenheit) die Aussagekraft. Meist werden standardisierte, statistisch auswertbare Fragebögen dazu entwickelt, die auch Raum für individuelle Anmerkungen zulassen. Die Ergebnisse sollten unbedingt wieder zurückgespiegelt werden und danach auch zwingend einer weiteren Bearbeitung/Behandlung zugeführt werden. Andernfalls wird damit mehr Schaden als Nutzen für die Organisation erzeugt.
Industrieunternehmen, öffentliche Verwaltung etc.	▪ Employer Branding: Markenbildung und Marketing einsetzen, um die Organisation als attraktiven Arbeitgeber im Wettbewerb mit anderen Organisationen am Arbeitsmarkt darzustellen. ▪ Führungskräfteentwicklungsprogramme: Maßnahmen wie zum Beispiel temporäre Wahrnehmung von Spezialaufgaben und spezifischen Einsätzen, Mitwirkung oder Leitung eines Projektes etc. ▪ Laufbahn- und Entwicklungsplanung: Aktivitäten und Maßnahmen einer Organisation, Mitarbeitende leistungs- und potenzialgerecht zu fördern. Andererseits erfordert Laufbahnmanagement das Vorhandensein unterschiedlicher Laufbahnmöglichkeiten in der Organisation (z. B. Führungslaufbahn versus Fachlaufbahn). Diese Maßnahme wird auch im Kontext mit Programmen zur Bindung der Mitarbeitenden an das Unternehmen zu sehen sein. ▪ Insbesondere bei global agierenden Organisationen, Gestaltung der Prozesse betreffend der Handhabung der Thematik Expats-Inpats-Repats (Garscha 2011). Expats (Expatriates) sind von einer Organisation für einen definierten Zeitraum entsendete Personen. Als Repats (Repatriates) werden jene Personen bezeichnet, die von einer Entsendung wieder in ihre „Stammorganisation“ zurückkehren und als Inpats (Inpatriates) werden jene Personen bezeichnet, die z. B. aus einer verbundenen Organisation temporär für bestimmte Aufgaben in das „Headquarter“ berufen werden.

Organisations-typus	Was angewendet werden kann ...
	▪ Talentmanagement: Maßnahmen in einer Organisation zur langfristigen Sicherstellung der Besetzung kritischer Rollen und Funktionen („Kritisch" ist hier im Sinne von „hoher Bedeutung für das jeweilige „Geschäftsmodell" der Organisation" verwendet.). Talentmanagement fokussiert üblicherweise auf Zielgruppen, die als Schlüsselarbeitskräfte bezeichnet werden, und ist damit eine sehr selektive Maßnahme. Diese Programme werden auch im Kontext von Trainee-Programmen (in denen ausgewählte Mitarbeitende, insbesondere für Führungsfunktionen bzw. Fachkarrieren wirken meist in einem Zeitraum von zwei Jahren alle wesentlichen Bereiche der Organisation kennenlernen) und Mentoring (abgeleitet von der Rolle des Mentors, der sich um seine „Schützlinge" kümmert) durchgeführt. ▪ Coaching und Supervision: Als Überbegriff zu Fördermaßnahmen, die die Reflexionsfähigkeit unterstützen (im Einzelgespräch wie für ganze Gruppen und Teams). Beim Coaching steht meist die persönliche Entwicklung im Vordergrund (im Kontext mit beruflichen Zielen und Zielen der Organisation) während Supervision sehr oft im Zusammenhang mit der Verbesserung und Optimierung der Zusammenarbeit von Teammitgliedern den betroffenen Personengruppen angeboten wird.

Oft gefragt – FAQs

Muss das Personalwesen im Zuge eines Audits zwingend auditiert werden?

Die Normforderungen sind üblicherweise durch die Personalentwicklung abgedeckt. Die Personaladministration (Lohn- und Gehaltsverrechnung, Gestaltung von Verträgen, Administration von Urlauben und Krankenständen, Vorgehen und Meldungen bei Arbeitsunfällen etc.) ist meist nicht relevant und ist dann auch nicht Gegenstand des Audits.

Jedoch ist es eine Festlegung der Organisation, wo welche Prozesse angesiedelt werden und welche Teile der Organisation das Qualitätsmanagementsystem umfasst. Wenn z. B. das Kompetenzmanagement in der Personaladministration angesiedelt ist, wird die Abteilung in das Audit mit einbezogen.

7.1.3 Infrastruktur

Die Anforderungen in diesem kurzen Abschnitt sind inhaltlich unverändert.

In der Konsistenz zu den übrigen Modifikationen wird auch in diesem Abschnitt die Bedeutung der Prozesse, um die Konformität von Produkten und Dienstleistungen zu gewährleisten, unterstrichen. Der Begriff „Prozess" wurde daher in die Formulierung mit aufgenommen.

Die Auflistung möglicher Infrastrukturelemente wurde aus dem Anforderungstext etwas modifiziert in eine Anmerkung verschoben.

Änderungen im Vergleich zu ISO 9001:2008

Neu: 0 bis 20 %

Keine zusätzlichen Anforderungen; geringfügige sprachliche Umgestaltung.

Umsetzung

Die Infrastruktur einer Organisation besteht aus jenen physischen Objekten, die zur Durchführung der Prozesse erforderlich sind. Je nach Organisation werden sich diese Objekte erheblich unterscheiden: Gebäude, Transportmittel, Ausstattung, Maschinen, IT, Arbeitsplätze, Kommunikationsmittel etc. Die Schlüsselwörter in der Anforderung sind „um die Konformität von Produkten und Dienstleistungen zu erreichen". Es geht also nicht nur um die Art der Infrastruktur, sondern um die Frage: „Ist diese geeignet, Konformität zu erreichen?" Dazu sind die Themen der Wartung, der Leistungsfähigkeit und der Einsatzbereitschaft mit zu betrachten. Bei größeren technischen Anlagen können Methoden des Instandhaltungsmanagements eingesetzt werden.

7.1.4 Umgebung zur Durchführung von Prozessen

Dieser Abschnitt, in der ISO 9001:2008 „Arbeitsumgebung" genannt, wurde auf „Umgebung zur Durchführung von Prozessen" umbenannt. Diese Formulierung ist insofern allgemeiner, da manche Prozesse auch ohne Menschen ablaufen, und diese trotzdem bestimmte physikalische Bedingungen erfordern. Auch in diesem Abschnitt wurde, sowie im Abschnitt 7.1.3 „Infrastruktur", in der Formulierung der Fokus auf die Prozesse gesetzt.

Eine wesentliche Veränderung wurde in der Anmerkung vorgenommen.

Normenauszug ISO 9001:2015:

ANMERKUNG Eine geeignete Umgebung kann eine Kombination von menschlichen und physikalischen Faktoren sein, z. B.:

a) soziale Faktoren (z. B. diskriminierungsfrei, ruhig, nichtkonfrontativ);

b) psychologische Faktoren (z. B. stressmindernd, Prävention von Burn-out, emotional schützend);

c) physikalische Faktoren (z. B. Temperatur, Wärme, Feuchtigkeit, Licht, Luftführung, Hygiene, Lärm).

Diese Faktoren können sich in Abhängigkeit von den bereitgestellten Produkten und Dienstleistungen wesentlich unterscheiden.

■

Wie in der Anmerkung zur Norm zu sehen, werden jetzt neben den physischen Faktoren auch soziale und psychologische erwähnt, die ebenso einen wesentlichen Einfluss auf die Gestaltung der erforderlichen Umgebung zur Durchführung von Prozessen haben könnnen. Ihre unterschiedliche Wichtigkeit hängt davon ab, ob sie im Produktions- oder Dienstleistungsbereich eingesetzt werden.

Änderungen im Vergleich zu ISO 9001:2008

Neu: 0 bis 20 %

Keine wesentlichen Änderungen. Die Beispiele in der Anmerkung nehmen nun auch soziale und psychologische Faktoren auf.

Umsetzung

Diese Forderungen, die speziell beim Thema „Arbeitsplätze" eng mit dem Thema „Arbeitssicherheits- und Gesundheitsschutz" verwoben sind, bleiben jedoch in ihrer Kernausrichtung auf den Anwendungsbereich der ISO 9001:2015 fokussiert, auf die Erfüllung von Kundenanforderungen. Sie sind deswegen nicht mit einem Arbeitssicherheits- und Gesundheitsschutzmanagementsystem oder der Umsetzung von Gesetzen zum Arbeitnehmerschutz gleichzusetzen.

Der Fokus ist nicht primär auf den besonderen Schutz der Menschen, die die geforderten Leistungen erbringen, gerichtet, sondern vielmehr auf die Sicherstellung, dass für die angebotenen Produkte und Dienstleistungen die erforderliche Konformität gewährleistet werden kann. Das heißt: Forderungen, wie sie aus der OHSAS 18001 (OHSAS: British Standard Occupational Health and Safety Assessment Series) bzw. ISO 45001 (Arbeits- und Gesundheitsschutz) resultieren, können in diesen Unterpunkt nicht als relevant betrachtet werden.

Die neu aufgenommenen Beispiele von psychischen und sozialen Faktoren werden besonders (aber nicht nur) im Dienstleistungsbereich für eine umfassendere Anwendung dieser Anforderung sorgen: Wie muss das Umfeld (in der Sprache der Norm: die Prozessumgebung) für Menschen die in Schulen, Krankenhäusern oder in der Sozialarbeit tätig sind, gestaltet werden, damit diese mit Schülern, Klienten bzw. Patienten so arbeiten können, dass deren Ansprüche und Erwartungen erfüllt werden können? In derartigen Arbeitsfeldern ist eine konfliktfreie, stressreduzierende Arbeitsumgebung erforderlich, damit diese Personen ihre volle Aufmerksamkeit auf die Erfordernisse ihrer Kunden lenken können. In diesen Beispielen ist die Wichtigkeit der psychologischen und sozialen Faktoren evident bzw. deren Nichtberücksichtigung mit möglicherweise erheblichen Auswirkungen für die Kunden verbunden. Diese Themen dürfen aber nicht auf diese Berufsfelder reduziert werden.

7.1.5 Ressourcen zur Überwachung und Messung

Johann Russegger

Messmittel haben in der ISO 9001 eine lange Tradition. Jedoch wurde dabei primär auf technische Messmittel fokussiert, im englischen Text wird dazu der Ausdruck „Measurement equipment" benutzt. Nun wird das Konzept erweitert, der neue Ausdruck heißt „Ressourcen zur Überwachung und Messung" und kann nun alle möglichen „Ressourcen“ beinhalten, wie z. B. Personen, Messgeräte, Checklisten, Informationen, Arbeitsumgebung, Infrastruktur etc.

Der Abschnitt gliedert sich in zwei Teile: 7.1.5.1 befasst sich mit allgemeinen Anforderungen zum Thema „Ressourcen zur Überwachung und Messung“, 7.1.5.2 mit spezifischen Fragen der messtechnischen Rückführbarkeit sowie Kalibrierung und Verifizierung von Messmittel.

Im Rahmen der allgemeinen Anforderungen wird in der ISO 9001:2015 explizit darauf hingewiesen, dass Überwachungs- und Messergebnisse „gültig“ und „zuverlässig“ sein müssen. „Gültigkeit“ oder „Validität“ gibt den Grad der Genauigkeit an, mit dem ein Messinstrument tatsächlich das misst, was es messen soll. Die „Zuverlässigkeit“ oder „Reliability“ ist das Ausmaß, in dem ein Messinstrument bei wiederholten Messungen dieselben Messergebnisse produziert. Eine Grundvoraussetzung dafür ist, dass die erhobenen Messwerte objektiv, das heißt unabhängig vom Messenden sind, damit die Daten auch sinnvoll interpretiert werden können.
Was bedeutet nun diese neue Anforderung für die unterschiedlichen Messverfahren? Im Anspruch der „Messqualität“ wird zwischen Produkten und Dienstleistungen kein Unterschied gemacht, die Gütekriterien gelten für alle Messmittel und Messverfahren. In der Umsetzung werden jedoch sehr unterschiedliche Verfahren eingesetzt. Bei den sozialwissenschaftlichen Messverfahren werden für quantitative (statistische) Untersuchungen die klassischen Gütekriterien verwendet, für qualitative Untersuchungen mittels Interviews davon abgeleitete. Die Gütekriterien für Messmittel für die Messung physikalischer Größen beziehen sich auf die Beherrschung von zufälligen und systematischen Messabweichungen, dies wird in der Norm im Abschnitt 7.1.5.2. genauer ausgeführt.

Messen scheint eine sehr einfache Tätigkeit zu sein, ist es aber nicht. Gut messbar sind physikalische Größen, die entweder direkt (wie Länge, Masse, Kraft, Druck etc.) oder indirekt (wie Geschwindigkeit) gemessen werden können. Dienstleistungen sind vorwiegend immateriell und können daher nicht mit denselben Messmitteln wie physikalische Größen gemessen werden.
Der Begriff „Dienstleistung“ enthält sehr unterschiedliche Elemente. Einerseits wird die Unterscheidung zwischen Dienst- und Sachleistung immer fließender, da immer mehr Dienstleistungskomponenten in den Produktionsbereich eingefügt werden, indem Beratung, Service oder andere Dienstleistungen eine zunehmend wichtigere Rolle im Sachgütersektor einnehmen. Andererseits werden Dienstleistungen nach verschiedenen Kategorien eingeteilt. Die wichtigste Unterscheidung betrifft jene zwischen personen- und sachbezogenen Dienstleistungen – je nachdem, ob sie an Personen oder an Sachen erbracht werden. Diese Komplexität von Dienstleistung hat einen Einfluss auf die Auswahl und Bestimmung geeigneter Messverfahren. Sie bestimmt, welche Messverfahren eingesetzt werden können.

Physikalische Größen werden mit den unterschiedlichsten Messmittel gemessen. Zur Messung von Dienstleistungen wurden verschiedene Messverfahren entwickelt. Dienstleistungsqualität oder Kundenzufriedenheit sind abstrakte Konstrukte, die durch Operationalisierung erst messbar gemacht werden und dann indirekt durch die Bildung von messbaren Indikatoren mithilfe bestimmter Skalen, wie beispielsweise der Likert-Skala, gemessen werden können. Aus Gründen der Übersichtlichkeit werden die Messverfahren für die Überwachung und Messung von Dienstleistungen in einem eigenen Abschnitt behandelt (siehe 7.1.5 „Ressourcen zur Überwachung und Messung" - Umsetzung mit Fokus auf die Dienstleistung).

Normenauszug ISO 9001:2015:

Die Organisation muss die Ressourcen bestimmen und bereitstellen, die für die Sicherstellung gültiger und zuverlässiger Überwachungs- und Messergebnisse benötigt werden, um die Konformität von Produkten und Dienstleistungen mit festgelegten Anforderungen nachzuweisen. ■

Ressourcen können dabei z. B. sein: Personen, Messgeräte, Checklisten, Informationen, Arbeitsumgebung, Infrastruktur etc.

Die Organisation muss sicherstellen, dass die verfügbaren Ressourcen für die jeweilige Art der unternommenen Überwachungs- und Messtätigkeit geeignet sind. Das kann bedeuten:

- bei Messgeräten: ausreichende Anzahl der Messgeräte, Genauigkeit eines Messgerätes, Messunsicherheit ...,
- bei Checklisten: Gültigkeit und Verlässlichkeit, Eindeutigkeit der Checkpunkte, Abdeckung aller relevanten Überwachungsaspekte ...,
- bei Personen: korrekte Durchführung von sensorischen oder visuellen Prüfungen; Kompetenz in der Durchführung von Befragungen etc.

Die Organisation muss sicherstellen, dass die verfügbaren Ressourcen aufrechterhalten werden, um deren fortlaufende Eignung sicherzustellen:

- bei Messgeräten: Wartung, Reinigung, Reparatur von Geräten ...,
- bei Checklisten: laufende Anpassung der Checkpunkte auf geänderte Rahmenbedingungen ...,
- bei Personen: sensorische Trainings, Durchführung von Sehtests, Kompetenzprüfungen ...,

Zudem ist geeignete dokumentierte Information als Nachweis für die Eignung der Ressourcen zur Überwachung und Messung gefordert. Dokumentiere Informationen können z. B. sein:

- bei Messmitteln: Herstellerangaben, Kalibriernachweise, Ergebnisse der Messmittelfähigkeitsuntersuchungen, Ergebnisse von Vergleichsmessungen ...,
- bei Checklisten: Verifizierung und Validierungen von Checklisten ...,
- bei Personen: Sehtestergebnisse, Teilnahmebestätigung von Sensorikseminaren, Personenzertifizierung.

Der Teilabschnitt 7.1.5.2 fokussiert auf die messtechnische Rückführbarkeit. In der Einleitung ist eine „Wenn-Bedingung" enthalten, die gleichzeitig festlegt, in welchen Fällen diese Anforderung zutreffend ist: Wenn eine Rückverfolgung der Messung eine Anforderung darstellt (z. B. vom Kunden über Verträge bzw. Qualitätssicherungsvereinbarungen gefordert oder von der relevanten interessierten Partei wie Lieferant, Versicherung, Behörde) oder von der Organisation als wesentlicher Beitrag zur Schaffung von Vertrauen in die Messergebnisse angesehen wird (z. B. um die Rechtssicherheit zu erhöhen, um Leistungen zu überwachen), müssen die Messgeräte

1. in bestimmten Abständen, z. B. jährlich, oder vor der Anwendung gegen Normale (z. B. Messnormale, Vergleichsmaß) verifiziert und/oder kalibriert werden, die auf internationale oder nationale Normale (= verbindliche Grundlagen für die entsprechende physikalische Größe, z. B. Urkilogramm) zurückzuführen sind. Unter Verifizierung versteht man die Bestätigung, dass ein Messgerät den gestellten Anforderungen entspricht, unter Kalibrierung die Feststellung einer systematischen Abweichung eines **Messgerätes** oder einer **Maßverkörperung** zu einem anderen Messgerät oder einer anderen Maßverkörperung.
   Wenn ein solcher Standard nicht vorliegt (z. B. bei einem von der Organisation selbst festgelegten Standard), muss die Grundlage für die Kalibrierung oder Verifizierung als dokumentierte Information (Wie wurde die Kalibrierung oder Verifizierung durchgeführt und welche Ergebnisse wurden dabei erzielt?) aufbewahrt werden.
2. gekennzeichnet werden, um deren Kalibrierstatus bestimmen zu können (z. B. durch eine dem Messgerät eindeutig zugeordnete ID-Nummer, über die dann jederzeit der Kalibrierstatus bestimmt werden kann (Stichwort: Datenbank) oder durch einen entsprechenden Kalibrieraufkleber, auf dem sofort ersichtlich ist, ob noch ein gültiger Kalibrierstatus vorliegt).
3. vor Einstelländerungen (= Änderung eines eingestellten Wertes, z. B. wenn ein Messgerät als Lehre benützt wird), Beschädigungen (= Einschränkung der bestimmungsgemäßen Brauchbarkeit) oder Verschlechterung (= verbleibende Wertminderung, Wertverlust), was den Kalibrierstatus und demzufolge die Messergebnisse ungültig machen würde, geschützt (z. B. durch sorgfältigen Umgang; korrekte Lagerung) sein.

Wurde bei der Verifizierung oder Kalibrierung bzw. bei Verwendung des Messgeräts festgestellt, dass das Messmittel für seinen vorgesehenen Einsatz ungeeignet ist – es fehlerhaft ist und die festgelegten Anforderungen nicht mehr erfüllt –, dann muss die Organisation bestimmen, ob auch frühere Messergebnisse beeinträchtigt sind. Es müssen dann alle betroffenen Messergebnisse seit der letzten Verifizierung überprüft und beurteilt werden, ob die ermittelten Messergebnisse noch wahre Ergebnisse sind oder beeinträchtigt wurden. Die Organisation muss – soweit erforderlich – geeignete Maßnahmen einleiten. Das können Korrekturmaßnahmen sein, beispielsweise

- Korrektur eines Messmittels: Neujustierung (= Minimierung der systematischen Messabweichung) oder Reparatur,
- Korrektur des Produkts oder der Dienstleistung: Wiederholung der Messung, Information an den Kunden, Rückholung der Produkte.

Änderungen im Vergleich zu ISO 9001:2008

Neu: 20 bis 40 %

Neu ist, dass die Organisation die Ressourcen zur Überwachung und Messung bestimmen und bereitstellen muss, anstatt sie „nur" zu ermitteln, wie dies in der ISO 9001:2008 formuliert wird. Damit werden Dienstleister klarer in diese Normanforderung integriert. Für Dienstleister kann deswegen die Änderung stärker ausfallen. Neu ist darüber hinaus, dass die verfügbaren Ressourcen für die Überwachungs- und Messtätigkeiten geeignet sein und aufrechterhalten werden müssen, um deren Eignung sicherzustellen. Die Bewertung und Aufzeichnung der Gültigkeit früherer Messergebnisse bei fehlerhaften Messgeräten wurde neu geregelt. Die Rückverfolgbarkeit der Messung wird mit aufgenommen.

Die Verpflichtung zur Einführung eines Prozesses entfällt, ebenso die Justierung/Nachjustierung und die Verwendung von Rechnersoftware.

Die Dokumentationsanforderung ist verändert: Die explizite Anforderung, Aufzeichnungen über die Ergebnisse der Kalibrierung und Verifizierung zu führen, entfällt. Neu ist die Anforderung, geeignete dokumentierte Informationen als Nachweis für die Eignung der Ressourcen zur Überwachung und Messung aufzubewahren.

Umsetzung mit Fokus auf die Dienstleistung

Josef Hödl

Ressourcen zur Überwachung und Messung, die eingesetzt werden, um die Konformität von Dienstleistungen mit festgelegten Anforderungen nachzuweisen, unterscheiden sich von jenen der Konformitätsfeststellung von Produkten. Es erscheint uns daher wichtig, sie in einem eigenen Abschnitt etwas ausführlicher zu behandeln, auch deshalb, weil in der Vergangenheit die Messmittel primär auf technische Messinstrumente fokussiert waren.

Zur Messung der Kundenzufriedenheit und der Dienstleistungsqualität steht eine Vielzahl verschiedener Messansätze, die jeweils unterschiedliche Aspekte von Dienstleistungen hervorheben, zur Verfügung. Die konkrete Auswahl der Verfahren richtet sich dabei jeweils nach der Zielsetzung und den verfügbaren Ressourcen. Ihre inhaltliche Zuordnung zu möglichen Einsatzgebieten der einzelnen Methoden wird im Abschnitt „Umsetzung" aufgezeigt.

Einige der dargestellten Messverfahren können nicht nur für die Feststellung der Konformität von Dienstleistungen eingesetzt werden, sondern auch zur Festlegung von Anforderungen (vgl. Abschnitt 8.2). Gerade bei Dienstleistungen führt eine fehlende Erhebung der Kundenerwartungen zu ungenauen Anforderungen an die Dienstleistung. Damit kann in weiterer Folge auch die Konformität der erbrachten Leistungen mit Anforderungen nicht überprüft werden, weil diese gar nicht ausreichend spezifiziert wurden.

Qualität im Sinne der ISO 9001:2015 bezieht sich auf den Grad, in dem ein Satz inhärenter Merkmale eines Objekts (festgelegte) Anforderungen erfüllt. Kundenzufriedenheit bezieht sich auf die Wahrnehmung des Kunden zu dem Grad, in dem die Erwartungen des Kunden erfüllt worden sind. Sowohl die Kundenzufriedenheit und auch die Dienstleistungsqualität (= Erfüllung von festgelegten Anforderungen) sind theoretische Begriffe, die zu abstrakt sind, um direkt gemessen werden zu können. Durch Operationalisierung werden einzelne messbare Indikatoren gebildet, deren Messwerte dann gemeinsam eine Gesamtaussage treffen können. Die erhobenen Messwerte müssen objektiv, das heißt unabhängig vom Messenden sein. Die Reliabilität (Zuverlässigkeit) und Validität (Gültigkeit) der Ressourcen zur Überwachung und Messung muss geprüft werden, damit die Daten auch sinnvoll interpretiert werden können.

Dienstleistungen werden in sach- und personenbezogene unterschieden. Bei ersteren kann die Messung der Konformität mit festgelegten Anforderungen auf Parameter heruntergebrochen werden, bei denen die Wechselwirkung mit dem Kunden eine geringe Rolle spielt (z.B. Konformität von Laboranalysen, Copyshop). Dort werden auch die Messverfahren sich genau auf jene Eigenschaften beziehen. Jedoch für Dienstleistungen bzw. jenen Dienstleistungsanteil, bei dem die Interaktion mit den Kunden das wesentliche Gestaltungselement ist, erweist sich diese Operationalisierung schon etwas schwieriger.

Im Folgenden werden einige Verfahren zur Messung von Dienstleistungen vorgestellt, welche speziell auf die Dienstleistungen in der Interaktion mit dem Kunden fokussieren. Diese Methoden können auch für eine fundierte Festlegung von Dienstleistungsanforderungen genutzt werden. Damit wird Organisationen ein erweiterter Methodenkasten zur Verfügung gestellt, um auch für diese Dienstleistungsanteile fundiert Anforderungen festlegen zu können bzw. die Konformität mit den Anforderungen fundiert zu bewerten.

Ausgehend von unterschiedlichen Modellen für Dienstleistungsqualität werden entweder Potenzial-, Prozess- und Ergebniselemente betont, Routine- oder Ausnahmesituationen betrachtet oder auch danach unterschieden, ob die Modelle auch Wahrnehmungs- und Beurteilungsprozesse des Kunden thematisieren oder nicht.

Beim GAP-Modell („Lücken-Modell“) werden die Beziehungen zwischen Kunden und dem Dienstleistungsanbieter (Organisation) betrachtet (Parasuraman/Zeithaml/Berry 1986). Dieses Modell identifiziert mögliche Konfliktbereiche, sogenannte GAPs, die aus Missverständnissen, Fehleinschätzungen, mangelnder Kommunikation oder Verhalten entstehen können. Das Basismodell beinhaltet fünf GAPs und genauso viele Konfliktbereiche.

Die hier beschriebenen Messansätze berücksichtigen die Vielfalt und Besonderheiten von Dienstleistungen. Sie unterscheiden sich nach dem zugrunde gelegten Qualitäts- und Dienstleistungsverständnis sowie dem methodischen Zugang. Bild 7.3 zeigt eine Systematisierung der Ansätze zur Messung der Dienstleistungsqualität (Bruhn 2006, S. 84).

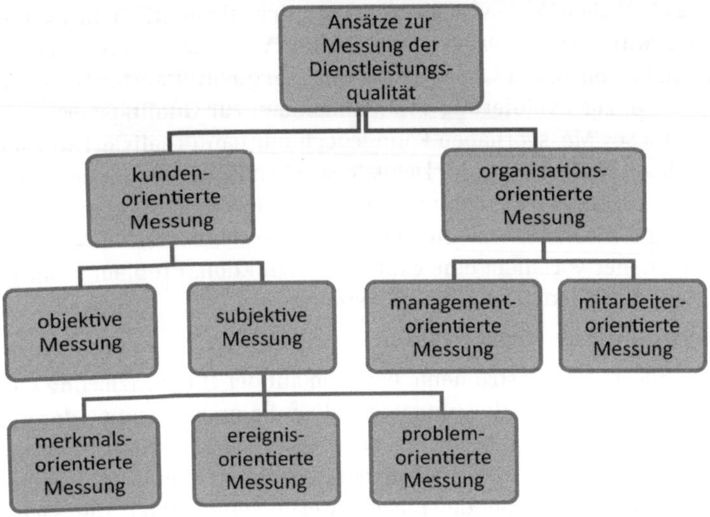

Bild 7.3 Systematisierung der Ansätze zur Messung der Dienstleistungsqualität (in Anlehnung an Bruhn 2006, S. 84)

Die in Bild 7.3 aufgelisteten Ansätze lassen sich zunächst danach unterscheiden, ob die Qualitätsmessung auf Kunden- oder Organisationsebene ansetzt. Es sind daher zwei unterschiedliche Perspektiven zu betrachten, mit Hilfe derer sich die Anforderungen an die Dienstleistungsqualität messen lassen: die kundenorientierte und organisationsorientierte Messansätze.

Kundenorientierte Messansätze

Die schon seit Jahren zunehmende Bedeutung der Kundenperspektive im Dienstleistungsbereich bildet sich in der Anzahl und dem Differenzierungsgrad der kundenorientierten Messverfahren ab. Diese können in objektive und subjektive Messansätze gegliedert werden.

Objektive kundenorientierte Messungen sind Verfahren, die die Dienstleistungsqualität aus der Sicht der Kunden beurteilen, aber nicht aufgrund subjektiver Einschätzung einzelner Kunden: Hierzu zählen Expertenbeobachtungen, Warentests oder der Einsatz von „Silent Shoppern“ bzw. „Mystery Shoppern“, also Testkäufern, die reale Dienstleistungssituationen simulieren, um Rückschlüsse auf die Qualität der Dienstleistungserbringung ziehen zu können.

Vorsicht ist hier hinsichtlich der Interpretation der Ergebnisse geboten, da die Messungen nicht „wirklich“ aus Kundensicht vorgenommen werden und daher verfälschte Messsituationen vorliegen. Eine unverfälschte Kunden-Mitarbeiter-Interaktionen ist aus Gründen der spezifischen Intentionen der Testkunden kaum möglich.

Subjektive kundenorientierte Messungen setzen direkt beim Kunden an und versuchen die Qualitätswahrnehmung einer Dienstleistung aus der Sicht einzelner Kunden zu erforschen und zu messen. Sie stützen sich auf merkmals-, ereignis- oder problemorientierte Messverfahren.

Diese unterschiedlichen Messverfahren lassen sich hinsichtlich ihres Einsatzzwecks unterscheiden. Mithilfe von merkmalsorientierten Ansätzen lassen sich Qualitätsurteile und die Wichtigkeit einzelner Qualitätsmerkmale in quantifizierter Form darstellen. Sie können daher u.a. zur Evaluierung von Maßnahmen zur Qualitätsverbesserung eingesetzt werden. Dieses Messvorhaben kann jedoch nur dann realisiert werden, wenn der Anbieter die Qualitätsmerkmale der Dienstleistungen kennt, die für seine Kunden wichtig sind. Ist dies nicht der Fall, dann sind ereignisorientierte Messansätze einzusetzen, um zunächst eine Ausgangsbasis für die merkmalsorientierten Messungen zu gewinnen. Sie haben daher vor allem eine explorative Funktion. Problemorientierte Ansätze dienen zur Analyse von kritischen Negativereignissen.

a) **Merkmalsorientierte Messverfahren**

Merkmalsorientierte Messinstrumente basieren auf der Differenzierung verschiedener Qualitätsmerkale einer Dienstleistung. Sie stellen die größte Gruppe der kundenorientierten subjektiven Messverfahren dar. Ausgehend von einzelnen Beurteilungen der verschiedenen Merkmale einer Dienstleistungsqualität aus Kundensicht wird das Gesamturteil durch die Summe der Einzelbewertungen gebildet. Die wichtigsten Verfahren sind: multiattributive Verfahren, dekompositionelle Verfahren, und im Besonderen die Vignetten-Methode, Willingness-to-Pay-Ansatz und Penalty-Reward-Faktoren-Ansatz:

- Bei **multiattributiven Verfahren** setzt sich das Messergebnis aus vielen Einzelfaktoren zusammen, die im Vorfeld als wichtig bestimmt wurden. Ein Beispiel: Der SERVQUAL (= Service Quality)-Ansatz wurde aus den Überlegungen des GAP-Modells entwickelt und basiert auf der Messung von erwarteter und wahrgenommener Dienstleistungsqualität (vgl. Methodenbeispiele).
- Bei **dekompositionellen Verfahren** wird umgekehrt vorgegangen. Hier wird, ausgehend von einer Gesamtbewertung, eine Rangliste von verschiedenen Einzelfaktoren erhoben, die entscheidend für das Gesamturteil sind. Hier wird davon ausgegangen, dass Qualitätsurteile auf einer relativ geringen Anzahl von Faktoren beruhen.
- Die **Vignetten-Methode** ist ein Beispiel für ein dekompositionelles Verfahren. Eine „Vignette“ ist meist eine Karte, auf der eine fiktive Situation anhand weniger charakteristischer Merkmale dargestellt wird. Den befragten Personen werden verschiedene Vignetten, die unterschiedliche Situationen beschreiben, vorgelegt. Aus den Bewertungen lassen sich Reihenfolge und Wichtigkeit der einzelnen Merkmale und deren Ausprägungen im Hinblick auf das Gesamturteil ablesen.
- Der **Willingness-to-Pay-Ansatz** ermittelt das Preis-Nutzen-Verhältnis, indem er den Nutzen, verstanden als eine Bewertung einzelner Leistungsmerkmale, in Beziehung setzt zum Preis bzw. zu einem Nachteil finanzieller, zeitlicher, physischer oder psychischer Art. Dieser Ansatz ist spezifisch auf die Aufnahme des Preises in die Merkmalsliste ausgelegt.
- Der **Penalty-Reward-Faktoren-Ansatz** identifiziert und misst Faktoren, die die Qualitätswahrnehmung des Kunden erhöhen oder senken. Ziel des Verfahrens ist es, zunächst die wichtigsten Penalty-Faktoren, die für Unzufriedenheit verantwortlich sind, zu identifizieren und zu beseitigen und anschließend die Zufriedenheit durch Umsetzung der gefundenen Reward-Faktoren zu erhöhen.

Diese merkmalsorientierten Ansätze erlauben die Durchführung einer Datenerhebung mithilfe standardisierter Fragebögen. Dadurch wird eine statistische Analyse möglich und quantitative Ergebnisse erzielt. Mögliche Nachteile sind, dass einerseits Problembereiche auf zu hohem Abstraktionsniveau erfasst und andererseits die Ergebnisse den Prozesscharakter von Dienstleistungen unzureichend wiedergegeben werden.

b) **Ereignisorientierte Messverfahren**

Ereignisorientierte Verfahren berücksichtigen den prozessualen Charakter der Leistungserstellung. Sie identifizieren jene Ereignisse, die von Kunden im Zusammenhang mit der Leistungserbringung als besonders positiv oder negativ empfunden werden und dadurch das Qualitätsurteil prägen. Die ereignisorientierten und die merkmalsorientierten Verfahren bilden komplementäre Ansätze. Die einen erfassen situationsspezifische Servicekontakte, die anderen bilden eher Routinesituationen ab. Zusammengenommen ergänzen sich diese Konzepte. Kritisch gesehen werden die ereignisorientierten Messverfahren, die zu den qualitativen zählen, v. a. wegen des erheblichen Erhebungsaufwands und der nur bedingt quantifizierbaren Ergebnisse.

Die Analysen der ereignisorientierten Verfahren setzen beim Kontaktverlauf der Interaktion zwischen der Organisation und dem Kunden an. Ausgehend von „Augenblicken der Wahrheit" („Moments of Truth") werden Stärken und Schwächen der bisherigen Prozesse ermittelt. Der gesamte Kundenprozess wird dabei als Summe aller Kontaktpunkte beschrieben. Die Datenerhebung basiert auf der Methode des „Storytelling", die Kunden werden gebeten, ihre Erfahrungen in einem offenen und persönlichen Interview zu schilden. Die bedeutendsten ereignisorientierten Messverfahren sind: die sequenzielle Ereignismethode und die Critical Incident-Technik:

- Die **sequenzielle Ereignismethode** umfasst – anders als die Methode der kritischen Ereignisse – alle Kundenerlebnisse im Kontakt mit einem Dienstleistungsangebot. Die Datenerhebung orientiert sich an dem festgelegten Dienstleistungsprozess aus Kundensicht („Kundenpfad"). Die Kunden werden im Rahmen eines qualitativen Interviews mithilfe offener standardisierter Fragen aufgefordert, positive und negative Erlebnisse zu schildern und zu bewerten. Abschließend sind durch das Bewerten auf einer Skala Aussagen zur Ereignisrelevanz möglich.
- Im Rahmen der Methode kritischer Ereignisse (**Critical Incident-Methode**) werden Kunden nach kritischen Ereignissen im Rahmen des Dienstleistungsprozesses mithilfe offener standardisierter Fragestellung befragt. Dabei kann es sich um außergewöhnlich positive oder negative Ereignisse handeln. Die geschilderten kritischen Ereignisse sind solche, die sich auf vom Befragten erlebtes Verhalten beziehen und alle wesentlichen Faktoren zur Beschreibung des Vorfalls enthalten. Analysiert wird durch eine einfache statistische Häufigkeitsermittlung.
  Der Vorteil dieses Verfahrens liegt darin, dass die Organisation konkrete Hinweise für die Verbesserung erhält. Neben der Erhebung der Dienstleistungsqualität wird dieses Verfahren auch zur Gewinnung von Schlüsselinformationen zum Aufbau standardisierter Fragebögen für merkmalsorientierte Messverfahren eingesetzt.

c) **Problemorientierte Messverfahren**

Im Rahmen der problemorientierten Ansätze werden aus der Sicht von Kunden qualitätsrelevante Problemfelder im Rahmen der Leistungserstellung betrachtet. Zu dieser Gruppe von Ansätzen gehören die **Problem Detecting-Methode** sowie als eine Weiterentwicklung ersterer die **Frequenz-Relevanz-Analyse für Probleme (FRAP)**. Diese Verfahren befragen Kunden zu speziellen Problemfällen, die anschließend systematisch bewertet werden, z.B. mit dem Lindquist-Index (Bruhn 2006, S. 128f.). Die **Beschwerdemessung** wertet Kundenbeschwerden systematisch aus, dient jedoch aus vielerlei Gründen nicht als eine systematische Qualitätserhebung.

Organisationsorientierte Messansätze

Organisationsorientierte Messansätze bewerten Dienstleistungsqualität aus dem Blickwinkel der Organisation, entweder durch das Management oder die Mitarbeiterinnen und Mitarbeiter. Diese Messansätze im Modell von Bruhn (Bruhn, 2006, S. 84) spiegeln Methoden wider, die aus Sicht der ISO 9001:2015 an anderen Stellen im System verortet sind, wie z.B. FMEA oder Ishikawa (Fishbone)-Methode als managementorientierte Messansätze bzw. Mitarbeiterbefragungen, Poka Yoke oder betriebliches Vorschlagswesen als mitarbeiterorientierte Messansätze.

Methodenbeispiele

SERVQUAL

Erhebung der Qualitätsdimensionen nach dem SERVQUAL-Ansatz (Bild 7.4): Der Fragebogen enthält fünf Qualitätsdimensionen, die mithilfe von 22 Fragen auf einer siebenteiligen Doppelskala gemessen werden. Die Doppelskala enthält folgende Antwortvorgaben: 1 (Lehne ich vollkommen ab.) – 2 – 3 – 4 – 5 – 6 – 7 (Stimme ich vollkommen zu.). Eingesetzt wird sie, indem alle Fragen so konzipiert werden, dass sowohl ein idealer (Soll-)Wert als auch ein erlebter (Ist-)Wert gemessen und miteinander verglichen werden können. Beispielsweise für die Frage 4 werden folgende Formulierungen verwendet:

- „Mitarbeiter eines hervorragenden Service-Providers sind stets gleichbleibend höflich zu den Kunden."
- „Mitarbeiter des Service-Providers x sind stets gleichbleibend höflich zu den Kunden."

Beispielfragen aus einem SERVQUAL-Ansatz:

Annehmlichkeiten des tangiblen Umfeldes („Tangibles")

1. Zu den hervorragenden Service-Providern gehört eine moderne technische Ausstattung.

   ...

   Zuverlässigkeit („Reliability")

2. Wenn hervorragende Service-Provider die Einhaltung eines Termins versprechen, wird der Termin auch eingehalten.

   ...

   Reaktionsfähigkeit („Responsiveness")

3. Mitarbeiterinnen und Mitarbeiter hervorragender Service-Provider können über den Zeitpunkt einer Leistungsausführung Auskunft geben.

   ...

   Leistungskompetenz („Assurance")

4. Mitarbeiter und Mitarbeiterinnen eines hervorragenden Service-Providers sind stets gleichbleibend höflich zu den Kunden.

   ...

   Einfühlungsvermögen („Empathy")

5. Die Mitarbeiterinnen und Mitarbeiter hervorragender Service-Provider verstehen die spezifischen Service-Bedürfnisse ihrer Kunden.

   ...

Bild 7.4 Erhebung der Qualitätsdimensionen nach dem SERVQUAL-Ansatz am Beispiel eines Mobilfunkanbieters (in Anlehnung an Bruhn 2006, S.98)

Critical Incident-Methode

Die validen erhobenen Ereignisse werden zunächst in zufriedenstellende und nichtzufriedenstellende eingeteilt, die anschließend in zwölf verbal beschriebene Kategorien codiert werden. Die erhobenen Meinungen zeigen ein umfassendes Bild der Wahrnehmung der Dienstleistungsprozesse durch die Konsumenten. Es lassen sich daraus Bereiche, in denen Handlungsbedarf besteht, identifizieren als auch Anforderungsprofile für das Servicepersonal entwickeln. In Anlehnung an die Unterteilung der Qualitätsmerkmale innerhalb der Penalty-Reward-Faktoren-Analyse lassen sich auch im Rahmen dieses Verfahrens Dimensionen nach „Satisfieres", Dissatifieres" und „Criticals" unterscheiden (Bild 7.5).

> Beispielfragen aus einer Critical Incident-Methode
>
> Bei dieser Untersuchung wurden in Restaurants, Hotels und bei Fluggesellschaften Kundenbefragungen durchgeführt und dabei folgende Fragen gestellt:
>
> - Erinnern Sie sich an einen besonders (nicht) zufriedenstellenden Kontakt mit einem Angestellten eines Restaurants, Hotels oder einer Fluggesellschaft?
> - Wann ereignete sich dies?
> - Welche spezifischen Umstände führten zu dieser Situation?
> - Was sagte oder machte der Angestellte genau?
> - Was ereignete sich genau, dass Sie den Kontakt als (nicht) zufriedenstellend empfanden?

Bild 7.5 Critical Incident-Methode in Branchen mit hohem Interaktionsgrad (Bruhn 2006, S. 117)

Oft gefragt – FAQs

Überwachungs- und Messmittel: Was sind gültige und zuverlässige Ergebnisse?

Die Ergebnisse einer Messung sind dann valide, wenn ein Messinstrument fähig ist, immer das zu messen, was gemessen werden sollte. Es misst richtig, wenn die Ergebnisse genau am richtigen Messpunkt liegen. Die Validität (Gültigkeit) eines Messinstruments könnte daher auch als die Korrelation zwischen den gemesseneren oder beobachteten und den „wahren" nicht beobachtbaren Wert aufgefasst werden. Eine mögliche Methode, um die Validität zu bestimmen, ist die Referenzmethode. Da der „wahre" Wert nicht gemessen werden kann, wird in diesem Fall die Validität durch den Vergleich mit beobachteten Werten anderer Messinstrumente dargestellt.

Zuverlässigkeit einer Messung ist das Ausmaß, in dem ein Messmittel (Messinstrument) bei mehrfacher Verwendung die gleichen Messergebnisse liefert, wenn sich die Eigenschaften des Messobjekts nicht verändern. Zur Bestimmung der Zuverlässigkeit werden in den Sozialwissenschaften vor allem die Test-Retest-Methode, die Paralleltestmethode und die Split-Half-Methode verwendet. Dabei werden jeweils mit ein und demselben Messinstrument zwei oder mehrere Messungen durchgeführt. Die Korrelation zwischen den einzelnen Messergebnissen ist dann ein Schätzmaß für die Zuverlässigkeit.

Was bedeuten Messmittel in der Dienstleistung?

Auch in der Dienstleistung müssen Anforderungen an die Dienstleistung festgelegt werden. Damit benötigt es auch Messmittel, die überprüfen, ob diese Anforderungen auch erfüllt werden. Diese Messmittel müssen valide und zuverlässig messen.

In der Dienstleistung ist es oft herausfordernd, gute Messmittel zu finden. Ein Beispiel dafür ist eine Prüfung im Bildungsbereich: Was prüft diese ab? Ist sie valide? Das heißt: Werden wirklich die gesteckten Lernziele überprüft? Ist sie zuverlässig oder ist die Chance einer guten Bewertung höher, wenn ich an Termin 1 bei Prüfer 1 antrete als an Termin 2? Ein anderes Beispiel ist „Lebensqualität" in einem Seniorenheim: Wenn das Seniorenheim im Prospekt von hoher „Lebensqualität" spricht, muss es auch festlegen, wie dieses Konzept „operationalisiert" wird, also was diese Aussage umfasst und mithilfe welcher direkt messbaren Indikatoren sie gemessen werden kann.

Gibt es Fälle, in denen diese Normforderung bezogen auf Überwachungs- und Messmittel nicht anwendbar ist?

Nein, diese Normforderung kann grundsätzlich immer zur Anwendung kommen, da diese Anforderung unmittelbar mit der Aussage der Organisation zur Qualität ihrer Leistung verbunden ist. Jedoch wird nicht für alle Organisationen die Rückverfolgbarkeit auf einen Standard eine Anforderung sein und damit diese Anforderung (7.1.5.2) nicht anwendbar sein.

Ist das Messverfahren von dieser Vorgabe auch betroffen?

Betroffen ist alles, was für die Messung benötigt wird, also alle Ressourcen.

7.1.6 Wissen der Organisation

Werner Schachner

Mit Erscheinen der ISO 9001:2015 wird das „Wissen der Organisation" erstmalig in der ISO 9001 genannt. Die Forderung nach einem umfassenden Wissensmanagement wird dabei aber nicht explizit ausgesprochen.

Stellt man die Anforderungen der ISO 9001:2015 an den Umgang mit Wissen (siehe Bild 7.6) den Bausteinen des Wissensmanagements nach Probst (siehe Bild 7.7) gegenüber, so wird klar ersichtlich, dass die Anforderungen der ISO 9001:2015 an den Umgang mit Wissen einen Großteil der Wissensbausteine nach Probst abdecken.

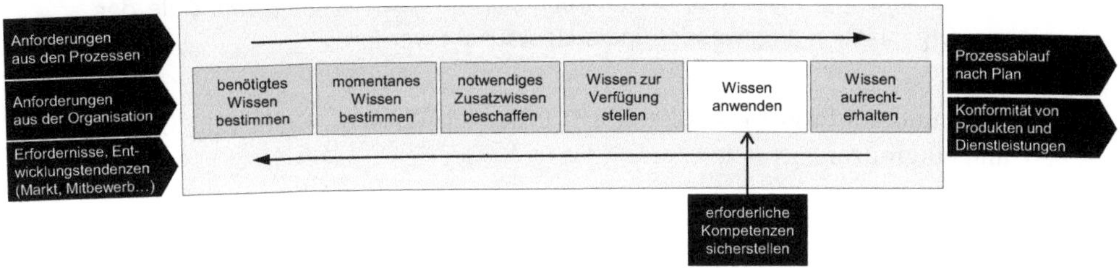

Bild 7.6 Anforderungen des Abschnitts 7.1.6

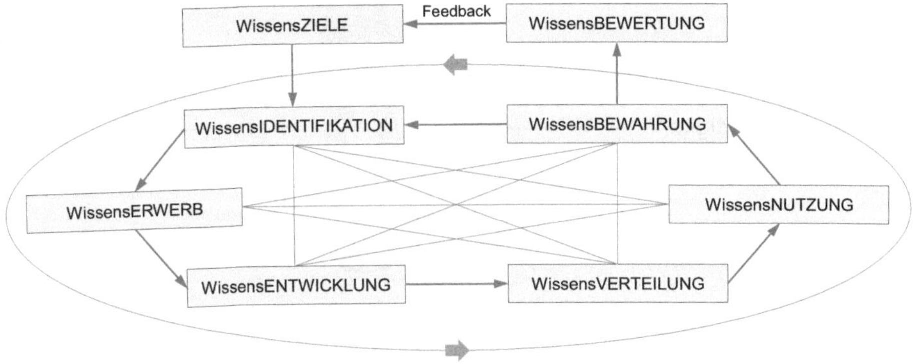

Bild 7.7 Bausteine des Wissensmanagements (nach Probst u.a. 2006, S. 3)

Die explizite Nennung von Wissen in der ISO 9001:2015 ist eine Konsequenz daraus, dass der seit Längerem prophezeite Umbau unserer wirtschaftlichen und sozialen Umwelt hin zur Wissenswirtschaft (Probst u.a. 2006, S.3) mehr und mehr greifbare Realität wird. Die enorme Bedeutung der Ressource Wissen gründet insbesondere auf der Tatsache, dass die aktuelle Wirtschaft durch Prozesse gekennzeichnet ist, die in globalen, überwiegend virtuellen Netzwerken und in Echtzeit ablaufen. Die daraus resultierende Geschwindigkeit, Dynamik und Komplexität der Geschäftswelt lässt Wissen zunehmend zum zentralen Wettbewerbsfaktor für Organisationen werden.

Die konkreten Anforderungen der ISO 9001:2015 an den Umgang mit Wissen beziehen sich auf jenes Wissen der Organisation, welches für eine entsprechende Durchführung der Prozesse der Organisation sowie für die Sicherstellung der Konformität von Produkten und Dienstleistungen notwendig ist. Die Bestimmung und Absicherung dieses Wissens wird ebenso verlangt wie dessen (Ver-)Teilung. Darüber hinaus sind Organisationen im Umgang mit Wissen gefordert, sich ändernde Erfordernisse und Entwicklungen laufend zu berücksichtigen. Ausgehend vom jeweils aktuellen Wissensbestand ist somit festzulegen, wie nötiges Zusatzwissen erlangt oder wie darauf zugegriffen wird.

Die ISO 9001:2015 enthält keine Definition für Wissen, sondern spricht von „Wissen der Organisation". Dieser Begriff ist in der Norm, genauer in einer Anmerkung, erläutert:

Normenauszug ISO 9001:2015:

ANMERKUNG 1 Das Wissen der Organisation ist das Wissen, das organisationsspezifisch ist; es wird im Allgemeinen durch Erfahrung erlangt. Es sind Informationen, die im Hinblick auf das Erreichen der Ziele der Organisation angewendet und ausgetauscht werden.

In Anlehnung an Probst u.a. (2006, S.3) lässt sich Wissen, wie in Bild 7.8 dargestellt, ab- und eingrenzen.

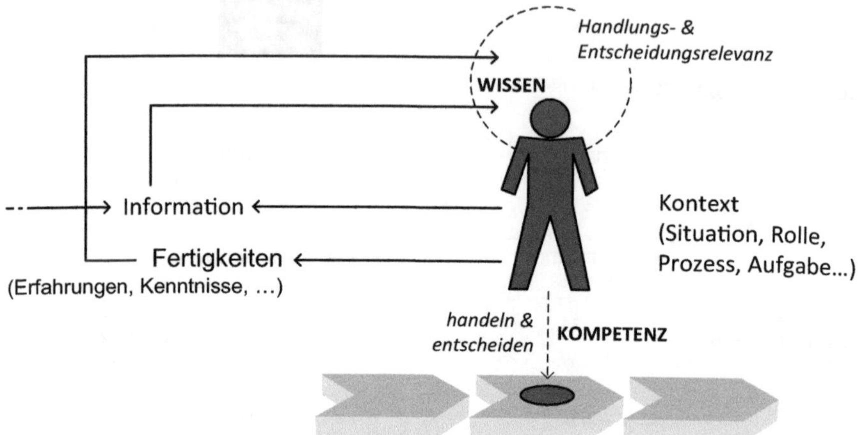

Bild 7.8 Wissen und Kompetenz

- **Wissen** ist die Summe jener handlungs- und entscheidungsrelevanten Informationen und Fertigkeiten, welche Mitarbeiterinnen und Mitarbeiter im Rahmen der Durchführung ihrer Arbeitsprozesse zur Lösung von Aufgaben, Herausforderungen und Problemen zur Anwendung bringen.
- **Kompetenz** ist die Fähigkeit, Wissen und Fertigkeiten in einem bestimmten Kontext den jeweils zugrundeliegenden Anforderungen entsprechend anzuwenden und damit selbstständig und eigenverantwortlich beabsichtigte Ergebnisse zu erzielen.

In der ISO 9001:2015 wird speziell vom **Wissen der Organisation** gesprochen. Das Wissen einer Organisation ist nicht deckungsgleich mit dem Wissen aller Personen in einer Organisation. Lehner nennt eine Möglichkeit der Abgrenzung, die den Menschen als Wissensträger in den Mittelpunkt stellt: „Man bezeichnet Wissen genau dann als organisatorisch, wenn das Wissen einer Person der Organisation nach deren Ausscheiden aus der Organisation zumindest teilweise erhalten bleibt." (Lehner 2012, S. 61) In diesem Sinne sind Organisationen gefordert, den Anteil organisationalen Wissens so hoch als möglich zu halten. Dies gilt besonders für Wissen, welches zur Durchführung der Kernprozesse einer Organisation notwendig ist.

Um den bestmöglichen Umgang mit dem Wissen einer Organisation sicherstellen zu können, ist es notwendig zu verstehen, wie organisationales Wissen entsteht. Nonaka und Takeuchi (1995) beschreiben anhand des Modells der Wissensspirale (vgl. Bild 7.9), auch SECI-Modell genannt**, die Entstehung von Wissen in Organisationen:** (Neues) organisationales Wissens entsteht durch ein kontinuierliches Durchlaufen der vier Phasen des SECI-Modells (**S**ocialisation, **E**xternalization, **C**ombination, **I**nternalization). Dabei findet eine laufende Transformation von implizitem Wissen (tacit knowledge) zu explizitem Wissen und umgekehrt statt. Es ist Aufgabe der Organisation (und dort speziell des Wissensmanagements), die einzelnen Phasen der Entstehung organisationalen Wissens mithilfe geeigneter Methoden gezielt zu unterstützen.

Explizites Wissen weist einen entsprechenden Formalisierungsgrad auf und lässt sich kodifizieren oder zumindest artikulieren. Implizites Wissen stellt persönliches, an Personen gebundenes Wissen dar – Wissen, dass nicht oder nur schwer beschreibbar, explizierbar und kommunizierbar ist.

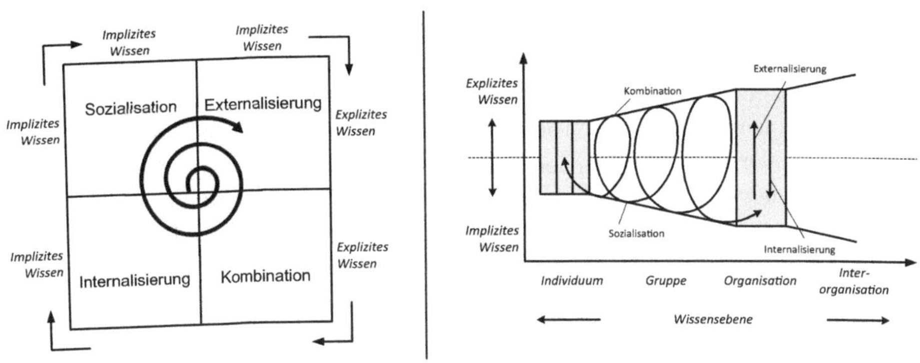

Bild 7.9 Wissensspirale nach Nonaka und Takeuchi (1995)

In der Phase der **Sozialisation** wird implizites Wissen in implizites Wissen übertragen. Erfahrungswissen wird dabei direkt zwischen Personen übermittelt. Diese Übermittlung setzt nicht zwingend die Anwendung von Sprache voraus. (Implizites Wissen lässt sich etwa auch durch Beobachtung und Nachahmung übertragen.) Mentoringmodelle oder Brainstorming Camps sind zwei Möglichkeiten, um die Übertragung impliziten Wissens zwischen Personen gezielt zu unterstützen.

In der Phase der **Externalisierung** wird implizites, personengebundenes Wissen in explizites Wissen transformiert. Da implizites Wissen nicht oder nur schwer beschreibbar ist, wird in dieser Phase häufig mit Metaphern, Analogien oder Hypothesen gearbeitet.

In der Phase der **Kombination** erfolgt die Zusammenführung, Sortierung, Kategorisierung etc. verschiedener, expliziter Wissenselemente. Dies passiert in der Regel im Rahmen und in Form von Meetings, Workshops, Dokumenten, Telefonaten etc. In dieser Phase kann ebenfalls neues Wissen entstehen und/oder Wissen weiterentwickelt werden. Sämtliche Formen computergestützter Kommunikation oder auch verschiedenste Datenbanklösungen bis hin zu semantischen Such- und Analyselösungen und zu Lösungen im Bereich „Big Data", können in dieser Phase unterstützend Anwendung finden.

In der Phase der **Internalisierung** wird schließlich explizites Wissen wieder zu personengebundenem, implizitem Wissen. Diese „Verinnerlichung" erfolgt insbesondere im Rahmen von „Learning by Doing". Die Verbalisierung und Verschriftlichung von Wissen in Form von Dokumenten, Handbüchern, Verfahrensanleitungen etc. ist dabei eine wichtige Basis und Unterstützung für die Transformation von explizitem zu implizitem Wissen. Erst mit der Internalisierung expliziten Wissens wird dieses zu einem nutzenstiftenden und wertvollen Asset für die Organisation.

Wenngleich Wissen nie als explizites Wissen oder implizites Wissen in reiner Form vorkommt (Wissen ist stets eine Kombination von beidem.) und auch die einzelnen Phasen des skizzierten SECI-Modells in der Praxis teils parallel ablaufen und sich überschneiden, so hilft das Modell der Wissensspirale, die Entstehung organisationalen Wissens zu verstehen. Wichtig ist es zu erkennen, dass organisationales Wissen nicht durch eine Organisation selbst erzeugt werden kann. Immer ist es der Mensch, der mit seinem impliziten Wissen Auslöser der Wissensentstehung und -entwicklung ist. Organisationen sind deshalb gefordert, Wissenserzeugung und -entwicklung stets auf Ebene des Individuums zu triggern. Die bewusste, methodengestützte „Verlagerung" der Wissensweiterentwicklung (d. h. des Durchlaufens der Wissensspirale) auf größere Gruppen, Organisations- oder Fachbereiche, Organisationen oder über mehrere Organisationen hinweg führt schließlich zu organisationalem Wissen in breitem Ausmaß.

Das SECI-Modell hilft nicht nur dabei, die Entstehung organisationalen Wissens zu verstehen. Es liefert darüber hinaus auch ein Verständnis für die Verbindung der Anforderungen des Kapitels 7.1.6 „Wissen der Organisation" der ISO 9001:2015 mit den Kapiteln 7.2 „Kompetenz", 7.4 „Kommunikation" sowie 7.5 „Dokumentation".

Kompetenz (Abschnitt 7.2) als Fähigkeit, Wissen anzuwenden, ist nötig, um im Sinne des SECI-Modells Wissen durch persönliche Anwendung und Erfahrung zu internalisieren. Kommunikation (Abschnitt 7.4), verbal oder auch nonverbal, ist wesentlicher Enabler der SECI-Phasen der Sozialisierung sowie der Externalisierung. Dokumentierte Information (Abschnitt 7.5) ist eine bedeutende Form der Ergebnisse der Externalisierung sowie u. a. wichtige Grundlage für die Kombination von Wissen.

Wissensmanagement

Die zentrale Aufgabe des Wissensmanagements ist es, nötiges Wissen in Form von handlungs- und entscheidungsrelevanter Information zugänglich und nutzbar zu machen sowie – vor dem Hintergrund des SECI-Modells – eine Umgebung zu schaffen, in der Wissen fließen, sich entwickeln, gedeihen und genutzt werden kann.

Die in der ISO 9001:2015 gestellten, konkreten Anforderungen an den Umgang mit Wissen, decken im Detail beinahe sämtliche Bereiche des in der Praxis häufig eingesetzten Modells der Wissensbausteine von Probst u. a. (2006, S.25 ff.) ab (Tabelle 7.4).

Tabelle 7.4 Abdeckung des Probst-Modells durch die ISO 9001:2015 Anforderungen zu Wissen der Organisation

Wissensbausteine nach Probst		Anforderungen der ISO 9001:2015
Wissensidentifikation	gänzlich abgedeckt	benötigtes Wissen bestimmen
Wissenserwerb	gänzlich abgedeckt	notwendiges Zusatzwissen erlangen
Wissensentwicklung	gänzlich abgedeckt	notwendiges Zusatzwissen erlangen
Wissensverteilung	gänzlich abgedeckt	Wissen zur Verfügung stellen
Wissensnutzung	nicht abgedeckt	
Wissensbewahrung	gänzlich abgedeckt	Wissen aufrechterhalten
Wissensbewertung	teilw. abgedeckt	momentanes Wissen berücksichtigen
Wissensziele	nicht abgedeckt	

■ … gänzlich abgedeckt ■ … teilw. abgedeckt ■ … nicht abgedeckt

Die Bausteine „Wissensziele" und „Wissensbewertung" bilden im Probst-Modell die strategische Ebene des Wissensmanagements ab, sämtliche anderen Bausteine beziehen sich auf den operativen Bereich des Wissensmanagements. Die Bausteine auf strategischer Ebene bauen das Konzept der Wissensbausteine zu einem Managementregelkreis aus.

Wenn auch das Setzen von Wissenszielen sowie die Wissensnutzung nicht explizit im Abschnitt 7.1.6 der ISO 9001:2015 genannt werden, so sind beide Wissensbausteine für einen erfolgreichen Umgang mit Wissen zwingend nötig. Ohne Wissensziele sind weder eine klare Ausrichtung noch eine Erfolgsmessung im Umgang mit Wissen möglich. Ohne Wissensnutzung verfehlt Wissensmanagement seinen eigentlichen Zweck.

Organisationen ist es somit in Verbindung mit den ISO 9001:2015-Anforderungen an den Umgang mit Wissen zu empfehlen, sämtliche der Wissensbausteine nach Probst u. a. zu berücksichtigen und bedarfsgerecht mit entsprechenden Methoden und Werkzeugen zu unterstützen.

Dem Baustein **Wissensziele** liegt die Frage „Wie gebe ich meinen Lernanstrengungen eine Richtung?" zugrunde. Normative Wissensziele dienen der Schaffung einer wissensbewussten Unternehmenskultur. Strategische Wissensziele definieren das organisationale Kernwissen. Operative Wissensziele sichern die notwendige Konkretisierung der normativen und strategischen Ziele und sorgen so für die Umsetzung des Wissensmanagements.

Im Zentrum der **Wissensidentifikation** steht die Frage „Wie schaffe ich intern und extern Transparenz über vorhandenes Wissen?“. Mangelnde Transparenz führt zu Ineffizienzen, zu Entscheidungen ohne entsprechende Informationsgrundlage, zu Missverständnissen und Doppelarbeiten.

Hinter dem Baustein **Wissenserwerb** verbirgt sich insbesondere die Frage „Welches Wissen und welche Fähigkeiten kaufe ich mir von extern ein?“. So können sich Firmen mithilfe der Rekrutierung von Experten, der Beauftragung von Beratern oder der Akquisition besonders innovativer Organisationen Wissen und Fertigkeiten einkaufen, welches sie selbst nicht (oder nicht schnell genug) entwickeln könnten.

Als komplementärer Baustein zum Wissenserwerb beschäftigt sich die **Wissensentwicklung** mit der Frage „Wie baue ich (intern) neues Wissen auf?“ Hierbei gilt es, nicht nur die Wissensentwicklungsaktivitäten im Bereich der Forschung und Entwicklung zu betrachten. Vielmehr geht es um den allgemeinen Umgang mit neuen Ideen und um die Nutzung der Kreativität der Mitarbeiterinnen und Mitarbeiter aller Bereiche einer Organisation. Ziel dabei ist es, mit weiterentwickeltem Wissen Prozesse, Produkte und Dienstleistungen zu verbessern und/oder neue Vorgehensweisen, Produkte und Dienstleistungen zu kreieren.

Im Baustein der **Wissens(ver)teilung** wird die Frage „Wie bringe ich das nötige Wissen an den richtigen Ort?“ behandelt. Die Klärung dieser Frage ist zwingende Voraussetzung, um isoliert vorhandene Informationen oder Erfahrungen für die gesamte Organisation nutzbar zu machen. Je besser die Verteilung von Wissen über Individuen, Gruppen und Organisationen hinweg funktioniert, umso besser ist die Ausgangsbasis zur Entstehung organisationalen Wissens. Wichtig ist hier, dass nicht alles von allen gewusst werden muss.

In den Überlegungen zur **Wissensnutzung** wird die Frage geklärt „Wie stelle ich die Anwendung von Wissen sicher?“. Nur wenn organisationales Wissen auch produktiv zum Einsatz kommt, erfüllt Wissensmanagement seinen eigentlichen Zweck.

Der Baustein der **Wissensbewahrung** konzentriert sich auf die Frage „Wie schütze ich mich vor Wissensverlusten?“ Eine entsprechenden Selektion, Speicherung und laufende Aktualisierung von Wissen steht dabei im Zentrum dieses Wissensbausteins.

In der **Wissensbewertung** wird die Frage behandelt „Wie messe ich den Erfolg meiner Lernprozesse?“ In diesem Kernprozess müssen die Methoden festgelegt werden, mit denen die Wissensziele bzw. deren Erreichung gemessen werden kann. Entsprechende Messmethoden sind insbesondere bei längerfristigen Wissensmanagementinterventionen die Voraussetzung für rechtzeitige und wirksame Kurskorrekturen.

Änderungen im Vergleich zu ISO 9001:2008

Neu: 80 bis 100 %

Dieser Abschnitt ist als Anforderung in der ISO 9001 komplett neu. Der Begriff „Wissen“ wird in der Ausgabe ISO 9001:2008 nicht erwähnt.

Umsetzung

Für die konkrete Umsetzung der Anforderungen zum Thema „Wissen der Organisation" stehen eine große Anzahl verschiedener Methoden und Werkzeuge zur Verfügung. Die Kunst in der Auswahl von Methoden und Werkzeugen ist es, für die jeweilige Situation den speziellen Bedarf zum Umgang mit Wissen konkret zu definieren. Intransparenz bezüglich des Wissens einer Organisation, offensichtlich fehlendes Wissen, ein zu hoher Anteil an implizitem Wissen, inaktuelles Wissen, eine zu geringe Verteilung von Wissen in einer Organisation etc. können Auslöser für (Verbesserungs-)Maßnahmen im Bereich „Wissen der Organisation" sein. Je nach zentralem Auslöser und dem damit verbundenen Bedarf sind jeweils andere Methoden und Werkzeuge zur Bedarfsdeckung geeignet.

Ein umfassender Zugang mit den Anforderungen zum Thema „Wissen der Organisation" umzugehen, könnte auch im Aufbau eines systematischen Wissensmanagements liegen. Wissensmanagement ist dabei als eigenständige Managementdisziplin zur Unterstützung sämtlicher anderer Managementdisziplinen und nicht als einmalige Maßnahme oder als Projekt zu verstehen. **Dieser umfassende Zugang geht aber über die konkreten Anforderungen der ISO 9001:2015 hinaus.**

Im Folgenden werden beispielhaft Wissensmanagementmethoden und -werkzeuge skizziert, welche für den Einstieg in das Thema im Sinne der Anforderungen der ISO 9001:2015 passend und hilfreich sind. Bei der Skizzierung der einzelnen Methoden und Werkzeuge wird jeweils vermerkt, welche Anforderungen an den Umgang mit Wissen der Organisation damit primär adressiert werden. Darüber hinaus wird aufgezeigt, welche Bausteine des Wissensmanagements nach Probst u.a. sowie welche Phasen des SECI-Modells nach Nonaka und Takeuchi sich mit der jeweiliger Methoden-/Instrumentenanwendung primär unterstützen lassen.

Methodenbeispiele

Wissenslandkarte

Primäre Zuordnung der Methode/des Werkzeugs:

ISO Anforderungen:	benötigtes Wissen bestimmen	momentanes Wissen berücksichtigen	nötiges Zusatzwissen erlangen	Wissen zur Verfügung stellen
	Wissen aufrechterhalten			

Wissensbausteine:	Wissensziele	Wissensidentifikation	Wissenserwerb	Wissensentwicklung
	Wissensverteilung	Wissensnutzung	Wissensbewahrung	Wissensbewertung

SECI-Modell:	Sozialisation	Externalisierung	Kombination	Internalisierung

Wissenslandkarten (Bild 7.10) werden genutzt, um den Wissensbestand (Soll, Ist, Soll:Ist) einer Organisation in grafischer Form darzustellen (z. B. in Form von Wirkungsnetzwerken, Baumdiagrammen, Mindmaps oder in Form von Clusterdarstellungen).

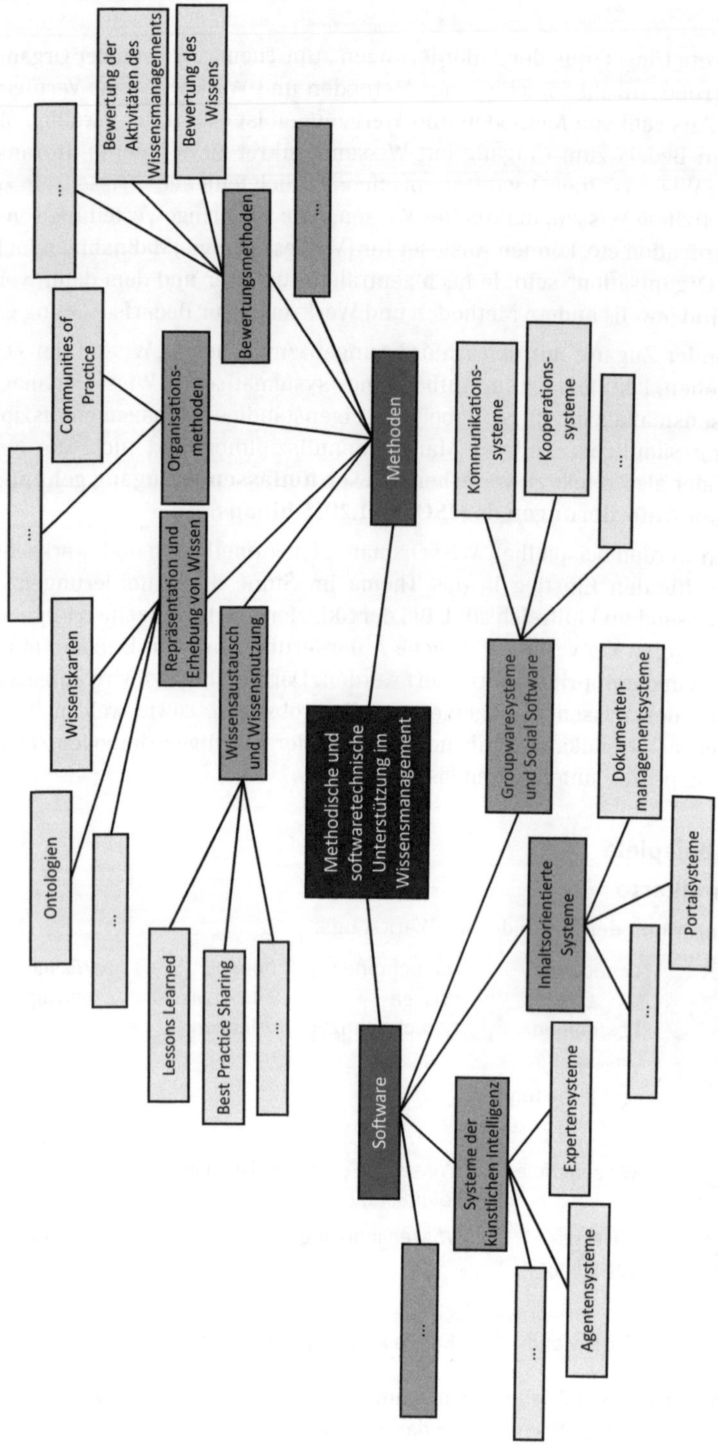

Bild 7.10 Als Wissenslandkarte visualisierter Ausschnitt aus dem Inhaltsverzeichnis von Lehner, 2012, S. 3

Wissenslandkarten entstehen in der Regel Top down. Von einer bestimmten strategischen Positionierung ausgehend wird erarbeitet, welches Wissen nötig ist, um diese Position zu realisieren und zu halten.

Abgewandelte Versionen der Wissenslandkarte sind die Wissensträgerkarte und die Wissensquellenkarte (Bild 7.11). Bei ihnen werden anstelle des Wissensbestandes die Wissensträger und/oder Wissensquellen einer Organisation dargestellt.

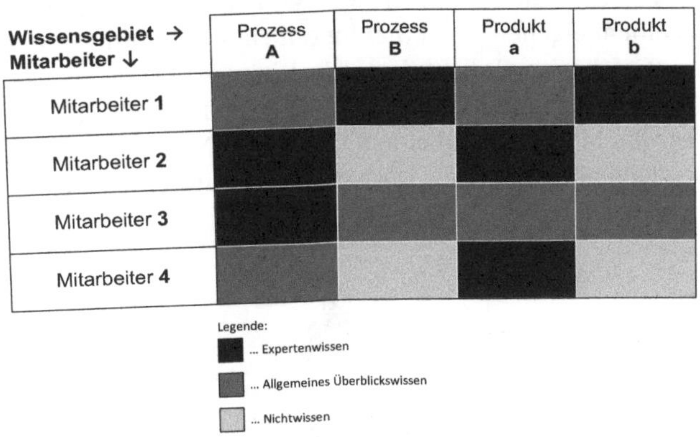

Bild 7.11 Beispiel für den Aufbau einer einfachen Wissensträgerkarte

Alle drei der genannten Varianten fördern die Transparenz von Wissensbeständen, von Wissensträgern und Wissensquellen. Bei klassischer Anwendung liefert dieses Hilfsmittel lediglich einen Verweis auf vorhandenes Wissen, nicht aber das Wissen selbst. Bei IT-gestützten Anwendungen können derartige Landkarten auch zur Navigation auf dahinterliegende Wissensspeicher genutzt werden.

Knowledge Café

Primäre Zuordnung der Methode/des Werkzeugs:

ISO Anforderungen:	benötigtes Wissen bestimmen	momentanes Wissen berücksichtigen	nötiges Zusatzwissen erlangen	Wissen zur Verfügung stellen
	Wissen aufrechterhalten			

Wissensbausteine:	Wissensziele	Wissensidentifikation	Wissenserwerb	Wissensentwicklung
	Wissensverteilung	Wissensnutzung	Wissensbewahrung	Wissensbewertung

SECI-Modell:	Sozialisation	Externalisierung	Kombination	Internalisierung

Knowledge Cafés sind ein einfaches Instrument, um Wissensaustausch und Wissensentwicklung zu unterstützen. Ziel der Durchführung eines Knowledge Cafés ist es meist, mittels Nutzung des Erfahrungswissens und der Kreativität aller Beteiligten ein gemeinsames, verdichtetes und erweitertes Verständnis zu einem bestimmten Thema zu erlangen und/oder Lösungsansätze zu einer bestimmten Problemstellung zu entwickeln.

Zur Durchführung eines Knowledge Cafés wird das zu behandelnde Thema vorab in mehrere Teilaspekte untergliedert. Jeder dieser Teilaspekte wird im Knowledge Café von einer Teilnehmergruppe an einem eigenen Tisch (häufig ein runder Cafétisch) und unter Leitung eines Moderators (Cafébesitzer) diskutiert. Die Diskussionsinhalte werden direkt während der Diskussion dokumentiert (z. B. von den Teilnehmern selbst auf einem Tischtuch aus Papier oder vom Moderator auf einem Flipchart). Nach 45 Minuten Diskussion wechseln die Diskussionsteilnehmer den Tisch, die Moderatoren bleiben an ihren Tischen (Bild 7.12).

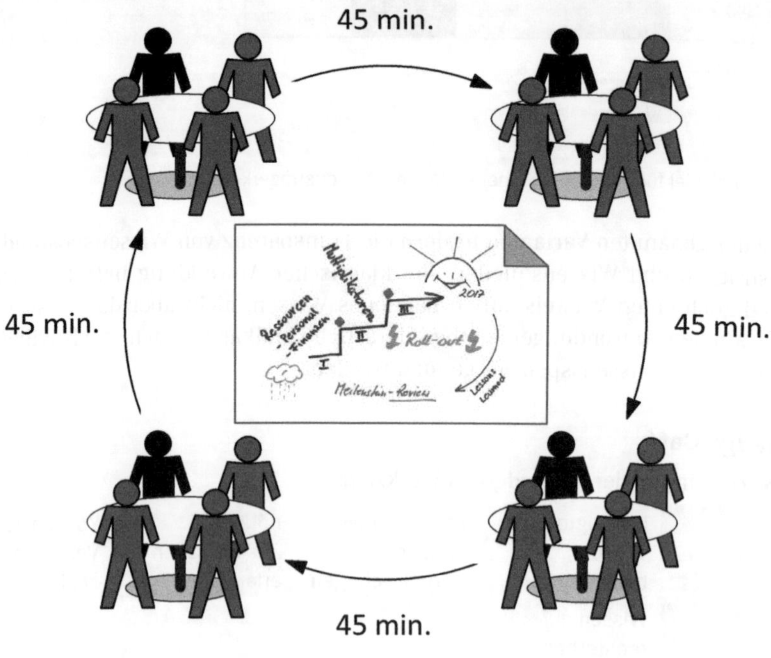

Bild 7.12 Systematik eines Knowledge Cafés

Nachdem jeder Moderator zu Beginn der zweiten Diskussionsrunde die jeweils bei seinem Tisch neu ankommenden „Cafétischbesucher“ in die bisherigen Diskussionsinhalte und -ergebnisse auf seinem Tisch eingeführt hat, wird direkt von diesen Ergebnissen ausgehend weitere 45 Minuten diskutiert.

Die Teilnehmer an einem Knowledge Café wechseln so lange die Tische, bis jede Teilnehmergruppe jeden Teilaspekt des zu behandelnden Themas diskutiert und damit jeden Cafébesitzer „besucht“ hat.

Knowledge Cafés eignen sich ab einer Anzahl von mehr als zwölf Teilnehmern (drei Themenaspekte an drei Cafétischen, drei Kleingruppen mit je einem Moderator/Cafébesitzer und drei Cafébesuchern). Knowledge Cafés erlauben eine besonders offene und kreative Bearbeitung von Themen.

Informationsflussanalyse

Primäre Zuordnung der Methode/des Werkzeugs:

ISO Anforderungen:	benötigtes Wissen bestimmen	momentanes Wissen berücksichtigen	nötiges Zusatzwissen erlangen	Wissen zur Verfügung stellen
	Wissen aufrechterhalten			

Wissensbausteine:	Wissensziele	Wissensidentifikation	Wissenserwerb	Wissensentwicklung
	Wissensverteilung	Wissensnutzung	Wissensbewahrung	Wissensbewertung

SECI-Modell:	Sozialisation	Externalisierung	Kombination	Internalisierung

Informationsflussanalysen werden genutzt, um den Bedarf an handlungs- und entscheidungsrelevanten Informationen (Wissen) über Prozesse hinweg, in einzelnen Prozessschritten oder für einzelne „Schlüsselrollen" zu erheben. Informationsflussanalysen werden mittels Befragung ausgewählter Personen (bei kleinen Organisationen häufig aller Mitarbeiterinnen und Mitarbeiter) an den Schlüsselstellen durchgeführt.

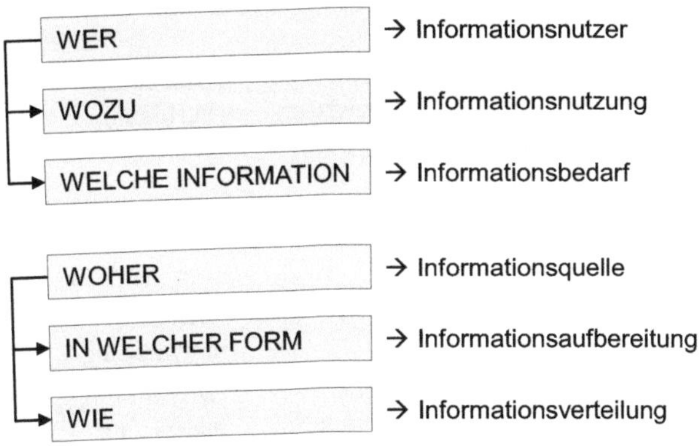

Bild 7.13 Kernfragen zur Informationsflussanalyse

Im Kern der Analyse stehen folgende Fragen (Bild 7.13):

- Wer (welche Person in welcher Rolle) benötigt wozu/wobei (Handlung, Entscheidung) welche Information?
- Woher stammt diese Information (Wissensquelle? In welcher Form liegt diese Information aktuell vor (Informationsaufbereitung) und in welcher Weise wird diese Information aktuell transferiert (Instrument zur Wissensverteilung)?

Erfolgt im Rahmen einer Informationsflussanalyse gleichzeitig auch eine Bewertung der Informationen und der Informationsflüsse, so wird folgende Frage ergänzend gestellt:

- In welcher Qualität liegen die nötigen Informationen aktuell vor (Verständlichkeit, Vollständigkeit, Aktualität etc.) und welche Qualität weisen die aktuell im Einsatz befindlichen Informationsinstrumente auf (Geschwindigkeit, Bedienbarkeit, Stabilität etc.)?

Soll eine Informationsflussanalyse auch den Fluss neu entstehenden Wissens umfassen, so wird zusätzlich folgender Frageblock angefügt:

- Wozu/wobei entsteht welche neue, für andere Personen/Rollen potenziell handlungs- und entscheidungsrelevante Information?
- In welcher Form fließt diese Information wohin und in welcher Weise wird die Information transferiert?

Je mehr Personen im Rahmen einer Informationsflussanalyse befragt werden, umso empfehlenswerter ist es, mit geschlossenen Antworten zu arbeiten und damit die Antwortmöglichkeiten (in der Organisation vorhandene Rollen, Wissensgebiete, Kommunikationsinstrumente etc.) vorzugeben. Arbeitet man ausschließlich oder überwiegend mit offenen Fragen, läuft man Gefahr, rasch den Überblick zu verlieren.

Informationsflussanalysen geben nicht nur Einsicht in den Fluss von Wissen (handlungs- und entscheidungsrelevante Information). Sie zeigen auch Schwachstellen in den Informationsflüssen sowie unterschiedliche Sichtweisen von Mitarbeiterinnen und Mitarbeitern in gleichen Rollen oder von Personen in „per Informationsfluss“ verbundenen Rollen auf.

Wissensportfolio

Primäre Zuordnung der Methode/des Werkzeugs:

ISO Anforderungen:	benötigtes Wissen bestimmen	momentanes Wissen berücksichtigen	nötiges Zusatzwissen erlangen	Wissen zur Verfügung stellen
	Wissen aufrechterhalten			
Wissensbausteine:	Wissensziele	Wissensidentifikation	Wissenserwerb	Wissensentwicklung
	Wissensverteilung	Wissensnutzung	Wissensbewahrung	Wissensbewertung
SECI-Modell:	Sozialisation	Externalisierung	Kombination	Internalisierung

Das Wissensportfolio in Form einer Matrixdarstellung (Bild 7.14) wird häufig verwendet, um die Bewertung der aktuellen Wissensversorgung (z. B. Qualität, Quantität) zu visualisieren.

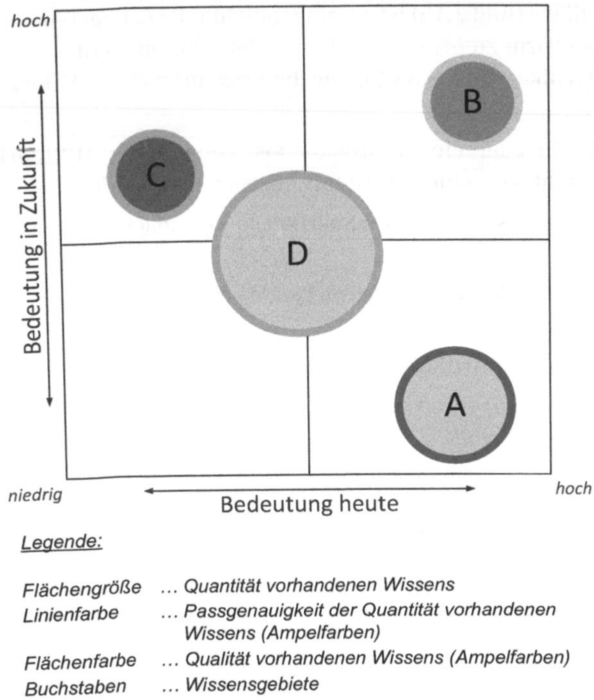

Bild 7.14 Beispiel für den Aufbau eines Wissensportfolios

Finden Wissensportfolios als Basis für das Setzen von Wissenszielen Anwendung, so wird die Darstellung der Bedeutung einzelner Wissensgebiete für die Organisationen zusätzlich in das Wissensportfolio mit aufgenommen.

Mikroartikel

Primäre Zuordnung der Methode/des Werkzeugs:

ISO Anforderungen:	benötigtes Wissen bestimmen	momentanes Wissen berücksichtigen	nötiges Zusatzwissen erlangen	Wissen zur Verfügung stellen
	Wissen aufrechterhalten			

Wissensbausteine:	Wissensziele	Wissensidentifikation	Wissenserwerb	Wissensentwicklung
	Wissensverteilung	Wissensnutzung	Wissensbewahrung	Wissensbewertung

SECI-Modell:	Sozialisation	Externalisierung	Kombination	Internalisierung

Ziel des Mikroartikels (Bild 7.15) ist es, eine individuelle Lernerfahrung, Erkenntnis etc. in eine bestimmte Form zu bringen, sodass andere diesen Artikel lesen, verstehen und nutzen können (Willke 2007, S.83ff.). Für die Erstellung eines Mikroartikels gelten folgende Grundsätze:

- Eine Mitarbeiterin oder ein Mitarbeiter als Autor eines Mikroartikels muss eine Erfahrung gemacht oder eine Erkenntnis gezogen und somit Wissen generiert haben.
- Der Autor muss sich selbst seine Expertise so klar machen, dass er in der Lage ist, diese schriftlich zu formulieren.
- Der Autor muss sein Wissen so ausdrücken, dass andere Leser dieses nachvollziehen und verstehen können.
- Der Autor muss seinen Artikel publizieren und damit für andere zugänglich machen.
- Der Artikel muss von anderen gelesen und genutzt werden. Erst dann hat der Mikroartikel seinen Zweck erfüllt.

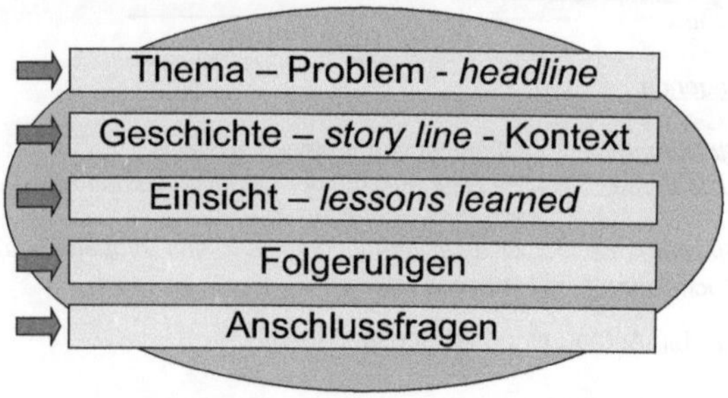

Bild 7.15 Basisdesign eines Mikroartikels (in Anlehnung an Willke 2007, S. 83ff)

Ein Mikroartikel lässt sich als komprimierte Fallstudie verstehen, die nur noch den Kern der relevanten Expertise und den Kern einer daraus abgeleiteten Einsicht umfasst. Dem Autor muss es dabei gelingen, den Leser durch die formulierte Geschichte in die Welt der dargestellten Praxis „hineinzuziehen". Mikroartikel sind für Leser dann am besten verwertbar, wenn sie mit ihren eigenen Erfahrungen (= Anschlussstellen für die Praxis) an den Erfahrungskontext der erzählten Geschichte anknüpfen können. Erst eine erzählte Geschichte hebt den Mikroartikel über die Ebene der Daten und Informationen hinaus.

Mit der Formulierung einer „Einsicht" erzählt der Autor die eigentliche Geschichte hinter der Geschichte und damit den Sinn ihrer Lektion. Mit der Beantwortung der Frage „Was sagt mir die Geschichte?" geht der Autor somit dem Kern des Ganzen auf den Grund.

Ein Mikroartikel und seine Geschichte können mehrfach und immer wieder genutzt werden um daraus immer wieder neue Einsichten zu generieren. Mikroartikel lassen sich auch systematisch zu einem so genannten Casebook zusammenführen oder mit Projekt- oder Prozessabbildungen kombinieren.

Oft gefragt – FAQs

Muss die Unterscheidung zwischen individuellem und organisationalem Wissen berücksichtigt werden?

Beide Themen müssen berücksichtigt werden. Das individuelle Wissen ist im Rahmen der Kompetenzanforderungen (Abschnitt 7.2) noch stärker adressiert, jenes der Organisation speziell im Abschnitt 7.1.6.

Welche Rolle spielt das Thema „Wissen der Organisation“ im Audit?

Einerseits wird im Rahmen des Audits ein systematischer Zugang zur Umsetzung der Anforderungen hinterfragt. Andererseits ist Wissen an vielen Stellen für die Durchführung der Prozesse erforderlich. Hier kann im Rahmen des Audits überprüft werden, ob die Identifikation, Verteilung, Aufrechterhaltung und Entwicklung von Wissen wirksam an diesen Stellen umgesetzt wird.

Welche Rolle spielt das Audit für das Wissen der Organisation?

Im Sinne der Wissensbausteine „Wissenserwerb“ und „Wissensentwicklung“ lassen sich Audits gezielt auch dazu nutzen, das eigene Wissen über den systematischen Umgang mit dem „Wissen der Organisation“(sowie auch Wissen zu allen anderen Themen der ISO 9001:2015) auf- und auszubauen. Das Audit wird damit zur „Lernplattform“ der Organisation.

7.2 Kompetenz

Friedrich Smida

Eine wesentliche Anforderung der ISO 9001:2015 ist es, die Kompetenz jener Personen zu bestimmen (vgl. Bild 7.16), die Tätigkeiten verrichten, welche die Qualitätsleistung der Organisation beeinflussen. Dies trifft Personen in jeglichem Vertragsverhältnis, sei es angestellte Personen, werkvertraglich verpflichtete Personen, Leiharbeitende etc., und insbesondere jene, die an der Produkt- oder Dienstleistungsentstehung oder an der Gestaltung der Produkte und Dienstleistungen oder im direkten Kundenkontakt beteiligt sind.

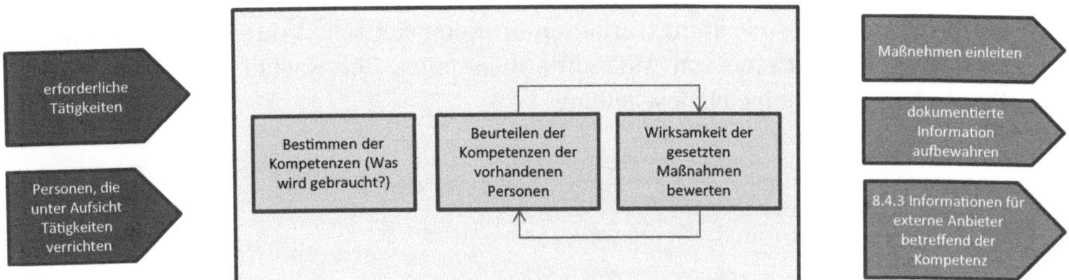

Bild 7.16 Anforderungen des Abschnitts 7.2

In Organisationen werden üblicherweise „Qualifikationen“ für bestimmte Tätigkeiten festgelegt. Die Norm spricht aber von Kompetenzen. Hierzu müssen die beiden Begriffe geklärt und abgegrenzt werden.

Nach Definition der europäischen Kommission (2008) ist eine Qualifikation das formale Ergebnis eines Beurteilungs- und Validierungsprozesses, bei dem eine dafür zuständige Stelle festgestellt hat, dass die Lernergebnisse einer Person vorgegebenen Standards entsprechen. Eine Qualifikation wird durch Ausbildung, Weiterbildung oder Arbeitserfahrung erreicht. Sie besteht aus einem Set von Kenntnissen und Fertigkeiten, die zur Beschreibung und Zuordnung der Qualifikation eingesetzt werden.

Die ISO 9000:2015 definiert Kompetenz als „Fähigkeit, Wissen und Fertigkeiten anzuwenden, um beabsichtigte Ergebnisse zu erzielen“.

Ob ein Individuum aufgrund der vorhandenen Qualifikation auch in einer konkreten Arbeitssituation selbstorganisiert und kreativ handeln kann, ist durch das Ablegen einer Prüfung nur bedingt zu erfassen. Wissen, Fertigkeiten und Qualifikationen sind demzufolge keine Kompetenzen, wie es keine Kompetenzen ohne Wissen, Fertigkeiten und Qualifikationen gibt (Erpenbeck/Rosenstiel 2007, S. 473; Scholl 2007, S. 549 f.).

Im betrieblichen alltäglichen Umfeld interessieren nicht nur die Qualifikationen, welche für die unterschiedlichen Positionen vorausgesetzt werden, es interessieren uns auch die Fähigkeit in unerwarteten, offenen, zuweilen chaotischen Situationen kreativ und selbstorganisiert zu handeln. Diese Fähigkeit ist in dem Konzept der Kompetenz erfasst. Sie lässt sich nicht direkt überprüfen, sie lässt sich nur in der Umsetzung, dem aktuellen Handeln, aus der Performance immer erst im Nachhinein erkennen (Erpenbeck/ Rosenstiel 2007, S. 489).

Die Beurteilung der Kompetenz erfolgt anhand verschiedenster Methoden – vom einfachen Beobachten über Kompetenztests bis zum Assessment-Center, also einem Personalauswahlverfahren (assessment = engl. Beurteilung), das unter mehreren Bewerbern diejenigen ermittelt, die den Anforderungen eines Unternehmens und einer zu besetzenden Stelle (am besten) entsprechen. Werden Maßnahmen (Schulungen, Mentoring, Jobrotation usw.) zur Erreichung oder Verbesserungen von Kompetenzen gesetzt, so ist zu prüfen, ob diese Maßnahmen wirksam waren (Wurde der Zweck/Ziel der Maßnahme erreicht?). Dokumentierte Informationen als Nachweis der Kompetenz (nicht nur der Qualifikation) sind aufzubewahren.

Die internationale Norm ISO 17024 (Konformitätsbewertung – Allgemeine Anforderungen an Stellen, die Personen zertifizieren) stellt Anforderungen an Zertifizierungsstellen, die Personenzertifikate ausstellen. Diese Norm basiert auf dem Kompetenzkonzept, im Fokus stehen also Prüfungsverfahren für Kompetenzen. Akkreditierte Personenzertifikate sind damit eine von Akkreditierungsstellen überwachte und internationalen Regeln folgende Kompetenzfeststellung.

Änderungen im Vergleich zu ISO 9001:2008

Neu: 20 bis 40 %

Dieser Abschnitt ist als Anforderung nicht neu. Jedoch wurde die Definition geändert. Der Fokus liegt nun nicht auf der Qualifikation, also einem in der Vergangenheit ausgestellten „Zeugnis" als Nachweis von Wissen und Fertigkeiten, sondern darauf, diese in der aktuellen Situation anwenden zu können, um beabsichtigte Ergebnisse zu erzielen. Das bedeutet, auch bei der Dokumentation von Kompetenz geht es darum, zu dokumentieren, dass die Personen Wissen und Fertigkeiten im Arbeitskontext umsetzen können und nicht primär um Schulungsnachweise.

Umsetzung

Es ist für jede Organisation, unabhängig von der Organisationsgröße, erforderlich, kompetente Personen für die zu verrichtenden Tätigkeiten einzusetzen. Dabei werden oftmals Kompromisse eingegangen. Weniger oft bei den scheinbar einfacheren Tätigkeiten als bei den komplexeren (z. B. Führungsaufgaben).

Meist werden die fachlich besten Kräfte einer Abteilung befördert. Dann wird die beste Verkäuferin zur Verkaufsleiterin, der beste Elektriker zum Elektromeister, der beste Arbeiter zum Vorarbeiter. Das ist häufig sinnvoll. Sehr oft aber wissen die Beförderten nicht, dass ab sofort ein Großteil der Aufgabe Führung und Mitarbeitermotivation einschließt. Es wird selten gefragt, ob die beförderte Person das will oder das auch kann. Die Freude und der Stolz über die Beförderung überwiegen beim Mitarbeiter und ob derjenige, der die Beförderung ausgesprochen hat, die richtige Entscheidung getroffen hat, wird selten oder erst viel später hinterfragt.

Es ist sinnvoll, die erforderlichen Kompetenzen für die zu besetzende Position zu definieren (Was benötigt die Position?) und die vorhandenen Kompetenzen der ausgewählten Person zu ermitteln. Dies kann von einfachen Einschätzungen (Beobachtungen) oder Befragungen von Vorgesetzen oder Kollegen bis hin zu Assessment-Centern oder fundierter Personaldiagnostik (folgende Werkzeuge hierfür sind z. B. valide in Anwendung: Reiss-Profile, Insights MDI, Assess) gehen. Etwaige Lücken können noch vor der Besetzung durch entsprechende Maßnahmen gefüllt werden. Auch hier ist man nicht vor Fehlentscheidungen gefeit, aber sie sollten weniger häufig oder bestenfalls nicht vorkommen.

Kompetenzklassen

Will man Kompetenzen einteilen und definiert dabei Kompetenz als „Fähigkeit zu handeln" kann man sich die Frage stellen: „Wem gegenüber handele ich eigentlich"? Dabei ergeben sich folgende Unterscheidungen (Erpenbeck 2010):

- Man kann gegenüber sich selbst handeln (personal).
- Man kann gegenüber anderen Handeln (sozial).
- Man kann Sachverhalten gegenüber handeln (etwas bearbeiten – fachlich oder methodisch).

Ausgehend davon werden in vielen Klassifikationsansätzen folgende Kompetenzen unterschieden (Erpenbeck/Rosenstiel 2007):

- **personale Kompetenz**
  (Fähigkeit, reflexiv selbstorganisiert zu handeln, d.h. die Fähigkeit, sich selbst einzuschätzen, eine produktive Einstellung, Werthaltung, Motive und Selbstbilder zu entwickeln, Motivation und Leistungsvorsätze zu entfalten usw.),
- **Fach- und Methodenkompetenz**
  (Fähigkeit, selbstorganisiert mit fachlichen und instrumentellen Kenntnissen, Fertigkeiten und Fähigkeiten kreativ Probleme zu lösen, Wissen sinnorientiert einzuordnen und zu bewerten, Methoden einzusetzen und weiterzuentwickeln),
- **Sozial- und Kommunikationskompetenz**
  (Fähigkeit, sich mit anderen kreativ auseinander- und zusammenzusetzen, sich gruppen- und beziehungsorientiert zu verhalten und neue Aufgaben und Ziele zu entwickeln),
- **Aktivitäts- und Umsetzungskompetenz**
  (Fähigkeit, aktiv und gesamtheitlich selbstorganisiert zu handeln und dieses Handeln auf die Umsetzung von Zielen und Vorhaben zu richten, entweder für sich selbst oder für andere und mit anderen im Team, in Organisationen. Dazu zählt auch das Vermögen, die eigenen Emotionen, Motivationen, Fähigkeiten und Erfahrungen sowie alle anderen Kompetenzen zu integrieren und Handlungen erfolgreich zu realisieren).

Die genannten Kompetenzen lassen sich als Grundkompetenzen (Schlüsselkompetenzen) definieren. Einzel- oder Teilkompetenzen können diesen Kompetenzen als „abgeleitete Kompetenzen" oder „Querschnittkompetenzen" zugeordnet werden (Erpenbeck 2010). Eine Zuordnung von Teilkompetenzen zu Grundkompetenzen kann in Form eines Kompetenzatlasses dargestellt werden (vgl. Bild 7.34).

Betreffend der Anwendung der Methoden sollte nicht nach Organisationstypus unterscheiden werden, sondern eher nach der erforderlichen Kompetenz für die vorhandene oder zu besetzende Position. Für einfache Tätigkeiten kann die Erstellung von Kompetenzprofilen durch Einschätzung von Vorgesetzen und Mitarbeitenden ausreichen. Für die Besetzung von Führungspositionen bieten sich Kompetenzmessverfahren (Personaldiagnostik) oder die Durchführung eines Assessment-Centers an. Das Assessment-Center kann die Personalabteilung firmenintern stellen oder es kann durch eine externe Beratungsfirma unterstützt oder vollständig besetzt werden (Tabelle 7.5).

Tabelle 7.5 Ermittlung der Kompetenzprofile abhängig vom Organisationstyp

Organisationstypus	Was angewendet werden kann ...
Kleinstorganisation, kleine Vereine	▪ Kompetenzprofile (Soll:Ist), ▪ Einschätzungen durch Vorgesetzte (Eigentümer) in Anlehnung an den Kompetenzatlas, ▪ Anwendung eines Kompetenzmessverfahrens (Kompetenztest) in Eigenregie oder Zukauf.
kleine und mittlere Unternehmen sowie Industrieunternehmen, öffentliche Verwaltung etc.	▪ + Assessment-Center.

Methodenbeispiele

Es gibt viele verschiedene Verfahren und Methoden zur Kompetenzmessung. John Erpenbeck und Lutz von Rosenstiel fassen in ihrem „Handbuch der Kompetenzmessung" fast 60 Beispiele zusammen. Beispiele sind „schriftliche oder mündliche Befragungen" (z. B. Tests, Fragebögen, Interviews) oder „handlungsorientierte Verfahren" (z. B. Arbeitsproben, Assessment-Center). Es gibt keine allgemein gültigen Standards für die Durchführung von Tests, Interviews oder Assessment-Centern. Es gibt jedoch grundsätzliche Kriterien: Dazu zählen die klassischen Kriterien **Objektivität** (Das Ergebnis ist unabhängig von der testenden Person.), **Reliabilität** (formale Exaktheit der Merkmalserfassung, Präzision der Messung) und **Validität** (Das Verfahren misst das, was es zu messen beabsichtigt.).

Ein Beispiel für Kompetenztests/Kompetenzmessung ist das KODE-Verfahren (KODE = **Ko**mpetenz**d**iagnostik und **E**ntwicklung). Es ermittelt das Ausprägungsverhältnis der Grundkompetenzen einer Person (personale, aktivitätsbezogene, fachlich-methodische, sozial-kommunikative Kompetenzen). Die Beurteilung kann in Selbst- und Fremdbeurteilung geschehen und erfolgt auf Basis des KODE Kompetenzatlasses, der aus einer Sammlung von 64 Teilkompetenzen besteht, die den genannten Grundkompetenzen zugeordnet sind (vgl. Bild 7.17).

Mit dem Modell und dem Messinstrument können Kompetenzen analysiert, Defizite erkannt und gezielt daran gearbeitet werden, diese zu beheben.

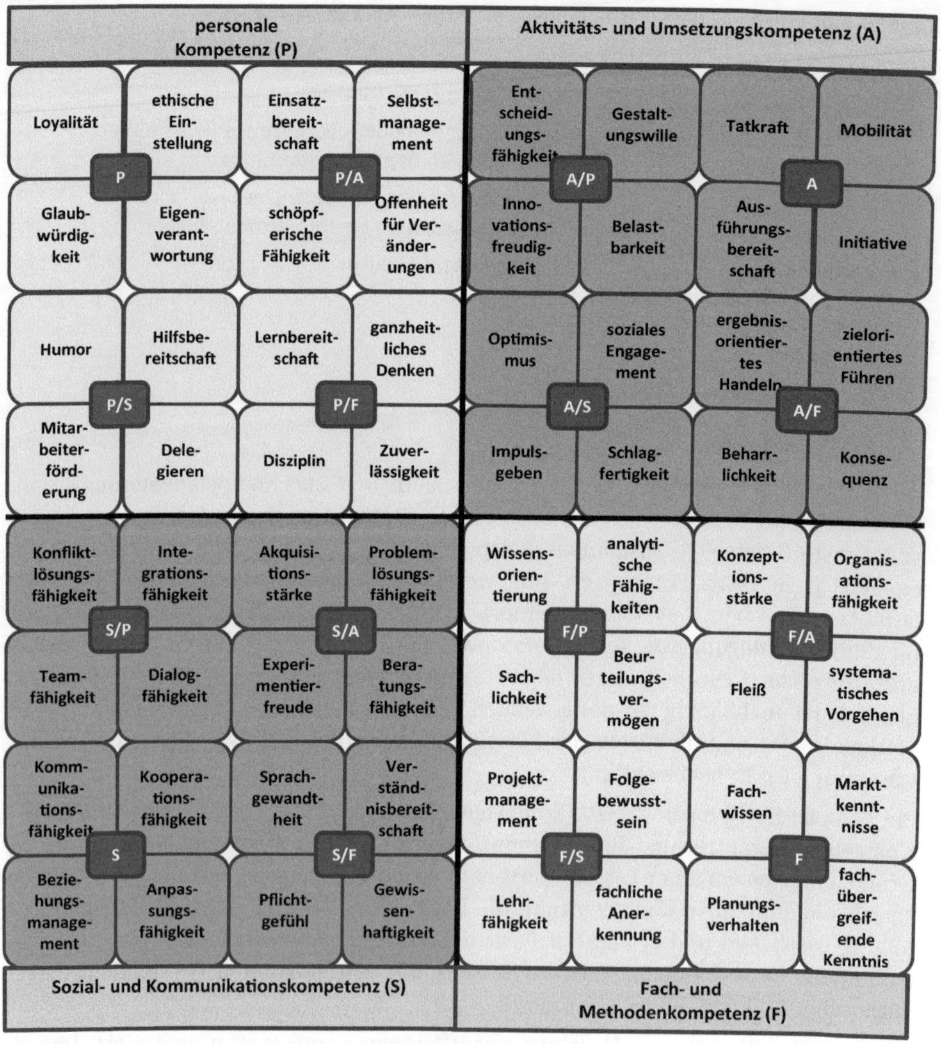

Bild 7.17 Kompetenzatlas nach Erpenbeck/Heyse/Max 2014 (modifiziert übernommen aus ISO Leadership 2014)

Ein interaktiver Kompetenzatlas, der als Lehr- und Lernunterlage zur Vermittlung von Managementkompetenzen erstellt wurde, auf Basis der 64 KODE Teilkompetenzen, wurde durch die FH Wien der WKW (Fachhochschule Wien der Wirtschaftskammer Wien) im Internet zur Verfügung gestellt. Dort sind zu jeder Grundkompetenz die Teilkompetenzen in Form der Definition des Kompetenzbegriffs, Erläuterungen und Kompetenzübertreibungen sowie einem Praxisbeispiel interaktiv beschrieben (Mair 2014).

Bild 7.18 zeigt ein Beispiel eines Kompetenzanforderungsprofils.

	Anforderungen	wenig ausgeprägt	teilweise ausgeprägt	ausgeprägt	deutlich ausgeprägt	stark ausgeprägt	sehr stark ausgeprägt	übermäßig stark ausgeprägt
1	Lernbereitschaft		x	→	o			
2	Offenheit für Veränderung			x	o			
3	Beziehungsmanagement			o			x	
4	Initiative			ox				
5	Fleiß			o				
6	Fachwissen, Initiative				ox			
7	Konfliktlösungsfähigkeit	x	→	→	o			
8	usw.							

o = Soll
x = Ist

Sozial-kommunikative Kompetenz
Konfliktlösungsfähigkeit

Konfliktlösungsfähigkeit: Fähigkeit, auch unter Konflikten erfolgreich zu handeln

Kompetenzbegriff:

Erkennt die Interessengegensätze anderer und kennt die eigene Interessenlage
Führt konfliktäre Gespräche mit Kollegen, Führungskräften, Kunden…sensibel und hält Konflikte aus, ist einsichtig und tolerant genug, um andere Interessen unvoreingenommen zu prüfen und die eigenen kritisch zu hinterfragen
Schafft Vertrauen und tritt sicher auf; überzeugt andere und löst Widerstände und Blockaden durch überzeugendes Handeln
Löst Konflikte nicht auf Kosten der widerstreitenden Parteien, sondern so, dass deren Eigenverantwortung und soziale Kommunikation zunimmt und wird deshalb in Konfliktfällen gern als Vermittler aufgesucht

Erläuterungen:

Konfliktlösungsfähigkeit beinhaltet das Erkennen von Interessengegensätzen, die persönliche Toleranz, Meinungen anderer auch dann noch zuzulassen, wenn sie der eigenen Vorstellung widersprechen sowie die individuelle Bereitschaft zur Konfliktbearbeitung. Dabei soll die Konfliktlösung nicht das Ergebnis harmoniegeleiteter schneller Einigungen sein, sondern aus einem fair geführten Ausgleich der Interessengegensätze herbeigeführt werden. Besonders wichtig ist Konfliktlösungsfähigkeit in Prozessen der Mediation, wobei Konflikte zwischen zwei oder mehreren Personen, unter Hinzuziehung eines neutralen Dritten ohne Entscheidungsbefugnis (Mediator), außergerichtlich, freiwillig und eigenverantwortlich gewalt- und zwangsfrei durch direkte soziale Kommunikation und Interaktion geregelt werden.
Ein wichtiger Bestandteil der Konfliktlösungsfähigkeit ist die Überzeugungsfähigkeit, d.h. die Befähigung, eigene Standpunkte klar und fundiert vorzutragen und Dritten das Gefühl zu vermitteln, Lösungen durch eigene Einsichten gewonnen zu haben.

Kompetenzübertreibungen:

Bringt ein zu hohes Verständnis für das Handeln von Mitarbeitern, Gruppen… auf; vermittelt auch dann noch zwischen konfligierenden Parteien, wenn konsequente Entscheidungen und Standpunkte notwendig wären…

Bild 7.18 Anforderungsprofil eines Mitarbeiters

Das Soll-Profil für eine Position wird, eventuell auch unter Berücksichtigung der Strategie, durch den Vorgesetzten festgelegt. Das Ist-Profil erfolgt durch Einschätzung (eventuell durch ein Team oder den Vorgesetzten). Was unter den einzelnen Schlagwörtern der Anforderung zu verstehen ist, kann im interaktiven Kompetenzatlas nachgelesen werden, um eventuelle Verständnisprobleme zu vermeiden.

Aus den Differenzen der Einschätzung (Soll/Ist) können sich Maßnahmen (Schulungen, Coaching, Jobrotation, Mitarbeit bei Projekten etc.) ergeben. Die Prüfung der Wirksamkeit der Maßnahmen kann mit verschiedenen Methoden, wie z. B. Einschätzung der Vorgesetzten, strukturierte Interviews bei Mitarbeitern, Verhaltensbeobachtungen, Kompetenztests, Evaluierung des Projekterfolgs, erfolgen. Das Ergebnis mündet wieder in die Kompetenzmatrix.

Oft gefragt – FAQs

Was bedeutet Kompetenz?

Die Fähigkeit, Wissen und Fertigkeiten anzuwenden, um beabsichtigte Ergebnisse zu erzielen. Mit dieser neuen Definition wird das, was ich im Rahmen der konkreten Aufgabenstellung am Arbeitsplatz tun kann, wichtiger. In der Vergangenheit war das Thema „Qualifikation" (Zeugnisse, Arbeitserfahrung) dominierend.

Bezieht sich die Anforderung nur auf angestelltes Personal?

Nein. Die Organisation muss die notwendige Kompetenz der Personen, die unter ihrer Kontrolle arbeiten und deren Kompetenz die Qualitätsleistung beeinflussen, ermitteln, d.h. nicht nur angestelltes Personal ist hier umfasst, sondern auch freiberufliches und Leasing-Personal etc.

Welche Arten von Maßnahmen sind zu ergreifen in Bezug auf Kompetenz?

Wo Defizite da sind, müssen Maßnahmen ergriffen werden, um die notwendige Kompetenz zu erlangen. Die Maßnahmen gehen über Trainings und formales Lernen hinaus (z.B. Jobrotation, informelles Lernen).

Wie kann der Auditor das Kompetenzniveau beurteilen?

Indem die Frage beantwortet wird, welche Kompetenz notwendig ist, um die beabsichtigten Ergebnisse zu erzielen und seitens der Organisation dargelegt wird, mit welchen Methoden sichergestellt wurde, dass die beabsichtigten Ergebnisse auch tatsächlich erzielt wurden.

Wie erfolgt der Nachweis für eine Kompetenzmessung?

Kompetenzbewertung in Zuge eines Mitarbeitergesprächs, Bewertung der erbrachten Leistungen der Personen, Beobachtungen wie Witnessing, Beurteilen von Arbeitsergebnissen im Dialog, Wissenschecks, Kundenrückmeldungen, Fehlerquoten, Fehlermessung etc. Schulungsaufzeichnungen allein sind zu wenig.

7.3 Bewusstsein

Friedrich Smida

Für Personen, die in Organisationen tätig sind, ist es erforderlich, dass sie sich der in der Organisation definierten Qualitätspolitik, der für sie relevanten Qualitätsziele und des eigenen Beitrags zur Wirksamkeit sowie zur Verbesserung der Leistung bewusst sind. Nicht minder wichtig ist es, dass jene Personen über die Auswirkung der Nichterfüllung einer Anforderung (z.B. einer Spezifikation) Bescheid weiß (Bild 7.19).

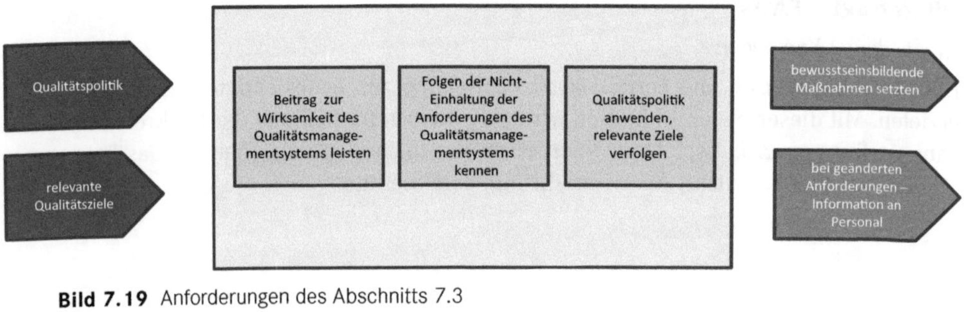

Bild 7.19 Anforderungen des Abschnitts 7.3

Der Begriff „Bewusstsein" hat im Sprachgebrauch unterschiedliche Bedeutungen, die sich teilweise mit den Bedeutungen von Psyche, Seele und Geist deckt. Daher liegen auch unterschiedliche, je nach Betrachtungsweise verschiedene, Definitionen von Bewusstsein vor. Eine der Definitionen, die dem Sinn der Normanforderungen entspricht, ist:

„Bewusstsein ist der Zustand, in dem man sich einer Sache bewusst ist und entsprechend handelt: Im vollen Bewusstsein seiner großen Verantwortung übernahm er die Leitung des Projekts; den Menschen die Folgen des Waldsterbens ins Bewusstsein bringen."

„Sich einer Sache bewusst sein und entsprechend handeln" bezieht sich auf jene Personen, die Tätigkeiten in einer Organisation verrichten. Die Aufgabe der Organisation ist es, Personen zum Nachdenken anzuregen, damit diese sich ihrer Aufgabe und damit ihrer möglicherweise verursachenden Auswirkungen auf das Produkt, die Dienstleistung oder in weiterer Folge auch auf die Anwender des Produkts (Kunden) vor Augen führen. Damit sie sich also bewusst werden, was unter Umständen passieren kann, wenn sie ein auch noch so geringfügiges Abweichen von Vorgaben in Kauf nehmen.

Änderungen im Vergleich zu ISO 9001:2008

Neu: 20 bis 40 %

Dieser Abschnitt ist als Anforderung nicht neu. Er wurde aber ergänzt und erweitert.

In der Version ISO 9001:2008 war dieser Ansatz im Kapitel 6.2.2 „Kompetenz, Schulung und Bewusstsein" verankert. Unter Buchstabe c ist festgelegt, dass sicherzustellen ist, dass sich das Personal der Bedeutung und Wichtigkeit seiner Tätigkeit bewusst ist und weiß, wie es zur Erreichung der Qualitätsziele beiträgt.

Umsetzung

Die Organisation sollte konkrete Maßnahmen in ihren Prozessen verankern, die das Bewusstsein zu den geforderten Themen sicherstellen. Ziel ist es, dass alle relevanten Personen (also auch z. B. kurzfristig beschäftigte Leiharbeiter) sich über Folgen der Nichteinhaltung von Anforderungen im Klaren sind und mit den anderen zur Erreichung der Ziele im Rahmen der Qualitätspolitik beitragen. Dazu muss systematisch gewährleistet werden, dass sich die Personen mit diesen Themen persönlich auseinandersetzen, damit sie dann auch danach handeln können.

Dies ist selten durch eine einfache Schulung zur Ausführung der Tätigkeit möglich. Nur durch Im-Lehrsaal-Sitzen und Zuhören wird selten eine Verhaltensänderung, die unter Umständen erforderlich ist, zu erreichen sein (In diesem Fall gilt vielmehr meist: „beim einen Ohr hinein, beim anderen hinaus".). Es ist daher für die Organisation wichtig, den Lernprozess als einen Prozess der relativ stabilen Veränderung des Verhaltens, Denkens oder Fühlens aufgrund von Erfahrungen oder neu gewonnener Einsichten zu steuern. Einstellungen lassen sich nicht einfach in einem Seminar verändern. Sie sind oft durch eigene Erfahrungen tief verankert und sind mit persönlichen Erfolgsmustern (z. B. „Man muss schnell sein." Dabei kann die Präzision leiden.) verbunden. Es ist dabei auch das Umfeld zu beachten. Mitarbeitende benötigen zum Umsetzen von neuen Verhaltensweisen Unterstützung von Vorgesetzen, da Rückfälle in alte Verhaltensmuster normal sind. Die Bereitschaft des Menschen, Mängel zu ertragen, ist größer als die Bereitschaft, Mängel abzustellen (vgl. auch Abschnitt 6.3).

Werden nachfolgende Prinzipien in Schulungen oder Trainings umgesetzt, so erhöht sich der Lernerfolg (Weidenmann 2011, S. 16 ff.):

- Lernen bezieht den gesamten Körper und Geist ein. Lernen ist nicht nur Sache des Verstands, sondern umfasst alle Sinne.
- Lernen ist schöpferisches Tun, nicht Konsum. Lernen ist nicht „Etwas-Aufnehmen", sondern ein aktives Einbauen-von-Neuem in die Struktur des Selbst. Es entstehen neue Zusammenhänge. Man lernt durch eigenes Tun in einem realistischen Kontext und durch Feedback. Schwimmen lernt man zum Beispiel, indem man schwimmt. Lernen ohne Kontext vergisst man schnell.
- Das Bildergedächtnis nimmt Informationen sofort und automatisch auf. Bildhaftes wird schneller erfasst und besser behalten als die abstrakte Sprache.
- Lernen soll situiert sein. Neue Inhalte werden am besten gelernt, wenn sie in konkreten Situationen präsentiert werden und angewendet werden. Kontextfreies Wissen ist träge und kaum verfügbar.
- Lernen soll problemorientiert sein. Bei der Arbeit an konkreten, realistischen Aufgaben kommt ein „Konstruktionsprozess" in Gang. Durch Feedback zu den Folgen ihres Tuns gewinnen Lernende an Erfahrung (Kompetenz).
- Lernen soll im Miteinander erfolgen. Man lernt voneinander, erkennt Unterschiede, klärt und testet das eigene Wissen durch „Über-das-Problem-Reden" und erlebt Vorteile im Teamwork, Vertiefen des eigenen Wissens durch Verstehen.

Beachtet man die beispielhaft dargestellten Prinzipien des modernen Lernens, so können entsprechende bewusstseinsbildende Maßnahmen, betreffend die Steigerung der Qualitätsleistung oder der Nichteinhaltung von Anforderungen und deren Konsequenzen, abgeleitet werden.

Bei der Anwendung der Methoden zur Bewusstseinsbildung sollte nicht nur nach dem Organisationstypus (Tabelle 7.6) unterscheiden werden, sondern auch deren mögliche Auswirkung auf die Tätigkeit, auf die Bedeutung für den Kunden oder die Qualitätsleistung der Organisation beachtet werden.

Tabelle 7.6 Bewusstseinsbildung abhängig vom Organisationstyp

Organisationstypus	Was angewendet werden kann ...
Kleinstorganisation, kleine Vereine	▪ Einzelgespräche mit Vorgesetzten/Eigentümer, ▪ Feedbackkultur entwickeln, ▪ Problemuntersuchungen (Ursachenermittlung), ▪ Kundenbesuche.

Organisationstypus	Was angewendet werden kann ...
kleine und mittlere Unternehmen	▪ + Führungskräfte agieren als Vorbilder, Risikobeurteilungen (FMEA), ▪ Videos, ▪ Aktionen (z. B. gemeinsames Sortieren von fehlerhaften Teilen), ▪ Darstellen der Qualitätsleistungen, ▪ Qualitätszirkel, ▪ kontinuierlicher Verbesserungsprozess (KVP).
Industrieunternehmen, öffentliche Verwaltung etc.	▪ Unternehmenskultur weiterentwickeln, ▪ Führungskräfte agieren entsprechend der Unternehmenskultur.

Methodenbeispiel

Viele der Werkzeuge und Methoden, die zur Bewusstseinsbildung eingesetzt werden können, sind bereits in der Organisation vorhanden (vgl. Bild 7.20). Oftmals ist es „nur" erforderlich, die betroffenen Personen entsprechend einzubinden.

Bild 7.20 Methoden zur Bewusstseinsbildung

Nachfolgend einige Methodenbeispiele, die sich im Rahmen des Qualitätsmanagement anbieten:

- Durchführen einer FMEA (Fehlermöglichkeits- und Einflussanalyse): Dabei wird im Team, an einem konkreten Prozess oder Produkt, die mögliche Ursache eines möglichen Fehlers und die zugehörige Fehlerfolge (Was kann passieren?) gemeinsam ermittelt (Dabei werden alle beschriebenen Prinzipien zur Erhöhung des Lernerfolgs angewendet.).

- Durch Bilder oder Videos können mögliche Folgen der Nichteinhaltung der Anforderungen und deren mögliche Auswirkungen dargestellt werden.
- Lernen an Problemen: Hier gilt, wie bei der FMEA: Das gemeinsame Arbeiten an der Lösung eines Problems (z. B. in einem Qualitätszirkel) mit entsprechender Ursachenforschung, anschließender Maßnahmenfestlegung und nachfolgender Wirksamkeitsprüfung fördert das Bewusstsein zur Vermeidung von etwaigen Nichteinhaltungen von Anforderungen.
- Lernen durch Aktionen: Beispiel: Bei Werkstücken tolerieren Mitarbeiter oftmals gratige Kanten, die beim Anwender oder Weiterverarbeiter zu Verletzungen führen können. Diese sind in technischen Zeichnungen gemäß DIN ISO 13715 ausgewiesen. Sie sind aber schwierig zu messen. Ein bewusstes, vorsichtiges Fühlen durch Ertasten des Grats durch den Mitarbeiter mit verbundenen Augen fördert dessen Bewusstsein für die möglichen Folgen. Diese Aktion bleibt in der Erinnerung des Mitarbeiters und er wird zukünftig darauf achten.
- Lernen durch Kommunikation im Team: Kommunikation ist ein wesentliches Gestaltungsmittel für die Bewusstseinsschaffung: In moderierten Workshops können Fragen oder Kritikpunkte erarbeitet werden. Bewusst geschaffene Lernlabors, Feedbackräume oder Teamarbeiten bei internen Projekten sind Methoden, um Raum für Austausch, gemeinsames Lernen und das Verstehen von anderen Positionen zu fördern. Auch verpflichtende Mentoringstrukturen (meist bei größeren Unternehmen) unterstützen die Bewusstseinsbildung, da Personen mit Fragen und Anliegen nicht allein gelassen werden und durch Feedback ihr Bewusstsein weiter geschärft wird (Königswieser 2008a und 2008b).

Oft gefragt – FAQs

Müssen diese Maßnahmen dokumentiert werden?

Es besteht keine Normanforderung zur Dokumentation von bewusstseinsbildenden Maßnahmen. Es könnte jedoch im Haftungsfall (Produkthaftung) für die Organisation vorteilhaft sein.

7.4 Kommunikation

Joseph B. Garscha

Das Thema „Kommunikation" hat in der ISO 9001:2015 wieder einen eigenen Unterpunkt erhalten. Dennoch gibt es Veränderungen. Die Forderungen in der ISO 9001:2015 beziehen sich einerseits auf die Ergänzung, dass neben interner nun auch externe Kommunikation ein Thema ist sowie auf eine Konkretisierung betreffend der stattfindenden Kommunikation selbst: Bestimmt werden muss, wer worüber, wann, mit wem und wie kommuniziert. Diese neuen Kriterien zur Konkretisierung der erforderlichen Kommunikation unterstützen eine Systematisierung der Vorgehensweise von interner und externer Kommunikation.

Externer Kommunikationsbedarf wird insbesondere mit den unter „Kontext der Organisation" identifizierten relevanten interessierten Parteien bestehen.

Was nicht mehr explizit erwähnt ist, ist der prozessuale Charakter der Kommunikation.

Für die Kommunikation ist festzulegen, worüber, wann, mit wem, wie kommuniziert wird und wer kommuniziert.

Worüber: kann zum Beispiel alle Planungs- und Abstimmungsthemen betreffen, sowohl auf das operative Geschäft bezogen als auch auf strategische Überlegungen.

Wann: kann zum Beispiel die Festlegung der Periodizität bestimmter Kommunikationsforen oder spezieller Schlüsseltermine für Gespräche betreffen. So schreibt die Gesetzgebung für den budgetäre Planungszyklus in einer Kapitalgesellschaft bestimmte Fristen vor. Gespräche und Meetings in den Führungsebenen, bei Schichtübergaben in Produktionsunternehmungen oder auch in Einrichtungen des Gesundheitswesens haben eine vom täglichen Ablauf bestimmte Periodizität. Auch Projektgespräche und Meilensteinreviews finden in regelmäßigen Abständen statt. Die Zeitpunkte resultieren aus der Projektplanung, können sich aber auch aus ungeplanten Ereignissen ergeben.

Wer kommuniziert, mit wem: Diese Festlegung bestimmt für die definierten Kommunikationsbedarfe den Teilnehmerkreis, der zwingend teilnehmen sollte (eventuell auch die definierten Stellvertretungen bei Verhinderung) sowie wer die aktive Kommunikationsrolle dabei innehat.

Wie: Diese Fragestellung führt zur Festlegung, ob die Kommunikation schriftlich zu erfolgen hat, face to face etc.

Änderungen im Vergleich zu ISO 9001:2008

Neu: 40 bis 60 %

In der ISO 9001:2008 war der Abschnitt 5.5.3 (im Abschnitt über die Verantwortung der obersten Leitung) der internen Kommunikation gewidmet. Nun ist das Thema im Abschnitt 7 („Unterstützung") aufgehoben und umfasst interne und externe Kommunikation. Es geht nun nicht mehr darum „sicherzustellen, dass Kommunikation passiert", sondern um die Festlegung, wer worüber, wann, mit wem und wie kommuniziert.

Umsetzung

Die Anforderungen im Abschnitt „Kommunikation" können nicht isoliert betrachtet werden. Kommunikation ist ein zentrales Element eines Managementsystems und auch zwingend erforderlich, um die in der Norm gestellten Anforderungen zu erfüllen.

Insofern geht es hier nicht primär darum, explizite Kommunikationsanforderungen zu stellen. Es geht vielmehr um einen systematischen Zugang, wie die für das System erforderliche Kommunikation gestaltet werden muss. Um effektiv handeln zu können, ist es wichtig, Kommunikation in der Organisationsstruktur zu gestalten und die Kommunikationsflüsse laufend zu beobachten und zu optimieren. Kommunikationsmängel sind ein Hauptverursacher von Fehlern, insofern kann der Gestaltung von Kommunikation nicht genug Bedeutung zugemessen werden.

In der Praxis sind die Hauptelemente der unternehmensinternen Kommunikation:

- mündliche Kommunikation (face to face, telefonisch, elektronisch),
- Besprechungen, Meetings (face to face, elektronisch),
- Reporting-Strukturen,
- schriftliche Kommunikation (E-Mail, soziale Medien).

Folgende Aspekte sollten bei der Gestaltung der Kommunikation im Unternehmen beachtet werden:

- **kurze Wege:** Die Kommunikationsinhalte sollten möglichst direkt bei den gewünschten Empfängern ankommen. Durch zusätzliche Stationen entstehen Missverständnisse und unterschiedliche Ausprägungen. Z. B. werden oft Ergebnisse von Meetings des Führungskreises in verschiedenen Abteilungen weiterkommuniziert und diskutiert: zu unterschiedlichen Zeitpunkten, in unterschiedlicher Informationstiefe und in unterschiedlicher (Eigen-)Interpretation. Dies fördert die Gerüchteküche.
- **zielgruppengerechte Kommunikation:** Dazu zählen verschiedene Faktoren: Welche Art der Kommunikation ist geeignet (schriftlich/mündlich, Einzelkommunikation/Teamkommunikation)? Wann soll diese stattfinden, damit, abhängig von Aufgaben und Arbeitsalltag, Raum für das Thema geschaffen werden kann? Wie muss die kommunizierende Person die Inhalte aufbereiten, um an bestehende Konzepte der Teilnehmenden anzuschließen? etc. Letztlich ist auch das Thema „Zugänglichkeit" zu beachten: Ist es möglich, Informationen bzw. Kommunikationsereignisse für alle Zielgruppen sowohl zeitlich als auch räumlich bereitzustellen?
- **Interaktionsgrad:** Wie groß ist der Gestaltungsraum in dem Thema, zu dem kommuniziert wird? Werden Fakten und Ergebnisse mitgeteilt oder sollen neue Ideen oder Lösungen erarbeitet werden? Handelt es sich um eine Informationsveranstaltung, ein Arbeitsmeeting oder Entscheidungsmeetings? Entsprechend sollte das Meeting bzw. Kommunikationsdesign Interaktion ermöglichen. Auch bei reiner Informationsweitergabe sollte zumindest die Möglichkeit für Rückfragen bestehen und die kommunizierende Person sollte sicherstellen, dass die Informationen von den anderen Personen richtig verstanden worden sind.
- **Ergebnissicherung:** Bei Formen der mündlichen Kommunikation ist es üblich, die Ergebnisse in Form eines Protokolls zu sichern. Jedoch sollte auch bei schriftlicher Kommunikation sichergestellt werden, dass die Letztversion bzw. das endgültige Ergebnis kenntlich gemacht wird und entsprechend gelenkt wird. Versionen von Dokumenten bzw. ein längerer E-Mail-Verkehr sind oft zu späterem Zeitpunkt schwer oder nur unvollständig nachvollziehbar.

Diese Überlegungen sollten bei der Gestaltung der Routinekommunikationsarchitektur mit einfließen. Diese umfasst regelmäßige Meetings auf verschiedenen Funktionsebenen, Meetings und Kommunikation im Zusammenhang mit Prozessen der Zielfindung, -umsetzung, -überwachung und -bewertung, Kommunikation im Rahmen von Projekten, Innovationen und Lernen sowie Kommunikation mit externen interessierten Parteien.

Methodenbeispiele

Mit einer Kommunikationsmatrix und ähnlichen Darstellungsinstrumenten lässt sich ein Überblick für eine systematisierte interne und externe Kommunikation schaffen. Was jedoch der Zweck dieser Kommunikation sein soll und ob im Nachhinein auch evaluiert wird, ob dieser Zweck nachhaltig erfüllt wird und sich daher die Bereitstellung der dafür erforderlichen Ressourcen letztendlich auch verantworten lässt, lässt sich mit dieser einfachen Variante der Darstellung nicht direkt beurteilen. Auch wenn es keine zwingende Normforderung darstellt, kann die Nutzung eines umfassenderen Zugangs einen Vorteil für die Organisation generieren.

So kann zum Beispiel für E-Mail-Kommunikation, die meist eine bedeutende Stellung in der Organisation einnimmt (siehe dazu auch die Ausführungen unter 7.5), abhängig von der Organisationskultur zweckmäßig erscheinen, „Spielregeln" festzulegen. Hilfreiche Fragen dafür sind:

- Wer ist unter „An" zu setzen"?
- Wann ist jemand unter „CC" zu setzen?
- Wie gehen wir mit „BC" bei E-Mails um?
- Was muss unter „Betreff" stehen?
- Welche Information muss die Betreffzeile bei der Antwort enthalten?
- Wie gehen wir mit „Ketten-E-Mails" um?
- Wie gehen wir mit Anhängen/Attachments um?
- Wie gehen wir intern und extern mit der elektronischen Signatur um?
- Wann und wo haben wir uns der Handy-Signatur und/oder anderer Sicherheitsstandards zu bedienen?
- Wie rasch wollen wir auf E-Mails intern/extern reagieren?
- Wie gehen wir mit elektronischer Umleitung/Weiterleitung im Fall der Abwesenheit um?
- Wollen wir bei Abwesenheit und/oder Kundenanfragen etc. eine automatische Antwort geben? Wenn ja, in welcher Form und mit welchen Textbausteinen soll das erfolgen?
- Wann, wo und wie werden E-Mails, die an einen persönlichen Account gerichtet sind, weiteren Betroffenen durch Speichern zugänglich gemacht?
- Wer darf E-Mails „An Alle" senden?
- Wie wird mit offensichtlich „unsicheren" E-Mails verfahren (Spam, Trojanern, Pishing oder anderen unbekannten Absendern etc.)

Ein weiteres Beispiel wären „Social Media-Regeln". Soziale Medien sind ein halböffentlicher Raum. Eine Kommunikation in sozialen Medien durch einzelne Mitarbeitende kommt nicht für jede Organisation infrage. Wenn doch, sollte festgelegt werden, ob und was jemand für bzw. über die Organisation kommunizieren darf. Bei solchen Regeln können folgende Themen angesprochen werden:

- Wer darf für das Unternehmen sprechen? Wer darf nur als Individuum sprechen und sollte dies anmerken?
- Dürfen der Name der Organisation oder das Logo verwendet werden?
- Ist es erwünscht, dass Personen in sozialen Medien aktiv werden?
- Was darf gepostet, getwittert und gebloggt werden, was nicht?
- Welche Werte sollten bei der Kommunikation in sozialen Medien beachtet werden?
- Wo gibt es Unterstützung (bei Fehlern oder offenen Fragen)?

Oft gefragt – FAQs

Muss jede Form der internen oder insbesondere auch der externen Kommunikation dokumentiert und damit nachvollziehbar sein?

Nein. Die Forderung nach Dokumentation ergibt sich aus behördlichen und gesetzlichen Anforderungen, aus Vereinbarungen mit den Kunden wie auch aus selbst getroffenen internen Festlegungen.

Wenn es nur „schriftliche Kommunikation" (also z. B. ausschließlich über E-Mail-Verkehr) gibt, zählt das auch zur Kommunikation im Sinne des Punktes 7.4 der Norm?

Ja natürlich. Die Schriftlichkeit ist lediglich eine Form der Kommunikation. Allerdings wird es erst dann von der Information zur Kommunikation, wenn es mindestens einem Zwei-Wege-Vorgang entspricht. Das heißt: Auf die gesandte E-Mail von A geben B und C eine Antwort. Anders ist das bei einem Ein-Weg-Vorgang, bei dem A weitere Personen (z. B. B und C) von einer Sache in Kenntnis setzt. Das wird allgemein als Information und nicht als Kommunikation bezeichnet.

7.5 Dokumentierte Information

Joseph B. Garscha

Dieser Normenabschnitt ist zwar von seiner Benennung her neu, führt jedoch bisherige Forderungen der ISO 9001:2008 zusammen, die in der Vergangenheit in den Abschnitten zur Systemgestaltung (Punkt 4) spezifiziert waren. Damit hat sich an den Anforderungen zwar nicht allzu viel geändert, diese werden heute allerdings zumeist entsprechend den technologischen Möglichkeiten umgesetzt.

7.5.1 Allgemeines

Die diesbezüglichen Forderungen waren in der ISO 9001:2008 unter Punkt 4.2.1 zu finden. Neu in der ISO 9001:2015 ist, dass ein „Qualitätsmanagementhandbuch" sowie „dokumentierte Verfahren" (bisher mindestens 6) **nicht mehr gefordert werden.** Vielmehr wird die Eigenverantwortlichkeit der Organisation stärker ins Licht gerückt.

Normenauszug ISO 9001:2015:

Das Qualitätsmanagementsystem der Organisation muss beinhalten:

a) die von dieser Internationalen Norm geforderte dokumentierte Information,

b) dokumentierte Information, welche die Organisation als notwendig für die Wirksamkeit des Managementsystems bestimmt hat. ■

In einer beigefügten Anmerkung wird erläutert, welche Entscheidungskriterien die Organisation heranziehen kann, um den Umfang der Dokumentation zu bestimmen: Faktoren sind dabei die Größe der Organisation, die Art ihrer Tätigkeiten, Prozesse, Produkte und Dienstleistungen, die Komplexität ihrer Prozesse und deren Wechselwirkungen. Ein wichtiges Entscheidungskriterium ist auch die Kompetenz der Personen.

An vielen Stellen in der ISO 9001:2015 wird konkret dokumentierte Information gefordert. Tabelle 7.7 bietet dazu einen Überblick im Vergleich mit den Anforderungen in ISO 9001:2008.

Tabelle 7.7 Überblick der Dokumentationsanforderungen in der ISO 9001:2015

Dokumentationsanforderungen ISO 9001:2015	Vergleich ISO 9001:2008
4.3 Anwendungsbereich Anwendungsbereich, Produkte und Dienstleistungen, nichtzutreffende Anforderungen	4.2.2 Qualitätsmanagementhandbuch Anwendungsbereich, Ausschlüsse
4.4 Prozesse Dokumentierte Information, um die Durchführung der Prozesse zu unterstützen Nachweise, dass Prozesse wie geplant durchgeführt werden	4.1 Allgemeine Anforderungen Die Organisation muss ein Qualitätsmanagementsystem aufbauen, dokumentieren ....
5.2.2 Qualitätspolitik	4.2 Qualitätspolitik
6.2.1 Qualitätsziele	4.2 Qualitätsziele
7.1.5 Ressourcen zur Überwachung und Messung ▪ Nachweis, dass Ressourcen zur Überwachung und Messung geeignet sind ▪ Grundlage für die Kalibrierung oder Verifizierung, wenn kein Normale vorhanden	7.5 Überwachungs- und Messmittel ▪ Aufzeichnungen über Kalibrierung und Verifizierung ▪ Aufzeichnungen von früheren Messergebnissen, wenn Messmittel Anforderungen nicht erfüllen ▪ Grundlage für Kalibrierung oder Verifizierung, wenn keine Messnormale
7.2 Kompetenz Angemessene dokumentierte Information als Nachweis der Kompetenz von Personen aufbewahren	6.2 Personelle Ressourcen Geeignete Aufzeichnungen zu Ausbildung, Schulung, Fertigkeiten und Erfahrung

Tabelle 7.7 *(Fortsetzung)*

Dokumentationsanforderungen ISO 9001:2015	Vergleich ISO 9001:2008
7.5 Dokumentierte Informationen ▪ ... von dieser Internationalen Norm gefordert ▪ Organisation als notwendig für die Wirksamkeit des Qualitätsmanagementsystems bestimmt	4.2 Dokumentationsanforderungen ▪ Qualitätspolitik und Qualitätsziele ▪ **Qualitätsmanagementhandbuch** ▪ Von dieser Internationalen Norm gefordert ▪ Organisation zur Sicherstellung der wirksamen Planung, Durchführung und Lenkung ihrer Prozesse als notwendig einstuft ▪ **Dokumentiertes Verfahren zur Lenkung von Dokumenten** ▪ **Dokumentiertes Verfahren zur Lenkung von Aufzeichnungen**
8.1 Betriebliche Planung und Steuerung In erforderlichem Umfang dokumentierte Informationen bestimmen, aufrechterhalten und aufbewahren, so dass man darauf vertrauen kann, dass die Prozesse wie geplant durchgeführt wurden und um die Konformität von Produkten und Dienstleistungen mit Anforderungen nachzuweisen	7.1 Planung der Produktrealisierung Bei Planung der Produktrealisierung, festlegen: ▪ Die Notwendigkeit ... Dokumente zu erstellen ▪ Erforderliche Aufzeichnungen, um nachzuweisen, dass Realisierungsprozesse und Produkte Anforderungen erfüllen
8.2 Produkt/Dienstleistungsanforderungen ▪ 8.2.3.2 Dokumentierte Informationen aufbewahren bzgl. Ergebnisse der Überprüfung von Anforderungen und zu jeglichen neuen Anforderungen an Produkte und Dienstleistungen ▪ 8.2.4 Bei Änderungen von Anforderungen an Produkte und Dienstleistungen sicherstellen, dass dokumentierte Informationen angepasst werden	7.2 Kundenbezogene Prozesse ▪ Aufzeichnungen der Ergebnisse der Bewertung und deren Folgemaßnahmen ▪ Bei Änderungen von Produktanforderungen, zutreffende Dokumente ebenfalls ändern
8.3 Entwicklung ▪ 8.3.2 Entwicklungsplanung - benötigte dokumentierte Informationen um zu bestätigen, dass Entwicklungsanforderungen erfüllt wurden ▪ 8.3.3 Dokumentierte Informationen über Entwicklungseingaben aufbewahren	7.3 Entwicklung ▪ Aufzeichnungen über die Ergebnisse der Entwicklungsbewertung und notwendige Maßnahmen ▪ Aufzeichnungen über die Ergebnisse der Entwicklungsverifizierung und notwendige Maßnahmen

Dokumentationsanforderungen ISO 9001:2015	Vergleich ISO 9001:2008
▪ 8.3.4 Dokumentierte Informationen zu Überprüfungen, Verifizierung und Validierung und notwendige Maßnahmen zu Problemen aufbewahren ▪ 8.3.5 Dokumentierte Informationen zu Entwicklungsergebnissen ▪ 8.3.6 Dokumentierte Informationen über Entwicklungsänderungen, die Ergebnisse der Überprüfungen, Befugnis zu den Änderungen, eingeleitete Maßnahmen zur Vorbeugung nachteiliger Auswirkungen	▪ Aufzeichnungen über die Ergebnisse der Entwicklungsvalidierung und notwendige Maßnahmen ▪ Aufzeichnungen über die Ergebnisse der Bewertung von Entwicklungsänderungen und notwendige Maßnahmen
8.4 Extern bereitgestellte Prozesse, Produkte und Dienstleistungen 8.4.1 Ergebnisse von Beurteilungen, Auswahl, Leistungsüberwachung Neubeurteilung von externen Anbietern und jegliche notwendige Maßnahmen aus den Bewertungen	7.4 Beschaffung Aufzeichnungen über die Ergebnisse der Beurteilungen und notwendige Maßnahmen
8.5 Produktion und Dienstleistungserbringung ▪ 8.5.1 Falls zutreffend, Verfügbarkeit von dokumentierter Informationen, die die Merkmale der Produkte und Dienstleistungen festlegen oder der durchzuführenden Tätigkeiten und die zu erzielenden Ergebnisse festlegen ▪ 8.5.2 Wenn Rückverfolgbarkeit gefordert ist, dokumentierte Information aufbewahren ▪ 8.5.3 Dokumentierte Informationen zu verlorengegangenem, beschädigten oder anderweitig für unbrauchbar befundenem Eigentum des Kunden oder externen Anbieters. ▪ 8.5.6 Dokumentierte Information über die Ergebnisse der Überprüfung von Änderungen, inkl. der Personen, die Änderungen autorisiert haben, und jegliche notwendige Tätigkeiten	7.5 Produktion und Dienstleistungserbringung ▪ Verfügbarkeit von Angaben, welche die Merkmale des Produkts beschreiben ▪ Verfügbarkeit von Arbeitsanweisungen, soweit notwendig ▪ Wenn Rückverfolgbarkeit gefordert, Aufzeichnungen aufrechterhalten ▪ Aufzeichnungen zu verlorengegangenem, beschädigten oder anderweitig für unbrauchbar befundenem Kundeneigentum
8.6 Freigabe von Produkten und Dienstleistungen Dokumentierte Informationen aufbewahren zur Freigabe von Produkten und Dienstleistungen inklusive Konformität mit Annahmekriterien und Rückverfolgbarkeit von Personen, welche Freigabe autorisiert haben	8.2.4 Überwachung und Messung des Produktes Nachweise für die Konformität mit den Annahmekriterien Aufzeichnungen (zur Überwachung und Messung des Produkts) müssen Person(en) angeben, die für die Freigabe des Produkts zur Lieferung an Kunden zuständig ist/sind

Tabelle 7.7 *(Fortsetzung)*

Dokumentationsanforderungen ISO 9001:2015	Vergleich ISO 9001:2008
8.7 Steuerung nichtkonformer Ergebnisse 8.7.2 Dokumentierte Informationen, die Nichtkonformität beschreiben, eingeleitete Maßnahmen, erhaltene Sonderfreigaben, zuständigen Stelle, die die Entscheidung über die Maßnahme in Hinblick auf die Nichtkonformität trifft	8.3 Lenkung fehlerhafter Produkte **Dokumentiertes Verfahren zur Lenkung von fehlerhaften Produkten** Aufzeichnungen über die Art von Fehlern und die ergriffenen Folgemaßnahmen, einschließlich erhaltener Sonderfreigaben
9.1 Überwachung, Messung ... 9.1.1 Geeignete dokumentierte Informationen als Nachweis der Ergebnisse der Überwachung, Messung, Analyse und Bewertung	
9.2 Internes Audit 9.2.2 Dokumentierte Information als Nachweis der Verwirklichung des Auditprogramms und der Ergebnisse des Audits	8.2.2 Internes Audit **Dokumentiertes Verfahren für ... Planung und Durchführung von Audits** Aufzeichnungen über die Audits und deren Ergebnisse
9.3.3 Managementbewertung Dokumentierte Information als Nachweis der Ergebnisse der Managementbewertung	5.6 Managementbewertung Aufzeichnungen über die Managementbewertung
10.2.2 Nichtkonformität ... Dokumentierte Information aufbewahren, als Nachweis a) der Art der Nichtkonformität sowie daraufhin getroffener Maßnahmen, b) der Ergebnisse der Korrekturmaßnahme	8.5.2 Korrekturmaßnahmen **Dokumentiertes Verfahren für Korrekturmaßnahmen** Aufzeichnungen über Ergebnisse der ergriffenen Korrekturmaßnahmen
	8.5.3 Vorbeugemaßnahmen **Dokumentiertes Verfahren für Vorbeugemaßnahmen**

Änderungen im Vergleich zu ISO 9001:2008

Neu: 0 bis 20 %

Pauschale Darstellung der Dokumentationsanforderung und keine explizite Forderung nach Qualitätsmanagementhandbuch und dokumentierten Verfahren.

Umsetzung

Wesentlich ist, dass die Organisation erkennt, mit welchen technologischen Möglichkeiten welche dokumentierten Informationen entstehen und wie damit umgegangen wird (notwendiger Zugriff und Schutz, Speicherbarkeit, Wiederauffindbarkeit, eindeutige Benennung, Revisionsstatus ...). Der Umgang mit E-Mails und anderen internetbasierenden Informationsmedien (Wiki-Lösungen, Social Media etc.) als Basis dokumentierter Informationen wird in diesem Zusammenhang eine entsprechenden Herausforderung bzw. Umstellung bedeuten.

Ein Beispiel dafür ist folgende Situation:

Die Organisation erbringt ihre Dienstleistungen vorwiegend in der professionellen Abwicklung von Projekten. Die wirksame Kommunikation wie auch die Rechtssicherheit (Was wurde wann, von wem, mit wem vereinbart?) wird u. a. auch dadurch zu sehen sein, dass alle das Projekt (von der Anbahnung bis zur erfolgreichen Umsetzung) betreffenden relevanten Informationen den im Falle des Falles davon betroffenen Personen und Akteuren zur Verfügung stehen. Nun ist die Frage, wann entscheidet wer, was relevant ist und was nicht?

Oftmals wird diese Relevanz erst im Reklamationsfall sichtbar. Sind dann noch alle handelnden Personen und auch der gemachte (elektronische) Schriftverkehr verfügbar? Hier bedarf es einer ressourcenschonenden und nachvollziehbaren Vorgehensweise. Diesbezügliche Möglichkeiten werden in vielen Organisationen bereits erprobt. Z. B.: Sobald eine Projektanbahnung erfolgt, wird die Kommunikation über einen neu eingerichteten Account und nicht über den persönlichen Account der handelnden Personen geführt und gesichert.

Oft gefragt – FAQs

Was ist unter „dokumentierter Information“ zu verstehen?

Der Begriff umfasst alles, was in der Vergangenheit Aufzeichnungen, Dokumente oder dokumentierte Verfahren genannt wurde. Wenn die ISO 9001:2015 eine dokumentierte Information fordert, weist sie jeweils ausdrücklich auf diese Notwendigkeit hin. Zudem müssen dokumentierte Informationen dort gesammelt werden, wo die Organisation dies als notwendig bestimmt, um die Wirksamkeit des Qualitätsmanagementsystems sicherzustellen.

Wird nicht noch mehr Dokumentation gefordert, weil die Auditoren ja für alles Nachweise sowie Dokumente haben wollen?

Natürlich ist es für einen Auditor einfacher, Sachverhalte zu bewerten, wenn schriftliche Nachweise vorliegen. Es darf aber in keinem Fall dokumentierte Information verlangt werden, die nicht ausdrücklich von der Norm oder entsprechenden internen Vorgaben, relevanten gesetzlichen Anforderungen und/oder aufgrund eventueller Vereinbarungen mit den Kunden gefordert werden. Auditnachweise können auch über Gespräche gesammelt werden. Umgekehrt muss die Organisation aber sicherstellen, dass Themen die „festzulegen“ sind, auch verbindlich für die betroffenen Personen festgelegt sind. Je nach Organisationsgröße und Komplexität wird das unterschiedliche Erfordernisse an Dokumentation bzw. deren Steuerung bedeuten.

Wie wird dem Unterschied zwischen Vorgabedokumenten und Aufzeichnungen im Normentext Rechnung getragen?

Bei Vorgabedokumenten wird bezogen auf die dokumentierte Information „maintain“ (aufrechterhalten) und bei Aufzeichnungen „retain“ (aufbewahren) im Normentext verwendet.

Brauche ich weniger Dokumentation, wenn ich kompetente Mitarbeiter und Mitarbeiterinnen habe?

Ja, genau. Es ist ein Unterschied, ob Facharbeiter, die wissen, was in welchem Fall zu tun ist, eine Tätigkeit ausüben, oder ob es wechselnde, ungelernte Arbeitskräfte sind, die Zusammenhänge und Wechselwirkungen nicht zwingend verstehen, und damit auch schwer abschätzen können, welche Folgen ihre Handlungen auslösen können.

7.5.2 Erstellen und Aktualisieren

Die wenigen Neuerungen in diesem Abschnitt resultieren nicht aus zusätzlichen Normforderungen, sondern vielmehr auf neuen technologischen Möglichkeiten, welche die bisher verwendeten Begriffe umfassender interpretierbar machen. Inhaltlich geht es um angemessene Kennzeichnung, Format sowie angemessene Überprüfung und Genehmigung.

Änderungen im Vergleich zu ISO 9001:2008

Neu: 0 bis 20 %

In der Substanz keine Änderung gegenüber der ISO 9001:2008.

Oft gefragt – FAQs

Was heißt es, dass die Prüfung und Freigabe von Dokumenten angemessen sein soll?

Wenn eine Arbeitsanweisung in einem Kernkraftwerk geändert wird, dann wird es viele Prüfungs- und Freigabeschleifen geben, damit mögliche negative Auswirkungen erkannt werden können. Andererseits, wenn in einer Organisation ein neuer Ablauf für die Analyse von Kundenfeedback etabliert wird, könnte es ausreichend sein, wenn der zuständige Marketingleiter, der das Verfahren weiterentwickelt hat, es selbst freigibt. Es kommt damit immer darauf an, wie wichtig der entsprechende Prozess für die zugesicherte „Qualität“ ist und mit welchen Risiken er behaftet ist.

7.5.3 Lenkung dokumentierter Information

Die für das Qualitätsmanagementsystem erforderliche und von dieser Internationalen Norm geforderte dokumentierte Information muss gelenkt werden, um sicherzustellen, dass sie:

a) verfügbar und für die Verwendung an dem Ort und zu der Zeit geeignet ist, an dem bzw. zu der sie benötigt wird;

b) angemessen geschützt wird (z. B. vor Verlust der Vertraulichkeit, unsachgemäßem Gebrauch oder Verlust der Integrität).

Darüber hinaus werden Tätigkeiten aufgelistet, welche bei der Lenkung dokumentierter Information, falls zutreffend, zu berücksichtigen sind. Damit wird den Organisationen Flexibilität eingeräumt, diese Tätigkeiten einzusetzen, wo es technisch und organisatorisch möglich ist, und für das Qualitätsmanagementsystem Bedeutung hat. Die aufgezählten Tätigkeiten umfassen:

- Verteilung, Zugriff, Auffindung und Verwendung von dokumentierter Information, unabhängig vom eingesetzten Medium
- Ablage/Speicherung und Erhaltung, einschließlich Erhaltung der Lesbarkeit (eine besondere Herausforderung in einer Zeit von rasch sich ändernden IT-Hardware und Softwareanwendungen),
- Überwachung von Änderungen (z. B. Versionskontrolle),
- Aufbewahrung und Verfügung über den weiteren Verbleib (Dies beinhaltet auch das Thema „kontrollierte Vernichtung".).

Dokumentierte Information externer Herkunft, die von der Organisation als notwendig für Planung und Betrieb des Qualitätsmanagementsystems bestimmt wurde, muss angemessen gekennzeichnet und gelenkt werden.

Änderungen im Vergleich zu ISO 9001:2008

Neu: 0 bis 20 %

In der Substanz wenig Änderungen gegenüber der ISO 9001:2008. Der Begriff „Aufbewahrungsfrist" wird so nicht mehr verwendet, dafür wird im dritten Unterpunkt von „Aufbewahrung und Verfügung über den weiteren Verbleib" gesprochen.

Umsetzung der Abschnitte 7.5.2 und 7.5.3

Nachdem die beiden Abschnitte inhaltlich nicht zu trennen sind, wird auch die Umsetzung gemeinsam diskutiert.

Auch wenn „äußerlich" zu den diesbezüglichen Forderungen in der ISO 9001:2008 (Punkt 4.2.3 „Lenkung von Dokumenten" und 4.2.4 „Lenkung von Aufzeichnungen") keine signifikanten Änderungen erkennbar sind, so können sich dennoch aufgrund des raschen Wandels von Medientechnologien neue Herausforderungen für die Organisationen ergeben. Jede neue Kommunikations- oder Informationsebene stellt die Organisation wieder vor die Aufgabe festzulegen, welche Information in dieser Ebene gelenkt wird und wie eine längerfristige Sicherung erreicht werden kann.

Ein Beispiel dazu: Vielfach wird E-Mail als das wichtigste Kommunikationsmittel zwischen Organisation und den interessierten Parteien verwendet. Heute besitzt üblicherweise jeder User einen eigenen Account, wodurch der Großteil der geführten schriftlichen, dokumentierten Kommunikation über diese persönliche E-Mail-Adresse läuft.

Persönliche E-Mail-Adressen unterliegen im europäischen Datenschutzverständnis dem „Briefgeheimnis" und sind daher nicht ohne Weiteres von allen relevanten Personen einer Organisation einsehbar. Es kann insbesondere in der Geschäftsanbahnung, der Vertragsgestaltung und der Umsetzung ein Problemfeld darstellen, wenn die relevanten User (und damit die jeweiligen „Dateneigner"), aus welchen Gründen auch immer, nicht verfügbar sind (krank, im Urlaub, unerreichbar auf Geschäftsreise, nicht mehr in der Organisation etc.). Entsprechend hat sich die Praxis etabliert, dass relevante Informationen zu Geschäftsfällen und/oder Projekten über einen, für diese Fälle separat eingerichteten E-Mail-Account abgewickelt werden, auf den alle involvierten und dazu befugten Personen in der Organisation Zugriff haben.

In einigen Organisationen werden Daten zunächst auf dem persönlichen E-Mail-Account geführt und erst später in ein entsprechendes File kopiert. Dies macht wenig Sinn, zumal ein plötzliches Ausscheiden aus der Organisation oder im schlimmsten Fall, ein Unfall der betroffenen Person ein nachträgliches Kopieren nicht mehr so einfach möglich macht. Zudem wird dadurch Speicher verschwendet und eine Lenkung dieser Informationen erschwert. Es sollte möglichst das Prinzip des „Single Point of Truth" (Das bedeutet: Keine redundanten Daten im System.) beachtet werden.

In vielen Organisationen ist die Situation noch komplexer: Mehrfache Informationssysteme überschneiden sich in ihrem Anwendungsbereich. Das Prinzip eines „Single Point of Truth" herzustellen, wird noch schwieriger. So sind oft CRM (Customer Relationship Management)-Systeme im Einsatz, um Kundenkontakte zu verfolgen, eventuell ERP (Enterprise Resource Planning)-Systeme, um die Dienstleistungserbringung oder Produktion zu unterstützen, Content-Managementsysteme für gemeinsame Daten (z. B. Vorgabedokumente oder Projektinformationen) oder auch Wissensmanagementsysteme (vgl. Abschnitt 7.1.6). Entsprechend herausfordernder wird die Aufgabe, klar festzulegen, welchen Stellenwert welches System in Bezug auf welche Aufgabe hat und wo sich für welchen Prozessschritt der „Single Point of Truth" befindet.

Ja nach Zeitspanne, über die eine Aufbewahrung der dokumentierten Informationen gewährleistet wird, empfiehlt sich die bisher meist praktizierte Vorgehensweise: Unter Hinzuziehen kompetenter und befugter Rechtsexperten die erforderlichen Aufbewahrungsfristen definieren und für diese Zeitdauer die getroffenen Festlegungen anwenden und die erforderlichen technologischen Möglichkeiten dafür schaffen. Zudem empfiehlt sich ein regelmäßiges „Zurücklesen", um zu validieren, ob die festgelegten Speicherungs- und Aufbewahrungsmechanismen auch tatsächlich wirksam sind. Das Speichern auf entsprechenden Speichermedien sagt noch nichts über die Wirksamkeit einer Speichermethode aus. Erst das Rücklesen zeigt, ob die gewählten Systeme funktionieren.

Oft gefragt – FAQs

Wie muss dokumentierte Information gelenkt werden?

Durch Verteilung (wer?), Zugang (wer?, wie?), Abruf, Nutzung (wann?, wer? und wie?), Speicherung (Format, Medium), Erhaltung, Lenkung der Änderungen, Aufbewahrung (Fristen), Aussonderung. Das Ausmaß der Kontrolle muss nicht für alle Dokumente gleich hoch sein, die Lenkung muss angemessen sein.

Was ist der Unterschied zwischen Information und dokumentierter Information?

Dokumentierte Information ist definiert als „Information, die von einer Organisation gelenkt und aufrechterhalten werden muss, und das Medium, auf dem sie enthalten ist" (ISO 9000:2015). D. h.: Nicht jede E-Mail oder Gesprächsnotiz ist daher als dokumentierte Information zu verstehen.

In welchem Zusammenhang steht die dokumentierte Information mit dem Qualitätsmanagementhandbuch?

Ein Qualitätsmanagementhandbuch ist nicht mehr explizit gefordert. Jedoch waren auch schon in der ISO 9001:2008 die verpflichtenden Inhalte sehr reduziert: Anwendungsbereich inklusive Ausschlüsse, Verweise auf Prozesse und Beschreibung der Wechselwirkungen in der Minimalversion. Dieses gesonderte Dokument ist in Zukunft nicht mehr erforderlich. Jedoch gibt es auch weiterhin Dokumentationsanforderungen zu Prozessen und den Anwendungsbereich. Damit geht inhaltlich nichts an Dokumentationsanforderungen verloren.

In der Praxis gestalten Organisationen oft Qualitätsmanagementhandbücher, um Kunden, Auditoren (von Kunden, Behörden, Zertifizierungsstellen) einen Überblick über die Organisation zu geben: Dies beinhaltet neben den verpflichteten Inhalten meist auch ein Organigramm, die Qualitätspolitik und eine Übersicht über die Dokumentation des gesamten Qualitätsmanagementsystems. Wenn es für Organisationen hilfreich ist, ein derartiges Dokument zur Verfügung zu haben, so können sie dieses auch weiterhin verwenden.

8 Betrieb

Der Abschnitt 8 der ISO 9001:2015 widmet sich den unmittelbar wertschöpfenden Prozessen in Organisationen, also jenem Teil des Produkt- bzw. Dienstleistungslebenszyklus, der im unmittelbaren Gestaltungs- und Einflussbereich der Organisationen liegt (vgl. Bild 8.1). Typischerweise finden sich die Kern- oder Schlüsselprozesse unter diesen wertschöpfenden Prozessen. Damit sind die in diesem Abschnitt formulierten Anforderungen anzuwenden. Dementsprechend hoch ist auch die Bedeutung dieses Abschnitts.

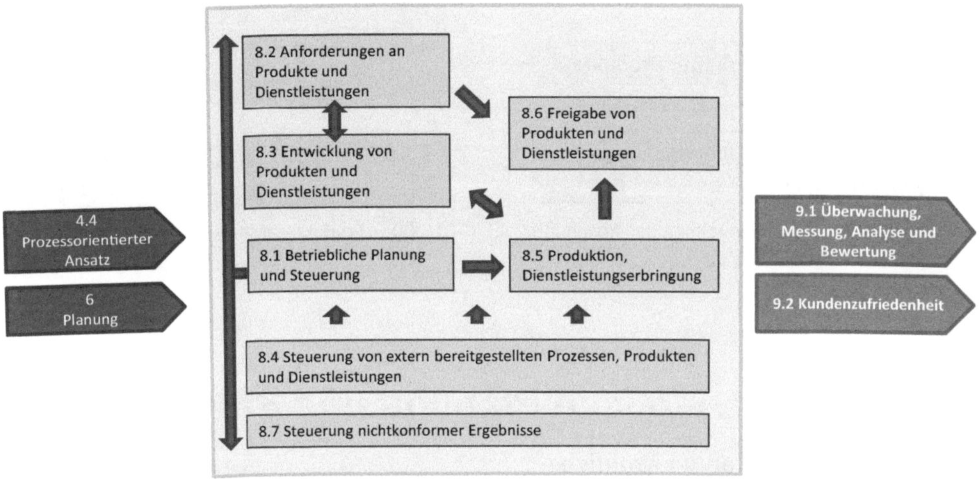

Bild 8.1 Anforderungen des Abschnitts 8 im Überblick

Die Abschnitte 8.1 bis 8.5 der ISO 9001:2015 haben ähnliche Inhalte wie die Abschnitte 7.1 bis 7.5 in der ISO 9001:2008. Der Abschnitt 8.6 „Freigabe von Produkten und Dienstleistungen“ ist in dieser Form neu, der Abschnitt 8.7 „Steuerung nicht konformer Ergebnisse, Produkte und Dienstleistungen“ war in der ISO 9001:2008 im Abschnitt 8 „Messung, Analyse und Verbesserung enthalten“. Das Thema „Lenkung von Überwachungs- und Messmitteln“ ist zu den Ressourcen verschoben worden, konkret als Abschnitt 7.1.5 „Ressourcen zur Überwachung und Messung“. Diese Änderungen und Verschiebungen sind in Bild 8.2 dargestellt.

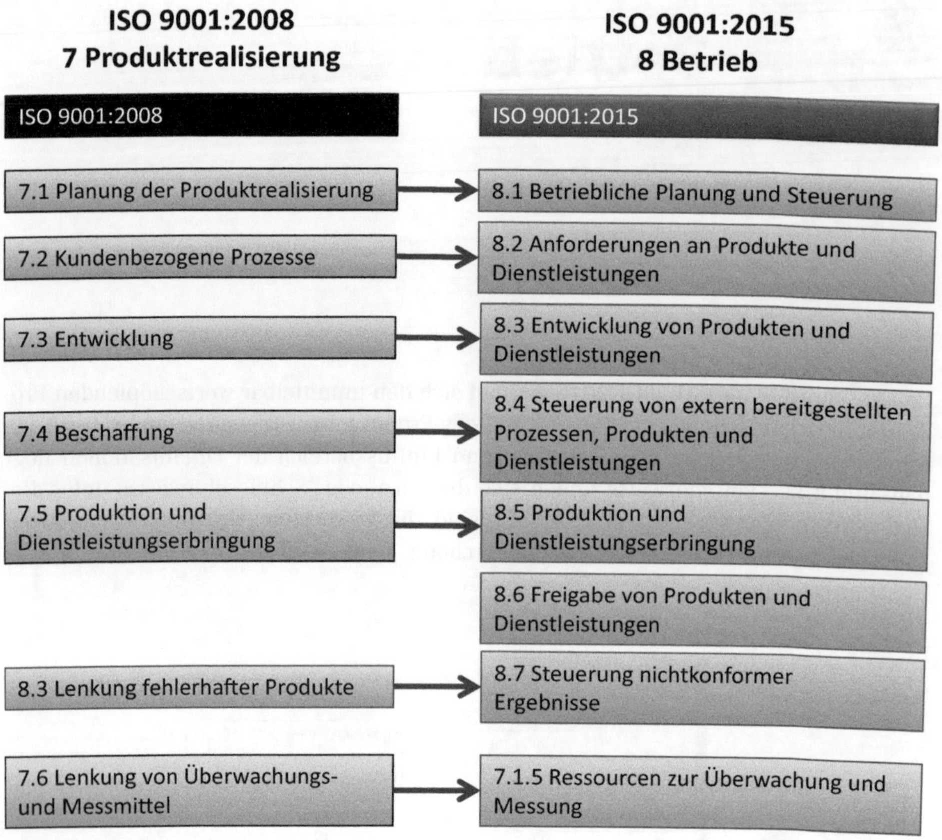

Bild 8.2 Gegenüberstellung der Abschnitte ISO 9001:2008 „Produktrealisierung" und ISO 9001:2015 „Betrieb"

8.1 Betriebliche Planung und Steuerung

Alexander Woidich

Im Abschnitt 8.1 werden die Anforderungen an die übergreifende Planung und Steuerung der Ausführungsprozesse in Bezug auf Kunden sowie Produkte und Dienstleistungen zusammengefasst. Nachstehend wird für diese „Ausführungsprozesse" der häufig verwendete Begriff „Wertschöpfung" verwendet.

Die Planung umfasst dabei die Gesamtkonzeption der Wertschöpfung und das Gestalten der einzelnen Prozesse. Wie aus dem Verweis auf „6.1 Maßnahmen zum Umgang mit Risiken und Chancen" und dort weiter auf „4.1 Verstehen der Organisation und ihres Kontextes" sowie auf „4.2 Verstehen der Erfordernisse und Erwartungen interessierter Parteien" hervorgeht, leitet sich diese Planung unmittelbar aus dem Kontext der Organisation und der Strategie ab. Das ist insofern sinnvoll, als mit der betrieblichen Planung das operative Geschäftsmodell der Organisation verwirklicht wird. Der Abgleich mit der Strategie ist bei der Erstkonzeption der Wertschöpfung und bei relevanten Änderungen bzw. Erweiterungen des Geschäftsmodells erforderlich.

Die Anforderungen des Abschnitts 8.1 sind in Bild 8.3 dargestellt.

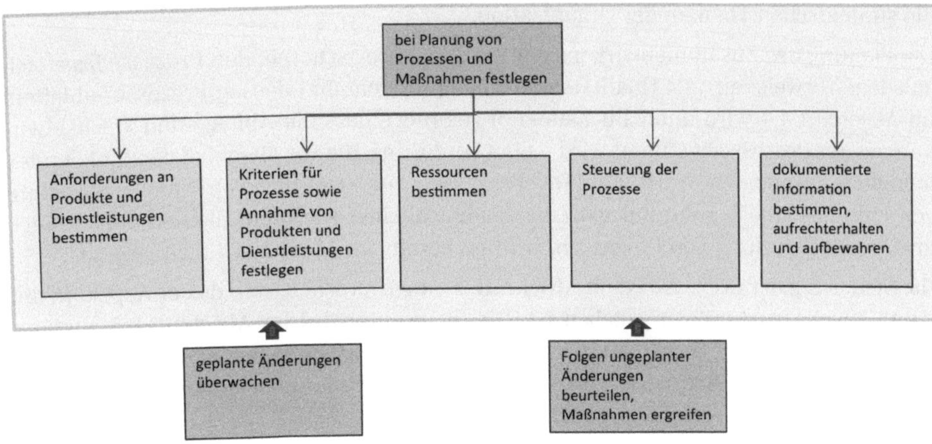

Bild 8.3 Anforderungen des Abschnitts 8.1 im Überblick

Der Hauptteil der betrieblichen Planung und Steuerung liegt bei der Planung der Produktrealisierung, der erforderlichen Kapazitäten. Ressourcen und Materialien sowie der damit verbundenen Einbindung von Lieferanten und Partnern.

In Abhängigkeit von Unternehmenszweck (industrielle Produktion, Projektgeschäft, Dienstleistung, Verwaltung etc.) und Unternehmensgröße gilt es, die Form der betrieblichen Planung und Steuerung bestmöglich darzustellen.

Im Idealfall berücksichtigt diese Planung unterschiedliche zeitliche Perspektiven und schließt die Planungsgranularität daran an (vgl. Tabelle 8.1).

Tabelle 8.1 Arten der Planung abhängig vom Zeithorizont

Zeithorizont	Art der Planung
mehrjährig	strategische Planung
Jahr	Budget
Quartalsplan	operativer Auftragsstand, Auslastung.
Tag/Woche	operative Arbeitsplanung, operative Steuerung.

Je nach Organisationsgröße und Zweck wird die Planung üblicherweise durch entsprechende ERP (= Enterprise Resource Planning)-Systeme unterstützt bzw. abgebildet. Bei Fertigungsunternehmen sind Produktionsplanungs- und Produktionssteuerungssysteme im Einsatz. Sie ermöglichen eine Arbeitsplanung auf Tages- oder Wochenebene mit zeitnaher Korrektur und Steuerung. Bei Projektgesellschaften sind Projektübersichten, Projektportfolios im Einsatz mit meist monatlichen Haltepunkten.

Damit wird im Kern die wirtschaftliche Leistungserbringung in hoher Qualität sichergestellt. Eine Anforderung ist die Sicherstellung der technischen und räumlichen Infrastruktur sowie der personellen und Know-how-Ressourcen, um die Prozesse in der erforderlichen Tiefe zu beherrschen. Ein wesentlicher weiterer Aspekt ist die Einhaltung der rechtlichen und behördlichen Anforderungen an die Erstellung der Produkte und Dienstleistungen. Auch hier zeigt sich wieder die enge Anbindung der Planung an die strategischen Themen der Organisation.

Die Planung des Zusammenwirkens der einzelnen wertschöpfenden Prozesse lässt sich aus dem Verweis auf „4.4 Qualitätsmanagementsystem und dessen Prozesse" ableiten. Im Abschnitt 4.4 wird unter Buchstabe b) gefordert, dass die Abfolge und Wechselwirkungen der Prozesse bestimmt wird – eine Forderung, die vor allem bei den oft komplex ineinandergreifenden Wertschöpfungsprozessen zur Erfüllung von Kundenerwartungen eine besonders hohe Relevanz hat. Möglichkeiten zur Identifikation von Abfolge und Wechselwirkung von Prozessen, wurden bereits im Abschnitt 4.4 aufgezeigt.

Die Steuerung der Prozesse ist im Abschnitt 8.1 angesprochen, weil dieser Aspekt in der „High Level Structure" vorgegeben ist. Die Steuerung wird im Abschnitt 8.5 ausführlicher behandelt und wurde auch im Abschnitt 4.4 angesprochen. Diese Anforderung ist mehrfach angeführt, adressiert aber grundsätzlich die gleiche Anforderung nach Beherrschung der Wertschöpfungskette.

Ein eigens angesprochener Aspekt der Steuerung ist die Beherrschung von Änderungen in der Wertschöpfung. Damit sind einerseits geplante Änderungen gemeint, die nicht zu einem (vorübergehenden) Verlust der Prozesskontrolle führen dürfen. Solche Änderungen können z. B. die personellen, organisatorischen, technologischen, IT-technischen oder logistischen Rahmenbedingungen betreffen. Andererseits sind ebenso unbeabsichtigte Änderungen zu beurteilen und gegebenenfalls Maßnahmen zu ergreifen, um jegliche negativen Auswirkungen zu vermindern. Im Falle von Änderungen ist der Abschnitt 6.3 „Planung von Änderungen" mit zu betrachten.

Explizit sind auch die ausgelagerten Prozesse angesprochen, bei denen sicherzustellen ist, dass diese nach den Anforderungen von Abschnitt 8.4 „Steuerung von extern bereitgestellten Prozessen, Produkten und Dienstleistungen" gesteuert werden.

Die Ergebnisse der Planung und Steuerung müssen für das jeweilige Geschäftsmodell sowie die Art und Weise der Betriebsabläufe der Organisation geeignet sein. Diese Formulierung eröffnet allen Unternehmen explizit die Möglichkeit (aber auch den Anspruch), das adäquate, der Komplexität des eigenen Geschäfts entsprechende Wertschöpfungsmodell zu gestalten und umzusetzen.

Unter Buchstabe 8.1.e wird der Nachweis der geplanten Prozessdurchführung im Sinne der Konformität von Produkten und Dienstleistungen in Form von dokumentierter Information gefordert.

Änderungen im Vergleich zu ISO 9001:2008

Neu: 20 bis 40 %

Die „Planung der Produktrealisierung" wird unter Punkt 7.1 bereits in der ISO 9001:2008 gefordert, doch der Fokus liegt hier stärker auf der Produktqualität und der Erreichung der Qualitätsziele und weniger explizit auf der Gestaltung und Umsetzung der Wertschöpfung. Die „Qualitätsplanung" steht dabei im Vordergrund.

In der ISO 9001:2015 ist die betriebliche Planung und Steuerung, primär durch die Verknüpfung mit den Anforderungen aus den Abschnitten 4 und 6, wesentlich weiter gefasst.

Umsetzung

Ausgehend von den internen und externen Themen des Kontextes und den Erwartungen der interessierten Parteien sind gemäß „6.1 Maßnahmen zum Umgang mit Risiken und Chancen" die Risiken und Chancen der Wertschöpfung zu analysieren und daraus die betriebliche Planung abzuleiten.

Dies gilt für die Steuerung der Prozesse (in deren Zusammenwirken). Auch hier ist ein chancen- und risikobasierter Ansatz vorgesehen. Diese „Vorabinvestition" ermöglicht der Organisation sich operativ auf die wichtigsten Themen zu fokussieren und trägt zur nachhaltigen Leistungssteigerung bei.

Es ist anzuraten, dass die Umsetzung der Forderungen von 8.1 auf der Grundlage eines operativen Risiko- und Chancenmanagements aufsetzen. Dadurch werden jene operativen Risiken und Chancen im Wertschöpfungsprozess identifiziert und gewichtet. Auf Basis einer derartigen Analyse lassen sich sowohl die Schlüsselaspekte der betrieblichen Planung als auch die Schlüsselparameter der Steuerung der Wertschöpfungsprozesse ableiten. Dadurch lassen sich konkrete prozessbezogene Methoden zur Beherrschung der wertschöpfenden Prozesse bzw. des Prozessnetzwerks anwenden. Exemplarisch sei hier der System-FMEA-Prozess (Fehlermöglichkeits- und -einflussanalyse, z. B. nach DIN EN 60812:2006-11 – Analysetechniken für die Funktionsfähigkeit von Systemen – Verfahren für die Fehlzustandsart- und -auswirkungsanalyse) erwähnt, der unter anderem auf Systeme und auf Prozesse anwendbar ist.

Eine weitere, integrierte Methode zur Prozessbeherrschung, die branchenspezifisch in der Lebensmittelwirtschaft flächendeckend angewandt wird, ist das HACCP-Konzept (**H**azard **A**nalysis **C**ritical **C**ontrol **P**oint gemäß Codex Alimentarius (Alinorm 97/13)). Bei diesem Konzept werden die Risikoanalyse, Risikobewertung, Klärung von Verantwortlichkeiten und die Prozesssteuerung anhand kritischer Parameter systematisiert. Die Dokumentation und der Umgang mit Störungen werden anhand vorab definierter Eingriffsmaßnahmen definiert. Der Fokus liegt dabei auf den gesundheitlichen Risiken für den Konsumenten. Somit sind die Anforderungen „4.4 Qualitätsmanagementsystem und dessen Prozesse" für den Wertschöpfungsbereich vollständig abgedeckt. Aufgrund seiner Wirksamkeit ist dieses, ursprünglich aus der Raumfahrt stammende HACCP-Konzept, in Europa in der Lebensmittelwirtschaft schon seit vielen Jahren gesetzlich vorgeschrieben. Zudem wird es auch in anderen sensiblen Branchen (z. B. Kosmetik- und Pharmaindustrie) erfolgreich eingesetzt.

8.2 Anforderungen an Produkte und Dienstleistungen

Wolfgang Pölz

Der Normpunkt 8.2 der ISO 9001:2015 unterteilt sich in die Abschnitte

- 8.2.1 Kommunikation mit den Kunden,
- 8.2.2 Bestimmen von Anforderungen in Bezug auf Produkte und Dienstleistungen,
- 8.2.3 Überprüfung von Anforderungen in Bezug auf Produkte und Dienstleistungen,
- 8.2.4 Änderungen von Anforderungen an Produkte und Dienstleistungen.

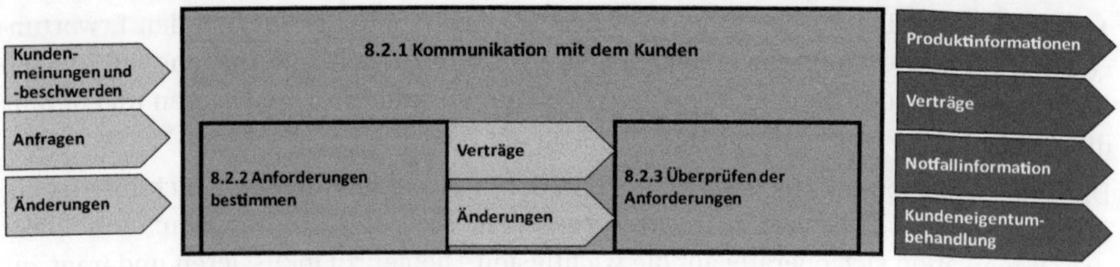

Bild 8.4 Anforderungen des Abschnitts 8.2 im Überblick

Neben dem Fokus „Machbarkeitsprüfung" in der Angebots- und Vertragsphase, wie es in der ISO 9001:2008 im Normabschnitt 7.2 gefordert wurde, wird nun mehr Gewicht darauf gelegt, dass die Anforderungen an Produkte und Dienstleistungen festgelegt und damit auch überprüfbar werden, wenn diese nicht in Verträgen von Kunden gefordert werden (vgl. Bild 8.4). Weiterführende und konkrete Ausführungen werden in den jeweiligen Unterkapiteln 8.2.1 bis 8.2.4 angeführt. Insgesamt beinhaltet dieser Abschnitt nur wenige neue Aspekte.

8.2.1 Kommunikation mit den Kunden

Kundenkommunikation hat zu vielen anderen Normforderungen eine Wechselbeziehung (vgl. Bild 8.5).

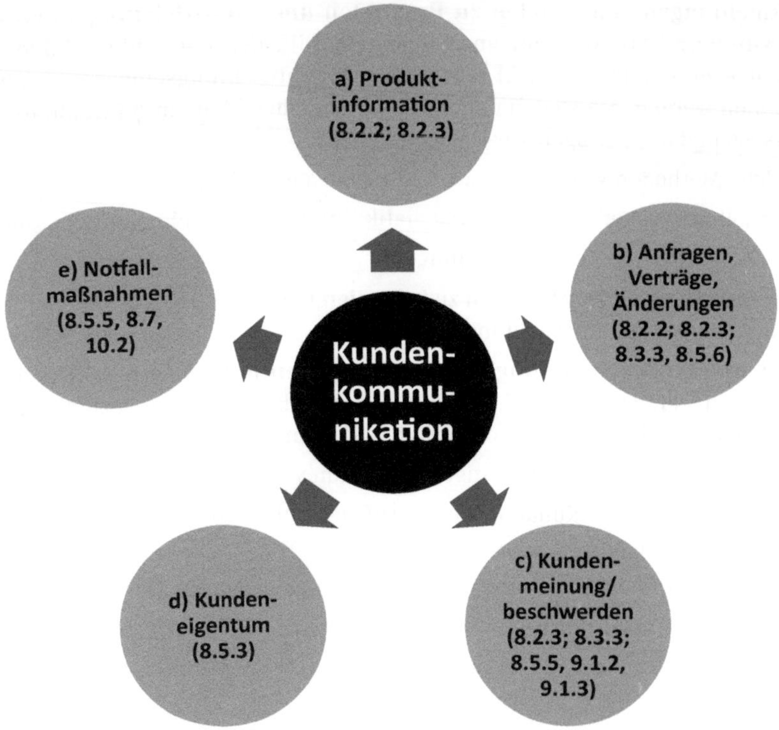

Bild 8.5 Vernetzung des Abschnitts 8.2.1

Entsprechend den Anforderungen der ISO 9001:2015 ist dabei Folgendes zu berücksichtigen:

a) Wesentliche Fragen, die im Zusammenhang mit **Informationen über Produkte und Dienstleistungen** zu beantworten sind, lauten:

- Wer braucht Informationen über Produkte und Dienstleistungen?
- Welchen Zweck sollen bzw. müssen die Informationen erfüllen (Information, Marketing, gesetzliche Anforderungen etc.)?
- Welche Medien werden zur Informationsvermittlung genutzt und ist entsprechendes Medien- und Kommunikations-Know-how hierzu vorhanden?
- Wie wird mit aktuellen Medien umgegangen (beispielsweise Social Web Policy)?

Diese Anforderung stellt auch ein Bindeglied zwischen der Entwicklung der Produkte und Dienstleistungen und der Kundenanfrage dar, da die Produkt- und Dienstleistungseigenschaften ein wesentliches Entwicklungsergebnis (vgl. 8.3.5) darstellen. Zu beachten sind auch die Anforderungen an dokumentierte Information (Erstellen, Prüfen, Freigabe, Verfügbarkeit, Archivierung, Identifikation usw.) und die relevanten Anforderungen der identifizierten relevanten interessierten Parteien.

b) Auf die Themen **Anfragen, Verträge oder Aufträge, einschließlich Änderungen** wird in den Punkten 8.2.2 bzw. 8.2.4 näher eingegangen.

c) **Rückmeldungen von Kunden zu Produkten und Dienstleistungen, einschließlich Kundenreklamationen,** sind Quellen, mithilfe derer sowohl die Kundenzufriedenheit ermittelt (siehe 9.1.2) wird als auch Entwicklungseingaben (siehe 8.3.3) gewonnen werden. Sie stellen damit ein wesentliches Element im Qualitätsmanagementsystem dar. Leitfragen zur Umsetzung sind:
   - Welche Methoden werden angewendet (siehe auch 7.1.5)?
   - Wer soll in welcher Form und Systematik Kundenrückmeldungen erfassen?
   - Wer bearbeitet Kundenrückmeldungen?
   - Wer ist bei Kundenbeschwerden zu informieren (siehe 8.5.5)? Wie ist hier die Kommunikations- und Entscheidungskette?

d) **Handhabung oder Steuerung von Kundeneigentum** (siehe 8.5.3) erfordert klare Regelungen wer, wann und wie den Kunden über Erfordernisse bezüglich geistigen oder materiellen Eigentums informiert. Kernfragen sind:
   - Wie wird der Umgang mit geistigem Eigentum vertraglich geregelt?
   - Wer informiert den Kunden über Abruf des geistigen Eigentums bzw. ruft die Bereitstellungen ab?
   - Welche Kennzeichnungen braucht es, um Kundeneigentum klar zu identifizieren?
   - Wer darf, soll, muss den Kunden über Probleme mit dessen Eigentum informieren?
   - Wie wird die Umsetzung von Geheimhaltungsvereinbarungen in der Organisation sichergestellt?

e) **Spezifische Anforderungen an Notfallmaßnahmen, sofern zutreffend**, ist als neue Anforderung zu berücksichtigen, wenn beispielsweise Gefahren wie Diebstahl von sensiblen Daten oder eine Gefährdung von Leib und Leben aufgrund der Produkte auftreten können. Leitfragen sind:
   - Wer darf (in der industriellen Produktion) Produktrückrufe anordnen? Wer kommuniziert im Projektgeschäft rechtsverbindlich mit dem Kunden und wie ist dabei vorzugehen?
   - Wann und wie ist an den Kunden und die Öffentlichkeit heranzutreten?
   - Wie wird das Thema „Notfallmaßnahmen“ im Zuge der Machbarkeitsprüfung (siehe 8.2.2; 8.2.3) vertraglich geregelt?
   - Wie setzt sich das Krisenkommunikationsteam zusammen?
   - Wer darf nach außen kommunizieren?
   - Wie sind hier die Verantwortlichkeiten und die Abläufe festgelegt?
   - Welche gesetzlichen Anforderungen sind zu berücksichtigen?
   - Wie wird die Kenntnis über die einzuhaltenden gesetzlichen Anforderungen sichergestellt (siehe 8.2.2; 8.2.3; 8.2.4; 8.3.3)?

Änderungen im Vergleich zu ISO 9001:2008

Neu: 20 bis 40 %

In diesem Abschnitt sind die Anforderungen der Version ISO 9001:2008 Abschnitt 7.2.3 um zwei konkrete Aspekte erweitert worden. Diese Erweiterungen betreffen, sofern zutreffend, die Handhabung und Behandlung von Kundeneigentum sowie die Anforderung an Notfallmaßnahmen.

Umsetzung

Zur Umsetzung der Kundenkommunikation bieten sich vielfältige Varianten zu den unterschiedlichen Themen (a bis e) an. Im Regelfall werden diese Aspekte (beispielsweise Anfragen, Verträge, Kundenrückmeldungen oder auch der Umgang mit Produktbeschreibungen wie beispielsweise Manuals, Datenblätter) in den entsprechenden Prozessen berücksichtigt.

Bei vertriebsunterstützender Kommunikation, also diversen Broschüren und Marketingunterlagen, sind die Anforderungen an dokumentierte Informationen (siehe 7.5) anzuwenden, wobei im Falle von Internetpublikationen adäquat („zuletzt aktualisiert am …“ oder ähnlich) vorzugehen ist.

Methodenbeispiel: Erzielung von Kundenbegeisterung durch Service Excellence

Mit der DIN Spec 77224 liegt seit Juli 2011 eine normatives Dokument vor, das sich dem Thema „Schaffung und Förderung von **Service Excellence**“ widmet. Die dort beschriebenen Ansätze gehen weit über die Anforderungen der ISO 9001:2015 hinaus. Aber die beschriebenen Methoden sind ein ausgezeichnetes Gerüst, um in fundierter Weise, Kundenerfahrungen und Kundenerwartungen zu verstehen.

In der DIN Spec 77224 wird im Abschnitt 6.4 umfassend auf die Erfassung der relevanten Kundenerlebnisse eingegangen, zumal sich Service Excellence in den individuellen Erfahrungen der Kunden mit den Leistungen der Organisation widerspiegelt.

Die Erfassung der Kundenerlebnisse sollte sich auf sämtliche Erfahrungen, Erlebnisse und Erwartungen der Kunden im gesamten Lebenszyklus der Produkte und Dienstleistungen eines Unternehmens beziehen. Dabei sollten nicht nur die Erfahrungen, Erlebnisse und Erwartungen des Kunden mit dem eigenen Unternehmen, sondern insbesondere auch mit den Wettbewerbern erhoben werden, um eine ganzheitliche Sichtweise der Kunden zu generieren. Nur auf Basis dieser Kenntnisse ist es möglich, den Kunden durch eine außergewöhnlich gute Leistung zu überraschen.

Ein Verfahren, das die wesentlichen Interaktionspunkte zwischen Kunden und Unternehmen strukturiert herausarbeiten kann, ist die Customer Journey-Methode, welche üblicherweise aus drei Stufen besteht:

1. Beim „Walking in Customer's Shoes“ werden aus Sicht des Kunden Schritt für Schritt alle Abläufe in allen Phasen des Kundenlebenszyklus (von der Kundengewinnung bis zum Ende der Kundenbeziehung) oder der Einzelkaufphasen nachvollzogen und detailliert aufgezeichnet.

2. Mit den „Touchpoints" werden die wesentlichen Interaktionspunkte zwischen Kunden und Unternehmen herausgearbeitet. Diese beinhalten sowohl physische Elemente (z.B. Shops), Kontakte (z.B. Contact Center) als auch sonstige Kommunikationsmedien.
3. In der letzten Stufe werden die „Moments of Truth" identifiziert, in denen Kunden ihre Erfahrungen bewerten und relevante Entscheidungen treffen.

Darauf aufbauend kann eine entsprechende Erhebungsmethode definiert werden, wobei ein Fokus auf qualitative Daten empfohlen wird (vgl. Bild 8.6).

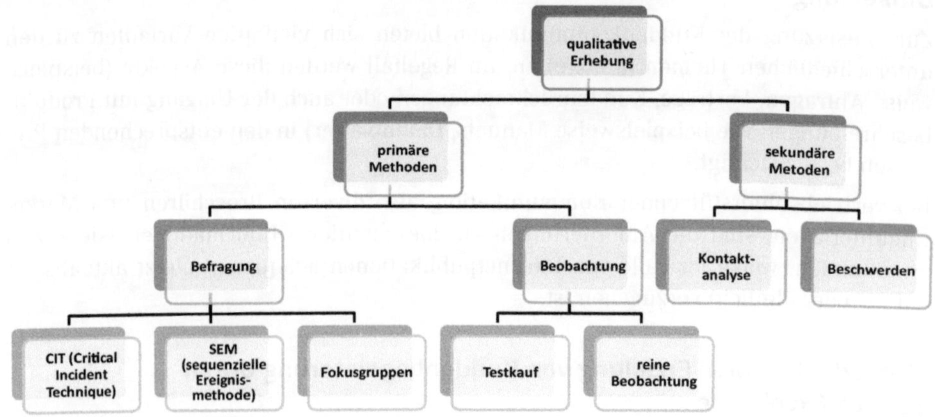

Bild 8.6 Qualitative Erhebungsmethoden zur Erfassung von Kundenerlebnissen nach DIN SPEC 77224:2011 (S. 27ff.)

Primäre Methoden erfassen Kundenerlebnisse direkt beim bzw. vom Kunden. Dazu stehen die Möglichkeiten der Befragung und auch der Beobachtung zur Verfügung.

Bei der Befragung bieten sich folgende Methoden an:

- Bei der Critical Incident Technique (CIT) werden Kunden bewusst danach gefragt, ob sie „kritische" Erlebnisse bzw. welche „kritischen" Erlebnisse sie mit dem Unternehmen hatten. Hierbei werden die Kunden gebeten, dies möglichst ausführlich zu schildern. Im Gegensatz zur Beschwerdeanalyse können folglich nicht nur negative, sondern gleichermaßen positiv erlebte Ereignisse seitens der Kunden erfasst werden.
- Die sequenzielle Ereignismethode (SEM) ist ebenfalls eine ereignisorientierte Methode, die gleichermaßen auf der Erinnerung des Kunden aufbaut. Hier wird der Kunde nicht ungezielt nach kritischen Ereignissen gefragt, sondern die Erlebnisse werden gemäß des Verlaufs der Inanspruchnahme der Dienstleistung quasi in Phasen erfragt, z.B. beginnend von der Buchung einer Reise, über die Ankunft, den Aufenthalt bis hin zur Abrechnung und Rückreise.
- Gruppendiskussionen (Fokusgruppen) können ebenfalls eine wertvolle Hilfe darstellen, um Schwächen, aber auch Stärken einer Dienstleistung bzw. eines Unternehmens aufzuzeigen.

Bei allen drei Befragungsmethoden (CIT, SEM und Fokusgruppeninterviews) sollte eine Bewertung der Kundenerlebnisse und Kundenerfahrungen nach Basismerkmalen, Leistungsmerkmalen und Begeisterungsmerkmalen gemäß dem Kano-Modell (Bild 8.73) erfolgen.

Bei der Beobachtung bieten sich folgende Methoden an:

- „Testkäufe" bzw. „Mystery Shopping" basiert auf einer Mischung zwischen Beobachtung und Experiment bzw. Inanspruchnahme. Durch diese Methode sind Abläufe innerhalb der Dienstleistung gut zu beschreiben bzw. durch Rechnungen, Belege usw. auch objektiv zu erfassen.
- Bei reiner Beobachtung interagiert der Beobachter wenig mit dem Objekt, das heißt, hier wird ausschließlich beobachtet und die Inhalte der Beobachtung werden protokolliert.

Sekundäre Methoden nutzen bereits vorhandene Informationen bzw. Wahrnehmungen, um daraus Informationen zu gewinnen:

- Die Kontaktanalyse bezieht sich auf die Punkte der Kommunikation mit dem Kunden. Die Community-Kommunikation, insbesondere durch Social Networks, ist hierbei ein zunehmend wichtiger werdender Lieferant von Kundenfeedback, insbesondere im B2C-Geschäft (Business to Customer).
- Für die Beschwerdeanalyse steht mit der DIN ISO 10002:2010 ein Leitfaden für die Behandlung von Reklamationen in Organisationen zur Verfügung.

Bei der konkreten Auswahl einer passenden Methode wird die Wahl eines kleinen oder mittleren Unternehmens beispielsweise auf die Kontaktanalyse fallen, da in der Regel auch Führungskräfte der obersten Ebene häufige und umfassende Kundenkontakte haben und in vielen Fällen die verfügbaren finanziellen Mittel anderwärtig investiert werden. In Industrieunternehmen werden möglicherweise aufgrund der sehr breiten Kundenbasis, der Vielzahl an Standorten und auch der höheren Anzahl an Führungsebenen Methoden wie beispielsweise extern durchgeführte Befragungen oder auch Mystery Shopping vorrangig gewählt werden.

Abgesehen von dem hier angeführten Beispiel zur Umsetzung der Normforderung zu 8.2.1.c gibt es noch eine Vielzahl weiterer Erfassungsmethoden. Es ist kein Zufall, dass diese Methoden nicht nur zur Erfassung von Kundenerwartungen, sondern auch zur Messung von Kundenzufriedenheit und Dienstleistungsqualität verwendet werden (vgl. Abschnitt 7.1.5). In jedem dieser Fälle geht es um eine systematische Auseinandersetzung mit den artikulierten und nicht artikulierten Erwartungen der Kunden und der Erfüllung durch bestehende bzw. zukünftige Produkte oder Dienstleistungen.

Oft gefragt – FAQs

Muss es einen eigenen „Kundenkommunikationsprozess" geben?

Nein. Eine Forderung, einen Prozess für die Kundenkommunikation zu unterhalten, existiert nicht. Die Norm fordert lediglich die Kommunikation mit dem Kunden und was diese umfassen soll. Für die Praxis bieten sich dennoch grundsätzlich mehrere Zugänge zur Festlegung der Umsetzung dieses Normpunktes an:

a) In bestehenden Prozessen bzw. internen Regelungen, die jeweils zutreffenden Normforderungen wie beispielsweise Beschwerdehandhabung beim Fehlermanagement, Marketingdokumente beim Informationsmanagement oder Umgang mit Kundeneigentum bei der Beschaffung und/oder bei der Vertrags- und Machbarkeitsprüfung im Vertrieb werden auch die Kommunikationskanäle festgelegt.

b) Es könnte auch ein eigener Kundenkommunikationsprozess, quasi als zentraler Prozess mit Querverweis auf die weiterführenden Prozesse, Verfahren und Regelungen, erstellt werden, der all diese Normanforderungen von 8.2.1 a bis e enthält. Dies ginge über die Anforderungen der ISO 9001:2015 hinaus. Diese Variante „b" bietet die Chance, das Thema Kundenkommunikation als Ganzes mit eigenen Prozessmessgrößen zu steuern und gezielt weiterzuentwickeln. Andererseits hat Variante b einen eher funktionalen Zugang und folgt weniger dem Prozessansatz, die Inhalte dort in der Wertschöpfung darzustellen, wo sie auch stattfinden.

8.2.2 Anforderungen an Produkte und Dienstleistungen

Die Anforderungen an die Produkte und Dienstleistungen, die potenziellen Kunden angeboten werden, sind festzulegen. Einerseits müssen die gesetzlichen und behördlichen Anforderungen und andererseits jene Anforderungen, die von der Organisation als notwendig erachtet werden, festgelegt werden. Die Organisation muss darüber hinaus sicherstellen, dass sie die Fähigkeit besitzt, diese festgelegten Anforderungen zu erfüllen. Dabei ist zu beachten, dass hier grundsätzlich zwei unterschiedliche Varianten und eine Mischform vorliegen werden, was selbstverständlich zu anderen Verfahren und festzulegenden Vorgehensweisen führt:

- Anbieten eines „Standard-Produkts", das unabhängig vom einzelnen Kunden als Produkt designed und vermarktet bzw. verkauft wird (z. B. Konsumgüter, standardisierte Lebensmittel, Elektronik, Standard-Training, Standard-Möbelstück),
- Aufgreifen einer Kundenanforderung und Umsetzen in einer Kundeneinzelfertigung (z. B. Durchführen eines Anlagenbau- oder Bauprojekts, Gestaltung einer maßgeschneiderten Beratungsdienstleistung oder einer Tischlerküche nach Maß etc.),
- Mischformen im Mass Customizing (z. B. individuelles Gestalten MEINES Autos als Variantenkombination).

Damit wird sowohl eine Grundlage für die nachfolgende Überprüfung der Anforderungen (Vertragsprüfung) gelegt als auch eine erste Voraussetzung für die Steuerung der Prozesse (siehe 8.5.1) geschaffen.

Festgelegte Anforderung bedeutet im Sinne der ISO 9000:2015, dass diese Anforderung beispielsweise als dokumentierte Information vorliegt. Bei einer Anforderung handelt es sich dabei um ein Erfordernis oder eine Erwartung. Die Erfüllung dieser Anforderung ist für die Organisation und andere interessierte Parteien üblich oder verpflichtend. Aussagen zu Produkten können sich auch in Werbemitteln finden. Behauptungen, die dort aufgestellt werden, müssen begründet werden können.

Änderungen im Vergleich zu ISO 9001:2008

Neu: 0 bis 20 %

Dieser Abschnitt ist, verglichen zur Version der ISO 9001:2008 Abschnitt 7.2.1, kaum verändert. Inhaltlich gibt es, abgesehen von geringfügigen Verschiebungen zwischen den Normabschnitten 8.2.2 und 8.2.3 nur eine wesentliche Änderung: Zusagen im Hinblick auf die angebotenen Produkte und Dienstleistungen (z. B. auch in der Werbung) müssen erfüllbar sein.

Umsetzung

Die Festlegung von Anforderungen erfolgt je nach Branche und Unternehmensgröße in unterschiedlichen Formen. So werden zum Beispiel in einer Lieferkette für die Erstellung eines Produkts meist präzise Produktanforderungen an den Lieferanten von den Kunden definiert. Das ist jedoch nicht immer so. In anderen Bereichen, z. B. Dienstleistungen wie Beratung, Training aber auch anderen, muss die Organisation selbst die Eigenschaften der Dienstleistung festlegen, welche sie den Kunden anbietet. Zusätzlich finden sich konkrete Anforderungen auch in Produktnormen bzw. in gesetzlichen Vorgaben.

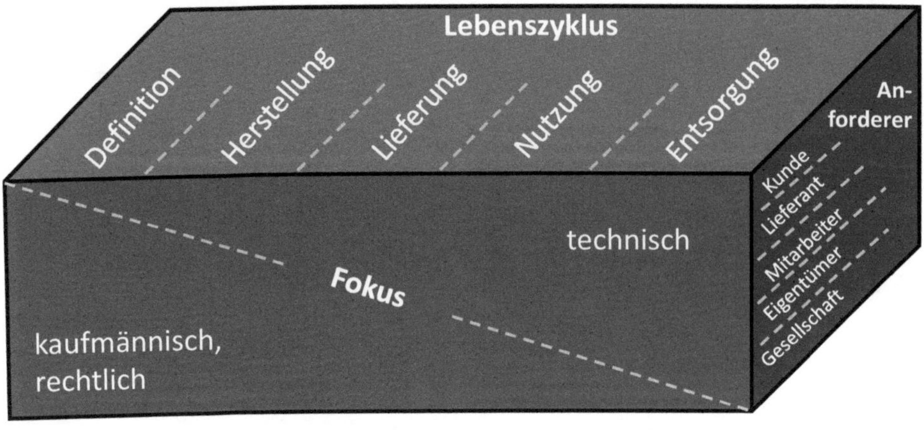

Bild 8.7 Unterscheidung von Anforderungen an Produkte und Dienstleistungen

Zur Bestimmung der Anforderungen bzw. relevanten Erwartungen sind verschiedenste Perspektiven einzunehmen:

- Welche Produkt- bzw. Dienstleistungsphase (sofern relevant) ist betroffen?
- Ist der Fokus bei den kaufmännischen oder technischen Belangen zu setzen?
- Stammt die Anforderung/Erwartung von den (potenziellen) Kunden oder von anderen interessierten Parteien wie beispielsweise Behörden, dem Unternehmen selbst, den Lieferanten, den Eigentümern oder den Mitarbeitenden? Welche Erwartungen sind aus Sicht der relevanten interessierten Parteien (siehe dazu auch Kapitel 4 „Kontext der Organisation") noch zu berücksichtigen?

Diese drei verschiedenen Betrachtungsebenen ergeben (vgl. Bild 8.7) unterschiedliche mögliche Kombinationen, die bei der Bestimmung der Anforderungen – je nach Kontext der Organisation – berücksichtigt werden sollten. Somit kann das Ergebnis dieses Prozesses zur Bestimmung der Anforderungen für einen willkürlichen Fall beispielsweise wie in Tabelle 8.2 dargestellt, aussehen.

Tabelle 8.2 Quellen zur Bestimmung der Produkt-/Dienstleistungsanforderungen

Quellen zur Bestimmung der Produkt-/Dienstleistungsanforderungen	interessierte Partei					Fokus			Lebenszyklus					Anforderung/Erwartung
	Kunde	Lieferant	Mitarbeiter	Eigentümer	Gesellschaft	technisch	kaufmännisch	rechtlich	Definition	Herstellung	Lieferung	Nutzung	Entsorgung	
Zeichnungen	X					X			X	X				A
Produktdatenblätter	X					X			X		X	X	X	E
Prospekte	X		X				X			X				E
Spezifikationen	X					X					X			A
Lieferbedingungen	X	X									X			A
Preisliste	X										X			E
Produktkataloge						X	X		X					E
Lastenhefte	X	X				X			X	X				A
Blacklist		X			X		X	X			X			A
CE-Kennzeichnung	X				X			X				X		A
Akkreditierungen oder Zulassungen	X	X			X			X				X		A
Incoterms	X	X					X				X			E
Zahlungsbedingungen	X	X					X				X			A
Ersatzteilverfügbarkeit	X	X			X	X	X					X	X	A
Lizensierungen	X	X		X			X	X				X		A
Rabatte	X	X					X				X			E
Recycling-verpflichtungen					X	X		X					X	A
Embargo					X		X	X		X	X			A
Gewährleistung	X						X	X				X		A

Methodenbeispiel Kano-Modell

In der Anmerkung 5 zum Begriff „Anforderung“ findet sich der Hinweis, dass es zum Erreichen hoher Kundenzufriedenheit erforderlich sein kann, eine Kundenerwartung auch dann zu erfüllen, wenn diese weder festgelegt noch üblicherweise vorausgesetzt bzw. verpflichtend ist. Diese Anmerkung weist indirekt auf die Idee des Kano-Modells (vgl. Bild 8.8) hin.

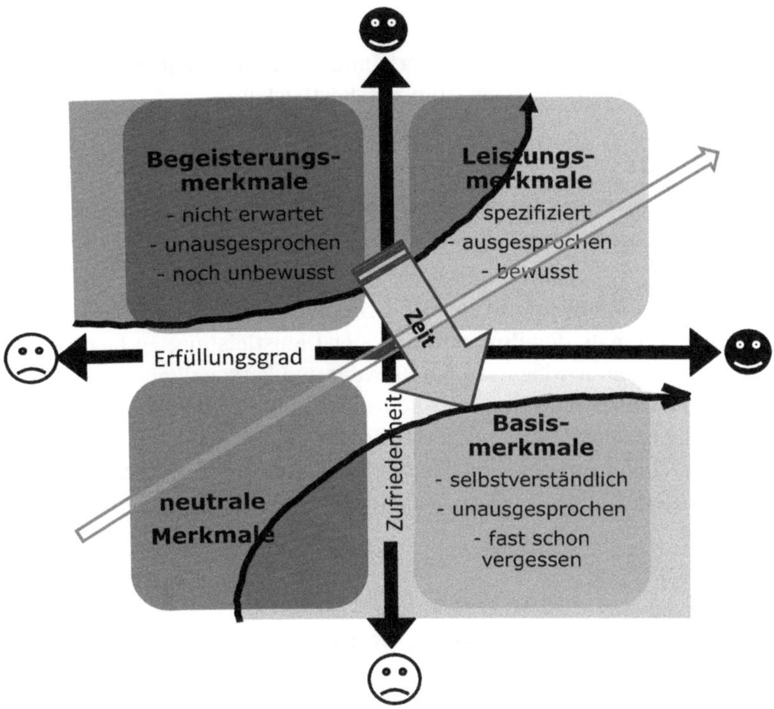

Bild 8.8 Schematische Darstellung des Kano-Modells (vgl. Saatweber 1997, S. 48)

Die Grundidee dieses Models liegt darin, dass

- drei unterschiedliche Zufriedenheitsfaktoren für Produkte und Dienstleistungen verschiedene Auswirkungen auf die Zufriedenheit der Kunden haben und
- der Faktor Zeit Anforderungen, die Kunden heute begeistern, im Laufe der Zeit zu Leistungs- und letztendlich zu Basismerkmalen werden lässt.

Basismerkmale sind grundlegend und selbstverständlich, werden Kunden erst bei Nichterfüllung bewusst (implizite Erwartungen). Nichterfüllung führt zu Unzufriedenheit, Erfüllung nicht zur Zufriedenheit (beim Auto z.B. Sicherheit, Rostschutz)!

Leistungsmerkmale sind dem Kunden bewusst, sie beseitigen Unzufriedenheit oder schaffen Kundenzufriedenheit abhängig vom Ausmaß der Erfüllung (beim Auto z.B. Fahreigenschaften, Beschleunigung, Lebensdauer, Verbrauch).

Begeisterungsmerkmale stiften Nutzen, mit dem der Kunde nicht unbedingt rechnet, und rufen Begeisterung hervor. Eine kleine Leistungssteigerung kann zu einer überproportionalen Nutzenstiftung führen (beim Auto z.B. Sonderausstattung, Hybridtechnologie).

Unerhebliche Merkmale sind sowohl bei Vorhandensein wie auch bei Fehlen ohne Belang für den Kunden und können keine Zufriedenheit stiften, führen aber auch zu keiner Unzufriedenheit (beim Auto z.B. für eine bestimmte Kundengruppe Automatikgetriebe, Schiebedach).

Rückweisungsmerkmale führen bei Vorhandensein zu Unzufriedenheit, bei Fehlen jedoch nicht zu Zufriedenheit (beim Auto z.B. Rostflecken).

Oft gefragt – FAQs

Wenn es keine konkreten Kundenanforderungen gibt und auch wenig spezifische rechtliche Anforderungen, muss ich dann trotzdem die Eigenschaften meiner Dienstleistung spezifizieren?

Ja. Schon allein aus organisationsinternen Gründen und im Sinne der Reproduzierbarkeit sind klare Merkmale des Produkts bzw. der Dienstleistung zu beschreiben. Diese Beschreibung kann und wird je nach Komplexität und Personalkompetenz variieren. Zu berücksichtigen ist auch, dass Kunden – selbst bei einem Fehlen konkreter Anforderungen – für den zu bezahlenden Preis auf die Einhaltung des de facto zugrunde liegenden Leistungsversprechens vertrauen dürfen, wodurch sich ebenfalls eine klare Kommunikation der in diesem Fall dann intern festgelegten Anforderungen innerhalb des Unternehmens ergibt.

8.2.3 Überprüfung von Anforderungen in Bezug auf Produkte und Dienstleistungen

In Tabelle 8.3 wird eine vereinfachte Übersicht der Anforderungen der ISO 9001:2015 unter Nutzung der SIPOC Systematik (**S**upplier – **I**nput – **P**rocess – **O**utput/**O**utcome – **C**ustomer) gegeben. Diese Systematik bietet sich an, da im Abschnitt 8.2.3 jeweils die Quelle für Anforderungen, deren Inhalt und was damit zu tun ist, dargelegt ist.

Tabelle 8.3 Überprüfen der Anforderungen an Produkte und Dienstleistungen

Supplier Lieferant	Input Prozesseingabe	Process Prozess	Output/ Outcome Prozess- ergebnis	Customer Kunde
Kunde	festgelegte Anforderungen, einschließlich der Anforderungen hinsichtlich der Lieferung und der Tätigkeiten nach der Lieferung	a) prüfen der Anforderungen VOR dem Eingehen einer Lieferverpflichtung,	Auftrags-bestätigung	Kunde
Kunde	Anforderungen im Vertrag oder Auftrag, die sich von den zuvor angegebenen Anforderungen unterscheiden	b) sicherstellen, dass die Unterschiede zwischen Anforderungen im Vertrag bestimmt und beseitigt werden.		
Organisation (intern)	nicht angegebene Anforderungen, die jedoch für den festgelegten oder den beabsichtigten Gebrauch durch den Kunden, soweit bekannt, notwendig sind	c) Wenn keine dokumentierte Angabe vom Kunden vorgelegt wird, muss die Annahme der Kundenforderungen bestätigt werden.		
Behörde/ Gesetzgeber	gesetzliche und behördliche Anforderungen, die für die Produkte und Dienstleistungen gelten			
relevante interessierte Parteien	diverse Anforderungen			
Kunde	Änderungsanforderung	sicherstellen, dass relevante dokumentierte Informationen geändert werden	aktuelle dokumentierte Informationen	Organisation (intern)
		zuständigem Personal die geänderten Anforderungen bewusst machen	informiertes Personal	
Organisation (intern)	Bestätigung der Annahme der Kundenforderung	Bewertungsergebnisse, einschließlich neuer oder geänderter Anforderungen aufbewahren	rückverfolgbare, archivierte dokumentierte Information	Organisation (intern)

Änderungen im Vergleich zu ISO 9001:2008

Neu: 0 bis 20 %

Dieser Abschnitt ist, verglichen zur Version der ISO 9001:2008 Abschnitt 7.2.2, kaum verändert. Inhaltlich gibt es, abgesehen von geringfügigen Verschiebungen zwischen den Normabschnitten 8.2.2, 8.2.3 und 8.2.4 nur eine Ergänzung, die aber im konkreten Normentext in diesem Abschnitt nicht formuliert ist. Diese betrifft den Aspekt, dass Anforderungen auch von anderen relevanten interessierten Parteien (siehe Abschnitt 4.2) kommen können.

Umsetzung

Zur Umsetzung der angeführten Prozessschritte sind einerseits ausreichende Qualifikationen und Kompetenzen (Aufbauorganisation) und andererseits entsprechende (formular-)technische Hilfsmittel (Ressourcen) im Prozess zu berücksichtigen.

Der Umfang der Prüfung vor dem Eingehen der Lieferverpflichtung ist abhängig von der Komplexität des Produkts, der Dienstleistung bzw. dem damit verbundenen Risiko. Im Zuge der Prüfung, ob die Kundenanforderungen ausreichend erfüllt werden können, sollten folgenden Aspekte berücksichtigt werden:

- technische Machbarkeit (Können die technischen Anforderungen erfüllt werden?),
- logistische Machbarkeit (Just in Time, Kanban, Lagerhaltung, Verpackungen etc.),
- terminliche Machbarkeit (Können die gewünschten Termine eingehalten werden?),
- kaufmännische Machbarkeit (Können die Zielpreise, Skonti, Rabatte, Zahlungsziele eingehalten bzw. ihnen zugestimmt werden?),
- juristische Machbarkeit (Kann der Gewährleistung, Garantie, sonstigen Haftungen entsprochen werden?).

Wenn einzelne Punkte nicht (voll) erfüllt werden können bzw. das Risiko der Nichterfüllbarkeit zu hoch ist, ist mit dem Kunden eine Klärung herbeizuführen.

Die Aufbewahrung der Bewertungsergebnisse, einschließlich neuer oder geänderter Anforderungen, erfolgt analog zu den Anforderungen gemäß 7.5.3 „Lenkung dokumentierter Information". Bei Aufbewahrungsdauer und -medium sind sowohl gesetzliche Forderungen wie beispielsweise Produkthaftung oder vertragliche Ersatzteilverpflichtungen als auch interne Notwendigkeiten zur Know-how-Sicherung zu berücksichtigen.

Methodenbeispiel Requirement Traceability-Matrix

Zum Monitoring der internen wie auch externen Anforderungen bzw. deren Änderung und gegebenenfalls auch zur Sensibilisierung hinsichtlich deren Risikopotenziale kann es teilweise von Kunden gefordert oder auch intern sinnvoll sein, eine systematische Übersicht zu erstellen. Eines der Werkzeuge hierzu stellt die R-T-Matrix (Requirement Traceability-Matrix) dar (siehe Tabelle 8.4).

Der Aufbau und Inhalt variieren zwar, können aber auf einige wesentliche Basisinformationen zur Darstellung des Grundprinzips reduziert werden. Für die Umsetzung eignet sich idealerweise eine Datenbank. Die Nutzung einer herkömmlichen Tabellenkalkulationssoftware ist auch praktikabel.

Tabelle 8.4 Rückverfolgbarkeit mittels R- T-Matrix

laufende Nummer	Anforderung	Quelle			Ersatz für	Machbar (J/N)	Risiko	Anmerkungen
		Woher?	Identifikation	Datum				
fortlaufende Nummer erleichtert eine Referenzierung	Benennung der konkreten Anforderung	Name der Anfordernden Stelle (intern, Kunde usw.)	Dokumentenbezeichnung bzw. -nummer	Datum des Erhalts	zu ersetzende Anforderung	Ist die Anforderung erfüllbar?	Welches Risiko ist mit der Anforderungserfüllung verbunden?	Platz für diverse Anmerkungen

Oft gefragt – FAQs

Muss für die Machbarkeitsprüfung ein eigenes Formular verwendet werden?

Nein. Je nach Komplexität der Anforderungen ist es empfehlenswert, die Prüfung mittels Formular zu standardisieren und nachvollziehbar zu machen. Der risikobasierte Denkansatz legt ebenfalls nahe, dass zur Nachweisführung bzw. zur Risikominimierung und auch zur Wissenssicherung ein Formular angewendet wird. Eine konkrete Forderung nach einem eigenen Formular ist aber in der ISO 9001:2015 nicht enthalten. Eine enge Vernetzung mit dem Kontext der Organisation zur Beantwortung dieser Frage ist naheliegend, da sich daraus ein adäquater Umgang mit den diversen Anforderungen der relevanten Interessengruppen wie beispielsweise Administrationsaufwand für umfangreiche Risikoanalyse in Gegensatz zu wirtschaftlicher und rascher Umsetzung des Auftrags – um nur zwei Aspekte zu nennen – ergibt.

8.2.4 Änderungen von Anforderungen an Produkte und Dienstleistungen

Änderungen von Anforderungen – egal ob seitens der Kunden oder seitens des Unternehmens – sind nach entsprechender Prüfung und Bewertung (siehe 8.2.3) in den relevanten Dokumenten anzupassen und die Mitarbeitenden sind darüber in Kenntnis zu setzen. Eine große Überschneidung bei der Vorgangsweise mit den oben beschriebenen Normforderungen 8.2.2 und besonders 8.2.3 ist offensichtlich.

Änderungen im Vergleich zu ISO 9001:2008

Neu: 0 bis 20 %

Dieser Abschnitt ist, verglichen zur Version der ISO 9001:2008 Abschnitt 7.2.2, kaum verändert. Inhaltlich gibt es, abgesehen von leichten Veränderungen in der Wortwahl, keine Veränderung. Bereits in der Ausgabe 9001:2008 war gefordert, bei Änderungen von Produkten bzw. Dienstleistungen die zutreffenden Dokumente zu ändern und den relevanten Personen zur Kenntnis zu bringen.

Umsetzung

Für die Erfassung von Änderungswünschen seitens des Kunden aber auch seitens des Unternehmens selbst sollte ein eigene Checkliste, ein eigenes Formular bzw. ein Workflow eingerichtet werden, um sicherzustellen, dass alle erforderlichen Informationen zur Bewertung der Auswirkung der Änderung erfasst, bewertet und gegebenenfalls Unklarheiten beseitigt werden. Integraler Bestandteil dieses Workflows ist üblicherweise auch die Sicherstellung der Anpassung der relevanten dokumentierten Informationen sowie der Bewusstseinsbildung und Information des zuständigen Personals – beispielsweise in Form von Änderungen des Qualitätsmanagementplans (siehe hierzu 8.5.1 bzw. ISO 10005:2005).

Oft gefragt – FAQs

Muss die Information an die Mitarbeitenden nachweislich erfolgen?

Nein. Eine verpflichtende Dokumentation bzw. Aufzeichnung wird seitens der Norm nicht gefordert. Dennoch fordert die Norm, dass sichergestellt wird, dass die Mitarbeitenden informiert werden. Eine Bestätigung der Informationsvermittlung beispielsweise in Form eines Einschulungsnachweises zur angepassten Arbeitsanweisung, Entgegennahme der geänderten Zeichnung, „gelesen"-Vermerk zur Mail oder ähnliches sollten unter Berücksichtigung der damit verbundenen Kritikalität in Erwägung gezogen werden. Die Funktionalität der gewählten Form sollte im Zuge von internen Audits geprüft und gegebenenfalls angepasst werden.

8.3 Entwicklung von Produkten und Dienstleistungen

Klaus Zeman

In einem sich rasch ändernden Umfeld kommt dem Thema „Entwicklung" eine besondere Bedeutung zu. Entsprechend wurden auch die Anforderungen in diesem Themenbereich weiterentwickelt und flexibilisiert.

Der Abschnitt wurde in der Struktur vereinfacht (vgl. Bild 8.9). Weiterhin sind eigene Abschnitte für Planung, Eingaben, Ergebnisse und Änderungen enthalten, jedoch sind die Abschnitte aus ISO 9001:2008 zu den Themen „Verifizierung", „Validierung" und „Bewertung" in einem Abschnitt „Entwicklungssteuerung" zusammengefasst.

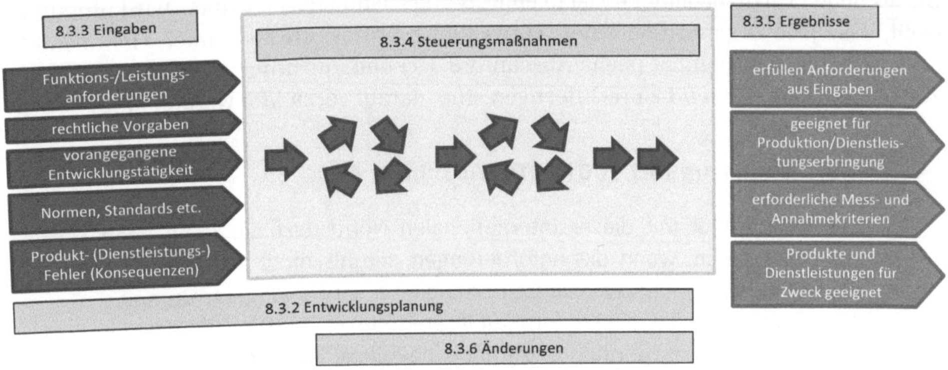

Bild 8.9 Anforderungen des Abschnittes 8.3 im Überblick

Im Abschnitt 8.3.1 wird die generelle Forderung nach einem Entwicklungsprozess formuliert, im Abschnitt 8.3.2 werden Anforderungen an die Planung des Entwicklungsprozesses (Entwicklungsplanung) gestellt. Die darauffolgenden Abschnitte 8.3.3 bis 8.3.6 behandeln Anforderungen zu den Entwicklungseingaben, den Steuerungsmaßnahmen für die Entwicklung, den Entwicklungsergebnissen sowie den Entwicklungsänderungen.

8.3.1 Allgemeines

Dieser Abschnitt „Allgemeines" ist neu. Der Zweck dieses Abschnittes ist primär zu beschreiben, in welchen Situationen bzw. für welche Arten von Projekten Organisationen einen Entwicklungsprozess benötigen, nachdem Ausschlüsse (vgl. Abschnitt 4.3) nicht mehr, wie in der Vergangenheit, möglich sind.

Die in Abschnitt 8.3.1 der ISO 9001:2015 formulierte Anforderung an die Organisation verlangt die Erarbeitung, Umsetzung und Aufrechterhaltung eines Entwicklungsprozesses, der dazu geeignet ist, die anschließende Bereitstellung von Produkten und Dienstleistungen zu gewährleisten.

Aus dem Zusammenhang mit zahlreichen anderen Abschnitten der Norm (z. B. Abschnitt 4.2, 4.3, 5.2, 6.2, 8.1, 9.1, 10.1) ergibt sich, dass die Produkte und Dienstleistungen den Anforderungen der Kunden entsprechen müssen und eine Erhöhung der Kundenzufriedenheit anzustreben ist. Dabei sind ebenso die Forderungen der als relevant eingestuften interessierten Parteien zu berücksichtigen.

Die Neufassung der ISO 9001:2015 lässt pauschale Ausschlüsse kompletter Abschnitte (wie eben der Entwicklung) von Normforderungen **nicht** mehr zu. Im Rahmen der ISO 9001:2008 konnte das Thema „Entwicklung" noch ausgeschlossen werden. Dies wird bei Zertifizierungen nach ISO 9001:2015 nicht mehr möglich sein. Allerdings lässt es die Norm nach wie vor zu, spezifische Normforderungen als „nicht zutreffend“ einzustufen. Die „Nicht-zutreffend-Erklärung“ einzelner Forderungen muss gemäß Abschnitt 4.3 aber begründet und dokumentiert werden.

Dieses neue Prinzip bedeutet de facto eine „Beweislastumkehr“: Primär wird nun unterstellt, dass jede Organisation einen Entwicklungsprozess in passender Tiefe benötigt und daher einzurichten hat (siehe Abschnitt 8.3.1) und nur unter speziellen Voraussetzungen, die entsprechend zu rechtfertigen sind, darauf verzichtet werden kann:

Normenauszug ISO 9001:2015 (Abschnitt 4.3):

Die Konformität mit dieser Internationalen Norm darf nur dann beansprucht werden, wenn die Anforderungen, die als nicht zutreffend bestimmt wurden, nicht die Fähigkeit oder die Verantwortung der Organisation beeinträchtigen, die Konformität ihrer Produkte und Dienstleistungen sowie die Erhöhung der Kundenzufriedenheit sicherzustellen.

Es ist zu erwarten, dass sich zahlreiche Organisationen, die Entwicklung bisher ausgeschlossen haben, mit diesem Thema in Zukunft eingehend befassen müssen. Wenn Organisationen für sich in Anspruch nehmen, die Anforderung, einen Entwicklungsprozess einzurichten, sei für sie „nicht zutreffend“, müssen sie dies gemäß Abschnitt 4.3 rechtfertigen und dokumentieren und darüber hinaus nachweisen, dass dadurch ihre Fähigkeit und Verantwortung, die Konformität ihrer Produkte und Dienstleistungen mit den Anforderungen sowie die Erhöhung der Kundenzufriedenheit sicherzustellen, nicht beeinträchtigt wird.

Es sind daher die beiden Fragen zu beantworten:

- Ist die Forderung nach Einrichtung, Erarbeitung, Umsetzung, Aufrechterhaltung eines Entwicklungsprozesses zutreffend?
- Beeinträchtigt diese Forderung (bzw. ihre Nichterfüllung) die Fähigkeit oder die Verantwortung der Organisation, die Konformität ihrer Produkte und Dienstleistungen sowie die Steigerung der Kundenzufriedenheit (dauerhaft) sicherzustellen?

Nur dann, wenn die Verneinung beider Fragen gerechtfertigt ist und dies entsprechend belegt wird, kann der Verzicht auf die Behandlung des Themas „Entwicklung“ mit der ISO 9001:2015 in Einklang gebracht werden. Selbst wenn nur die zweite Frage bejaht wird, ist ein Entwicklungsprozess einzurichten, unabhängig davon, ob die Anforderung von der Organisation als „nicht zutreffend“ eingestuft wurde. Dies zeigt, dass die zweite Frage, nämlich die eigene Fähigkeit und Verantwortung der Organisation bezüglich Konformität ihrer Produkte und Dienstleistungen sowie bezüglich Steigerung der Kundenzufriedenheit, **das entscheidende Kriterium** darstellt und nicht die Einschätzung der Organisation, ob die Forderung zutreffend ist.

Um Konformität mit der ISO 9001:2015 zu erreichen, muss die Organisation sicherstellen, dass ihre Produkte und Dienstleistungen die Anforderungen erfüllen und in der Lage sind, die Kundenzufriedenheit zu erhöhen. Die Organisation trägt dafür primär selbst die Verantwortung. Es kann sein, dass zu dieser Sicherstellung entsprechende Nachweise von Lieferanten und Partnern der Organisation ausreichen (Vollständigkeit der Entwicklungsergebnisse, Konformitätsnachweise, Erfüllung aller Anforderungen im konkreten Fall usw.) und die Organisation damit über alle Informationen, Kompetenzen und Ressourcen zur Erfüllung ihrer Verantwortung verfügt. Trifft dies nicht zu, muss sie das bestehende Defizit durch einen Entwicklungsprozess beheben oder auf die Bereitstellung der betreffenden Produkte und Dienstleistungen verzichten.

Es wird nur in sehr spezifischen Situationen möglich und angebracht sein, die beiden Fragen tatsächlich mit gutem Gewissen zu verneinen, denn dies würde bedeuten, dass die Organisation zur Entwicklung ihrer Produkte und Dienstleistungen keinerlei Beiträge leistet. Da zumindest langfristig immer Bedarf nach Entwicklung besteht und ihre Unterlassung die in der zweiten Frage adressierte Fähigkeit und Verantwortung beeinträchtigt, muss die Forderung der Norm nach einem Entwicklungsprozess für die Produkte und Dienstleistungen der Organisation dann anderweitig erfüllt werden, z. B. von Lieferanten, Franchisegebern oder Entwicklungspartnern innerhalb oder außerhalb des eigenen Unternehmens.

Aus den Forderungen der ISO 9001:2015 folgt, dass es für die **Produkte und Dienstleistungen** der Organisation einen Entwicklungsprozess geben muss, der entweder von der Organisation selbst zu betreiben ist oder von ihr entsprechend gesteuert wird, z. B. als Auftraggeber oder in einem ausgelagerten Prozess. Dies eröffnet eine gewisse Flexibilität für den Entwicklungsprozess. Entscheidend ist dabei, dass der Entwicklungsprozess so eingerichtet, durchgeführt, gesteuert und aufrecht erhalten wird, dass er möglichst gut geeignet ist, die anschließende Bereitstellung von Produkten und Dienstleistungen zu gewährleisten. Die eigentliche Entwicklungsarbeit im Sinne der Erarbeitung von Entwicklungsergebnissen kann daher auch zum Teil ausgelagert werden. Die Organisation muss aber dafür sorgen, dass die für sie notwendige Entwicklungsarbeit tatsächlich erfolgt (spezifiziert, angestoßen, beauftragt und betrieben wird) und sie die benötigten Entwicklungsergebnisse in ihre Geschäftsprozesse (ob als Ramp-up, Kompetenzsteigerung oder als Neuprozessgestaltung) transferiert.

Die Wirksamkeit eines Qualitätsmanagementsystems hängt von zahlreichen Faktoren ab: vom Kontext der Organisation, von den Anforderungen der interessierten Parteien an Produkte und Dienstleistungen, den daraus resultierenden Chancen und Risiken, vom Umgang damit etc. In einer dynamischen Wirtschaftswelt ist jede Organisation ständig mit einer Fülle von Veränderungen konfrontiert.

Es ist davon auszugehen, dass diese Veränderungen Anpassungen, Verbesserungen, Weiterentwicklungen oder Neuentwicklungen der Produkte und Dienstleistungen erforderlich machen. Je rascher sich die Einflussfaktoren ändern, desto eher entsteht Anlass zur Überprüfung und Bewertung, ob und in welchem Umfang die Produkte und Dienstleistungen der Organisation verändert werden müssen. Dasselbe gilt für den zeitlichen Planungshorizont: Je längerfristiger der Planungshorizont, desto eher muss eine Veränderung der Produkte und Dienstleistungen der Organisation in Betracht gezogen werden. Die Unterlassung der Behandlung des Themas „Entwicklung" kann daher zumindest bei längerfristiger Betrachtung sowie bei rascher Veränderung relevanter Faktoren nicht mit den Anforderungen der ISO 9001:2015 in Einklang gebracht werden.

Es erhebt sich die Frage, ob die Organisation ohne Entwicklung überhaupt gewährleisten kann, dass Anforderungen an Produkte und Dienstleistungen dauerhaft erfüllt werden bzw. dass eine Erhöhung der Kundenzufriedenheit langfristig und immer wieder erzielbar ist. Können die heutigen Produkte und Dienstleistungen ohne jede Änderung die zukünftigen, meist höheren Anforderungen mittel- oder langfristig erfüllen? Kann damit die Kundenzufriedenheit gesteigert werden?

Die Bejahung dieser Fragen stünde auch im Widerspruch zu allen Erfahrungen, ebenso zum Kano-Modell (siehe Abschnitt 8.2.2, Bild 8.8) oder zum Konzept des Produkt-, Technologie- und Nachfragelebenszyklus (siehe z.B. Kotler u.a. 2007, Pahl u.a. 2007, Feldhusen/Grote 2013, Lindemann 2009, Vajna u.a. (2009), Vajna 2014). Das Kano-Modell beschreibt unter anderem, wie sich die Wahrnehmung von Produktmerkmalen durch Kunden zeitlich verändert. Der Produktlebenszyklus wiederum stellt dar, dass die meisten Produkte nicht ewig leben, zu ihrer Realisierung Technologien verwendet werden, die immer wieder von neuen Technologien abgelöst werden, und dass auch das übergeordnete Bedürfnisniveau im Sinne von Problembewusstsein in Bezug auf bestimmte Bedürfnisse zeitlich veränderlich ist (Nachfragelebenszyklus).

Aus diesen Überlegungen folgt, dass Produkte und Dienstleistungen einer Organisation immer wieder verbessert, angepasst oder manchmal auch neu entwickelt werden müssen. Dies betrifft nicht nur die Produkte und Dienstleistungen selbst, sondern auch alle mit ihnen verbundenen, relevanten, organisationsinternen und -externen Prozesse und Tätigkeiten bis hin zu den zugehörigen Geschäftsmodellen.

Die Entwicklung von Produkten und Dienstleistungen bedeutet auch eine strategische Handlungsoption (siehe Ansoff-Matrix, z.B. in Kotler u.a. 2007). Daher besteht zwischen strategischer Planung (aus der Kontextanalyse) und Entwicklung eine starke Wechselwirkung, denn beide beeinflussen einander gegenseitig. Befinden sich beispielsweise zu viele Produkte und Dienstleistungen einer Organisation in der Rückgangsphase am Ende ihres Lebenszyklus oder können geänderte Anforderungen nicht mehr erfüllt werden, dann müssen Maßnahmen zur Verbesserung und Erneuerung des Produkt- bzw. Dienstleistungsangebots überlegt werden, um einen Einbruch der Geschäftstätigkeit zu verhindern. Dabei stellt die Entwicklung neuer Produkte und Dienstleistungen eine wichtige Handlungsoption dar.

Entschließt sich eine Organisation dazu, neue Produkte oder Dienstleistungen zu entwickeln, eines ihrer Produkte oder eine ihrer Dienstleistungen so weit zu verändern, dass nicht mehr gesichert ist, dass das Produkt bzw. die Dienstleistung die gestellten oder auch erst zukünftig zu erwartende Anforderungen erfüllt, dann handelt es sich dabei nicht mehr bloß um eine Routinetätigkeit (z.B. routinemäßiges Auftragsprojekt, interner Routineprozess), sondern um Entwicklung. In diesem Fall ist ein Entwicklungsprozess aufzusetzen.

Zur klaren Abgrenzung zwischen Routinetätigkeiten (z.B. routinemäßigem Auftragsprojekt, internem Routineprozess) und Entwicklung kann zwischen den beiden folgenden, wesentlich verschiedenen Arten von Projekten bzw. Aufträgen für Produkte und Dienstleistungen unterschieden werden:

- **Routineprojekte bzw. Routineaufträge als Routinetätigkeiten**, manchmal auch als Projektgeschäft bezeichnet sind Projekte bzw. Aufträge, bei denen von vornherein

kein Zweifel daran besteht, dass die Anforderungen an das Produkt bzw. an die Dienstleistung erfüllt werden können. Dazu müssen einerseits die Anforderungen an das Produkt bzw. an die Dienstleistung mit einem konkreten Kunden genau genug festgelegt sein, andererseits müssen die für die Bereitstellung (Herstellung, Erstellung, Lieferung usw.) des Produkts bzw. der Dienstleistung benötigten Informationen, Kompetenzen und Ressourcen verfügbar sein, z. B. aus früheren Projekten und Erfahrungen bzw. aus den verfügbaren, einschließlich externen, Ressourcen. Es handelt sich somit um eine Routinetätigkeit, für deren Realisierung keine Entwicklung erforderlich ist.
Für solche Projekte ist kein Entwicklungsprozess erforderlich.

- **Entwicklungsprojekte bzw. Entwicklungsaufträge mit Entwicklungstätigkeiten** sind Projekte bzw. Aufträge, bei denen von vornherein nicht sicher ist, dass die Anforderungen an das Produkt bzw. an die Dienstleistung erfüllt werden. Zumindest ein Teil des Produkts bzw. der Dienstleistung ist in einem solchen Umfang neu zu konzipieren bzw. neu zu gestalten, dass die verfügbaren, einschließlich externen Informationen, Kompetenzen und Ressourcen, die für die Bereitstellung (Herstellung, Erstellung, Lieferung usw.) des Produkts bzw. der Dienstleistung erforderlich sind, nicht ausreichen. Soll das Produkt bzw. die Dienstleistung tatsächlich realisiert werden, müssen die fehlenden Informationen, Kompetenzen und Ressourcen in einem Entwicklungsprojekt erarbeitet bzw. bereitgestellt werden, um dadurch sicherzustellen, dass die Anforderungen an das Produkt bzw. an die Dienstleistung tatsächlich erfüllt werden. Zur Realisierung des Produkts bzw. der Dienstleistung ist hier eine Entwicklung erforderlich, für die ein Entwicklungsprozess aufgesetzt werden muss.
  Für solche Projekte muss ein Entwicklungsprozess eingerichtet werden.

Entscheidend ist, ob bereits am Beginn eines Projekts bzw. Auftrags sicher(gestellt) und damit zu erwarten ist, dass die Anforderungen an das Produkt bzw. an die Dienstleistung auf Basis der verfügbaren, einschließlich externen, Informationen, Kompetenzen und Ressourcen erfüllt werden.

Unsicherheiten bezüglich der Erfüllung von bekannten oder zu erwartenden Anforderungen können u. a. folgende Ursachen haben:

- Die Anforderungen sind nicht, zu wenig oder zu wenig genau bekannt.
- Es besteht eine Diskrepanz zwischen bekannten Anforderungen und der bekannten (abgesicherten) Leistungsfähigkeit (Eigenschaften, „Performance") der Produkte bzw. der Dienstleistungen der Organisation. Diese Diskrepanz kann sowohl aus der Veränderung von Anforderungen als auch aus der Veränderung oder Erneuerung von Produkten und Dienstleistungen oder aus beidem resultieren.
- Die Unsicherheiten bezüglich der Erfüllung von Anforderungen sind zu groß, sodass eine Realisierung des Produkts oder der Dienstleistung ohne Entwicklungsprozess zu große Risiken mit sich brächte.

Wesentlicher **Ausgangspunkt für Entwicklung** ist also, dass nicht sicher(gestellt) ist, ob gestellte oder zu erwartende Anforderungen erfüllt werden. Diese Unsicherheit bedeutet, dass diesbezüglich Informationsdefizite und Unwägbarkeiten bestehen, die es vor einer Realisierung zu beheben oder zu verringern gilt.

Änderungen im Vergleich zu ISO 9001:2008

Neu: 80 bis 100 %

Dieser Abschnitt ist neu. Er beschreibt den grundlegenden Zweck von Entwicklung und damit auch, wann ein Entwicklungsprozess erforderlich ist.

Umsetzung

Dieser Abschnitt wird primär für all jene Organisationen von Bedeutung sein, die das Thema „Entwicklung" bisher ausgeschlossen haben. Die Organisation sollte sich zur Ermittlung der Relevanz von Entwicklung u. a. folgende Fragen stellen:

- Wie gut erfüllen unsere Produkte und Dienstleistungen die von den Kunden heute gestellten Anforderungen? Welche sind diese?
- Wie hoch ist die Zufriedenheit unserer Kunden? Wie kann sie gesteigert werden?
- Wie gut erfüllen unsere Produkte und Dienstleistungen Anforderungen von relevanten interessierten Parteien? Wer sind diese? Welche Anforderungen stellen sie?
- Wie gut werden unsere Produkte und Dienstleistungen die zu erwartenden Anforderungen der Zukunft, z. B. in zwei, fünf oder zehn Jahren, erfüllen? Wie werden sich die Anforderungen verändern? Welche Anforderungen werden dann wichtig und maßgeblich sein?
- Mit welchen ähnlichen oder unterschiedlichen Produkten und Dienstleistungen stehen unsere Produkte und Dienstleistungen direkt bzw. indirekt im Wettbewerb?
- Welche neuen Technologien beeinflussen unsere Produkte und Dienstleistungen? Welche neuen Technologien könnten die in unseren Produkten und Dienstleistungen angewendeten Technologien ablösen bzw. verdrängen?
- Welche politischen und rechtlichen Entwicklungen können lang- bis mittelfristig unsere Produkte und Dienstleistungen beeinflussen (z. B. Ökodesignrichtlinie, Zero Waste Initiative der Europäischen Kommission etc.)
- Welche weiteren Umfeldfaktoren (Demografie, Kundenverhalten, Internetnutzung, Kriege, Krisen, Verknappung von Ressourcen) sind in Hinblick auf unsere Produkte und Dienstleistungen heute wichtig? Wie verändern sie sich? Welche kommen hinzu? Welche verlieren an Bedeutung?
- Wie müssen unsere Produkte und Dienstleistungen verändert werden, falls bestimmte Situationen (Szenarien) eintreten?
- Wie müssen wir unsere Produkte und Dienstleistungen verändern, um den neuen bzw. geänderten Anforderungen möglichst gerecht zu werden?
- Worin bestehen hierbei die wesentlichen Unsicherheiten? Wie können wir sie reduzieren?

Beispiel 1: Hersteller von Motoren für Lkws als Vertreter zahlreicher anderer etablierter Branchen

Hersteller von Verbrennungskraftmaschinen (z. B. Dieselmotoren) sind seit Jahrzehnten damit befasst, wichtige Eigenschaften der Motoren (spezifischen Verbrauch, Laufruhe, Abgase usw.) zu verbessern, um den ständig steigenden Anforderungen gerecht zu werden. Dass die Hersteller solcher Maschinen ausgeklügelte Entwicklungsprozesse eingerichtet haben und betreiben, ist evident. Die Notwendigkeit für einen Entwicklungsprozess liegt auf der Hand und wird in dieser Branche von niemandem in Zweifel gezogen. Daher kann auf eine ausführliche Begründung an dieser Stelle verzichtet werden.

Ähnlich verhält es sich in vielen anderen etablierten Branchen wie etwa in der Automobilindustrie, Flugzeugindustrie, Zulieferindustrie, im Maschinen- und Anlagenbau, in der Elektro- und Elektronikindustrie, Informations- und Kommunikationstechnik, Software-, Pharma-, Lebensmittelindustrie usw. Hier ist Produktentwicklung im Sinne von Entwicklung von Produkten und Dienstleistungen nicht wegzudenken und daher längst selbstverständlich.

In den verschiedenen Branchen haben sich allerdings unterschiedliche Entwicklungsprozesse entwickelt, die von den Unternehmen in Abhängigkeit von den jeweils relevanten Einflussfaktoren an die speziellen Bedürfnisse angepasst wurden.

Beispiel 2: Lohnfertigungsbetrieb

Das zweite Beispiel ist eine Lohnfertigung aus dem Sachgüterbereich. Falls der Lohnfertiger aufgrund früherer Aufträge, seiner Erfahrungen, Fertigungsmaschinen, Einrichtungen, Leistungsfähigkeit usw. von Beginn des Auftrags an sicher sein kann, dass er die Anforderungen an die zu fertigenden Produkte durch seine Dienstleistung (= Fertigung) erfüllen kann, dann handelt es sich um ein Routineprojekt bzw. um einen Routineauftrag, für den kein Entwicklungsbedarf besteht und daher auch keine Entwicklung erforderlich ist. Dies setzt voraus, dass die Anforderungen an den Fertigungsauftrag genau genug spezifiziert sind und der Lohnfertiger über die Anforderungen und seine eigene Leistungsfähigkeit ausreichend Bescheid weiß.

Ändert sich jedoch z. B. das Umfeld, etwa dadurch, dass die Anforderungen an die zu fertigenden Produkte steigen, Mitbewerber billiger produzieren oder neue Technologien einsetzen, und der Lohnfertiger läuft daher Gefahr, die sich verändernden Anforderungen nicht mehr erfüllen zu können, dann eröffnet sich eine Diskrepanz zwischen den gestellten Anforderungen und der Leistungsfähigkeit des Lohnfertigers. Hier ist eine Entwicklung erforderlich, in der geklärt werden soll, welche Maßnahmen am besten geeignet sind sicherzustellen, dass die gestellten bzw. zu erwartenden Anforderungen erfüllt werden. Die beschriebene Diskrepanz kann im einfachsten Fall vielleicht durch Investitionen in neue, bessere Maschinen behoben werden. Es ist aber auch möglich, dass es damit nicht getan ist und der Lohnfertiger neue Fertigungstechnologien einführen muss oder seine internen Abläufe ändern und Kompetenzen steigern muss, um konkurrenzfähig zu bleiben.

Um zu klären, welche Maßnahmen erforderlich sind und umgesetzt werden sollen, kann es zweckmäßig sein, ein (internes) Entwicklungsprojekt durchzuführen. Darin sollten zunächst die geänderten Anforderungen und Einflussfaktoren genau geklärt und präzisiert werden, um dann nach geeigneten Lösungen bzw. Maßnahmen zu suchen, mit denen sichergestellt werden kann, dass die Anforderungen auch in Zukunft erfüllt werden. Auch im einfachsten Fall der Investition können als begleitende Maßnahmen Entwicklungstätigkeiten (z. B. zur Einführung einer neuen Fertigungstechnologie in Verbindung mit der Investition) erforderlich sein, die am besten in einem Entwicklungsprojekt realisiert und verfolgt werden. Der vom Lohnfertiger eingerichtete Entwicklungsprozess soll den Rahmen für ein solches Entwicklungsprojekt bereitstellen und die dafür notwendigen Prozessbausteine enthalten.

Beispiel 3: Café

Bei diesem Beispiel, das bewusst eine sehr einfache Organisation beschreibt, könnte man vorschnell zum Schluss kommen, dass das Thema Entwicklung hier keine Rolle spielt. Wenig erfolgreiche Cafés werden dies auch so handhaben. Es muss aber auch hier überlegt werden, wie die Waren selbst (Kaffee, andere Getränke, Kuchen, Imbisse usw.) sowie die damit verbundenen Dienstleistungen (Warenpräsentation, Service, Ergänzungsleistungen) weiterentwickelt werden können (Product-Service Systems), um dauerhaft sicherzustellen, dass Anforderungen erfüllt werden und die Kundenzufriedenheit erhöht werden kann. Solche Überlegungen sind nicht erst dann anzustellen, wenn das Café durch externe Faktoren (z. B. drei Jahre lang eine Baustelle oder zusätzliche Mitbewerber in unmittelbarer Nähe) in Bedrängnis gerät. Durch Ideen für neue bzw. weiterentwickelte Produkte und Dienstleistungen (z. B. WLAN-Zugang, Internetcafé, Imbisse, Mittagsmenüs, Zustellservice für umliegende Büros, Bestellung über Internet) muss versucht werden, Veränderungen rechtzeitig zu begegnen.

Als grobe Richtschnur kann man hier sagen: Erweiterungen des Leistungsportfolios an Produkten und Dienstleistungen, die nicht bloß Routine sind, sondern Veränderungen an Produkten, Dienstleistungen, Geschäftsprozessen, Tätigkeiten der Organisation erfordern, brauchen einen Entwicklungsprozess.

Resümee aus den Beispielen

Die angeführten Beispiele zeigen, dass es für eine Organisation in Zukunft nur möglich sein wird, Konformität mit den neuen Regelungen der ISO 9001:2015 im Punkt Entwicklung zu erreichen, wenn das Thema behandelt wird. Es stellt sich die Frage, ob es überhaupt ein Beispiel gibt, für das stichhaltig nachgewiesen werden kann, dass eine Behandlung des Themas Entwicklung tatsächlich ausgeblendet werden darf.

Erfolgreiche Unternehmen warten nicht, bis sie durch Unterlassung von Entwicklung in Schwierigkeiten geraten, sondern investieren rechtzeitig in Entwicklung, um sicherzustellen, dass sie langfristig in der Lage sind, die gestellten bzw. zu erwartenden Anforderungen ihrer (potenziellen) Kunden durch ihre verbesserten und neuen Produkte und Dienstleistungen zu erfüllen. Dazu bedarf es einer entsprechenden Weit- und Umsicht.

Oft gefragt – FAQs

Wann ist ein Entwicklungsprozess einzurichten?

Die in Abschnitt 8.3.1 formulierte Anforderung an die Organisation, einen Entwicklungsprozess zu erarbeiten, umzusetzen und aufrechtzuerhalten sieht **keine Ausnahmen** vor.

In Verbindung mit den Bestimmungen von Abschnitt 4.3 bedeutet dies, dass die Nichteinrichtung eines Entwicklungsprozesses nur dann mit der ISO 9001:2015 in Einklang gebracht werden kann, wenn folgende Fragen, **beide,** zu verneinen sind:

- Ist die Forderung nach einem Entwicklungsprozess zutreffend?

- Beeinträchtigt diese Forderung (bzw. ihre Nichterfüllung) die Fähigkeit und Verantwortung der Organisation, die Konformität ihrer Produkte und Dienstleistungen mit den Anforderungen sowie die Steigerung der Kundenzufriedenheit (dauerhaft) zu gewährleisten?

Falls auch nur die zweite Frage bejaht wird, ist ein Entwicklungsprozess einzurichten. Die ISO 9001:2015 verlangt dies auch dann, wenn die Anforderung als „nicht zutreffend“ bestimmt wurde. Um Konformität mit der ISO 9001:2015 zu erreichen, muss die Organisation sicherstellen, dass ihre Produkte und Dienstleistungen die Anforderungen erfüllen und in der Lage sind, die Kundenzufriedenheit zu erhöhen. Die Organisation trägt dafür primär selbst die Verantwortung und muss sicherstellen, dass die für sie notwendige Entwicklungsarbeit tatsächlich erfolgt (spezifiziert, angestoßen, beauftragt und betrieben wird) und sie die benötigten Entwicklungsergebnisse in ihre Geschäftsprozesse transferiert, unabhängig davon, ob die Entwicklungsarbeit innerhalb oder außerhalb der Organisation erfolgt.

Wir produzieren nur einfache Güter und erhalten die Spezifikation vom Kunden. Brauchen wir einen Entwicklungsprozess?

Für die Frage „Brauche ich einen Entwicklungsprozess?“ ist folgende Frage ausschlaggebend: „Bin ich mir sicher – ohne weitere Entwicklungsschritte das spezifizierte Produkt produzieren bzw. die Dienstleistung erbringen zu können? Oder anders: Ist es sichergestellt, dass die vorhandenen bzw. verfügbaren Entwicklungsergebnisse ausreichen, um die im konkreten Fall (!) spezifizierten Anforderungen an das Produkt bzw. an die Dienstleistung tatsächlich erfüllen zu können? Dies setzt voraus, dass sowohl die Anforderungen, als auch die dafür erforderliche Leistungserbringung im konkreten Fall bekannt sind.

Ein Beispiel: Wir stellen dem Unternehmen detaillierte Anforderungen für neue Gummistiefel zur Verfügung (Größe 37–42, Gummimischung, Schafthöhe, Farbcode etc.). Das Unternehmen entscheidet: „Kann ich produzieren. Wenn ich Stiefel mit dieser Gummimischung schon produziert habe, dann brauche ich nichts mehr zu tun, kein Entwicklungsprozess erforderlich.“ Oder: „Wenn die Gummimischung als Biogummi aus Kautschuk und Rapsresten bestehen soll, dann werde ich, obwohl die Mischung genau spezifiziert ist, einen Entwicklungsprozess brauchen, um zu sehen, wie ich diese Mischung in meine Spritzgussmaschine bekomme etc.“

Auch im ersten Fall ist aber bei längerfristiger Betrachtung oder bei rascher Veränderlichkeit des Umfelds bzw. der Anforderungen ein Entwicklungsprozess erforderlich, um sicherzustellen, dass die Gummistiefel mit der etablierten Gummimischung oder mit neuen Gummimischungen die Anforderungen **auch in Zukunft** erfüllen.

Ist das nicht für viele Unternehmen übertrieben, einen Entwicklungsprozess zu fordern?

Nein, denn die Anforderungen sind so formuliert, dass jedes Unternehmen das verwendet, was zutreffend und nützlich ist. Ein Beispiel dazu: Ein Druckgussunternehmen stellt ein neues Produkt her, z. B. den Fuß einer Schreibtischlampe. Die Anforderungen sind nicht detailliert vom Kunden gekommen, sondern nur eine grobe Zeichnung vom Designer. Es besteht Unsicherheit bezüglich der Anforderungen und damit ebenso bezüglich deren Erfüllung. Also werden Entwicklungsaktivitäten gestartet. Nachdem es eine Entwicklung mit geringer Komplexität ist, werden nur wenige Abklärungsschleifen erforderlich sein, und der Prozess kann sehr einfach gestaltet werden. Der Produktentwicklungsprozess darf und soll bestmöglich an die jeweilige Situation angepasst werden. Entsprechend den zahlreichen Einflussfaktoren auf den Entwicklungsprozess soll in geeigneter Weise differenziert werden (siehe dazu auch Abschnitt 8.3.2).

Wir haben bisher das Thema Entwicklung ausgeschlossen, weil es für uns keine Relevanz hat. Was müssen wir in Zukunft tun, um der neuen Norm gerecht zu werden?
Primär sollte sich Ihre Organisation die Frage stellen, ob Entwicklung für sie tatsächlich keine Relevanz hat und keine Handlungsoption darstellt. Immer dann, wenn Sie zum Schluss kommen, dass Sie sich nicht sicher sind bzw. sein können, **heute und in Zukunft** die Anforderungen gemäß Abschnitt 4 der ISO 9001:2015, also sowohl die der Kunden als auch die aller anderen relevanten interessierten Parteien, zu erfüllen und die Zufriedenheit Ihrer Kunden erhöhen zu können, sollte sich Ihre Organisation mit dem Thema Entwicklung befassen.

Es ist kaum vorstellbar, dass sich Ihre Organisation tatsächlich sicher sein kann, ohne Entwicklung auch in Zukunft Anforderungen zu erfüllen und Kundenzufriedenheit zu erhöhen. Daher ist es auch sinnvoll, dass die Norm die Einrichtung eines Entwicklungsprozesses ohne Ausnahmen fordert. Zur Überprüfung und Ermittlung der Relevanz der Entwicklung von Produkten und Dienstleistungen können Ihrer Organisation die in diesem Abschnitt bereits angeführten Fragen dienen.

8.3.2 Entwicklungsplanung

Die ISO 9001:2015 trägt mit diesem Abschnitt der Tatsache Rechnung, dass Entwicklungsprozesse entsprechend der Heterogenität der verschiedenen Branchen und Organisationen, der Vielfalt von Produkten, Dienstleistungen und Einflussfaktoren unterschiedliche Ausprägungen annehmen können.

Während in der ISO 9001:2008 noch gefordert wurde, was alles konkret zu planen ist, bietet die Neufassung ISO 9001:2015 hier deutlich mehr Spielraum für sinnvolle Anpassungen. Sie gibt nur vor, **welche Aspekte bei der Planung zu berücksichtigen sind**. Daraus ergibt sich eine deutlich höhere Flexibilität für die Planung und Gestaltung von Entwicklungsprozessen.

Entwicklung kann unterschiedlichste Ausprägungen annehmen. Sie kann nur wenige Schritte umfassen, wie beispielsweise bei der Entwicklung eines neuen Seminars durch einen Trainingsanbieter oder auch ein auf mehrere Jahre angelegtes Projekt sein, wie es beispielsweise bei der Entwicklung eines Medikaments üblich ist, das umfangreiche Phasen der Forschung, Tests etc. beinhaltet.

Diese Unterschiedlichkeiten sollen berücksichtigt werden. Nicht jeder Entwicklungsprozess läuft sequenziell ab. Oft geht es, wenn man schon fast am Ziel ist, auch wieder an den Start zurück, weil sich neue Erkenntnisse ergeben haben. Dieser iterative Charakter von Entwicklungstätigkeiten ist typisch und nur selten vermeidbar (vgl. etwa

Pahl u.a. 2007, Feldhusen/Grote 2013, Lindemann 2009, Vajna u.a. 2009, Vajna 2014, Ehrlenspiel 2009, Ehrlenspiel/Meerkamm 2013, Krause u.a. 2007, Ulrich/Eppinger 2012).

Deswegen sind auch die Anforderungen zum Thema Entwicklung so gehalten, dass einerseits diese verschiedenen Möglichkeiten Platz haben und gleichzeitig sichergestellt ist, dass jenes Produkt bzw. jene Dienstleistung, das bzw. die zum Kunden kommt, den Anforderungen entspricht, sicher ist und für den Zweck geeignet ist. Dazu braucht es Kontrollpunkte und Steuerungsmechanismen.

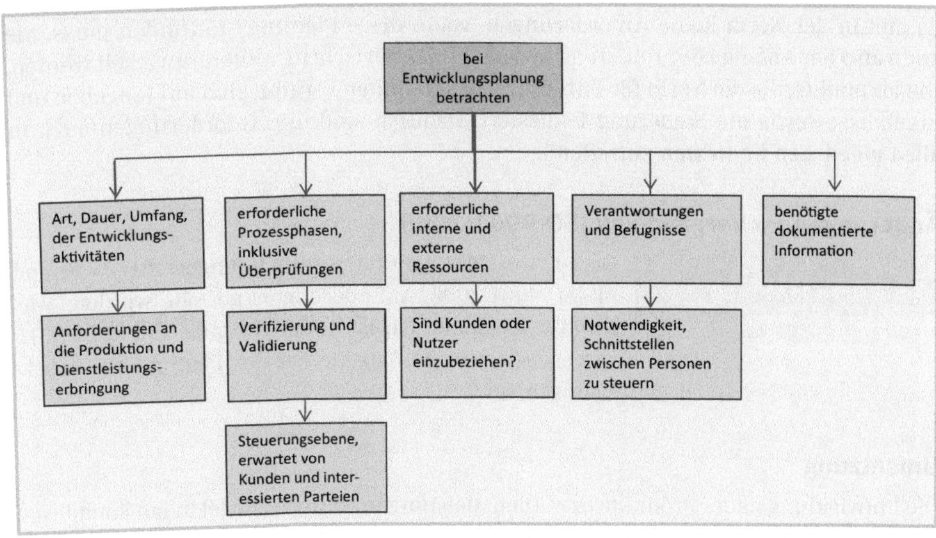

Bild 8.10 Anforderungen des Abschnittes 8.3.2 im Überblick

Die Anforderungen sind in Bild 8.10 im Überblick dargestellt. Die in der Norm im Abschnitt 8.3.2 geforderten Aspekte sind bei der Planung zu berücksichtigen, das heißt, der Entwicklungsprozess muss zumindest an diesen Themenfeldern ausgerichtet werden, sofern sie im gegenständlichen Fall relevant sind.

„Art, Dauer und Umfang“ der Entwicklungstätigkeiten sind zu betrachten. Dies ermöglicht unterschiedliche Vorgangsweisen für Projekte unterschiedlicher Komplexität bzw. für die Entwicklung von Produkten und Dienstleistungen mit unterschiedlichem Neuheitsgrad und Aufwand.

Die Betrachtung der Prozessphasen, der „Überprüfungen“ (z.B. in Form von Design Reviews), Verifizierung, Validierung und Steuerung von Schnittstellen fallen in den Bereich der Projektsteuerung und dienen der Bewertung von Lösungen sowie der Navigation und Kommunikation zwischen den verschiedenen Phasen und Tätigkeiten der Entwicklung. Dazu gibt es noch genauere Anforderungen im Abschnitt 8.3.4. Neu ist die Anforderung, in der Planung zu betrachten, ob Kunden oder Anwender in den Entwicklungsprozess einzubeziehen sind. Dies ist in vielen Organisationen gängige Praxis und kann von einfachen Kundenprojekten und -befragungen bis hin zur „Open Innovation“ reichen, bei der Kunden bzw. Nutzer aktiv in die Gestaltung von Produkten bzw. Dienstleistungen einbezogen werden. Ebenso neu ist die Anforderung, zu überlegen, inwieweit Kunden oder andere interessierte Parteien auf die Steuerung des Entwicklungsprozesses Einfluss nehmen werden. Neben den Verantwortlichkeiten und Befugnissen ist auch die benötigte dokumentierte Information zu berücksichtigen, um zu bestätigen, dass Entwicklungsanforderungen erfüllt wurden. Die dokumentierten Informationen schließen auch alle Informationen (Arbeitsergebnisse) ein, die für die nachfolgenden Lebensphasen des Produkts (z. B. Herstellung, Transport, Montage, Inbetriebnahme, Betrieb, Wartung, Wiederverwertung) bzw. für die Erbringung der Dienstleistung (z. B. Handlungsanweisungen, Verfahrensvorschriften) erforderlich sind.

Es gibt in der Norm keine Anforderungen, wann diese Planung stattfinden muss. Sie kann also am Anfang oder rollierend je nach Projektfortschritt weiterentwickelt werden. Die Fixpunkte, die die Norm für Entwicklungsaktivitäten vorgibt, sind auf Eingaben und Ergebnisse sowie die Steuerung fokussiert. Dadurch sind die Anforderungen auch in allen möglichen Kontexten zutreffend.

Änderungen im Vergleich zu ISO 9001:2008

Neu: 40 bis 60 %

Dieser Abschnitt wurde wesentlich umgestaltet. Während in ISO 9001:2008 Anforderungen gestellt wurden, was konkret zu planen ist, ist in der Ausgabe ISO 9001:2015 vorgegeben, welche Aspekte bei der Planung zu berücksichtigen sind.

Umsetzung

Die Entwicklung neuer Produkte bzw. Dienstleistungen ist in der Regel in ein komplexes Umfeld eingebettet, das durch zahlreiche externe und interne Faktoren bestimmt wird. Zu den externen Faktoren gehören z. B. die Märkte (Kunden, Nutzer), deren Verhalten, Entwicklung und Dynamik, die Mitbewerber, Technologien, gesetzliche Bestimmungen, Normen, das wirtschaftliche, gesellschaftliche, politische Umfeld bis hin zu den Wertesystemen. Zu den internen Faktoren gehören z. B. die Unternehmensstrategie, Gewinnziele bzw. geforderte Kapitalrenditen, verfügbare Ressourcen wie Personal, Investitionsmittel, Fertigungseinrichtungen, Gebäude usw. aber genauso die Unternehmenskultur (siehe dazu auch Abschnitt 4).

Wie bereits im Abschnitt 8.1 angeführt, ist die Entwicklung von Produkten und Dienstleistungen Teil der betrieblichen Planung und Steuerung. Zwischen Entwicklung und strategischer Ausrichtung der Organisation besteht ein enger Zusammenhang, weil einerseits die Entwicklung von Produkten und Dienstleistungen eine strategische Handlungsoption darstellt (siehe Ansoff-Matrix, z. B. in Kotler u. a. 2007) und andererseits die strategische Ausrichtung der Organisation wiederum wesentlichen Einfluss auf die Entwicklung hat. Die Produkte und Dienstleistungen der Organisation und ihre Entwicklung müssen zu den strategischen Zielen der Organisation „passen“, ebenso müssen die den verschiedenen Produkten und Dienstleistungen zur Verfügung gestellten bzw. zugewiesenen Ressourcen (Geld, Personal, Gebäude, Fertigungsanlagen, Räume usw.) zu diesen Zielen „passen“, das heißt eine Realisierung dieser Ziele ermöglichen.

Als strategische Handlungsoption wird Entwicklung unterschiedliche Ziele verfolgen, je nachdem, ob die betreffende Geschäftstätigkeit ausgebaut, erhalten, geändert oder eliminiert werden soll. Umgekehrt müssen die Ergebnisse der Entwicklung wiederum die strategische Planung einer Organisation beeinflussen.

Entwicklungsplanung muss daher an der strategischen Planung bzw. an der betrieblichen Planung und Steuerung anknüpfen. Die Aufgabe der Entwicklungsplanung (Produktplanung) besteht zunächst darin, Ideen für neue Geschäftsmöglichkeiten (Produkte, Dienstleistungen, Innovationen) zu entwickeln, ihre Chancen und Risiken auf eine erfolgreiche Umsetzung auf dem Markt zu bewerten und die chancenreichsten Ideen vorauszuwählen (Innovationstrichter).

Speziell bei Produkten bzw. Dienstleistungen mit hohem Neuheitsgrad ist es zweckmäßig, zu einer einzelnen chancenreichen Produkt- bzw. Dienstleistungsidee mehrere unterschiedliche „Produkt- bzw. Dienstleistungskonzepte" (Gemäß Kotler u. a. (2007) ist dies eine ausreichende Beschreibung der Produkt- bzw. Dienstleistungsidee.) zu entwickeln und an potenziellen Kunden zu erproben (Konzeptentwicklung und -erprobung, siehe Bild 8.11). Für jedes Konzept ist jeweils festzulegen, welche Kundengruppen angesprochen, welche Kundenbedürfnisse und -wünsche erfüllt sowie zu welchen Nutzungsanlässen das Produkt verwendet bzw. die Dienstleistung erbracht werden sollen. In einer Marketingstrategie ist u. a. zu überlegen, welche Preise auf dem Markt erzielbar sind und wie das Produkt bzw. die Dienstleistung beworben und vertrieben werden soll. In einer nachfolgenden Wirtschaftlichkeitsanalyse ist zu ermitteln, zu welchen maximalen Kosten das Produkt bzw. die Dienstleistung unter Berücksichtigung der Umsatz- und Gewinnziele des eigenen Unternehmens herstellbar bzw. erbringbar sein muss. Durch die Schritte der Entwicklungsplanung (Produktplanung) werden die Ziele der Entwicklung sowie erste wichtige (externe und interne) Anforderungen an das Produkt bzw. an die Dienstleistung festgelegt.

Die Aufgabe der Entwicklung besteht in der Folge darin, nachzuweisen, dass die im Produktkonzept festgelegten Anforderungen erreicht werden. Das Produkt bzw. die Dienstleistung muss die Anforderungen erfüllen (z. B. zuverlässig funktionieren, sicher sein) und darüber hinaus zu den budgetierten Kosten herstellbar sein.

War die Entwicklung erfolgreich, wird das Produkt bzw. die Dienstleistung entweder direkt oder erst nach einer Markterprobungsphase auf dem Markt eingeführt (siehe Bild 8.11).

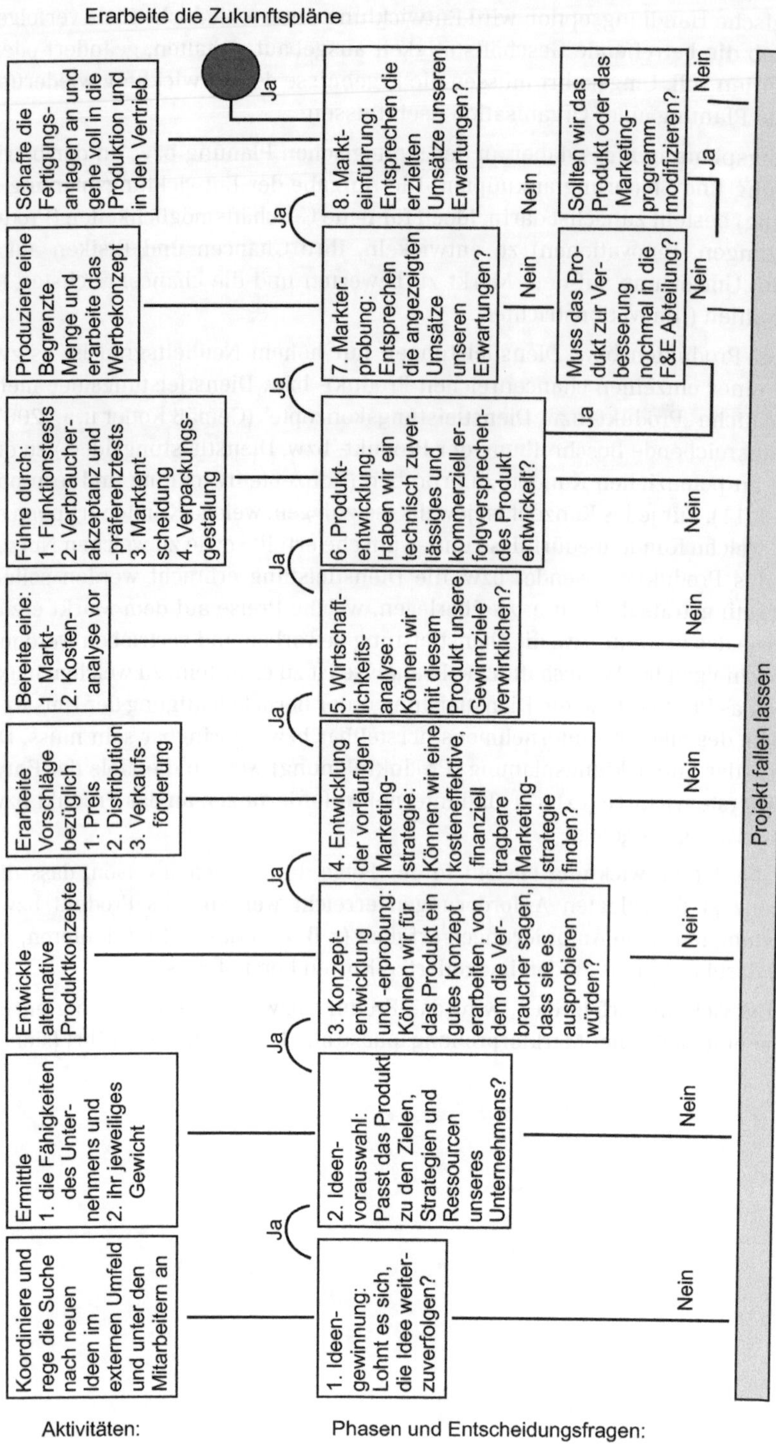

Bild 8.11 Aktivitäten, Phasen und Entscheidungsfragen beim Entstehungsprozess neuer Produkte und Dienstleistungen (nach Kotler u. a. 2007)

Aufgaben der Entwicklung von Produkten und Dienstleistungen

Sehr ähnlich wie aus Sicht des Marketingmanagements dargestellt, ergibt sich die **zentrale Aufgabe der Entwicklung** von Produkten und Dienstleistungen auch aus den im Abschnitt 8.3.1 angeführten Überlegungen. Sie besteht vor allem darin, sicherzustellen, dass gestellte oder zu erwartende Anforderungen an Produkte und Dienstleistungen verstanden werden, kurz- und langfristig erfüllt werden und die Kundenzufriedenheit immer wieder gesteigert werden kann.

Dazu müssen bestehende und aufkommende Unsicherheiten und Unwägbarkeiten bezüglich der Erfüllung der Anforderungen laufend erhoben und in der Folge durch Entwicklung behoben werden. Konkret heißt das: Ideen und Lösungen für verbesserte oder neue Produkte und Dienstleistungen erarbeiten und die erforderlichen Informationen, Kompetenzen und Ressourcen erwerben bzw. verfügbar machen. Schließlich ist nachzuweisen, dass die Anforderungen an die verbesserten oder neuen Produkte und Dienstleistungen dann auch tatsächlich erfüllt werden.

Entwicklung stellt nicht die einzige Möglichkeit dar, die angesprochenen Unsicherheiten und Unwägbarkeiten zu beheben. Eine Alternative ist z. B. die Akquisition von Firmen oder Know-how (z. B. Patenten, Lizenzen) oder das Eingehen von Partnerschaften bzw. Kooperationen, was das Defizit in der Regel am schnellsten beheben kann.

Die Sicherstellung, dass Anforderungen erfüllt werden, wird z. B. in der Entwicklungsmethodik für mechatronische Systeme (siehe VDI-Richtlinie 2206 (VDI 2004) und den Punkt „Methodenbeispiel" in diesem Abschnitt) auch als Eigenschaftsabsicherung (im Englischen als „performance check", manchmal auch als „assurance of properties") bezeichnet.

Entwicklung betrifft dabei nicht nur die Produkte und Dienstleistungen selbst, sondern auch alle organisationsinternen und -externen Leistungen (Wertschöpfungen), die zur Erfüllung der Anforderungen und zur Steigerung der Kundenzufriedenheit beitragen. Entwicklung erfordert somit eine **integrierte Gesamtsicht** auf alle Prozesse und Tätigkeiten, die für den gesamten Lebenszyklus des Produkts bzw. der Dienstleistung relevant sind (siehe Bild 8.12), bis hin zur Entwicklung neuer Geschäftsmodelle für bestehende und neue Produkte und Dienstleistungen und bis zum Ende des Lebenszyklus (End-of-Life).

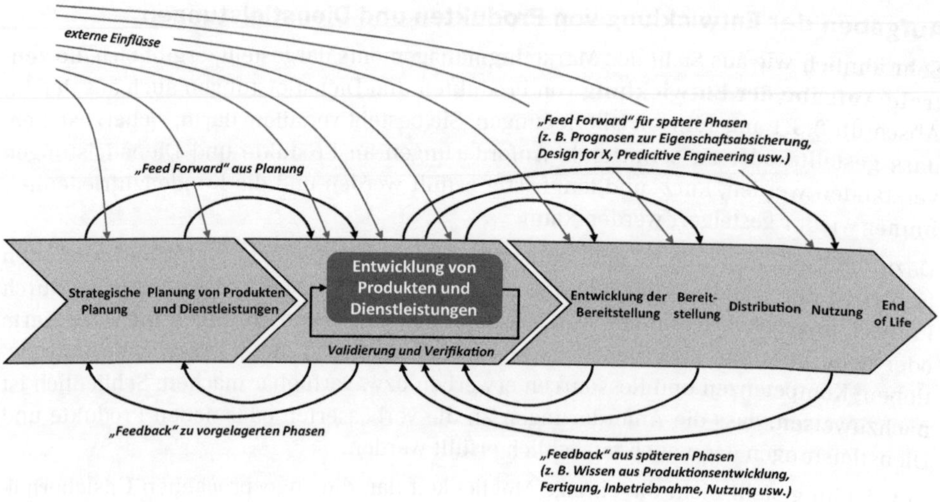

Bild 8.12 Rolle der Entwicklung im Produktlebenszyklus in der industriellen Produktion (in Anlehnung an Vajna 2014)

Wesentliche Faktoren im Entwicklungsprozess

Hier können nur einige der wichtigsten Einflussfaktoren genannt werden. Zur großen Vielzahl weiterer Faktoren sei auf die einschlägige Literatur über Produktentwicklung verwiesen (siehe Kotler u.a. 2007, Pahl u.a. 2007, Feldhusen/Grote 2013, Lindemann 2009, Vajna u.a. 2009, Vajna 2014, Ehrlenspiel 2009, Ehrlenspiel/Meerkamm 2013, Krause u.a. 2007, Ulrich/Eppinger 2012, Pomberger/Dobler 2008, Pomberger/Pree 2004, Gausemeier u.a. 2006, Cross 2008, Clarkson/Eckert 2005, Logothetics/Wynn 1989, VDI 1993, VDI 2004).

Entsprechend dem Neuheitsgrad von Produkten und Dienstleistungen gibt es verschiedene Abstufungen, ausgehend von „kleinen" Verbesserungen bestehender Produkte (z.B. leichteres Notebook, kostengünstigerer Reifen) und Dienstleistungen (z.B. Autowäsche mit Heißwachs) bis hin zu Weltneuheiten, für die zum Zeitpunkt ihrer Einführung oftmals noch kein Markt existiert (z.B. Fernsehen, Internet, humanoide Roboter, siehe Kotler u.a. 2007).

Es liegt in der Natur der Sache, dass die Frage, ob sicher(gestellt) ist und damit erwartet werden kann, dass die Anforderungen auf Basis der verfügbaren Informationen, Kompetenzen und Ressourcen erfüllt werden, bei Produkten und Dienstleistungen mit hohem Neuheitsgrad in der Regel am wenigsten bejaht werden kann, weil hier auch die Informationsdefizite betreffend konkreter Informationen am größten sind und durch Annahmen ersetzt werden müssen.

Wichtige Einflussfaktoren für den Entwicklungsprozess sind: der Umfang der Änderung oder Erneuerung des Produkts bzw. der Dienstleistung, die damit verbundenen Unwägbarkeiten und offenen Fragen, deren Schwierigkeit und Komplexität, der Kundenkreis (Konsument oder industrieller Kunde), die zur Verfügung stehenden Technologien, Methoden und Werkzeuge, die Komplexität des Produkts bzw. der Dienstleistung selbst, die Fertigungsart, die Stückzahlen, die Dienstleistungsfrequenz, die Variantenvielfalt, die Qualifikationen der Entwicklungsteams, die Dauer der Entwicklung, die zeitlichen Limitierungen, die organisatorische und geografische Verteilung der Entwicklungstätigkeiten auf verschiedene interne und externe Beteiligte, die Schnittstellen dazwischen, die Risiken und Chancen, der zu erwartende Ressourcenverbrauch und vieles mehr.

Typische Aufgabenstellungen und Merkmale von Entwicklungsprozessen

Beim Entwickeln von Produkten und Dienstleistungen müssen typischerweise viele unterschiedliche Probleme gelöst werden, daher ist der Entwicklungsprozess vor allem auch ein Problemlösungsprozess (vgl. Feldhusen/Grote 2013, Lindemann 2009, Ehrlenspiel/Meerkamm 2013, VDI 1993). Zunächst muss die Aufgabenstellung für das konkrete Entwicklungsvorhaben geklärt, präzisiert und formuliert werden, die am Anfang oftmals nur unvollständig bekannt ist. Die Klärung der Aufgabenstellung, die Erarbeitung von Lösungen (Synthese), die Analyse und Bewertung der Lösungen (Überprüfung, ob die Anforderungen erfüllbar bzw. erfüllt sind) und die Entscheidung über das weitere Vorgehen stellen typische und unerlässliche wiederkehrende Schritte in vielen Phasen der Entwicklung dar. Die Abfragen und Entscheidungen über das weitere Vorgehen bilden Navigationshilfen zwischen den verschiedenen Phasen bzw. Tätigkeiten der Entwicklung. Durch sie werden die Pfade bestimmt, die eine Entwicklung schließlich nehmen wird (siehe Lindemann 2009, Vajna 2014, Ehrlenspiel/Meerkamm 2013).

Zufriedenstellende Entwicklungsergebnisse können oftmals nicht auf „direktem" Weg, sondern erst nach Durchlaufen mehrerer Iterationsschleifen erreicht werden, das heißt also erst nach mehrfachem Rückspringen zu Prozessphasen, die bereits durchlaufen wurden. Dies liegt daran, dass zu Beginn der Entwicklung zahlreiche Informationen fehlen oder nicht abgesichert sind. Solche Unwägbarkeiten stellen Risiken im Entwicklungsprozess dar, sind nur zum Teil vermeidbar, können aber auch nur mit entsprechenden Unsicherheiten eingeplant werden. Je höher der Neuheitsgrad einer Entwicklung ist, desto höher sind in der Regel auch die anfänglichen Informationslücken und damit auch die Risiken. Iterationsschleifen sind in solchen Fällen unvermeidbar, aber auch nicht nutzlos, denn sie müssen dazu genutzt werden, um das Informationsniveau anzuheben und die gewonnenen Informationen in der nächsten Iterationsschleife bestmöglich zu nutzen. Es geht dabei vor allem darum, Informationslücken möglichst schnell zu schließen. Anders ausgedrückt: Es geht darum, möglichst schnell und gezielt zu „lernen" (vgl. Vajna u.a. 2009).

Der Prozess der Produktentwicklung stellt hohe Anforderungen an die Kreativität und Analysefähigkeiten der beteiligten Personen. Phasen der Synthese (Kreativphasen), Analyse, Bewertung und Entscheidung wechseln einander ab. Dieser Zusammenhang ist in Bild 8.13 dargestellt.

Es ist auch psychologisch nicht so einfach, zwischen diesen Phasen kurzfristig und beliebig hin und her zu wechseln. Außerdem haben alle Menschen unterschiedliche Begabungen für diese verschiedenen Aufgabenstellungen.

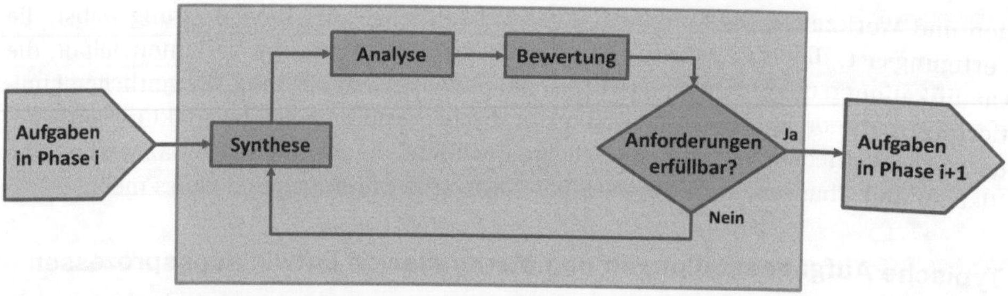

Bild 8.13 Aufgabenstellungen und Phasen beim Entwickeln

Besonderheiten des Entwicklungsprozesses

Entwicklungsprozesse unterscheiden sich von anderen Geschäftsprozessen vor allem dadurch, dass sie hoch dynamisch und zumindest zum Teil nicht deterministisch (nicht exakt vorherbestimmbar) sind (siehe Lindemann 2009, Ehrlenspiel/Meerkamm 2013, Krause u.a. 2007). Dies liegt unter anderem daran, dass immer wieder Probleme zu lösen sind und sich immer wieder neue Probleme ergeben, bei denen unklar ist, ob, wann und mit welchem Aufwand sie gelöst werden können. Der Verlauf der Entwicklung hängt auch wesentlich von den erreichten Fortschritten und den immer wieder zu treffenden Entscheidungen ab (Bild 8.13). Damit sind Entwicklungsprozesse nur beschränkt planbar. Um dennoch zu planbaren Einheiten zu kommen, ist es zweckmäßig, überprüfbare Zwischenziele (Meilensteine oder englisch „milestones") zu definieren und adäquate Puffer (z.B. für Iterationsschleifen) einzuplanen und in Abhängigkeit von den Ergebnissen dynamisch anzupassen.

Verkürzte Innovations- und Entwicklungszyklen, immer raschere Veränderungen des Umfelds (Marktschwankungen, geändertes Verbraucherverhalten, Krisen usw.), ständig steigende Anforderungen an Produkte und Dienstleistungen, Globalisierung usw. schrauben den Zeit- und Kostendruck sowie die Qualitätsansprüche immer weiter nach oben. Entwicklungsprozesse müssen daher immer öfter und rascher an veränderte Einflussfaktoren (Randbedingungen) angepasst werden. Dies hat dazu geführt, dass Entwicklungsprozesse in den meisten Fällen nicht mehr sequenziell ablaufen können, sondern durch überlappende und parallelisierte Bearbeitung (Simultaneous Engineering, Concurrent Engineering) beschleunigt werden (siehe z.B. Vajna u.a. 2009, Ehrlenspiel/Meerkamm 2013). Damit werden Teilprozesse und Tätigkeiten auf mehrere interne und externe Bereiche und Stellen verteilt, wodurch zahlreiche Schnittstellen zwischen den beteiligten Personen, Teams und Disziplinen innerhalb der Organisationen und nach außen entstehen. Die so entstehende, unter Umständen organisatorisch wie auch geografisch verteilte, interdisziplinäre Bearbeitung muss jedoch im Entwicklungsprozess integriert werden (vgl. Gausemeier u.a. 2006). Global vernetzte und durchgängige IT-Systeme sind wesentliche Voraussetzungen, um derart hochkomplexe Prozesse beherrschen zu können, ohne entsprechende Weiterentwicklung der Methodenkompetenz sind sie allerdings wenig nützlich (siehe Vajna u.a. 2009).

Der Entwicklungsprozess besteht somit aus einer Vielzahl stark vernetzter Teilprozesse (Prozessbausteine), Aktivitäten und Entscheidungen, die zahlreiche Iterationsschleifen sowie Hierarchien, Organisationen und Disziplinen übergreifende Interaktionen aufweisen können. Die zu erwartenden Schnittstellen zwischen den Teilprozessen, Aktivitäten, Hierarchien, Personen, Teams und Organisationen, Entscheidungen, Befugnissen und Verantwortungen müssen im Entwicklungsprozess abgebildet werden, um sie im Zuge der Realisierung der Entwicklung entsprechend handhaben und steuern zu können (Lindemann 2009, Ehrlenspiel/Meerkamm 2013, Krause u.a. 2007).

Die für erfolgreiche Entwicklungsprozesse erforderliche Kreativität verlangt aber auch entsprechende Freiräume, die der Entwicklungsprozess zulassen muss und nicht behindern darf. Daher muss der Entwicklungsprozess einschließlich seiner Teilprozesse, Tätigkeiten und Schnittstellen so flexibel gestaltet werden, dass die erforderlichen Freiräume für die verschiedenen Prozessbausteine und Tätigkeiten auch tatsächlich gewährt werden (vgl. Krause u.a. 2007).

Gestaltung des Entwicklungsprozesses

In der Literatur findet man zahlreiche Beispiele, Anregungen und Vorlagen für Entwicklungsprozesse, auch für unterschiedliche Branchen und Anwendungsdomänen (siehe z.B. Pahl u.a. 2007, Feldhusen/Grote 2013, Lindemann 2009, Vajna u.a. 2009, Vajna 2014, Ehrlenspiel 2009, Ehrlenspiel/Meerkamm 2013, Krause u.a. 2007, Ulrich/Eppinger 2012, Pomberger/Dobler 2008, Pomberger/Pree 2004, Gausemeier u.a. 2006, Cross 2008, Clarkson/Eckert 2005, VDI 1993, VDI 2004).

Die verschiedenen Vorschläge unterscheiden sich oft erheblich in ihren Darstellungen, was unter anderem daran liegt, dass die Schwerpunktsetzungen bei (Gewichtungen von) Kriterien und Detaillierungsgraden in der Behandlung der Entwicklungsphasen und -tätigkeiten unterschiedlich sind. In ihrem Kern sind die Vorschläge meist viel weniger unterschiedlich als in ihren Darstellungen, da sie jeweils einer „Logik“ (logischen Abfolge von groben Prozessschritten und Entscheidungspunkten) folgen, die auf einer übergeordneten, abstrakteren Ebene ähnlich ist.

Gemeinsam ist diesen Vorschlägen, dass sie zur Gestaltung bzw. Einrichtung eines Entwicklungsprozesses nicht direkt herangezogen werden können, sondern primär als eine Art Rahmen, Gerüst bzw. Vorlage dienen, aus dem bzw. aus der durch spezifische Konkretisierungen unter Berücksichtigung der wesentlichen externen und internen Einflussfaktoren ein für das jeweilige Unternehmen passender Prozess abgeleitet werden kann. Die Konkretisierung der übergeordneten Logik kann und soll dazu genutzt werden, Entwicklungsprozesse an unterschiedliche Anwendungsszenarien und Anforderungen individuell anzupassen und möglichst zweckdienlich zu gestalten (Krause u.a. 2007). Dabei sind die in der ISO 9001:2015 Abschnitt 8.3.2 angegebenen Aspekte zu berücksichtigen, die sich auch weitgehend mit den Empfehlungen aus den angeführten Vorschlägen decken (siehe z.B. Krause u.a. 2007, Kapitel 4 und 5).

Als Beispiel für ein wesentliches Unterscheidungsmerkmal von Entwicklungsprozessen kann der Neuheitsgrad des Produkts bzw. der Dienstleistung herangezogen werden: Handelt es sich um ein völlig neues Produkt bzw. eine völlig neue Dienstleistung (Neuentwicklung) oder wird lediglich ein Teil verändert, verbessert oder überarbeitet (partielle Neuentwicklung, Anpassung)? Es ist daher festzulegen, was alles verändert bzw.

neu gestaltet werden darf und was nicht (Umfang und Abgrenzung der Entwicklung), kurzum, welche „Freiheitsgrade" zur Verfügung stehen. Demgemäß kann es erforderlich sein, einen sehr umfassenden Entwicklungsprozess einzurichten (z. B. in der Automobil- oder Flugzeugindustrie). Andererseits kann der Entwicklungsprozess bei geringfügigen Änderungen der Anforderungen an ein bereits bestehendes Produkt deutlich einfacher aufgesetzt werden.

Ein zweckmäßiger Entwicklungsprozess muss daher den relevanten Faktoren Rechnung tragen, andererseits aber auch die nötige Flexibilität bieten, damit er, den genannten Einflussfaktoren entsprechend, an die, selbst innerhalb der eigenen Organisation, oftmals komplett verschiedenen Arten von Entwicklungsvorhaben angepasst werden kann, um damit eine möglichst hohe Effektivität und Effizienz der Entwicklung zu erreichen.

Wahl des „passenden" Entwicklungsprozesses

Um einen für die Organisation passenden Entwicklungsprozess einzurichten bzw. zu erreichen, sollte eruiert werden, welche der im Abschnitt 8.3.2 der ISO 9001:2015 genannten Themen für sie von großer Bedeutung sind. Dazu ist zu überlegen, wie Entwicklungsprozesse in der eigenen Organisation in der Realität ablaufen, wie sie idealerweise ablaufen sollten, welche der im Abschnitt 8.3.2 genannten Themen bereits berücksichtigt sind und bei welchen Themen Nachholbedarf besteht. Ebenso sollte reflektiert werden, welche unterschiedlichen Arten von Entwicklungsprozessen aktuell und künftig benötigt werden. Die Organisation sollte sich zur Planung eines für sie geeigneten Entwicklungsprozesses u. a. folgende Fragen stellen:

- Welche Arten von Entwicklung wollen wir betreiben? Kleine Verbesserungen, radikal neue Konzepte? Entwicklung oder Nutzung neuer Technologien?
- Welchen Zeithorizont legen wir für unsere Entwicklungen zugrunde? Welche Arten von Entwicklungszielen wollen wir kurzfristig, mittelfristig, langfristig erreichen?
- Sind für unsere Produkte und Dienstleistungen verschiedene Arten von Entwicklungsprozessen erforderlich? (z. B. Was für kleine Verbesserungen? Was für radikale Neuentwicklungen?)
- Was entwickeln wir selbst? Was kaufen wir zu? Welche Partner brauchen wir dazu?
- Inwieweit sind Kunden und weitere interessierte Parteien einzubeziehen?
- Welche Schnittstellen resultieren daraus?
- Aus welchen Abschnitten, Tätigkeiten, Meilensteinen, Reviews usw. soll der Entwicklungsprozess für die verschiedenen Arten von Entwicklungsprozessen aufgebaut werden?
- Welche Reviews mit welchen Entscheidungspunkten sollen zu welchen Zeitpunkten eingeplant werden?

Aus der Analyse dieser Fragen können die Anforderungen an die verschiedenen Arten von Entwicklungsprozessen der eigenen Organisation abgeleitet und gewichtet werden. Danach sollte überlegt werden, welche Vorschläge aus Normen, Richtlinien oder anderen Quellen am besten geeignet sind, um als Gerüst für die Gestaltung eines organisationsspezifischen Entwicklungsprozesses zu dienen (siehe dazu auch den Punkt „Methodenbeispiel“ in diesem Abschnitt). Die in den ausgewählten Vorschlägen vorgesehenen Phasen müssen danach an die eigenen Bedürfnisse angepasst werden. Die meist groben Prozessbausteine aus den Vorschlägen müssen in geeigneter Weise angepasst, verfeinert, eventuell aber auch zu noch gröberen Blöcken zusammengefasst werden. Den so entstehenden Prozessbausteinen müssen die dafür erforderlichen Tätigkeiten, Eingaben, Ausgaben (Ergebnisse, dokumentierte Informationen), Zwischenziele, Einflussfaktoren, Ressourcen, Schnittstellen, Entscheidungen, Verantwortungen und Befugnisse zugeordnet werden.

Zur Überwachung und Steuerung des Entwicklungsprozesses müssen an geeigneten Stellen des Entwicklungsprozesses Kontrollpunkte mit definierten Abfragen, Überprüfungen von Zwischenzielen (Meilensteine), Verantwortungen und Entscheidungsbefugnissen vorgesehen werden. Ein wesentlicher Erfolgsfaktor ist das möglichst frühzeitige Treffen der richtigen Entscheidungen (gegebenenfalls auch für den Abbruch).

Auf der Ebene der „obersten“, groben Prozessbausteine entsteht dadurch meist ein Stage-Gate-Prozess mit mehreren Phasen (Stages) und dazwischen liegenden Toren (Gates), die erst passiert werden dürfen, wenn bestimmte Bedingungen bzw. Zwischenziele (Meilensteine) erfüllt sind (vgl. Bild 8.14). Die nächste Phase kann somit erst begonnen werden, wenn das davor liegende Tor passiert wurde. Auf der Ebene der obersten Prozessbausteine wird der Stage-Gate-Prozess somit als sequenzieller Prozess dargestellt, obwohl er auf darunter liegenden Ebenen mit verfeinerten Teilprozessen und Tätigkeiten zahlreiche Iterationsschleifen sowie hierarchie-, organisations- und disziplinübergreifende Interaktionen aufweisen kann. Dies bedeutet, dass damit auf der Ebene der obersten Prozessbausteine der (falsche) Eindruck eines sequenziellen Prozesses entsteht. Zoomt man jedoch in die Prozessbausteine hinein, dann wird der iterative, dynamische, nicht deterministische Charakter von Entwicklungsprozessen deutlich. Es ist daher zweckmäßig, den Entwicklungsprozess nicht nur auf der Ebene der obersten Prozessbausteine darzustellen und zu betrachten, sondern insbesondere in kritische Phasen genauer bzw. tiefer hineinzuschauen.

Bei allen Prozessbausteinen und Tätigkeiten muss überlegt werden, wie sie durch vorhandene oder neue IT-Systeme unterstützt werden können (siehe z. B. Vajna u. a. 2009). Wesentliche Kriterien sind dabei die Integration der Prozessabläufe und Tätigkeiten (Workflow) sowie die Durchgängigkeit der dafür benötigten Informationen und Daten.

Die Gestaltung von Entwicklungsprozessen, die den tatsächlich Bedarf der Organisation treffen, stellt eine große Herausforderung dar, muss immer wieder hinterfragt und an geänderte Anforderungen und Randbedingungen angepasst werden. Daher kann es sinnvoll sein, für die Einrichtung und Planung von Entwicklungsprozessen externe Beratung in Anspruch zu nehmen.

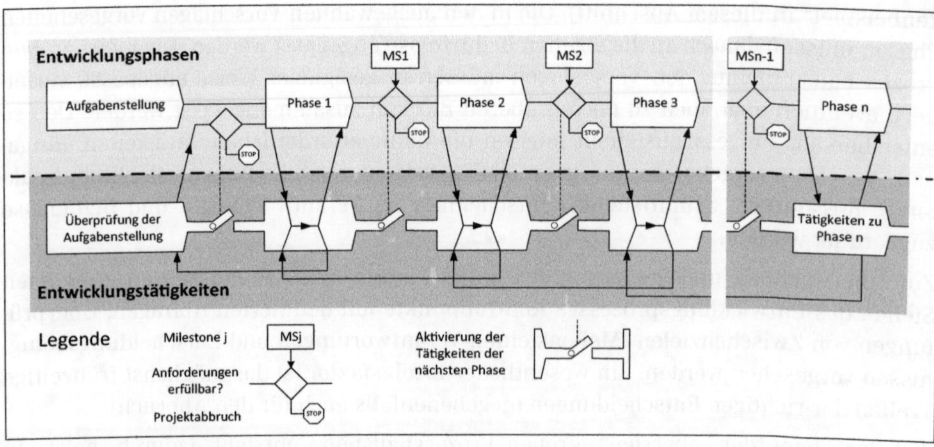

Unterschiedliche Ebenen im Entwicklungsprozess:
a) Stage-Gate Prozess aus Managementsicht auf der Ebene der Entwicklungsphasen
b) Mögliche Iterationsprozesse aus Sicht der Umsetzung auf der Ebene der Entwicklungstätigkeiten

Bild 8.14 Referenzprozess eines Automobilunternehmens (in Anlehnung an Krause u. a. 2007)

Verbreitung von Entwicklungsprozessen

Für viele etablierte Branchen (Automobilindustrie, Flugzeugindustrie, Maschinen- und Anlagenbau, Elektro- und Elektronikindustrie, Informations- und Kommunikationstechnik, Software-, Pharma-, Lebensmittelindustrie usw.) ist Produktentwicklung im Sinne von Entwicklung von Produkten und Dienstleistungen nicht wegzudenken und daher längst selbstverständlich. In den verschiedenen Branchen haben sich unterschiedliche Entwicklungsprozesse entwickelt, die von den einzelnen Unternehmen in Abhängigkeit von den jeweils relevanten Einflussfaktoren an die speziellen Bedürfnisse angepasst wurden und damit in unterschiedlicher Weise ausdifferenziert sind.

Der Entwicklungsprozess für ein neues Großraumflugzeug sieht anderes aus als jener für ein neues Medikament, für ein neues Computerspiel, für ein neues Urlaubspaket, für ein neues Patientenuntersuchungsprogramm oder für ein bestehendes Produkt (z. B. Autoreifen, Waschmaschine, Digitalkamera, Abstandssensor), bei dem vor allem die Herstellkosten gesenkt werden sollen. Auch der Entwicklungsprozess für kleine Firmen mit wenigen Mitarbeitenden sieht anders aus als für große, global aufgestellte Industriekonzerne.

Obwohl die Vielfalt an verschiedenen Entwicklungsprozessen sehr hoch ist, folgen erfolgreiche Entwicklungsprozesse dennoch einer übergeordneten, gemeinsamen „Logik“, allerdings mit unterschiedlichen Schwerpunktsetzungen bei (Gewichtungen von) Kriterien und Granularitäten von Entwicklungsphasen und Tätigkeiten. Im folgenden Methodenbeispiel wird auf die zugrundeliegende gemeinsame Logik eingegangen, die für die Einrichtung eines bestimmten Entwicklungsprozesses unter Berücksichtigung der wesentlichen externen und internen Einflussfaktoren zu konkretisieren ist. Die Konkretisierung der übergeordneten Logik kann und soll dazu genutzt werden, Entwicklungsprozesse flexibel an unterschiedliche Anwendungsszenarien anzupassen und möglichst zweckdienlich zu gestalten.

Methodenbeispiel VDI-Richtlinie 2221: Methodik zum Entwickeln und Konstruieren technischer Systeme und Produkte

Eine im deutschen Sprachraum weit verbreitete Orientierungshilfe für die Entwicklung von Produkten und Dienstleistungen ist die vom Verein Deutscher Ingenieure herausgegebene Richtlinie VDI 2221 mit dem Titel „Methodik zum Entwickeln und Konstruieren technischer Systeme und Produkte" (VDI 1993). Nach eigener Aussage „behandelt die Richtlinie allgemeingültige, branchenübergreifende Grundlagen methodischen Entwickelns und Konstruierens und definiert diejenigen Arbeitsabschnitte und Arbeitsergebnisse, die wegen ihrer generellen Logik und Zweckmäßigkeit Leitlinie für ein Vorgehen in der Praxis sein können." Der Begriff Produkt umfasst in dieser Richtlinie sowohl Sachgüter als auch Dienstleistungen und ist daher als Synonym für Produkte und Dienstleistungen im Sinne der ISO 9001:2015 oder als Kombination aus beidem (Produkt-Service-Systeme) zu verstehen.

Produkte und Dienstleistungen werden dabei als Systeme betrachtet, wodurch die angeführten Konzepte eventuell mit geringfügig angepassten Ausdrücken ebenso auch für Dienstleistungen und Produkt-Service-Systeme anwendbar sind.

Die VDI-Richtlinie 2221 (VDI 1993) beschreibt eine allgemeine Methodik zum Entwickeln und Konstruieren technischer Produkte und Systeme. Die Phase der Entwicklung wird dort in typische **Arbeitsabschnitte** untergliedert (Bild 8.15), die das Vorgehen beim Entwickeln überschaubar, rationell und branchenunabhängig machen.

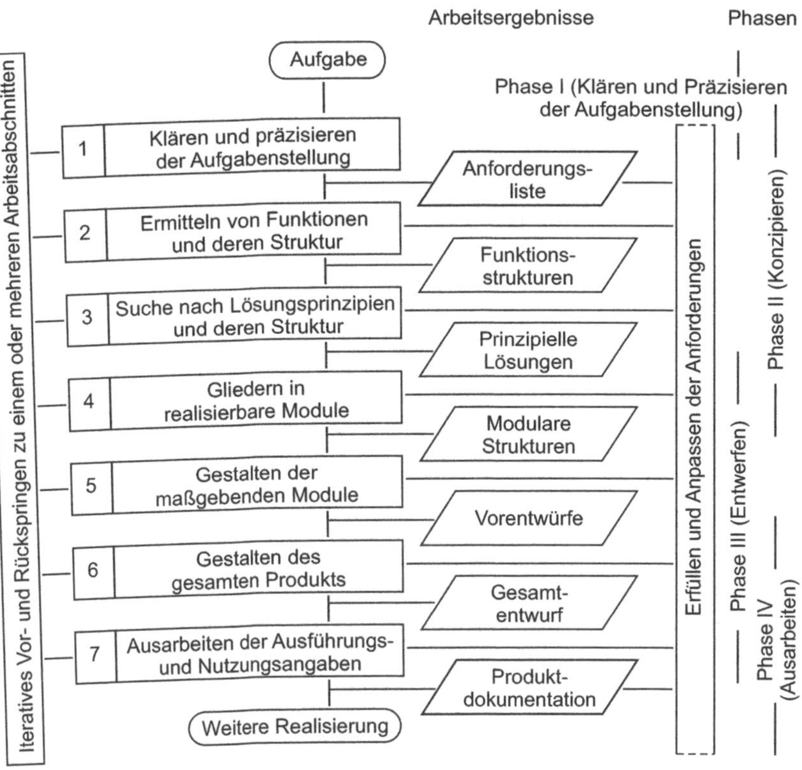

Bild 8.15 Generelles Vorgehen beim Entwickeln gemäß VDI-Richtlinie 2221

Der Gesamtvorgang kann in sieben Arbeitsabschnitte gegliedert werden, aus denen entsprechende sieben Arbeitsergebnisse hervorgehen. Die Abschnitte werden je nach Aufgabenstellung nur teilweise, vollständig oder auch mehrfach (iterativ) durchlaufen. Einzelne Arbeitsabschnitte werden im üblichen Sprachgebrauch oftmals zu den Entwicklungsphasen I bis IV zusammengefasst, für die folgende Begriffe in Verwendung sind (vgl. Tabelle 8.5):

Tabelle 8.5 Phasen des Entwicklungsprozesses

Phase	Aufgabe	Ergebnis
Phase I	Klären und Präzisieren der Aufgabenstellung	→ Anforderungsliste, Lastenheft
Phase II	Konzipieren	→ Konzept
Phase III	Entwerfen	→ Entwurf
Phase IV	Ausarbeiten	→ Dokumentation zur Realisierung

In allen Arbeitsabschnitten sind immer wieder Bewertungen, Auswahlen und Entscheidungen zu treffen, die ein Zurückspringen in frühere Arbeitsabschnitte notwendig machen können, was dem iterativen Charakter des Prozesses entspricht. Die einzelnen Arbeitsabschnitte werden in der Richtlinie im Detail besprochen. Beispiele für Produkte und Dienstleistungen aus verschiedenen Branchen (z. B. Maschinenbau, Fahrzeugtechnik, Software Engineering) geben wertvolle Hinweise zur Anwendung.

In allen Arbeitsabschnitten müssen mehrere Lösungsvarianten erdacht, untersucht, beurteilt, verbessert, gefertigt, erprobt (z. B. durch Prototypen), optimiert werden. Immer wieder sind Lösungen, welche die Anforderungen schlechter erfüllen als andere, im Zuge der Entwicklung auszuscheiden (Entscheidungen), was immer auch ein „Verzichten" bedeutet.

Die Dokumentation und Begründung dieser Entscheidungen („Design Rationale") bietet für Akquisition und Vertrieb eine Fülle von Vorteilsargumenten für die schließlich gewählte Lösung, weil ja alle verworfenen Lösungen Nachteile gegenüber der gewählten Lösung aufweisen (siehe dazu auch Abschnitt 8.3.5).

Anwendung in der Praxis

Die Richtlinie stellt die generelle Logik beim Entwickeln von Produkten und Dienstleistungen auf einer relativ abstrakten Ebene dar und bietet daher eine generelle Richtschnur für Entwicklungsprozesse. Zur Einrichtung und Umsetzung eines bestimmten Entwicklungsprozesses bedarf es einer weiteren, dem jeweiligen Bedarf entsprechenden Konkretisierung der Prozessbausteine und Arbeitsergebnisse.

Die beschriebene methodische Vorgangsweise mit ihren möglicherweise mehrfach und iterativ durchlaufenen sieben charakteristischen Arbeitsabschnitten in Verbindung mit den entsprechenden Arbeitsergebnissen bildet einen „generischen" Gesamtrahmen für Entwicklungsprozesse, der meist nur bei der Entwicklung tatsächlich neuer Produkte im vollen Umfang durchlaufen wird. In manchen Fällen kann es zweckmäßig sein, Arbeitsabschnitte gemeinsam zu behandeln. Dies trifft z. B. dann zu, wenn die Funktionen und verwendeten Wirkprinzipien (Technologien) nicht geändert werden sollen und somit auch nicht zur Disposition stehen. In diesem Fall kann es z. B. sinnvoll sein, die

Arbeitsabschnitte 2, 3 und 4 zusammenzuziehen, bzw. anders ausgedrückt, die Phase des Konzipierens nicht in die Arbeitsabschnitte 2, 3 und 4 zu zergliedern (siehe Bild 8.15).

Zur Einhaltung der Vorgangsweise gehört nicht nur Disziplin aller Beteiligten, sondern auch entsprechende organisatorische und technische Unterstützung (Rechnereinsatz). Nicht zuletzt kostet es Zeit, die einzelnen Arbeitsabschnitte zu organisieren, zu managen und die entstandenen Arbeitsergebnisse zu dokumentieren. Dass die konsequente Einhaltung einer methodischen Vorgangsweise bei großen und komplexen Projekten unerlässlich ist und dort daher Zeit und Geld kosten darf, wird von den meisten Unternehmen inzwischen akzeptiert. Für solche Projekte werden in der Regel auch eigene Prozesse und Projektorganisationen eingerichtet.

Bei kleineren Entwicklungsvorhaben wird gerne die Ansicht vertreten, auf methodisches Vorgehen (unter dem Motto „quick and dirty") mehr oder weniger verzichten zu können. Dass dies mit Qualitätsorientierung nicht vereinbar ist, liegt auf der Hand. Und die Rechnung dafür wird oftmals viel früher als erwartet in Form von Doppel- bzw. Mehrfacharbeiten, Fehlern, mangelnder Nachvollziehbarkeit, fehlender Dokumentation, Schnittstellenproblemen, Kostenüberschreitungen usw. präsentiert. Der Nutzen einer systematischen, qualitätsorientierten Vorgangsweise hingegen übersteigt sehr bald den anfangs vielleicht etwas höheren Aufwand.

Zahlreiche weitere Methoden und Hinweise zur Entwicklung von Produkten und Dienstleistungen können den im Kapitel 8.3 (u.a. auf Seite 205) angegebenen Quellen entnommen werden.

Oft gefragt – FAQs

Gibt es ein bestimmtes Schema, dem der Entwicklungsprozess folgen muss?

Nein, die Neufassung der ISO 9001 bietet großen Spielraum dafür, dass jede Organisation ihren Entwicklungsprozess genau so gestalten kann, dass er die Organisation bei der Entwicklung ihrer Produkte und Dienstleistungen bestmöglich unterstützt.

8.3.3 Entwicklungseingaben

Entwicklungseingaben sind die Leitplanken, innerhalb derer eine Entwicklung stattfindet. Das sind als Erstes die wesentlichen Anforderungen, die an die besondere Art der Produkte und/oder Dienstleistungen der Organisation gestellt werden. Diese Anforderungen können von Kunden kommen, von der Organisation selbst bestimmt werden (z.B. interne Anforderungen oder Anforderungen an neu zu entwickelnde Produkte und Dienstleistungen) oder aus der Kommunikation (z.B. Befragungen, Verhandlungen) mit dem Kunden entstehen (siehe Kapitel 8.2). Anforderungen können sich auch aus gesetzlichen und behördlichen Anforderungen oder einzuhaltenden Normen und verpflichtenden Regelungen ergeben.

Entwicklungseingaben sollten daher die Anforderungen von Kunden, Gesetzgebern, weiteren interessierten Parteien (z.B. Nutzern) und der eigenen Organisation reflektieren. Vor dem Start der Entwicklungstätigkeiten müssen die Anforderungen soweit wie möglich erhoben werden (siehe Abschnitt 8.3.2). Am Beginn der Entwicklungstätigkeit sind die Anforderungen typischerweise unvollständig und im Detail weder bekannt noch festlegbar. Dies ergibt sich schon daraus, dass die Lösung am Beginn der Entwicklungstätigkeit niemals vollständig bekannt ist (sonst wäre es keine Entwicklung) und daher höchstens unvollständig spezifiziert werden kann. Wenn zumindest Teile der Lösung nicht bekannt sind, können auch ihre Eigenschaften nicht vollständig festgelegt (spezifiziert) werden.

Es ist auch möglich, dass ein Produkt neu „erfunden" wird, sodass viele der genannten Anforderungen noch nicht festgelegt werden können. In vielen Fällen ist nicht nur das Produkt bzw. die Dienstleistung neu, sondern es stehen auch die potenziellen Kunden bzw. Nutzer noch nicht fest (z.B. bei Weltneuheiten). Nicht nur das Produkt bzw. die Dienstleistung muss also erst entwickelt werden, bei radikalen Innovationen oft auch erst der Markt dafür. Die Formulierungen in diesem Abschnitt lassen auch diese Situation zu.

Daher ist es sinnvoll, zu unterscheiden, ob die Entwicklung des Produkts bzw. der Dienstleistung für einen konkreten (namentlich bekannten) Kunden, z.B. im Rahmen eines „externen" Entwicklungsauftrags oder eines externen Auftrags mit Entwicklungsbedarf erfolgt, oder ob die Entwicklung durch die Organisation selbst zur Verbesserung, Erneuerung oder Neuerfindung ihres eigenen Produkt- bzw. Dienstleistungsportfolios initiiert wird („interner" Entwicklungsauftrag). Im ersten Fall können die Anforderungen mit dem konkreten Kunden diskutiert, verhandelt, abgeglichen und festgelegt werden. Im zweiten Fall erfolgt die Entwicklung in der Regel für einen „anonymen" aber vorher zu definierenden Kundenkreis, den „relevanten Markt". In diesem Fall müssen die Anforderungen an das Produkt bzw. an die Dienstleistung durch die Organisation weitgehend selbst gestaltet, möglicherweise sogar antizipiert werden, wozu die Möglichkeiten der Marktforschung (z.B. Kundenbefragungen, siehe Kapitel 8.2), Trendanalysen, Zukunftsszenarien, Technologie-Roadmaps usw. herangezogen werden können.

Da die Anforderungen in der Regel zu Beginn der Entwicklung nie vollständig „vorgegeben" sind, sondern erst auszugestalten sind, macht es Sinn, die Ermittlung der Anforderungen ebenso als Gestaltungsprozess aufzufassen („Design of Requirements", siehe Anzengruber u.a. 2014). Dasselbe gilt auch in einem gewissen Umfang für die meisten Routineprojekte bzw. Routineaufträge, denn auch dort werden die Anforderungen (fast immer) zunächst diskutiert, verhandelt, abgeglichen und erst dann festgelegt und vereinbart. Außerdem können Anforderungen auch abgelehnt werden.

Zusätzliche Anforderungen können auch aus Normen und Verfahrensregeln (internen Richtlinien), zu deren Umsetzung sich die Organisation verpflichtet hat, entstehen. Auch hier gilt, wenn derartige Verpflichtungen eingegangen worden sind, sind diese zu berücksichtigen.

Wesentliche Anforderungen beziehen sich auf die Funktionalität und Leistungsfähigkeit der Produkte und Dienstleistungen, auf Einhaltung gesetzlicher und behördlicher Regelungen, Normen und Richtlinien, zu denen sich die Organisation verpflichtet hat.

Gegenüber der ISO 9001:2008 wurden nun in der ISO 9001:2015 zusätzlich folgende weitere Entwicklungseingaben aufgenommen:

- mögliche Konsequenzen aus Fehlern aufgrund der Art der Produkte und Dienstleistungen:
  Produkte und Dienstleistungen haben unterschiedliche Grade an Risiken, denen Kunden bzw. Nutzer ausgesetzt sind. Risikoanalysen sind z. B. im Bereich von sicherheitskritischen Branchen (Automotive, Medizinprodukte, Luft- und Raumfahrt) Stand der Technik und in den branchenspezifischen Normen vorgesehen. Je nachdem, wofür ein Produkt oder eine Dienstleistung entwickelt wird, werden sich unterschiedliche „Konsequenzen aus Fehlern" ergeben. Diese sind nun als Eingaben zu berücksichtigen. Das heißt, eine Elektronikanwendung zur Steuerung eines selbstfahrenden Fahrzeugs wird auch wegen der unterschiedlichen Risikopotenziale anders zu behandeln sein als die Entwicklung eines neuen Beratungskonzepts für die Implementierung von Innovationsprozessen.
- Normen, Standards oder Anleitungen für die Praxis, zu deren Umsetzung sich die Organisation verpflichtet hat:
  Hier soll sichergestellt werden, dass diese Informationen schon zu Beginn der Entwicklungstätigkeit bekannt sind und so auch umgesetzt werden können.

Weiter angeführt sind die schon in der ISO 9001:2008 enthaltenen Entwicklungseingaben:

- Funktions- und Leistungsanforderungen bilden die Basis der Eingaben,
- Informationen aus vorausgegangenen vergleichbaren Entwicklungstätigkeiten,
- gesetzliche und behördliche Anforderungen.

Die Norm fordert, dass die Entwicklungseingaben für den jeweiligen Zweck „angemessen, vollständig und eindeutig" sind. Widersprüche in den Entwicklungseingaben müssen aufgelöst werden. Die Auflösung von Widersprüchen hat aber Grenzen, denn jede Designaufgabe beinhaltet auch, Zielkonflikte bestmöglich aufzulösen. Könnten alle Widersprüche, einschließlich aller Zielkonflikte bereits vor Inangriffnahme der Designaufgabe vollständig aufgelöst werden, dann bliebe von der Designaufgabe nichts übrig, und es würde sich nicht mehr um Entwicklung handeln.

Änderungen im Vergleich zu ISO 9001:2008

Neu: 20 bis 40 %

Der Aufbau dieses Abschnittes ist unverändert. Alle Anforderungen aus ISO 9001:2008 sind weiter enthalten, ergänzt wurden die Themen „Normen und Verfahrensregeln" sowie „Risikobetrachtung", also den „möglichen Konsequenzen aus Fehlern".

Umsetzung

Anforderungen sind meist nicht unabhängig voneinander, da zwischen ihnen verwickelte Abhängigkeiten bestehen können. Daher ist es zu empfehlen, die Abhängigkeiten zwischen den Anforderungen und damit deren Struktur genau zu analysieren. Dazu können z. B. graphenbasierte Methoden verwendet werden (siehe Methodenbeispiele in diesem Abschnitt).

Anforderungen sind primär unabhängig von Lösungen, da es ja sein kann, dass eine Lösung noch nicht existiert und erst gefunden werden muss. Daher ist es wichtig, zwischen Anforderungen und den (zu einer bestimmten Lösung gehörenden) spezifischen Eigenschaften einer Lösung zu unterscheiden. Erst anhand von Lösungskonzepten (siehe Kapitel 8.3.2) können und müssen die Anforderungen in (konkretere) spezifische Eigenschaften der Lösung „übersetzt" werden. Daraus ergeben sich konkrete „Soll-Eigenschaften" der Lösung.

Quality Function Deployment (QFD) ist eine Methode, mit der Anforderungen an Produkte und Dienstleistungen in Eigenschaften einer Lösung übersetzt werden können. Die Anwendung dieser Methode setzt dabei die Kenntnis einer bestimmten Lösung voraus (siehe Methodenbeispiel in diesem Abschnitt).

Die Lösung (das Produkt, die Dienstleistung oder das Produkt-Service-System) kann dabei allgemein als „System" aufgefasst werden, sodass die Eigenschaften der Lösung als Systemeigenschaften des Systems „Lösung" betrachtet werden können (siehe VDI 1993, VDI 2004, Hubka 1984).

Eigenschaften sind aber auch die Grundlage für die Bewertung von Systemen (Lösungen). Daher ist es essenziell, zu überlegen, auf welche Eigenschaften es ankommt, welche Eigenschaften der Lösung also zur Erfüllung der Anforderungen wichtige und große Beiträge leisten und welche dazu wenig beitragen (siehe dazu auch Hubka 1984, das Kano-Modell in Lindemann 2009 und Abschnitt 8.2.2). Die Bedeutung (Gewichtung) der Eigenschaften der Lösung muss auch die Grundlage für die Bewertung bzw. für einen Vergleich zwischen verschiedenen Lösungen und die Auswahl der aussichtsreichsten Lösungen sein (Hubka 1984, Vajna u. a. 2009).

Weitere Entwicklungseingaben sind die in den Abschnitten 8.3.1 und 8.3.2 angeführten, weiteren externen und internen Einflussfaktoren, die dort bereits besprochen wurden. Informationen, Erfahrungen, Wissen aus früheren, ähnlichen Projekten sollen gemäß ISO 9001:2015 als Input in den Entwicklungsprozess genutzt werden (Bild 8.12). Dies ist sinnvoll, wobei hier den dokumentierten Informationen sowie deren Auswertung und kompakter Darstellung aus möglichst vielen Phasen des Lebenszyklus von Produkten und Dienstleistungen aus früheren Projekten große Bedeutung zukommt. Methoden des Wissensmanagements können dazu ebenfalls wertvolle Beiträge leisten (siehe dazu Abschnitt 7.1.6).

Mögliche Konsequenzen aus dem Versagen und aus Fehlern von Produkten und Dienstleistungen sollen als zusätzlicher Input im Entwicklungsprozess Berücksichtigung finden (zur Abschätzung von Risiken und Chancen sowie bezüglich der Methoden vgl. Abschnitt 6.1).

Methodenbeispiel Design Structure Matrix (DSM)

Zur Analyse von Anforderungen können z. B. graphenbasierte Methoden verwendet werden. Ein Beispiel dafür ist die **Design Structure Matrix (DSM)**, mit der die Abhängigkeiten zwischen den verschiedenen Anforderungen analysiert und geclustert werden können, um so die Struktur der Anforderungen zu analysieren und zu klären (siehe z. B. Lindemann 2009, Ulrich/Eppinger 2012, Gausemeier u. a. 2011).

Methodenbeispiel Quality Function Deployment (QFD)

Eine ursprünglich aus Japan stammende Methode zur „Übersetzung" von Anforderungen in konkrete Eigenschaften einer Lösung bietet **Quality Function Deployment (QFD)** (siehe DGQ 2001, Saatweber 1997, Punz 2011).

Unter Qualität wird dabei alles verstanden, was vom Kunden als Vorteil empfunden wird. QFD ist ein matrizenbasierter Ansatz, der in mehr oder weniger umfangreicher Form hauptsächlich darauf abzielt, den Entwicklungsprozess auf die Kundenwünsche so auszurichten, dass das fertige Produkt dem Kunden ein möglichst hohes Verhältnis zwischen Nutzen und Aufwand bringt.

Zudem zielt die Methode auf eine hohe Integration der einzelnen Fachabteilungen während des Entwicklungsprozesses ab. Umfangreiche Ausführungen von QFD stammen aus Japan. In Europa ist QFD allerdings aufgrund des hohen Anwendungsaufwands weniger verbreitet. Eine gute Einführung in QFD ist in Saatweber (1997) und Punz (2011) zu finden.

Ein phasenorientierter, einfacherer und leichter nachvollziehbarer QFD-Ansatz ist das ASI-Konzept (ASI: American Supplier Institute), das einen mehrphasigen Ansatz mit vier verschiedenen Matrizen darstellt und in Bild 8.16 skizziert ist. Die dargestellten Matrizen werden mit HoQ I bis HoQ IV bezeichnet. HoQ steht dabei für „House of Quality" und deutet damit auf die an ein Haus erinnernde Form der einzelnen Matrizen hin. Die vier Phasen sind:

- Produktplanung,
- Teileplanung,
- Prozessplanung (Herstellprozess),
- Produktions- und Prüfplanung.

Hier soll nur auf Phase 1, die Produktplanung, eingegangen werden. Das HoQ 1, die Produktplanung, kann als Unterstützung zum „Klären und Präzisieren der Aufgabenstellung" (Phase 1 nach VDI 2221) dienen. Das HoQ 1 stellt eine wichtige Ausgangsbasis für die weitere Bearbeitung der folgenden HoQs dar.

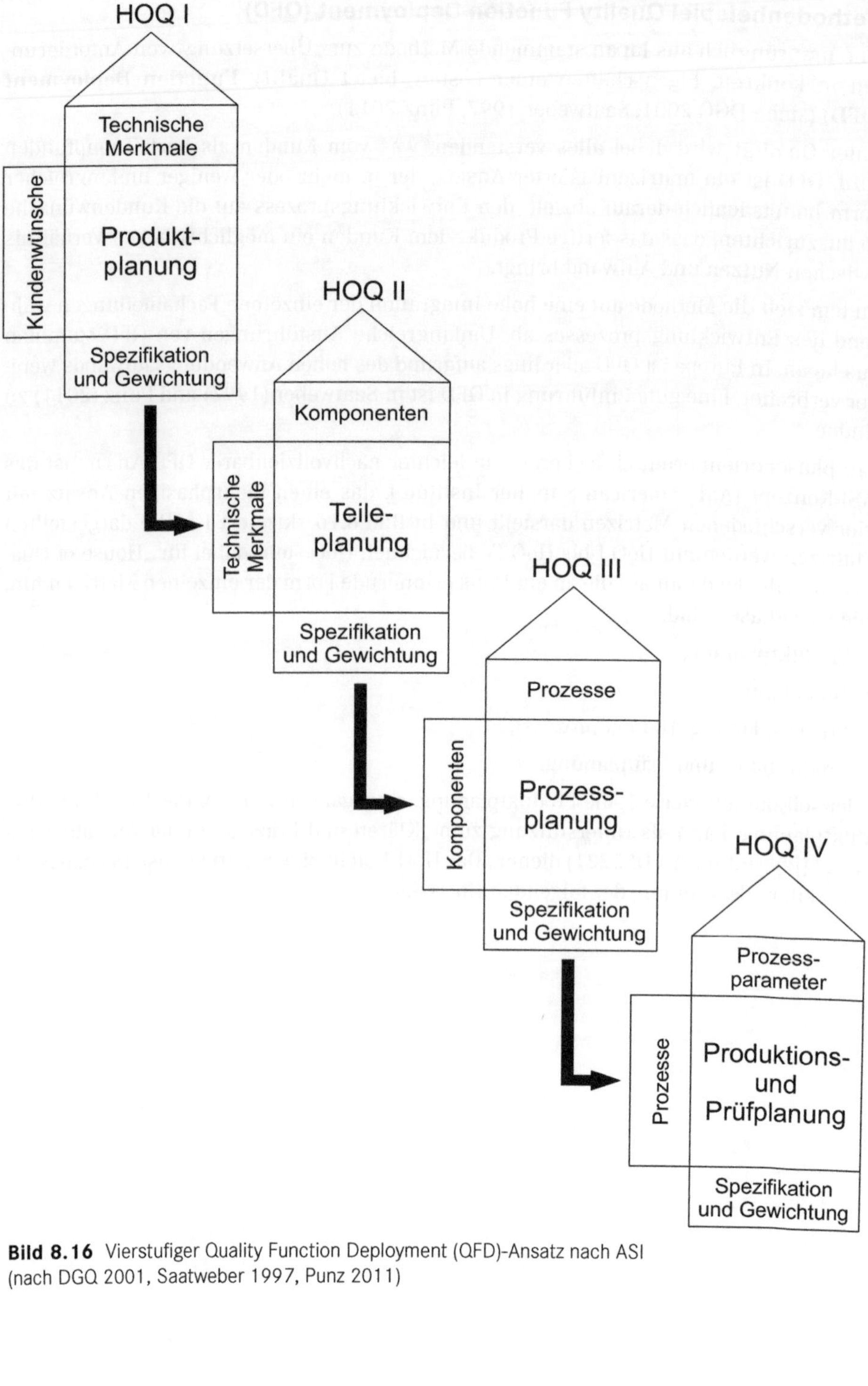

Bild 8.16 Vierstufiger Quality Function Deployment (QFD)-Ansatz nach ASI (nach DGQ 2001, Saatweber 1997, Punz 2011)

Das HoQ 1 dient dazu, die Kundenwünsche (Anforderungen der Kunden) in „technische Merkmale“ (im Sinne von geforderten Eigenschaften der Lösung bzw. geforderten Systemeigenschaften) zu übersetzen und deren Ausprägungen (Quantifizierungen) festzulegen. Zur Erstellung des HoQ 1 sind insgesamt zehn Schritte zu durchlaufen, die in Bild 8.17 angeführt sind.

Als Ergebnisse erhält man Vergleichsprofile verschiedener (auch konkurrierender) Lösungen, sowohl aus Kundensicht hinsichtlich der Erfüllung von Kundenwünschen als auch aus technischer Sicht hinsichtlich der Bedeutung und Wichtigkeit der „technischen Merkmale“ (Eigenschaften der Lösung) für die Erfüllung der Kundenwünsche. Daraus können Zielwerte für die „technischen Merkmale“ von Lösungen abgeleitet werden, um die Kundenwünsche möglichst treffsicher zu erfüllen.

Bild 8.17 Produktplanung im House of Quality I (nach DGQ 2001, Saatweber 1997, Punz 2011)

8.3.4 Steuerungsmaßnahmen für die Entwicklung

Die Norm verlangt in diesem Abschnitt, dass die Organisation im Entwicklungsprozess Kontrollmechanismen zur Bewertung, Verifikation und Validierung der Entwicklungsergebnisse vorsieht. Dazu sind die angestrebten Ergebnisse zu definieren und Überprüfungen (Reviews) durchzuführen, mit denen bewertet wird, inwieweit die Ergebnisse des Entwicklungsprozesses (die „aktuelle Lösung", der aktuelle Stand der Lösung) in der Lage sind, die Anforderungen zu erfüllen. Aus den Reviews sind notwendige Maßnahmen abzuleiten.

In diesem Abschnitt sind drei Konzepte zusammengefasst, die in der Ausgabe 2008 in eigenen Anforderungsabschnitten behandelt wurden: Das Thema „Entwicklungsbewertungen" (bzw. -prüfungen), die „Entwicklungsverifizierung" und die „Entwicklungsvalidierung". Damit ist auch der Inhalt dieses Abschnitts schon zu einem guten Teil beschrieben. Alle drei Themen werden auch jetzt wieder behandelt, wenn auch in gestraffter Form (Bild 8.18).

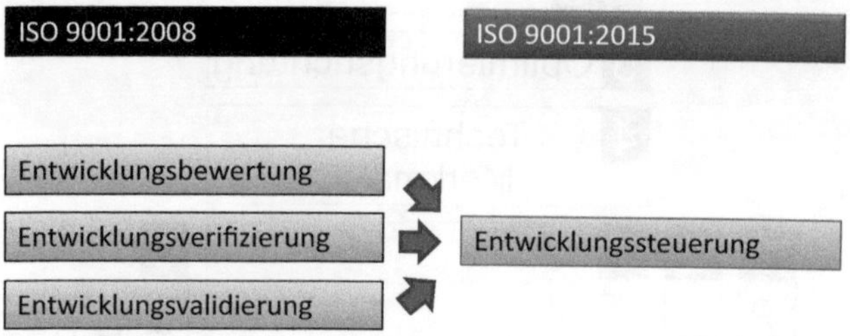

Bild 8.18 Drei Konzepte zur Entwicklungssteuerung

Alle drei Anforderungen tragen dazu bei, dass die angestrebten Ergebnisse der Entwicklung erreicht werden. Entwicklungsbewertungen/-prüfungen geben ein Urteil, inwieweit die Entwicklungstätigkeiten der Planung entsprechen und inwieweit die Entwicklungsergebnisse in der Lage sind, die gestellten Anforderungen zu erfüllen. Anzahl und Umfang derartiger Reviews hängen von der Komplexität der Entwicklungsaufgabe bzw. des Entwicklungsprojekts ab. Die Norm macht dazu keine konkreten Vorgaben. Verpflichtend sind weiterhin die Verifizierung und die Validierung der Entwicklungsergebnisse. Die Verifizierung überprüft, ob die Entwicklungsergebnisse die in den Entwicklungseingaben spezifizierten Anforderungen erfüllen. Die Validierung überprüft, ob die entwickelten Produkte und Dienstleistungen gebrauchstauglich sind.

Verifikation betrifft somit die formale Überprüfung der Einhaltung spezifizierter Anforderungen (Entwicklungseingaben), während sich die Validierung auf den Einsatz (Anwendung, Gebrauch, (sichere) Nutzung bzw. Inanspruchnahme usw.) des Produkts bzw. der Dienstleistung bezieht. Das heißt: Bei der Validierung betrachtet man nicht mehr bloß Zeichnungen, Maßprotokolle, spezifizierte Kennlinien, Einzeltests oder ein Konzept, sondern einen Prototypen, eine Pilotdurchführung, einen Betatest, ein Muster oder bei Dienstleistungen ein Training oder eine „Generalprobe" etc., um nachzuweisen, dass die Lösung insgesamt für den vorgesehenen Einsatz (Anwendung, Nutzung, Gebrauch) geeignet ist. Validierung geht somit über Verifikation hinaus, da die spezifizierten Anforderungen falsch oder unzulänglich sein können und ihre Einhaltung damit noch kein Garant dafür ist, dass das Produkt bzw. die Dienstleistung für den vorgesehenen Zweck oder Einsatz geeignet ist.

Zusätzlich wird auch noch im Rahmen der Entwicklungssteuerung gefordert, dass die zu erzielenden Ergebnisse definiert sind. Das ist deswegen wichtig, weil sich in der Entwicklung auch Eigenschaften von Produkten und Dienstleistungen, bzw. die gewünschten Ergebnisse der Entwicklung durch vorangegangene Ergebnisse verändern können. Deswegen muss auch überprüft werden, ob der Zielrahmen immer noch stimmt und klar definiert ist.

Darüber hinaus wird verlangt, dass über diese Tätigkeiten dokumentierte Information aufbewahrt wird. Eine Dokumentation der Begründungen für die getroffenen Entscheidungen bzw. gesetzten Maßnahmen ist nicht explizit gefordert, aber zu empfehlen, weil sich daraus die Begründung für die schließlich gewählte(n) Lösungsvariante(n) ergibt (siehe dazu auch Abschnitt 8.3.5).

Änderungen im Vergleich zu ISO 9001:2008

Neu: 20 bis 40 %

Die textlichen Änderungen sind zwar größer, aber für Anwender hat sich in diesem Bereich wenig geändert. Die Anforderungen sind kompakter formuliert und Details zur Durchführung von Entwicklungsprüfungen fehlen, insbesondere wie das Team zusammengesetzt sein muss. Das Thema „Review der Ziele“ ist neu dazugekommen.

Methodenbeispiele

Die in Abschnitt 8.3.2 vorgestellte Entwicklungsmethodik aus der VDI 2221 (VDI 1993) beinhaltet nach allen Teilphasen immer wieder Abfragen in Bezug auf die Erfüllung von Anforderungen bzw. zu den Eigenschaften der „aktuellen Lösung“ (z. B. zum Lösungskonzept, Entwurf, Gesamtentwurf in der VDI 2221).

Es geht dabei vor allem darum, durch Analyse, Bewertung und geeignete Maßnahmen sicherzustellen, dass die Abweichung („gap“) zwischen den Anforderungen und Eigenschaften der Lösung geschlossen wird. Dieser Vorgang bedeutet eine Regelschleife, die genau den Anforderungen der Norm nach geeigneten Kontrollmechanismen und Maßnahmen entspricht. In der VDI 2206 (VDI 2004) wird dieser Vorgang als Eigenschaftsabsicherung bezeichnet.

Es ist dabei nicht sinnvoll, die Frage zu stellen, ob die „aktuelle Lösung“ die Anforderungen erfüllt, weil sich dies erst viel später, möglicherweise erst nach dem Verkauf des Produkts bzw. der Dienstleistung herausstellt. Es macht daher viel mehr Sinn, nach dem Gegenteil zu fragen, also nach Inkonsistenzen der „aktuellen Lösung“ mit den Anforderungen. Positiv formuliert, bedeutet dies, danach zu fragen, wie hoch die Chancen der „aktuellen Lösung“ stehen, die Anforderungen zu erfüllen. Genau so ist in der Norm die Frage für die Durchführung der Reviews auch formuliert. Hundertprozentige Sicherheit bezüglich der Erfüllung der Anforderungen kann es für wirklich neue Produkte in der Phase der Entwicklung nicht geben. Denn es kann immer noch sein, dass ein vielversprechendes Lösungskonzept aufgrund von unerwarteten Detailproblemen, die sich erst später herausstellen, wieder verworfen werden muss.

Die Abfragen am Ende der Prozessbausteine des Entwicklungsprozesses sollen möglichst so formuliert werden, dass aus den Antworten folgt, welche Prozessbausteine als nächste durchgeführt werden sollen (nach vorne oder zurück springen). Daher sollten diese Abfragen von der Organisation gut überlegt werden. Auf den iterativen Charakter von Produktentwicklungsprozessen wurde bereits in Abschnitt 8.3.2 hingewiesen.

Zur Eigenschaftsabsicherung stehen zahlreiche rechnerunterstützte Methoden zur Verfügung. Mathematische Modellbildung und rechnerunterstützte Simulation stellen unverzichtbare Methoden dar, für deren Anwendung zahlreiche, hoch entwickelte Software-Werkzeuge zur Verfügung stehen. Dennoch muss für bestimmte Aufgaben auf Versuche mit physikalischen Modellen (Prototypen) zurückgegriffen werden.

Auch die Kombination beider Methoden kann in vielen Fällen zum Ziel führen. Als Methoden sollen hier die experimentelle Modellbildung, Hardware-in-the-Loop (HIL), Software-in-the-Loop (SIL), Virtuelle Inbetriebnahme (VIBN) genannt werden (siehe Vajna u. a. 2009).

Bei der experimentellen Modellbildung werden maßstäbliche physikalische (materielle) Modelle zur Durchführung von Experimenten und Messungen genutzt, um daraus Rückschlüsse auf das Original zu ziehen.

HIL ist eine Methode zum Testen und Absichern von eingebetteten Systemen (z. B. realer elektronischer Steuergeräte oder realer mechatronischer Komponenten). Dazu wird das eingebettete System über seine Ein- und Ausgänge mit einem HIL-Simulator, einer Nachbildung der realen Umgebung des Systems, gekoppelt. Dadurch wird der Regelkreis für das eingebettete System geschlossen. Auf diese Weise kann das eingebettete System bereits während der Entwicklung sowie zur vorzeitigen Inbetriebnahme von Maschinen und Anlagen getestet und abgesichert werden (siehe Vajna u. a. 2009).

Zum Unterschied zur HIL-Simulation wird bei Software-in-the-Loop-Modellen (SIL) die zu entwickelnde Software mit einem mathematischen Modell für den Prozess, für den die Software entwickelt wird, in einer gemeinsamen Simulationsumgebung gekoppelt. Die Simulation muss dabei nicht in Echtzeit erfolgen. Damit kann der Funktionstest für die neue Software unter realistischen Bedingungen durchgeführt werden. HIL und SIL dienen zum systematischen, zum Teil sogar automatisierten Testen von Hardware bzw. Software bereits während der Entwicklung.

Die Virtuelle Inbetriebnahme (VIBN) dient der Modellierung und Simulation von Prozessen in Maschinen, Anlagen oder gesamten Fabriken, um bereits in frühen Entwicklungsphasen Fehler (z. B. Kollisionen) zu entdecken und Optimierungen durchzuführen. Basis ist dafür eine möglichst realitätsnahe 3D-Simulation der beteiligten Einrichtungen (z. B. Roboter, Transportsysteme usw.) einschließlich ihrer Automatisierungssysteme (Sensoren, Aktuatoren, Steuerungssoftware), mit denen Bewegungen, Materialflüsse usw. realitätsnah nachgebildet werden können.

Zur Überprüfung, ob bzw. wie gut spezifizierte Anforderungen erfüllt werden, sollten aussagekräftige Prüfsituationen bzw. Tests definiert werden. Solche Tests können einerseits virtuell, das heißt durch Modellbildung und Simulation am Rechner, durchgeführt werden, andererseits können dazu auch physische bzw. materielle Testaufbauten und Kombinationen aus virtuellen und physischen Modellen verwendet werden. Die Messergebnisse von physischen Testaufbauten können wiederum dazu verwendet werden, die beim virtuellen Testen verwendeten Modelle zu prüfen und zu verbessern (verifizieren, validieren, kalibrieren). Durch diese Kombination kann wichtiges Wissen über die Produkte und Dienstleistungen erworben werden (siehe z. B. Lindemann 2009, Vajna u. a. 2009).

8.3.5 Entwicklungsergebnisse

Die Entwicklungsergebnisse definieren, was die Organisation herstellen oder leisten wird, um die definierten Anforderungen zu erfüllen. Dazu müssen alle Informationen, Kompetenzen und Ressourcen erarbeitet bzw. bereitgestellt werden, die notwendig sind, um die in den Entwicklungseingaben spezifizierten Anforderungen zu erfüllen (Verifikation) und sicherzustellen, dass das Produkt bzw. die Dienstleistung entsprechend dem vorgesehenen Verwendungszweck genutzt bzw. erbracht werden kann (Validierung).

Entwicklungsergebnisse können somit unterschiedlichste Formen annehmen: Anforderungslisten, Lastenhefte, Pflichtenhefte, zu erfüllende Nebenbedingungen, einzuhaltende Grenzwerte, Funktionsbeschreibungen, Dienstleistungsbeschreibungen, Lösungskonzepte, prinzipielle Lösungen, Layouts, Schemata, Flussdiagramme, Vorentwürfe, Gesamtentwürfe, mathematische oder physikalische Modelle, Simulationsergebnisse, Auslegungsberechnungen, Nachrechnungen, Optimierungsrechnungen, Versuchsergebnisse, Verfahrensvorschriften, einzuhaltende Regeln, Konstruktionszeichnungen, Materialspezifikationen, Schaltpläne, Produktionspläne, Installationsanweisungen, Verpackungs- und Etikettenspezifikationen, Transportanweisungen, Montageanleitungen, Gebrauchs- und Nutzungsangaben, Wartungsanleitungen, Software, Prototypen, Prüfvorschriften, zu absolvierende Tests, Testergebnisse, Prüfprotokolle etc. (siehe Bild 8.15). Es wird sich aber immer um dokumentierte Information handeln.

Unabhängig davon, welches Format und welchen Inhalt diese Ergebnisse haben, gibt es einige Anforderungen, die aus Sicht der ISO 9001:2015 für alle Organisationen zu beachten sind. Die Norm verlangt in diesem Abschnitt von der Organisation sicherzustellen,

- ... dass die Entwicklungsergebnisse die Anforderungen aus den Entwicklungseingaben erfüllen.
  Dies betrifft vor allem die Funktionalität und Leistungsfähigkeit der Produkte bzw. Dienstleistungen sowie die Einhaltung der Nebenbedingungen, relevanten gesetzlichen Vorschriften, Normen usw. und wird im Rahmen der Entwicklungssteuerung (Bewertung, Verifikation und Validierung, Eigenschaftsabsicherung) überprüft (vgl. Abschnitt 8.3.4).
- ... dass die Entwicklungsergebnisse für die nachfolgenden Prozesse zur Herstellung des Produkts (Produktion) bzw. für die Erbringung der Dienstleistung geeignet sind.
  Dies ist in vielen Organisationen eine kritische Schnittstelle, weil man oft in der Entwicklung primär auf das Produkt bzw. auf die Dienstleistung selbst fokussiert ist,

aber zahlreiche andere Informationen oft unzureichend bedacht werden, die für alle nachfolgenden Lebensphasen des Produkts bzw. der Dienstleistung erforderlich sind.

- ... dass die Entwicklungsergebnisse Anforderungen an die Überwachung und Messung, soweit zutreffend, sowie Annahmekriterien enthalten oder auf solche verweisen.
  Was ist ein akzeptierbares Produkt oder eine akzeptierbare Dienstleistung? Diese Frage kann geforderte Mindestwerte, Toleranzangaben (in Form von Nennwerten und zulässigen positiven und negativen Abweichungen z. B. für geometrische Eigenschaften, Materialeigenschaften, Blutwerte), Kennzahlen für Dienstleistungen (KPI), Bewertungsergebnisse von ästhetischen oder ergonomischen Eigenschaften etc. umfassen. Die Natur des Produkts bzw. der Dienstleistung bestimmt diese Kriterien, weshalb sie in geeigneter Weise (aussagekräftig, zweckdienlich, treffsicher) zu wählen und festzulegen sind.
- ... dass die Organisation sicherstellt, dass durch die Entwicklungsergebnisse die Eigenschaften festgelegt sind, die für den vorgesehenen Zweck sowie für einen sicheren und ordnungsgemäßen Gebrauch der Produkte und Dienstleistungen maßgeblich sind.
  Die Entwicklungsergebnisse sind daher so auszuwählen, zu definieren und zu gestalten, dass durch ihre Erarbeitung und Überprüfung genau jene Eigenschaften der Lösung (Produkt, Dienstleistung) erfasst werden, die für den vorgesehenen Verwendungszweck sowie für die sichere und ordnungsgemäße Bereitstellung des Produkts bzw. der Dienstleistung auch wirklich maßgeblich sind. Diese Forderung richtet sich an die Relevanz der Überprüfung der Entwicklungsergebnisse und bedeutet, dass die Validierung der Entwicklungsergebnisse alle maßgeblichen Eigenschaften erfassen muss, also entsprechend vollständig und aussagekräftig sein muss (vgl. Abschnitt 8.3.4).

Änderungen im Vergleich zu ISO 9001:2008

Neu: 0 bis 20 %

Dieser Abschnitt ist weitgehend unverändert. Formulierungen wurden aktualisiert

Umsetzung

Die Forderungen dieses Abschnittes verlangen, dass sich die Organisation genau überlegt, welche Entwicklungsergebnisse im Detail erforderlich sind und wie sie überprüft werden können (siehe Abschnitt 8.3.4). Sie richten sich nicht nur an die Entwicklungsergebnisse selbst, sondern vor allem auch an deren angemessene Auswahl, Relevanz, Festlegung und Überprüfung bzw. Überprüfbarkeit. Besondere Bedeutung kommt der Auswahl der Entwicklungsergebnisse im Hinblick auf folgende Kriterien zu:

- Relevanz bezüglich der Erfüllung der in den Entwicklungseingaben spezifizierten Anforderungen (Verifikation),
- Relevanz bezüglich einer dem Verwendungszweck entsprechenden Nutzung des Produkts bzw. einer der Zielsetzung entsprechenden Erbringung der Dienstleistung (Validierung),

- Relevanz der festgelegten Überprüfungen der Entwicklungsergebnisse und der damit verbundenen, zu definierenden Annahmekriterien,
- Angemessenheit (Bedeutung, Vollständigkeit, Aussagekraft, Relevanz usw.) der festgelegten Entwicklungsergebnisse für die sichere und ordnungsgemäße Bereitstellung des Produkts bzw. der Dienstleistung unter Berücksichtigung aller vor- und nachfolgenden Prozesse (Betrachtung des gesamten Lebenszyklus).

Die Organisation muss sich daher überlegen, wie sie die Entwicklungsergebnisse einschließlich deren Überprüfungen für die konkrete Entwicklungstätigkeit am besten auswählt, strukturiert, gestaltet und spezifiziert. Dadurch soll eine möglichst aussagekräftige, treffsichere Überprüfung der Entwicklungsergebnisse sowohl im Hinblick auf die spezifizierten Anforderungen (Verifikation), aber auch bezüglich Verwendungszweck und Bereitstellung des Produkts bzw. der Dienstleistung (Validierung) ermöglicht werden. Dies bedeutet, dass die Auswahl der Entwicklungsergebnisse alle maßgeblichen Eigenschaften betreffen muss (Eigenschaftsabsicherung). Ebenso müssen die spezifizierten Überprüfungen, z. B. Reviews, Messungen, (Annahme-)Tests sicherstellen, dass mit ihnen eine Bewertung dieser maßgeblichen Eigenschaften möglich ist.

Darüber hinaus müssen die Entwicklungsergebnisse auch alle Informationen enthalten, die für die verschiedenen, vor- und nachfolgenden Phasen des Produktlebenszyklus benötigt werden. Dies betrifft also nicht nur die Informationen, die das Produkt bzw. die Dienstleistung selbst beschreiben, sondern auch all jene Informationen, die erforderlich sind, um das Produkt herzustellen, zu montieren, in Betrieb zu nehmen, zu betreiben, zu warten, zu entsorgen usw. bzw. um die Dienstleistung in all ihren Varianten mit all den dafür notwendigen Tätigkeiten, Hilfsmitteln, einzuhaltenden Regeln, Vorschriften, Entscheidungen, Verantwortungen, Konsequenzen usw. tatsächlich zu erbringen. Zeitgemäße Entwicklungsmethoden (siehe Abschnitt 8.3.2) haben daher den gesamten Produktlebenszyklus im Auge, was ebenso für einen angemessenen Entwicklungsprozess gelten muss.

Durch die Erarbeitung der Entwicklungsergebnisse muss sichergestellt werden, dass alle Informationen, Kompetenzen und Ressourcen verfügbar gemacht werden, die notwendig sind, um die Anforderungen an das Produkt bzw. an die Dienstleistung tatsächlich zu erfüllen (siehe Abschnitt 8.3.1).

Die dokumentierten Informationen sind einerseits als Mitteilungsinstrument notwendig, um anderen Beteiligten am Lebenszyklus des Produkts bzw. der Dienstleistung die für sie erforderlichen Informationen zur Verfügung zu stellen. Sie dienen damit auch als wichtige Schnittstellen zwischen verschiedensten interessierten Parteien sowie zwischen den verschiedenen Phasen des Lebenszyklus.

Die dokumentierten Informationen über alle im Zuge der Entwicklung erdachten einschließlich aller wieder verworfenen Lösungen stellen aber auch eine Wissensquelle für nachfolgende, ähnlich gelagerte Projekte oder zumindest für ähnlich gelagerte Teilaufgaben dar.

Die Auswahl der am Ende gewählten Lösung, einschließlich aller Varianten davon, erfolgt in der Regel erst, nachdem zahlreiche andere Lösungsansätze und -varianten zugunsten der verbliebenen, gewählten Lösung verworfen wurden. Bis dahin ist oft eine

Fülle von Synthese-, Analyse-, Bewertungs- und Entscheidungsschritten notwendig (siehe Bild 8.13).

Die verworfenen Lösungen, ihre Analyse, Bewertung sowie die getroffenen Entscheidungen einschließlich deren Begründungen bilden einen Fundus an Argumenten und damit die Rechtfertigung für die gewählte Lösung, denn vor allem aus den Begründungen für die Entscheidungen geht ja hervor, warum die final gewählte Lösung als die aussichtsreichste und in diesem Sinne „beste" Lösung hervorgegangen ist.

Die Dokumentation und Begründung dieser Entscheidungen („Design Rationale") bietet damit auch für Akquisition und Vertrieb eine Fülle von Vorteilsargumenten für die schlussendlich gewählte Lösung, weil ja alle verworfenen Lösungen Nachteile gegenüber der gewählten Lösung aufweisen. Aus den Vorteilen der eigenen Lösung in Verbindung mit den Nachteilen der (oft zahlreichen) verworfenen Lösungen ergeben sich wichtige Alleinstellungsmerkmale (USPs = Unique Selling Propositions) für die gewählte Lösung.

Die zentrale Frage dazu lautet: Warum sieht unsere Lösung genauso aus und nicht anders?

Der wesentlich größere Teil der Arbeit zur Beantwortung dieser Frage liegt in ihrer zweiten Hälfte, nämlich in dem Zusatz „und nicht anders", denn dieser Teil der Frage bezieht sich ja auf alle verworfenen Lösungen. Der erste Teil der Frage hingegen bezieht sich nur auf eine einzige, nämlich auf die final gewählte Lösung, möglicherweise aber mit vielen Varianten.

Methodenbeispiele

Modelle in Form von mathematischen oder physikalischen Modellen, Tabellen, Kennlinien, Skizzen, Konstruktionszeichnungen aber auch in Form von Regeln stellen immer wichtigere Hilfsmittel dar, um das Wissen, das zur Bereitstellung eines Produkts oder einer Dienstleistung notwendig ist, zu erfassen und zu dokumentieren. Modelle werden daher oft auch als „containers of knowledge" bezeichnet.

Methoden des parametrischen Designs bis hin zu Produktkonfiguratoren, mit denen Varianten von Produkten in Abhängigkeit weniger Eingangsparameter (Führungsparameter) auf Basis vordefinierter Regeln und Beziehungen mehr oder weniger automatisch erstellt werden, sind in vielen großen und entwicklungsaffinen Unternehmen Realität (siehe Vajna u. a. 2009).

Durch die zunehmende Leistungsfähigkeit von Computern nimmt die Bedeutung von Modellierung und Simulation ständig zu. Dies betrifft nicht nur die Virtualisierung (Abbildung im Rechner) der Produkte und Dienstleistungen selbst, sondern die gesamte Wertschöpfungskette, also ebenso die Produktionsprozesse und -systeme, die Leistungen und Prozesse bei den Zulieferern und Kunden. Die zunehmende Vernetzung über das Internet fördert die Integration aller Beteiligten zu einem Wertschöpfungsnetzwerk. Dadurch werden sich auch neue Geschäftsmodelle für Produkte, vor allem aber für Dienstleistungen ergeben. Begriffe wie Industrie 4.0, Cyber-physische Systeme, Digitale Fabrik usw. tragen diesem Trend Rechnung.

8.3.6 Entwicklungsänderungen

Die Anforderungen in diesem Abschnitt der ISO 9001:2015 sind im Vergleich zur Ausgabe 2008 sehr offen gestaltet. Zu Umfang, Art der Dokumentation von Änderungen etc. werden keine konkreten Anforderungen gestellt. Die Kernanforderung lautet: Entwicklungsänderungen, die während oder nach der Entwicklung vorgenommen werden, müssen in dem Ausmaß gekennzeichnet, überprüft und überwacht werden, dass keine Beeinträchtigung der Konformität mit den aufrechten Anforderungen an die Entwicklung entstehen kann.

Diese Anforderungen sind also dann anzuwenden, wenn an den Produkten bzw. Dienstleistungen selbst Veränderungen vorgenommen werden (z. B. im Zuge des Entwicklungsprozesses oder später) oder sich Anforderungen an das Produkt bzw. an die Dienstleistung ändern (z. B. aufgrund veränderter Marktanforderungen, neuer Kundenwünsche oder Anforderungen interessierter Parteien). In diesen Fällen müssen unter Umständen viele der Tätigkeiten, die während der laufenden oder bereits abgeschlossenen Entwicklung durchgeführt wurden, wieder aufgenommen werden. Bei Änderungen ist es wichtig, die Auswirkungen dieser Änderungen auf andere Komponenten oder Bereiche zu betrachten. Auch dies ist Teil des risikobasierten Denkens. Die Norm ISO 9001:2015 spricht explizit nicht nur von Änderungen während der Entwicklung, sondern auch von Änderungen, die im Anschluss daran vorgenommen werden. Solche Änderungen betreffen zumindest die Entwicklungseingaben und -ergebnisse. Dies sind z. B. die klassischen „letzten Kundenwünsche" oder „Änderungen in letzter Minute". Bei diesen werden oft nicht ausreichend Wechselwirkungen betrachtet und mehr Schaden als Nutzen angerichtet oder die Dokumentation nicht sorgfältig nachgeführt.

Der Abschnitt enthält auch eine Anforderung für die Dokumentation von Entwicklungsänderungen.

Änderungen im Vergleich zu ISO 9001:2008

Neu: 20 bis 40 %

Die Anforderungen wurden wesentlich vereinfacht. Die Details zu „Kennzeichnung und Verifizierung, Validierung, Beurteilung von Auswirkungen auf Bestandteile und bereits gelieferte Produkte" sind nicht mehr enthalten. Sinngemäß umfassen die Anforderungen jedoch den gleichen Umfang.

Umsetzung

Zunächst soll die Frage behandelt werden, welche Arten von Änderungen von der ISO 9001 unter dem Begriff Entwicklungsänderungen adressiert und subsummiert werden.

Da es um Konformität von Produkten und Dienstleistungen mit den Anforderungen geht, handelt es sich dann um Entwicklungsänderungen, wenn Entwicklungseingaben oder Entwicklungsergebnisse verändert werden und dies unabhängig davon, ob die Entwicklungseingaben internen oder externen Ursprung haben bzw. ob die Entwicklungsergebnisse für interne oder externe Bedarfsträger bestimmt sind.

Die Norm schränkt die Entwicklungsänderungen aber nicht auf diese beiden Gruppen ein, sondern lässt offen, um welche Änderungen es sich darüber hinaus noch handeln könnte. Entwicklungsänderungen können damit auch geänderte Tätigkeiten, Verfahren, Methoden und Werkzeuge betreffen, mit denen bestimmte Entwicklungsergebnisse erarbeitet oder überprüft werden oder aus denen Änderungen an den Entwicklungsergebnissen resultieren (z. B. geänderte Prüf- oder Dokumentationsvorschriften).

Um Entwicklungsänderungen kann es sich daher auch dann handeln, wenn z. B. Werkzeuge oder Regeln zur Erarbeitung von Entwicklungsergebnissen, Herstellprozesse, Durchführungsbestimmungen für Dienstleistungen, Montageanleitungen, Nutzungsbestimmungen, Garantien, Entsorgungsvorschriften usw. geändert werden oder Entwicklungsergebnisse (dokumentierte Informationen) in geänderter Form bzw. mit geänderten Inhalten anfallen (erstellt werden). Damit können zusätzlich zur Entwicklungsphase von Produkten und Dienstleistungen auch alle anderen Phasen des Lebenszyklus Quellen für Entwicklungsänderungen sein.

Entwicklungsänderungen können darüber hinaus unterschiedliche Ursachen haben:

Während der Entwicklung resultieren Änderungen am häufigsten daraus, dass Anforderungen durch neue Informationen (Marktinformationen, geänderte externe oder interne Einflussfaktoren, Konkretisierung der Anforderungen usw.) geändert werden oder es sich herausstellt, dass bestimmte Anforderungen mit der „aktuellen Lösung" nicht erfüllt werden können (bezüglich der Ermittlung, Ursachen, Quellen, Gestaltung und Festlegung von Anforderungen vgl. auch die Ausführungen in den Abschnitten 8.2, 8.3.1, 8.3.2). Die „aktuelle Lösung" stellt dabei eine mehr oder weniger unvollständige Ausarbeitung der gesuchten Lösung für das Produkt bzw. für die Dienstleistung dar. Es kann sich dabei z.B. um ein Lösungskonzept, eine prinzipielle Lösung, einen Vorentwurf, Entwurf, Prototyp handeln (vgl. VDI 1993). Typisch ist dabei, dass die „aktuelle Lösung" noch nicht vollständig spezifiziert ist, also eine weitere Detaillierung bzw. Konkretisierung der Lösung durch weitere Ausarbeitungen (Syntheseschritte) noch aussteht. Im Zuge der Konkretisierung (Ausarbeitung) kann sich herausstellen, dass bestimmte Anforderungen mit der „aktuellen Lösung" nicht oder nur schlecht erfüllt werden können. Dies kann von vornherein nie völlig ausgeschlossen werden und erfordert dann eine Änderung der „aktuellen Lösung" oder aber auch der Anforderungen („Design of Requirements", siehe Abschnitt 8.3.3). Je später festgestellt wird, dass die „aktuelle Lösung" bestimmte Anforderungen nicht erfüllt, desto weiter muss möglicherweise in den Phasen des Entwicklungsprozesses zurückgesprungen werden (Iteration) und desto höher fallen in der Regel auch die Kosten für die Änderung aus.

Zahlreiche Untersuchungen belegen (siehe z.B. Pahl u.a. 2007, Lindemann 2009, Ehrlenspiel/Meerkamm 2013), dass die Kosten für die Entstehung eines Produkts oder einer Dienstleistung bis zu 85 Prozent bereits durch Produktidee, Produktkonzept, gewählte Lösung und deren Ausgestaltung im Detail festgelegt werden, obwohl bis dahin erst ca. 10 bis 20 Prozent der gesamten Kosten angefallen sind.

Dieser Zusammenhang kann aus Bild 8.19 abgelesen werden, in welchem der zeitliche Verlauf der bereits festgelegten Kosten im Vergleich zu den bis zum jeweiligen Zeitpunkt angefallenen Kosten schematisch dargestellt ist. Daraus ist zu erkennen, welch großen „Hebel" die Entwicklung und dabei insbesondere die „frühen Phasen" haben.

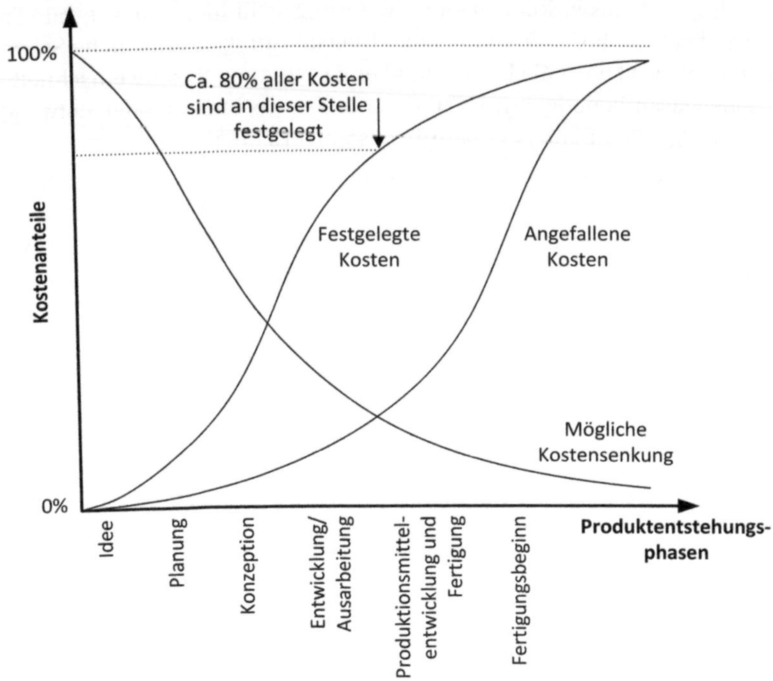

Bild 8.19 Bereits festgelegte Kosten und bis dahin angefallene Kosten, „Hebel" der Entwicklung, speziell der frühen Phasen (siehe z. B. Pahl u. a. 2007, Lindemann 2009, Ehrlenspiel/Meerkamm 2013)

Ziel der Entwicklungssteuerung muss es daher sein, möglichst frühzeitig zu erkennen, ob die „aktuelle Lösung" in der Lage ist, die spezifizierten Anforderungen zu erfüllen (vgl. die diesbezügliche Forderung aus Abschnitt 8.3.4), um ein Zurückspringen an den Anfang der Entwicklung zu vermeiden. Die Überprüfungen (Designreviews, Abfragen, Tests usw.) sollen daher so gewählt werden, dass mögliche Nichtkonformitäten mit den Anforderungen möglichst bald sichtbar werden, damit die Kosten für die notwendigen Änderungen (Non Conformance Costs, NCC) möglichst gering gehalten werden können.

Im Abschnitt 8.3.6 werden explizit auch die Änderungen angesprochen, die erst nach der Entwicklung erfolgen. Änderungen, deren Notwendigkeit erst nach dem Verkauf hoher Stückzahlen von Produkten bzw. erst nach hohen Frequenzen von Dienstleistungen erkannt wird, verursachen extrem hohe Kosten und nagen an der Substanz jedes Unternehmens. Zahlreiche Rückrufaktionen (nicht nur aus der Fahrzeugindustrie) belegen diese Dramatik.

Zur Durchführung von Änderungen bedarf es klarer Regeln, die in einem eigenen Änderungsprozess (Änderungsmanagement, Freigabemanagement) abgebildet werden sollten. Der Änderungsprozess muss erfassen, welche Quelle, welchen Anlass eine Änderung hat, von welchen interessierten Parteien sie kommt, von wem die Änderung zu bearbeiten ist, welche Auswirkungen die Änderung haben wird, welche Entwicklungsergebnisse davon betroffen sind, welche Phasen des Lebenszyklus und welche Personen davon betroffen sind und wer für die Freigabe der Änderung verantwortlich ist.

Die Beurteilung aller Auswirkungen einer Änderung stellt hier eine zentrale Frage dar, die besonders bei komplexen Produkten und Dienstleistungen erhebliche Schwierigkeiten bereiten kann, weil dazu die Übersicht über das gesamte System einschließlich aller seiner Lebensphasen benötigt wird. Daher kann es zweckmäßig oder notwendig sein, für derartige Aufgaben interdisziplinäre Teams einzurichten.

Änderungsprozesse können meist mit Rechnerunterstützung durchgeführt werden, indem in den dafür zuständigen Managementsystemen (z. B. EDM/PDM-Systeme, PLM-Systeme) geeignete Arbeitsabläufe (Workflows) definiert werden. Funktionen wie Änderungsmanagement, Freigabemanagement, Dokumentenmanagement usw. unterstützen den Änderungsprozess.

■ 8.4 Steuerung von extern bereitgestellten Prozessen, Produkten und Dienstleistungen

Manfred Merten, Johann Russegger

Dieser Abschnitt stellt den neuen Zugang zum Thema „Beschaffung“ dar. Es wird nicht mehr bloß von der Qualifizierung und laufenden Bewertung von Lieferanten gesprochen, sondern sämtliche externen Anbieter, die für die eigene Produkt- bzw. Leistungsqualität relevante „Beiträge“ leisten, müssen hinsichtlich ihrer Qualitätsfähigkeit überwacht werden.

8.4.1 Allgemeines

Der Abschnitt 8.4.1 beschreibt, was unter dem Begriff „externe Bereitstellung“ zu verstehen ist, und gibt allgemeine Anforderungen dazu.

Konkret werden dabei drei Fälle beschrieben:

- Externe Anbieter liefern Produkte und Dienstleistungen, die für die Integration in die organisationseigenen Produkte und Dienstleistungen vorgesehen sind.
  Dies ist die klassische Beschaffung: Ein Zulieferteil wird beschafft, in das Produkt der Organisation integriert und die Organisation liefert dann das fertige Produkt (inklusive Zulieferteil) an den Kunden.
- Produkte und Dienstleistungen werden den Kunden direkt durch externe Anbieter im Auftrag der Organisation bereitgestellt.
  Hier geht es um Produkte und Leistungen, für die der Kunde die Organisation beauftragt hat, die aber durch Dritte erbracht werden.
- Ein Prozess oder ein Teilprozess wird infolge einer Entscheidung durch die Organisation von einem externen Anbieter bereitgestellt.
  Hier sind die outgesourcten Prozesse dargestellt.

Diese drei Fälle sind nicht klar abzugrenzen, sondern überlappen sich (je nachdem, wie die Details der vertraglichen Regelungen aussehen). Entsprechend führen wir Beispiele auch in mehreren Kategorien an.

Externe Anbieter stellen Teilleistungen bzw. Produktteile bereit, die im Anschluss in der eigenen Organisation mit den eigenen Leistungen bzw. Produkten zusammengeführt werden und als Gesamtes den Kunden der Organisation angeboten bzw. bereitgestellt werden. Bei einem Produktionsbetrieb können dies z. B. zugekaufte Baugruppen, die in einem Gerät verbaut werden oder eine ausgelagerte Oberflächenbehandlung wie Verzinken, Verchromen, Lackieren sein. Bei einem Anlagenbauer könnten das alle zugekauften Anlagekomponenten aber auch zugekaufte Hochbau- oder Tiefbauarbeiten sein. Im Dienstleistungsbereich wären dies beispielsweise wissensbasierte Dienstleistungen wie Marketing, Public Relations, IT, Unternehmensberatung, Einkaufsgemeinschaften etc., die in direkter Kooperation oder mit Netzwerkpartnern ein gemeinsames Leistungspaket ergeben. In vielen Branchen ist es üblich, von professionellen Anbietern Personal bereitstellen zu lassen, welches gemeinsam mit dem Personal der Organisation Produkte bzw. Dienstleistungen realisiert und dem Kunden bereitstellt.

Externe Anbieter können jedoch auch Leistungen direkt beim Kunden erbringen. Auch diese Leistungen sind Leistungen der Organisation, wenn sie im Leistungsvolumen des Auftrags enthalten sind. Typische Beispiele sind Wartungsarbeiten, Energiecontracting, Callcenter, Security, Reinigung, Flottenmanagement, Spedition. Bei Anlagenbauern können auch zugekaufte Hoch- und Tiefbauarbeiten darunter fallen. In diesen Fällen sind die gleichen Maßstäbe zur Kontrolle anzulegen, da der Kunde das Gesamtergebnis bewertet und diese Leistungen Teil der von der Organisation angebotenen Leistungen sind.

Die Organisation trifft die Entscheidung, einzelne Prozesse bzw. Funktionen auszugliedern, also Prozesse, Teilprozesse oder Funktionen von einem externen Anbieter bereitstellen zu lassen. Dies stellt die klassische Subunternehmerfunktion dar, wie sie beispielsweise im Hoch-und Tief-, im Anlagenbau sowie im Baunebengewerbe (somit alle Arten von Handwerksbetrieben) sehr häufig zur Anwendung gelangt. Beispiele für outgesourcte Dienstleistungen wären Callcenter, Online Marketing, Lohnfertigung z. B. im Textilbereich. Auch bei den wissensbasierten Dienstleistungen (Steuerberatung, Wirtschaftsprüfung, Marktforschung, Marketing, Public Relations, IT, Human Resource Management, Sicherheitsfachkraft, Innovationsmanagement etc.) werden Prozesse oder Prozessteile von einem externen Dienstleister bereitgestellt.

In allen beschriebenen Fällen muss die Organisation entsprechende geeignete und aussagefähige Kriterien definieren, die im Rahmen der Beurteilung, Auswahl, Überwachung der Leistung sowie einer notwendigen Neubeurteilung eine verlässliche Aussage über die Fähigkeit des betreffenden externen Anbieters ermöglicht, sämtliche Prozesse, Produkte bzw. Dienstleistungen anforderungskonform bereitstellen zu können.

Alle diesbezüglichen Daten bzw. Informationen müssen von der Organisation aufbewahrt werden.

Änderungen im Vergleich zu ISO 9001:2008

Neu: 20 bis 40 %

Eine bedeutende Änderung der ISO 9001:2015 besteht darin, dass die gesamte externe Wertschöpfung, inklusive der ausgelagerten Leistungsprozesse im Punkt 8.4, zusammengeführt sind. Dies ermöglicht eine gebündelte Betrachtung, welche Leistungsanteile im eigenen Unternehmen zu erbringen sind und welche Leistungsanteile von externen Organisationen erbracht werden.

Umsetzung

Dieser Abschnitt beinhaltet neben der Festlegung, was im Sinne der externen Bereitstellung umfasst wird, die Anforderungen für die Definition von Kriterien zur Bewertung, Auswahl, Leistungsüberwachung und erneuten Bewerten dieser externen Anbieter. In der Praxis sind diese Bewertungen und Überwachungen in den Prozess des Lieferantenmanagements eingebettet. Dieser enthält auch noch die Suche, Auswahl, die Lieferantenentwicklung/Partnerentwicklung etc. Die Lieferantenbeurteilung wird damit meist zu einem laufenden Prozess.

Je nach Unternehmen, kann dieser unterschiedliche Ausprägungen annehmen. Ein Beispiel für eine Bewertungsmatrix ist in Bild 8.20 dargestellt. Die Kriterien können dabei unterschiedlich sein, abhängig von den Produkten und Dienstleistungen, von einer regionalen oder globalen Ausrichtung der Beschaffung etc. So werden sich die Kriterien stark unterscheiden, abhängig davon, ob man beispielsweise eine Ölplattform, eine Beratungsdienstleistung oder Verbrauchsgüter beschafft. Entsprechend wird auch die verwendete Methodik unterschiedliche Ausprägungen annehmen.

Oft gefragt – FAQs

Wie erfolgt die Dokumentation der Leistungsfähigkeit und Neubeurteilung der externen Bereitstellung der Waren und Dienstleistungen?

Die Bewertungen und Überwachungen von externen Bereitstellern sind zu dokumentieren. Das Ausmaß der Steuerungselemente (Bewertungen, Analysen, Lieferantenaudits etc.) kann entsprechend der bestehenden Risiken unterschiedlich sein. Dies gilt sowohl für Lieferanten wie auch für ausgelagerte Prozesse.

In welchem Ausmaß muss die Organisation dokumentierte Informationen für externe Bereitstellungen bezogen auf Prozesse, Kompetenz des Personals und der Leistung nachweisen?

Das Ausmaß hängt sehr stark von der Organisation, den externen Bereitstellern und speziell auch davon ab, wie qualitätskritisch das gelieferte Produkt bzw. der ausgelagerte Prozess ist.

Welche Forderungen gibt es zur Lieferantenentwicklung?

Lieferantenentwicklung war keine Forderung in der ISO 9001:2008 und wird auch nicht von der ISO 9001:2015 gefordert. Jedoch, erst wenn Auswahl, Entwicklung und Bewertung prozessual schlüssig sind, macht das Sinn für die Organisation als Ganzes.

Bereich:

Lieferantenbewertung

Lieferant: ABC GmbH

Gew.	Kategorie	Gew.	Bewertungskriterium	100%	70%	40%	0%
1		1					
0,05	Unternehmen & Prozesse	0,1	ISO 9001-Zertifizierung	☑ gut	☐ befriedigend	☐ kritisch	☐ nicht akzeptabel
		0,3	Einhaltung von Lieferterminen	☐ gut	☑ befriedigend	☐ kritisch	☐ nicht akzeptabel
		0,2	Frühzeitige Informationen bei Änderungen	☐ gut	☑ befriedigend	☐ kritisch	☐ nicht akzeptabel
		0,2	Störungsfreier Ablauf von Routineprozessen	☐ gut	☑ befriedigend	☐ kritisch	☐ nicht akzeptabel
		0,2	Reaktionsschnelligkeit bei Anfragen und Rückfragen	☐ gut	☑ befriedigend	☐ kritisch	☐ nicht akzeptabel
		1					
0,15	Preis	0,4	Preisniveau	☑ gut	☐ befriedigend	☐ kritisch	☐ nicht akzeptabel
		0,2	Preisentwicklung	☑ gut	☐ befriedigend	☐ kritisch	☐ nicht akzeptabel
		0,4	Preis-Leistungsverhältnis	☑ gut	☐ befriedigend	☐ kritisch	☐ nicht akzeptabel
		1					
0,45	Produktqualität	0,3	Einhaltung der Produktanforderungen	☐ gut	☑ befriedigend	☐ kritisch	☐ nicht akzeptabel
		0,3	Produktzuverlässigkeit	☐ gut	☐ befriedigend	☑ kritisch	☐ nicht akzeptabel
		0,2	geringe Reklamationshäufigkeit	☐ gut	☑ befriedigend	☐ kritisch	☐ nicht akzeptabel
		0,2	Reklamationsabwicklung	☐ gut	☑ befriedigend	☐ kritisch	☐ nicht akzeptabel
		1					
0,25	Lieferung	0,4	Termintreue	☐ gut	☐ befriedigend	☑ kritisch	☐ nicht akzeptabel
		0,2	Mengentreue	☐ gut	☑ befriedigend	☐ kritisch	☐ nicht akzeptabel
		0,2	Einhaltung von Versandanforderungen	☐ gut	☑ befriedigend	☐ kritisch	☐ nicht akzeptabel
		0,1	Lieferlogistik	☐ gut	☑ befriedigend	☐ kritisch	☐ nicht akzeptabel
		0,1	Transport- und Versandkosten	☐ gut	☑ befriedigend	☐ kritisch	☐ nicht akzeptabel
		1					
0,1	Vertragliche Beziehungen	0,7	Kostentransparenz des Herstellers	☐ gut	☑ befriedigend	☐ kritisch	☐ nicht akzeptabel
			Vertragsbedingungen	☐ gut	☑ befriedigend	☐ kritisch	☐ nicht akzeptabel
		0,3	Rechtssicherheit				

Gewichtungen können nach Bedarf verändert werden. Dabei ist zu beachten, dass die Summe der Kategorie und die Summe der Kriterien immer 1 ergeben muß. Die Bewertungsklassifikation "%" kann ebenfalls bei Bedarf verändert werden (grauschattierte Felder).

Anleitung: Bewertung durch "ANKLICKEN" im Kontrollkäschen durchführen. Nur eine Bewertung pro Kriterium durchführen (pro Reihe).

Gesamt Ergebnis

67,6%

!! Makros müssen aktiviert sein !!

Bild 8.20 Beispiel eines Kriterienkatalogs für die Bewertung von externen Anbietern

Gelten diese Forderungen auch innerhalb einer Unternehmensgruppe bzw. eines Konzerns?

Die Norm unterscheidet nicht, ob es eigentümerbezogene Verflechtungen jeglicher Art gibt oder nicht. Daher ist davon auszugehen, dass jede Organisation entsprechend dem definierten Anwendungsbereich für sich im Sinne des Punktes 8.4 dieser Norm zu handeln hat. Dies gilt auch dann, wenn es Überschneidungen im Rahmen des Managements gibt.

8.4.2 Art und Umfang der Steuerung

Die Norm fordert, dass extern bereitgestellte Produkte und Dienstleistungen die Fähigkeit der Organisation, ihren Kunden fortlaufend konforme Produkte und Dienstleistungen zu liefern, nicht nachteilig beeinflussen. In der ISO 9001:2008 war noch gefordert, dass die beschafften Produkte den spezifizierten Anforderungen entsprechen. Diese neue Sichtweise wird nun erweitert: Es geht es um beschaffte Produkte und um ausgelagerte Prozesse (vgl. Abschnitt 8.4.1) sowie alle Eigenschaften, die sich negativ auf das Produkt/die Dienstleistung auswirken können.

Das bedeutet für die Praxis, dass der Verweis auf schlechte Zulieferqualität noch mehr an Bedeutung verliert, da **die Organisation gegenüber ihren Kunden die Gesamtverantwortung** der erbrachten Leistungen und Lieferungen viel stärker als bisher entsprechend dieser Norm **nachweisen muss**.

Unabhängig von der Art der „externen Anbieter" muss die Organisation sowohl die Art der Maßnahmen zur Steuerung festlegen, die sie beabsichtigt, für externe Anbieter anzuwenden, als auch die Maßnahmen zur Steuerung, die sie beabsichtigt, für die Ergebnisse anzuwenden. Das heißt: Bei kritischen beschafften Produkten können System-, Prozess- oder Produktaudits angemessen sein, bei unkritischen ausgelagerten Prozessen können weniger Kontrollen erforderlich sein. Die Art der Steuerung hängt also nicht primär davon ab, ob es sich um einen ausgelagerten Prozess oder ein beschafftes Produkt handelt, sondern vom Einfluss auf die eigenen Produkte und Dienstleistungen der Organisation. Diese Anforderungen spiegeln damit auch die in vielen Unternehmen gelebte Praxis wider.

Die Kriterien, die bei der Definition der Art und des Umfangs der Steuerung zu beachten sind, werden in der Norm noch genauer ausgeführt:

Normenauszug ISO 9001:2015:

Die Organisation muss ... berücksichtigen:

1) die potenziellen Auswirkungen der extern bereitgestellten Prozesse, Produkte und Dienstleistungen auf die Fähigkeit der Organisation, beständig die Kundenanforderungen sowie zutreffende gesetzliche und behördliche Anforderungen zu erfüllen,

2) die Wirksamkeit der durch den externen Anbieter angewendeten Maßnahmen zur Steuerung.

Das heißt, neben den Risiken, also den potenziellen Auswirkungen auf die Prozesse, Produkte und Dienstleistungen, ist auch die Wirksamkeit des Qualitätsmanagementsystems des externen Anbieters zu betrachten. Damit können die Ressourcen die für Kontroll- und Steuerungsmaßnahmen fokussiert eingesetzt werden.

Jene Prozesse, die von einem externen Anbieter durchgeführt werden, müssen unter der Steuerung des Qualitätsmanagementsystems der Organisation verbleiben. Dies ist auch bereits in der ISO 9001:2008 eine Anforderung für ausgelagerte Prozesse.

Änderungen im Vergleich zu ISO 9001:2008

Neu: 60 bis 80 %

Die Verantwortung der Organisation wird stark ausgeweitet. Es geht nicht mehr nur um die Kontrolle, ob die vertraglichen Vereinbarungen eingehalten werden, sondern darum, dass extern bereitgestellte Prozesse, Produkte und Dienstleistungen die Fähigkeit der Organisation, ihren Kunden fortlaufend konforme Produkte und Dienstleistungen zu liefern, nicht nachteilig beeinflussen. Die Organisation ist gegenüber ihren Kunden in der Gesamtverantwortung und muss nun viel stärker die Wahrnehmung dieser Verantwortung nachweisen. Das risikobasierte Denken ist ebenfalls neu in diesem Abschnitt verankert.

Umsetzung

Die wesentliche Neuerung in diesem Abschnitt ist der risikobasierte Ansatz. Um die Steuerung und Kontrollmaßnahmen festzulegen, ist es erforderlich, zuerst die „potenziellen Auswirkungen" zu identifizieren. Häufig stehen vorerst nur Sekundärdaten (Informationen und Daten, die vom Lieferanten selbst dargelegt werden) zur Verfügung. Lieferanteneinschätzungen und Lieferantenrisiken lassen sich mit Sekundärdaten oftmals nur eingeschränkt durchführen bzw. beurteilen.

Sind die potenziellen Auswirkungen identifiziert, ist zu entscheiden, mit welcher Maßnahme die Steuerung des spezifischen Anbieters erfolgen kann. Dabei steht eine breite Palette an Werkzeugen zur Verfügung:

- **Wareneingangskontrollen** (Dieser Aspekt wird in der ISO 9001:2008 umfangreich behandelt.) können je nach geliefertem Produkt unterschiedliche Aspekte beinhalten: Schadensprüfung, Belegprüfung, Lieferberechtigungsprüfung, Terminprüfung, Artikelprüfung, Mengenprüfung und Qualitätsprüfung.
- Zu **Lieferantenaudits** (Produkt-, Prozess- oder auch Systemaudits) gibt es verschiedene methodische Ansätze, vom Quick Scan Audit bis hin zu einem voll umfänglichen Systemaudit. Durch ein Lieferantenaudit hat die Organisation die Möglichkeit, sich über die Situation vor Ort ein Bild zu machen. Der Beurteilende kann Primärdaten sammeln und dadurch die Schwachstellen des Lieferanten und die Risiken der Lieferantenbeziehung besser einschätzen. Die zuvor erstellte Risikobeurteilung kann dann entsprechend aktualisiert werden. Lieferantenaudits sind auch ein geeignetes Mittel,

um die Wirksamkeit der betreffenden Kontrollen des externen Anbieters festzustellen.

- **Kennzahlenreporting oder Qualitätssicherungsvereinbarungen** zielen darauf ab, dass die Organisation Schlüsselgrößen des externen Anbieters selbst überwacht und entsprechende Reportingmechanismen etabliert.
- Bei der **Lieferantenentwicklung**, z.B. durch Steigerung der Effizienz durch Zielvereinbarungen, liegt der Fokus auf dem Beziehungsmanagement mit dem Lieferanten, mit dem Ziel, diesen vom Teile- hin zum Systemlieferanten zu entwickeln.
- **Integration** der Lieferanten bei der Produktentwicklung, Abstimmung der Prozesse etc.

Diese Aktivitäten stellen Möglichkeiten dar und müssen im Lichte der konkreten Produkte und Dienstleistungen sowie der entsprechenden Anforderungen an Qualität, Geschwindigkeit und Integration der bereitgestellten Leistungen erfolgen. Die festgelegten Regelungen müssen sowohl jene Kontrollen enthalten, die auf den externen Anbieter zur Anwendung gelangen, als auch die geplante Kontrolle des Prozessergebnisses beinhalten.

Im Projektgeschäft sind je nach Komplexität Projektaudits bzw. die Überprüfung im Rahmen der Projektreviews adäquate Umsetzungsformen. In einem Produktionsbetrieb haben wir einerseits die nach wie vor angewandte Wareneingangsprüfung. Auch eine Annahmeprüfung vor Ort beim Bereitsteller kann sinnvoll sein, wenn ein Rücktransport nicht konformer Produkte unverhältnismäßig teuer wäre. Die Eingangsprüfung nach dem Transport muss jedoch auch in diesen Fällen stattfinden.

Bei extern bereitgestellten Dienstleistungen kann eine Konformitätsüberprüfung an Hand von (Teil-)Ergebnissen Aufschluss über die Qualität der Leistungserbringung geben. Bei extern bereitgestellten Dienstleistungen, die beim Kunden materialisiert werden, werden eher Überwachungsmaßnahmen zur Anwendung kommen.

Methodenbeispiele

Lieferantenaudit

Eine der aussagekräftigsten Methoden sind Produkt- und Systemaudits, welche die Organisation bei den externen Anbietern, in der Praxis werden diese eher als Lieferanten, Partner, Subauftragnehmer, Zulieferer bezeichnet, durchführt. In vielen Fällen können auch andere Nachweisszenarien sinnvoll sein wie z.B. dokumentierte Kundenreferenzen. In diesem Fall ist jedoch die Vergleichbarkeit mit den eigenen Anforderungen ein wesentliches Kernelement. Vielfach sind die gesetzlichen Auflagen und deren nachgewiesene Einhaltung (z.B. Lebensmittelindustrie und chemische/pharmazeutische Betriebe, Energieversorgungsunternehmen etc.) ein weiterer, bedeutender Indikator.

Lieferantenaudits sollten klar nach dem Auditzweck unterschieden werden: Produktaudits mit Fokus auf die zugelieferten Leistungen, Prozessaudits mit Fokus auf die Schnittstellen und jene Prozessteile. Beide erfordern in der Praxis unterschiedliche Kompetenzen. Im Dienstleistungsbereich sind nur prozessuale Audits sinnvoll. Folgende Vorteile können zum Beispiel durch ein Lieferantenaudit generiert werden:

- objektive Zustandserfassung des Lieferanten,
- Identifikation von Schwachstellen,
- Aufzeigen von Verbesserungspotenzialen,
- gezielte Untersuchung der abnehmerspezifischen Anforderungen,
- Identifikation von Lieferantenentwicklungspotenzialen,
- Know-how-Transfer.

Lieferantenaudits sind zeitaufwendig und kostspielig. Daher sollte genau überlegt werden, bei welchen potenziellen und bestehenden Lieferanten ein Lieferantenaudit durchgeführt werden soll (vgl. Bild 8.21).

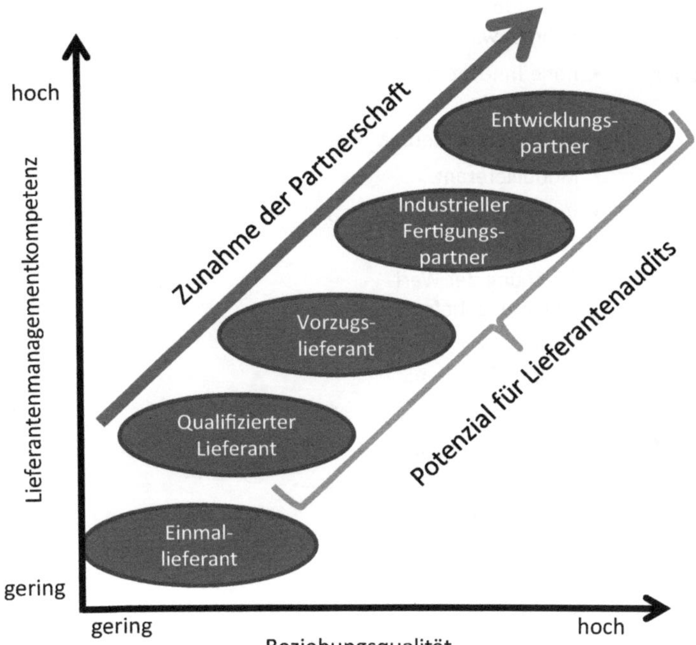

Bild 8.21 Lieferantenaudits im Bezug zur Lieferantenpartnerschaft

Bei einem Einmallieferanten kann meistens auf ein Lieferantenaudit verzichtet werden. Jedoch bei Lieferanten, bei denen eine intensivere Zusammenarbeit bzw. Geschäftsbeziehung angestrebt wird, wird die Durchführung von Lieferantenaudits empfohlen.

Um die Entscheidung zu systematisieren und nachvollziehbarer zu gestalten, kann die in Tabelle 8.6 dargestellte **Potenzialanalyse** (Risikoanalyse) angewandt werden.

Tabelle 8.6 Potenzialanalyse eines Lieferanten

Lieferant	Bewertungsaspekt	Priorität (P)	Bewertung (B) [Ist- Situation]	Ergebnis (P x B)
Erstlieferant (entweder oder)	▪ Lieferant ist unbekannt, ▪ Primärdaten erforderlich.	Beispielbewertung		
Problem-lieferant	▪ Qualitätsprobleme, ▪ Terminprobleme, ▪ Serviceprobleme, ▪ fehlende Maß-nahmenwirksamkeit.	5	3	15
strategischer Lieferant	▪ hohe Innovations-kompetenz, ▪ kaum substituierbar, ▪ Modullieferant.	4	2	8
Potenzial-lieferant	▪ Verbreiterung des Teileumfanges, ▪ Erhöhung der Wert-schöpfungstiefe, ▪ Entwicklung zu einem Hauptlieferanten.	3	1	3
Lieferant großer Mengen	▪ hohe Stückzahlen, ▪ relevante Abhängig-keit vorhanden.	1	3	3
Vielteile-lieferant	▪ umfassendes Teilespektrum, ▪ kurzfristig kaum substituierbar.	2	0	0
	Potenzial für ein Lieferantenaudit (Summe)			**29**
	Potenzial [%] = IST/Maximal * 100 **29/45*100**			**64,4%**

Priorität

Zu empfehlen ist, eine Skalierung von

1 gering,
2 reduziert,
3 mittel,
4 hoch,
5 sehr hoch,

zu verwenden und darauf zu achten, dass jede Zahl nur einmal vorkommt. Damit soll für das Unternehmen eine individuelle Differenzierung der Priorität bei den einzelnen

Bewertungsaspekten erzielt werden. Die festgelegte Priorität sollte für alle zu bewertenden Lieferanten gleich verwendet werden.

Bewertung

Bei der Bewertung wird die derzeitige Ist-Situation eingeschätzt. Dazu kann folgende Skalierung empfohlen werden:

3 hohe Aspekteausprägung,
2 mittlere Aspekteausprägung,
1 geringe Aspekteausprägung,
0 keine Aspekteausprägung.

Lieferantenauswahlmatrix

Aus praktischer Sicht besteht eine enge Verbindung zur wirtschaftlichen Seite der Lieferantenauswahl (Bonitätsprüfung, wirtschaftliche Leistungsfähigkeit, Vertragsbedingungen etc.). Das heißt: In der Suche und Auswahl von Lieferanten sind die technischen und wirtschaftlichen Kriterien miteinander verbunden. Bild 8.22 und nachfolgende Punkte zeigen die relevanten Dimensionen:

- Strategiearbeit, Planung: Beschaffungsstrategie, Kategorien bzw. Warengruppenmanagement, Planung (Mengen, Verfügbarkeiten, Lieferanten),
- Organisation und Personal: Aufbauorganisation, Ablauforganisation, Werkzeugeinsatz, Personalkompetenzprofile, Verfügbarkeit, Personalweiterentwicklung,
- Lieferantenrecherche: Anstoß/Start zur Recherche, Ausmaß der Lieferanten Recherche, Ziel-, Beschaffungsmärkte,
- Lieferantenauswahl (inkl. Erstbewertung und Lieferantenfreigabe): Lieferantenpool, Stammdaten, Lieferanten(erst)bewertung, Bemusterung, Tests, Lieferantenauswahl/Lieferantenfreigabe,
- Vertragserrichtung: Vertragsstandards, Verhandlung, Verträge, Vergabe,
- laufende Lieferantenbewertung: Pflege Lieferantenpool, periodische Lieferantenbewertung, laufendes Management der Lieferperformance, Ausscheiden von Lieferanten,
- Bedarfsermittlung: Bedarfsfeststellung in/aus der Wertschöpfung, Bearbeitung, Forecastaufträge, Disposition, Schnittstelle Bestellanforderung/Bestellung, Bestandsmanagement, Freigabeprozess,
- Angebotseinholung, Ausschreibung, Angebotsauswertung: Vorgehensweise, Angebote, Unterlagen, Spezifikationen, Rahmenangebote, Ausschreibung, Auswertung von Angeboten,
- Bestellvorbereitung, Bestellabwicklung: Abwicklung, Bestellbündelung, Bestellung am Einkauf vorbei, Zahlungsabwicklung,
- Wareneingang: Abwicklung, physische Kontrolle, Datencheck, Rechnungsprüfung/-freigabe,
- Reklamationsbearbeitung: Abwicklung, Erfassung, Information, Dokumentation, Reklamationsbearbeitung.

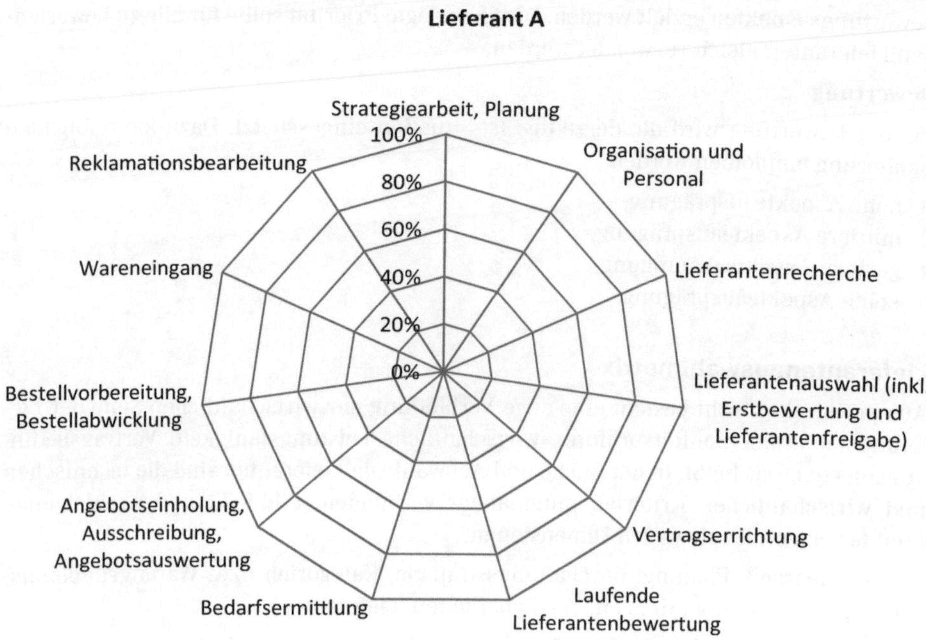

Bild 8.22 Mögliche Kriterien der Lieferantenauswahl

Oft gefragt – FAQs

Wer ist in der Organisation für die Steuerung externer Bereitstellungen verantwortlich?

In der Norm selbst gibt es dafür keine Festlegung. In der Praxis können dies beispielsweise das Produktmanagement, die Auftragsbearbeitung, der Einkauf etc. sein. Die entsprechenden Werkzeuge und Methoden zur praktischen Umsetzung werden in der Regel vom Qualitätsmanagement beigesteuert. Audits sollten in jedem Fall von dafür nachweislich qualifizierten Auditoren durchgeführt werden.

Wie sind externe Anbieter zu steuern, die ein gültiges Systemzertifikat vorweisen können?

Da Art und Umfang der Steuerung vom Risiko abhängig sind, ist dieses Risiko bei einem systemzertifizierten Unternehmen wesentlich geringer. Trotzdem ist die Organisation auch in diesem Fall nicht von ihrer Kontrollverpflichtung befreit. Es ist zu überprüfen, ob auch die spezifischen Forderungen der Organisation an den externen Anbieter von diesem erfüllt werden können.

8.4.3 Informationen für externe Anbieter

In der ISO 9001:2008 im Punkt 7.4.2 waren ausschließlich Beschaffungsangaben, die das zu beschaffende Produkt bzw. die zu beschaffende Leistung betreffen, gefordert. In der ISO 9001:2015 werden folgende Anforderungen an die Informationen für externe Anbieter gestellt:

Die Basis der Information bildet die Beschreibung der bereitzustellenden Prozesse, Produkte bzw. Dienstleistungen. Anforderungen zu Genehmigungen müssen dem jeweiligen externen Anbieter mitgeteilt werden, sowohl in Bezug auf Produkte und Dienstleistungen und deren Freigabe als auch auf Methoden, Prozesse oder Ausrüstungen.

Nicht nur die Qualifikation sondern auch die geforderte Kompetenz der eingesetzten Personen ist darzulegen. Auch Anforderungen bezüglich des Zusammenwirkens bzw. die Nahtstellen in der organisationsübergreifenden Wertschöpfungskette (zwischen den Managementsystemen der beteiligten Organisationen) sind mitzuteilen. Je höher der Integrationsgrad in der Lieferkette ist, desto umfangreicher werden diese Anforderungen ausfallen.

Die beabsichtigte Art der Steuerung bzw. Überwachung, die von der Organisation beim externen Anbieter eingesetzt wird, ist zu beschreiben sowie Verifizierungs- oder Validierungstätigkeiten, die von der Organisation bzw. den Kunden der Organisation beim jeweiligen externen Anbieter geplant sind.

In jedem Fall ist die Angemessenheit der definierten Anforderungen von der Organisation sicherzustellen, bevor diese Informationen an den externen Anbieter weitergegeben werden.

Änderungen im Vergleich zu ISO 9001:2008

Neu: 40 bis 60 %

In der ISO 9001:2008 im Punkt 7.4.2 waren ausschließlich Beschaffungsangaben, die das zu beschaffende Produkt bzw. die zu beschaffende Leistung betreffen, gefordert. Die Informationen wurden jetzt wesentlich ausgeweitet.

Umsetzung

Die Umsetzung wird unterschiedlich erfolgen. Während bei manchen Organisationen, diese Informationen im Rahmen von Aufträgen abgewickelt werden können, ist bei hoch integrierten Lieferketten, wie sie z. B. in der Automobilindustrie umgesetzt werden, umfassender Informationsaustausch im Rahmen der Lieferkette erforderlich.

Im Managementsystem der Organisation sind die genannten Anforderungen für die gesamte externe Wertschöpfung zu erfüllen, wobei für jede Kategorie von externen Produkten/Leistungen bzw. extern zu erbringenden Prozessen eine angemessene Vorgehensweise zu beschreiben ist.

Im Bereich des Informationsaustausches ist bei integrierten Lieferketten mittlerweile häufig ausgeprägte Informationsintegration gegeben. Bei VMI (Vendor Managed Inventory) beispielsweise stellt der Lieferant aufgrund von Mindestbeständen die Versorgung beim Kunden sicher und hat dafür Zugriff auf die Lagerbestands- und Nachfragedaten des Kunden.

Oft gefragt – FAQs

Wie soll sich die Organisation verhalten, wenn ein externer Anbieter mit Verweis auf Geheimhaltungsvereinbarungen die Herausgabe spezifischer Informationen verweigert?

Eine Geheimhaltungsvereinbarung ist in vielen Bereichen üblich und an diese haben sich auch alle Betroffenen zu halten. In der Regel sind diese jedoch so gestaltet, dass mit einer zusätzlichen Vereinbarung (oft auch in englischer Sprache angegeben als Non-Disclosure Agreement, NDA) zwischen der Organisation und einem externen Anbieter der Erweiterung des vertraulichen Kreises erwirkt werden kann. Ist dies nicht möglich, sind entsprechende Kontrollschritte im Zuge der Produktübernahme bzw. der Leistungsabnahme einzuplanen, um die Erfüllung sämtlicher Anforderungen über diesen Weg abzusichern.

8.5 Produktion und Dienstleistungserbringung

Agnes Sendlhofer-Steinberger

Dieses Normenkapitel entspricht im Großen und Ganzen den bereits bekannten Forderungen der ISO 9001:2008. Es wurden kleine Ergänzungen in den Begrifflichkeiten gemacht. Die Tätigkeiten nach der Auslieferung werden stärker berücksichtigt (Lebenszyklus), die Validierung der Prozesse und Bewertung der Prozessfähigkeit wurden in dieses Kapitel übernommen. Die Kompetenzen der beteiligten Personen in Verbindung mit den Anforderungen an die Prozesse werden stärker hervorgehoben. Die Anforderungen im Überblick sind in Bild 8.23 dargestellt.

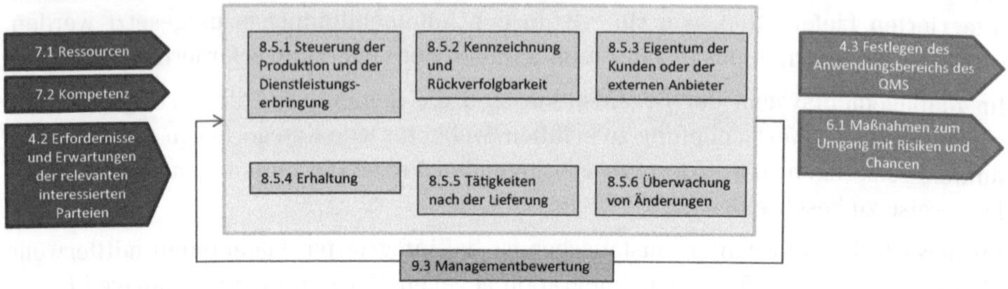

Bild 8.23 Anforderungen und Zusammenhänge des Abschnitts 8.5 im Überblick

8.5.1 Steuerung der Produktion und der Dienstleistungserbringung

Der Abschnitt 8.5.1 beschreibt die Anforderungen an die Steuerung der Produktion und Dienstleistungserbringung. Es geht darum, „beherrschte" Bedingungen herzustellen. Die Norm erläutert, wie diese, falls zutreffend, herzustellen sind. Als kleine Änderung dieser Forderung der Norm ist das stärkere Augenmerk der **beherrschten Bedingungen** auf die Liefertätigkeiten und Tätigkeiten nach der Lieferung zu sehen. Wobei bereits in der ISO 9001:2008 unter 7.5.1.f als beherrschte Bedingung „die Verwirklichung von Produktfreigabe und Produktliefertätigkeiten und Tätigkeiten nach der Lieferung (falls zutreffend)“ angeführt sind. Die Forderungen für die Tätigkeiten nach der Lieferung werden nun in einem eigenen Unterpunkt (Abschnitt 8.5.5) dargestellt.

Die Beschreibung der beherrschten Bedingungen wurde um folgende Aspekte verändert:

„Informationen, die die Merkmale der zu produzierenden Produkte, der zu erbringenden Dienstleistungen“ festlegen, müssen, falls zutreffend, dokumentiert verfügbar sein, ebenso Informationen, die „die durchzuführenden Tätigkeiten“ und „die zu erzielenden Ergebnisse festlegen“ (ISO 9001:2015). Bisher waren explizit dokumentierte Informationen über die zu erzielenden Ergebnisse nicht dezidiert gefordert.

Die Verfügbarkeit und Anwendung von Ressourcen zur Überwachung und Messung war auch schon in der ISO 9001:2008 enthalten. Der Zusatz, dass diese „geeignet“ sein müssen, ist neu. Diese Eignung ist in Abschnitt 7.1.5 („Ressourcen zur Überwachung und Messung“) genauer definiert.

Es werden Überwachungs- und Messtätigkeiten in geeigneten Prozessphasen zur Verifizierung der festgelegten Kriterien für die Steuerung der Prozesse und Prozessergebnisse gefordert, um die Erfüllung der Annahmekriterien für Produkte und Dienstleistungen sicherzustellen.

Der Gebrauch geeigneter Ausrüstung wurde auf die Nutzung einer geeigneten Infrastruktur und Umgebung zur Durchführung der Prozesse ausgedehnt. Dadurch kann auch die Erbringung von Dienstleistungen detaillierter dargestellt werden.

Es wird nun auf die Benennung von kompetenten Personen, einschließlich jeglicher erforderlicher Qualifikationen zur Beherrschung der Bedingungen, hingewiesen. Hier ist eine starke Wechselwirkung mit der Normforderung 7.2 „Kompetenz“ zu berücksichtigen.

Die Validierung des Prozesses/der Prozesse für die Produktion oder Erbringung der Dienstleistung ist nun in diesen Abschnitt integriert, jedoch nur dann erforderlich, wenn das Ergebnis nicht durch anschließende Überwachung oder Messung verifiziert werden kann. Ebenfalls sollte hier die Fähigkeit der Prozesse mit deren regelmäßiger Bewertung berücksichtigt werden.

Neu ist die Anforderung der Durchführung von Maßnahmen zur Verhinderung menschlicher Fehler. Die Durchführung von Freigaben, Liefertätigkeiten und Tätigkeiten nach der Lieferung hingegen sind in der ISO 9001:2008 auch schon enthalten.

Die Umsetzung dieser Normenanforderung ergibt in der gelebten Praxis sehr große Unterschiede in produzierenden Unternehmen im Vergleich mit Dienstleistungsunternehmen. Grundsätzlich gilt für beide Beriche der prozessorientierte Ansatz der Wertschöpfungskette mit der entsprechenden operativen Steuerung. In produzierenden Unternehmen umfasst die operative Steuerung die Einplanung der Fertigung, die Durchführung der Fertigung, die Rückmeldung zum Fertigungsergebnis (betreffend Menge, Qualität, Aufwand/Zeit) und das Nachführen der Pläne. Dabei wird von einer Langfristplanung auf eine Mittelfristplanung und letztendlich auf Wochen- oder Tagesplanung heruntergebrochen. Bei Dienstleistungsorganisationen ist wiederum die operative Arbeitsplanung und -steuerung im Schwerpunkt auf die Auslastungsplanung und -steuerung der Personen gelegt. Hier dienen ebenfalls Langfristpläne, die meistens mit Projekten verbunden sind, als Basis. Die Mittel- und Kurzfristplanung ist stark von terminlichen Rahmenbedingungen geprägt, Organisationen bedienen sich unterschiedlichster Planungswerkzeuge.

Änderungen im Vergleich zu ISO 9001:2008

Neu: 0 bis 20 %

Die Änderungen umfassen ein stärkeres Augenmerk auf die „Steuerung der Leistungserbringung" und „Tätigkeiten nach der Lieferung".

Umsetzung

Informationen, die die Eigenschaften von Produkten beschreiben, können in der Praxis – sofern sich die Komplexität in Grenzen hält – auch mit Tätigkeitsbeschreibungen kombiniert werden. Nachfolgend finden Sie einige Beispiele: Produktspezifikationen, Kundenspezifikationen, Kundenvereinbarungen, Artikelpässe, Sicherheitsdatenblätter, Produktbeschreibungen, technische Datenblätter, Rezepturen und Zutatenlisten, Stücklisten, Komponentenlisten, Teilelisten, Lagerungsbedingungen, diverse Arbeitsanweisungen, Ablaufdarstellungen (Flow Charts) etc.

Ähnlich verhält es sich mit den Informationen für die Erbringung von Dienstleistungen. Auch hier können die Eigenschafts- und Tätigkeitsbeschreibungen bei Bedarf kombiniert werden: Pflichtenheft, Lastenheft, Projektbeschreibungen, Projektmeilensteine, diverse Arbeitsanweisungen und Ablaufdarstellungen (Flow Charts), Leistungsverzeichnisse, Kundenvereinbarungen etc.

Sehr wichtig ist, dass es sich um **dokumentierte** Informationen handelt, die entweder im Managementsystem als gelenkte Dokumente verfügbar sind oder auf solche referenziert werden können wie z. B. Rezepturen oder Stücklisten, die in EDV-gestützten Tools abgebildet sind, oder Kundenvereinbarungen, die im CRM-System hinterlegt sind (CRM = Costumer Relationship Management). Die Zuordnung, Aktualisierung und Eindeutigkeit muss nachvollziehbar sein.

Die Überwachung/Messung der Prozessstufen zur Verifizierung der Lenkung von Prozessen und der Prozessergebnisse klingt komplizierter als es in der Praxis gelebt wird. Hier sind typische Prozesskontrollen gemeint wie beispielsweise Online/Inline Control oder begleitende Laborprüfungen. Erforderliche Zwischenfreigaben, Endfreigaben unterliegen dem jeweiligen Prozessdesign. Diese Aktivitäten sind tägliche Routine. Möglicherweise sollte die Verifizierung der Ergebnisse mit den Vorgaben konkreter dargestellt werden. Z. B. empfiehlt es sich, bei Messwerten immer den erforderlichen Sollwert/Grenzwert mit abzubilden, um zeitnah die Einhaltung/Nichteinhaltung feststellen zu können und gegebenenfalls die erforderlichen weiteren Maßnahmen einleiten zu können.

Die Überwachung/Messung der Prozessstufen zur Verifizierung der Lenkung von Prozessen und der Prozessergebnisse gilt auch für Dienstleistungen. Das bedeutet, dass für die festgelegten Leistungserbringungsprozesse wie z.B. Beratungsleistung, Training, Schulung, Projektabwicklung, Patientenversorgung, Betreuungsleistung, handwerkliche Dienstleistung etc. die wesentlichen Prozessstufen und die Ergebnisse (Output) verifiziert werden müssen. Dies kann beispielsweise ein Soll-Ist-Abgleich der festgelegten Meilensteine/Gates im Projekt sein oder die Überprüfung der vorher abgestimmten Trainingsziele/Lernziele, des vereinbarten Ziels der Beratungsleistung, das Werk im Rahmen eines Werkvertrages etc.

Egal, ob es sich um die Verifizierung der Dienstleistung oder eines Produktionsprozesses handelt, wichtig ist, sich auf die wesentlichen Annahmekriterien zu konzentrieren, mit welchen die festgelegten Merkmale klar geprüft werden können. Hier könnte die neue Revision der Norm als Anlass genommen werden, die bisherige Praxis kritisch zu hinterfragen und gegebenenfalls zu optimieren.

Für die Überwachung und Messung müssen geeignete Ressourcen zur Verfügung stehen. Hier ist eine enge Abstimmung mit den Normenforderungen im Kapitel 7 vorgesehen. In diesem Zusammenhang sind auch die in Verwendung befindlichen Produktionsplanungs- und Steuerungssysteme zu betrachten, in welchen die erforderlichen Arbeitspläne, Stücklisten etc. hinterlegt sind. Meistens sind diese Planungswerkzeuge mit der Lagerwirtschaft (Fertigware und Rohstoff) gekoppelt, um beispielsweise auch Bedarfe und Reichweiteninformationen für eine optimierte Planung berücksichtigen zu können. Über Data Warehouse-Lösungen können die erforderlichen dokumentierten Informationen abgerufen werden, verbunden mit Auswertungen bezogen auf Zeitschienen, Materialverbräuche, Anlagenkennzahlen etc. In großen Unternehmen beschäftigen sich beispielsweise Produktionscontrolling und/oder Beschaffungscontrolling intensiv mit dieser Thematik. Mittelständische Unternehmen bedienen sich meist individuell erarbeiteter Lösungen, um praxistaugliche Informationen zur Steuerung der Wertschöpfungskette zu erhalten. Ähnlich verhält es sich im Dienstleistungssektor: Hier gilt es, die bestehenden Werkzeuge zur Planung des Einsatzes der Mitarbeiterinnen und Mitarbeiter mit den zusätzlich erforderlichen Ressourcen und den bestehenden terminlichen Rahmenbedingungen abzustimmen. Die Anforderungen dieser Norm können dazu verwendet werden, die derzeit in Verwendung befindlichen Systeme, Planungsstrategien etc. und bestehende Schnittstellenkommunikation kritisch zu hinterfragen, gegebenenfalls hinsichtlich Effizienz und Effektivität zu optimieren und dadurch noch besser auf die Erfordernisse der interessierten Parteien abzustimmen.

Die Nutzung und Steuerung einer geeigneten Infrastruktur und Prozessumgebung muss ebenfalls mit den Normenforderungen im Kapitel 7 abgestimmt werden. Hier sind wiederum die wesentlichen Rahmenbedingungen zur optimalen Erbringung der Leistung gemeint. Diese Forderungen sind für produzierende Unternehmen und auch für die Erbringer von Dienstleistungen langjährige gelebte Praxis.

Die explizite Forderung nach der Darlegung der Kompetenz und, sofern zutreffend, nach der Qualifikation der Personen, die an der Leistungserbringung beteiligt sind, ist nicht völlig neu. Bisher war diese Forderung im Themenbereich „Verantwortung, Befugnisse" eingebunden. Nun bedeutet es, dass für alle Beteiligten an der Leistungserbringung die erforderlichen Kompetenzen und gegebenenfalls Qualifikationen festzulegen sind – auch für Mitarbeiter und Mitarbeiterinnen ohne Führungsfunktion. Inwieweit dies als

Soll-Vorgabe in den Stellen- oder Funktionsbeschreibungen abgebildet ist oder in Form einer Kompetenzmatrix dargestellt wird, kann jeder Anwender der Norm für sich individuell entscheiden. Grundsätzlich ist es wichtig, dass die erforderlichen Kompetenzen nachvollziehbar dargelegt sind und für alle Beteiligten ein regelmäßiger Soll-Ist-Vergleich durchgeführt wird. Es ist Aufgabe des Prozesseigners („Process Owners"), die erforderlichen Kompetenzen gemeinsam mit den weiteren, am Prozess operativ beteiligten Führungskräften zu definieren und mit den bestehenden, verfügbaren Kompetenzen abzugleichen bzw. diese systematisch weiterzuentwickeln. Dies kann im Rahmen eines regelmäßigen (jährlichen) Mitarbeitergesprächs mit Vereinbarungen zur Weiterentwicklung der für diesen Prozess erforderlichen Kompetenzen erfolgen. Auch hier muss das Augenmerk auf die erforderlichen Kompetenzen für die Beherrschung des Prozesses gelegt werden und nicht auf die individuelle Weiterentwicklung des Mitarbeiters/der Mitarbeiterin entsprechend seiner/ihrer persönlichen Vorstellungen. In der gelebten Praxis wird das Mitarbeitergespräch in manchen Unternehmen schwerpunktmäßig für persönliches, vertrauensvolles Feedback verwendet. Für Absprachen über Kompetenzen und Kompetenzentwicklungen sollte ein eigenes Gespräch eingeplant werden. Das bedeutet aber nicht, dass aus Sicht der Norm individuelle Förderungen von Mitarbeitern und Mitarbeiterinnen, welche nicht direkt mit der Kompetenzweiterentwicklung für den jeweiligen Prozess in Verbindung stehen, nicht möglich sind. Die systematische Förderung von „High Potentials", Forcierung der Lehrlingsausbildung, Trainee-Programme etc. sollte jedoch als Gesamtstrategie abgebildet sein und nicht nach individuellem Gutdünken einzelner Führungskräfte entschieden werden (siehe dazu auch die entsprechenden Ausführungen unter 7.1.2 „Personen", 7.1.6 „Wissen" und 7.2 „Kompetenz").

Die Validierung der Prozesse zur Leistungserbringung wurde als eigene Normforderung der ISO 9001:2008 (Abschnitt 7.5.2) in diese Forderung integriert, mit der Ergänzung, dass dies nur erforderlich ist, wenn das Ergebnis der Leistungserbringung nicht durch anschließende Überwachung oder Messung verifiziert werden kann. Für Produktionsprozesse bedeutet dies, dass Prozessfähigkeitsbewertungen nach wie vor erforderlich sind, jedoch verstärkt auf die Verifizierung des vereinbarten bzw. spezifizierten Ergebnisses geachtet werden sollte. Im Dienstleistungsbereich sind Verifizierungen nicht immer möglich bzw. es ist manchmal schwer, repräsentative Stichproben zu ziehen oder zeitnahe Ergebnisse zu erhalten. Hier bieten sich regelmäßige Prozessvalidierungen an, in denen die Methode bzw. der Prozess an sich hinterfragt wird und mit der ursprünglichen Anforderung und nicht mit der bereits definierten Soll-Vorgabe abgeglichen wird (Bild 8.24). Typische Beispiele sind das Hinterfragen oder Evaluieren der festgelegten Arbeitsmethodik, des Beratungsablaufs, der Trainingsdidaktik, des Projektdesigns, der Meilenstein- oder Gate Meetings etc.

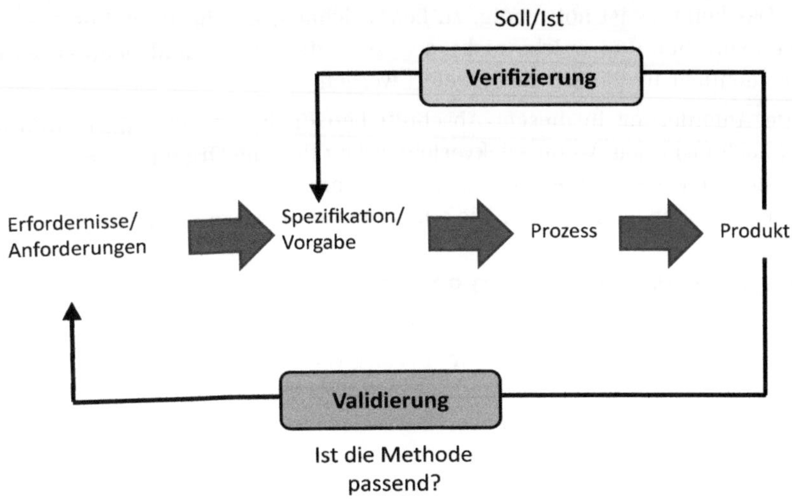

Bild 8.24 Verifizierung versus Validierung

Die Durchführung von Maßnahmen zur **Verhinderung von menschlichen Fehlern** adressiert eine breite Palette von Fehlermöglichkeiten: Wie hoch ist die Entdeckungswahrscheinlichkeit von derartigen Fehlern? Können Ursachen rückverfolgt werden? Sind die Tätigkeiten ohne Fehler ausführbar? etc. Methoden können Poka Yoke-Ansätze (technische Vorkehrungen, die Fehler unmöglich machen), die Erhöhung der Aufmerksamkeit durch interessantere Arbeitsplatzgestaltung oder angenehmere Arbeitsbedingungen umfassen, bessere Visualisierungen, um Verwechslungen zu vermeiden, die Vereinfachung der Arbeitsumgebung, eine Veränderung der Arbeitsabläufe und vieles mehr (vgl. auch Abschnitt 10.3). Für Dienstleistungen kann hier auch das Gap-Modell angewendet werden (vgl. Abschnitt 7.1.5). Es bietet die entsprechende Tiefe, um die Ergebnisqualität sicherzustellen.

8.5.2 Kennzeichnung und Rückverfolgbarkeit

Die Norm fordert die Kennzeichnung von Ergebnissen von Prozessen, sofern dies für die Sicherstellung der Konformität von Produkten und Dienstleistungen notwendig ist. Die Ergänzung „wenn gefordert ist" weist darauf hin, dass es hier an der Organisation liegt, festzustellen, welche Prozessergebnisse betroffen sind. Abhängig von der Branche bestehen dazu auch unterschiedliche Anforderungen seitens interessierter Parteien oder basierend auf gesetzlichen Regelungen, z. B. in der Lebensmittelbranche, bei Medizinprodukten etc.

Auch die zweite Anforderung in diesem Teilabschnitt ist schon in der ISO 9001:2008 enthalten: Hier geht es um die Kennzeichnung der Prozessergebnisse in Bezug auf die Überwachungs- und Messanforderungen. Prozessergebnisse müssen während der gesamten Produktion und Dienstleistungserbringung entsprechend gekennzeichnet werden. Das heißt, es ist notwendig, zu kennzeichnen, welche Produkte den Anforderungen entsprechen und welche nicht, sodass letztere nicht unabsichtlich vertauscht oder versehentlich an den Kunden geliefert werden.

Die dritte Anforderung in diesem Abschnitt betrifft die dokumentierte Information. Diese ist auch nicht neu: Wenn Rückverfolgbarkeit für eine Organisation eine Anforderung darstellt, muss sie die eindeutige Kennzeichnung der Prozessergebnisse steuern und Aufzeichnungen aufbewahren, die eine Rückverfolgbarkeit ermöglichen.

Änderungen im Vergleich zu ISO 9001:2008

Neu: 0 bis 20 %

Die Kennzeichnung und Rückverfolgbarkeit wurde in der Formulierung von „Produktrealisierung" auf „Kennzeichnung von Prozessergebnissen" erweitert. Dadurch sind auch Ergebnisse von Dienstleistungen – sofern notwendig – zu kennzeichnen, um eine Rückverfolgung durchführen zu können.

Umsetzung

In erster Linie ist zu bewerten, ob die Rückverfolgbarkeit des Prozessergebnisses notwendig und gefordert ist. Die Notwendigkeit oder Forderung kann beispielsweise auf gesetzlichen Rahmenbedingungen, Kundenvereinbarungen oder internen Vorgaben der Organisation basieren. Seit Jahren ist die Rückverfolgbarkeit im Herstellprozess vom Endprodukt zum Wareneingang und vom Lieferanten bzw. vom eingesetzten Rohstoff/ von der eingesetzten Komponente zum Fertigprodukt und belieferten Kunden gelebte Praxis, wobei aus Sicht der Norm die Abgrenzung auf Chargenebene oder über Zeitfenster nicht definiert wird. Es liegt im Ermessen des Unternehmens, für welche Abgrenzungen es sich entscheidet, wobei hier etwaige Kundenvorgaben oder gesetzliche Rahmenbedingungen zu beachten sind.

Im Dienstleistungsbereich hat sich die Rückverfolgbarkeit der Prozessleistungsergebnisse ebenfalls in den letzten Jahren etabliert. Hier konzentriert man sich auf die eingesetzten Mitarbeiter und Mitarbeiterinnen, Arbeitsmaterialien, Unterlagen, Methoden, vereinbarten Zeitschienen, Tagesplänen mit Zuordnung, wer wann welche Aktivitäten zur Leistungserbringung durchführte.

Es bietet sich an, in regelmäßigen Abständen – sofern nicht detailliert geregelt einmal jährlich – eine Überprüfung der Rückverfolgbarkeit im Rahmen eines internen Audits durchzuführen, gegebenenfalls erforderliche Aktivitäten im Sinne der fortlaufenden Verbesserung einzuleiten und das Ergebnis im Managementreview abzubilden.

Die systematische transparente Rückverfolgbarkeit der Leistungserbringung ist im Falle von Beschwerden, Reklamationen, behördlichen Beanstandungen, Notfällen oder Krisen ein wichtiges Werkzeug zur Bearbeitung des Anlassfalles. Grundsätzlich bezieht sich die Rückverfolgbarkeit auf die Verantwortungsgrenzen des Unternehmens, also die Grenzen zwischen Lieferant und Unternehmen, bzw. zwischen dem Unternehmen und dem Kunden. Eine lückenlose Rückverfolgbarkeit bis zum Endverbraucher oder bis zum Urproduzenten wird von der ISO 9001:2015 nicht explizit gefordert.

Sinnvollerweise ist die Logik und Systematik der Rückverfolgbarkeit als dokumentierte Information (z. B. Arbeitsanweisung) abgebildet, um im Anlassfall zeitnah handeln zu können.

Methodenbeispiel retrograde interne Audits

Rückverfolgbarkeitsüberprüfungen können typischerweise als retrograde interne Audits durchgeführt werden.

Bei Produkten kann im Anschluss entlang der Herstellkette auditiert werden (Bottom up und Top down). Als Startpunkt kann ein Endprodukt im Handel oder im B2B-Bereich gewählt werden. Anhand der Kennzeichnung auf der Verpackung kann die Rückverfolgbarkeit bis zur Bestellung der Komponenten betrachtet werden. Es sollten nicht nur standardmäßig in IT-Systemen abgebildete Informationen, sondern auch die zugehörigen Prüfprotokolle, Rückstellmuster, Kunden- und Lieferantenvereinbarungen, Spezifikationen, Sicherheitsdatenblätter, Lieferantenbewertungen, Schulungsunterlagen etc. erhoben werden, zusammengefasst: alle für die Erfüllung der spezifizierten Merkmale erforderlichen Informationen und Nachweise. Eine Mengenflussdarstellung sollte ebenfalls durchgeführt werden. Im Anschluss wird aus den ermittelten Zutaten, Komponenten, Teilen, Rohstoffen ein Artikel ausgewählt, geprüft, in welche Endprodukte dieser zusätzlich eingeflossen ist, die Produktionsmengen als Basis für eine Mengenflussberechnung ermittelt sowie die noch lagernde Menge und die ausgelieferte Menge inklusive der Kundendaten dargestellt.

Als Ausgangspunkt für Rückverfolgbarkeitsüberprüfungen bei Dienstleistungen bieten sich Projektabschlussberichte oder andere Abschlussberichte an. Im Rahmen von Trainingsleistungen können beispielsweise als Startpunkt die ausgewerteten Teilnehmerfeedbackmeldungen oder Prüfungsergebnisse herangezogen werden, anhand welcher man sich zurückarbeitet, beispielsweise bis zur Erstellung des Pflichtenhefts, bis zur Angebotslegung, bis zur Festlegung der Themenschwerpunkte. Es bieten sich auch Meilensteinberichte als Startpunkt für die Rückverfolgbarkeit an.

8.5.3 Eigentum der Kunden oder der externen Anbieter

Dieser Abschnitt fordert, dass die Organisation sorgfältig mit dem Eigentum von Kunden oder externen Bereitstellern umgeht. Wenn das Material sich unter der Aufsicht der Organisation befindet, muss es gekennzeichnet, verifiziert, geschützt und gesichert werden. Beispiele dazu sind: Werkzeuge, Bauteile, Ausrüstungen, Mehrwegverpackung oder Betriebsstätten. Es fällt aber auch geistiges Eigentum wie Patente, Musterschutz, Pläne, Copyrights, Software oder Daten im Allgemeinen und auch personenbezogene Daten darunter. Dokumentation fällt üblicherweise nicht darunter, weil diese normalerweise in den Besitz der Organisation bei der Lieferung übergeht.

Die Organisation muss dieses Eigentum von Kunden oder externen Anbietern kennzeichnen, verifizieren, schützen und sichern. Bei Verlust oder Beschädigung muss der Kunde oder externe Anbieter informiert und dokumentierte Information dazu aufbewahrt werden.

Änderungen im Vergleich zu ISO 9001:2008

Neu: 0 bis 20 %

Die Normenforderung wurde von **Eigentum des Kunden** auf **Eigentum der externen Anbieter** erweitert. Der Inhalt blieb gleich. In der Anmerkung wurden mehr Beispiele für „Eigentum des Kunden oder externen Anbieters" aufgezählt.

Umsetzung

Der Begriff „externer Anbieter" sollte intern weiter ausdifferenziert werden: Handelt es sich um Lieferanten, Partner, Lohnfertiger, „verlängerte Werkbank-Kooperationen", Subauftragnehmer etc.? Anschließend sollte geprüft werden, ob für alle definierten externen Anbieter entsprechende Vorgaben festgelegt sind. Bei erkannten Lücken sind erforderliche Aktualisierungen durchzuführen. Die durchgeführte Analyse der interessierten Parteien kann bereits Hinweise auf die Gruppe der externen Anbieter enthalten. Es empfiehlt sich, regelmäßig die Einhaltung der festgelegten Vorgaben zu prüfen, z. B. durch interne Audits.

8.5.4 Erhaltung

Die Anforderung zur Erhaltung wurde vereinfacht:

Normenauszug ISO 9001:2015:

Die Organisation muss Ergebnisse während der Produktion und der Dienstleistungserbringung in dem Umfang erhalten, der notwendig ist, um die Konformität mit den Anforderungen sicherzustellen. ■

Die verschiedenen Tätigkeiten, die dabei zu berücksichtigen sind, sind nun in einer Anmerkung aufgezählt.

Änderungen im Vergleich zu ISO 9001:2008

Neu: 0 bis 20 %

Es wurde der Begriff „Produkterhaltung" auf den Begriff „Erhaltung" geändert. Die inhaltliche Normenforderung blieb gleich. Nun ist die Gültigkeit sowohl für Outputs für produzierende Prozesse als auch für die Erbringung von Dienstleistungen besser ersichtlich.

Umsetzung

Im gesamten Bearbeitungsprozess inklusive der Lieferung zum Bestimmungsort muss dafür gesorgt werden, dass die Produkte nicht beeinträchtigt werden (z. B. beschädigt werden oder (bei Lebensmitteln) verderben), sodass Anforderungen (z. B. Produktspezifikationen) erfüllt bleiben.

Nachdem es sich um ein so breites Spektrum an möglichen Beeinträchtigungen handelt, sind konkrete Umsetzungsvorgaben nicht in der Norm enthalten: Für Produkte werden weiterhin jene Themen relevant sein, die in der ISO 9001:2008 gefordert waren und jetzt in der Anmerkung aufgezählt werden:

- die Produktkennzeichnung:
  z. B. Kennzeichnung von Lebensmitteln bzw. Inhaltsstoffen um ein Verfallsdatum zu erkennen,
- das Handling:
  Wie muss das Produkt behandelt und transportiert werden, damit es nicht beschädigt wird?,
- die Verpackung:
  Wie muss das Produkt eingepackt und die Verpackung gekennzeichnet werden, um das Produkt ausreichend während des Transports zu schützen, z. B. durch Klimaboxen bei Arzneistoffen,
- die Lagerung:
  z. B. Festlegungen von Parametern wie Temperatur, Luftfeuchtigkeit oder Reinheitsanforderungen an die Lagerräumlichkeiten,
- der Schutz:
  z. B. sichere Verwahrung von Prüfungsarbeiten in einer Schule vor deren Beurteilung, Schutz von Sachgütern vor Beschädigung, z. B. durch mechanische Einwirkungen, elektrische Einflüsse wie beispielsweise elektrostatische Entladung (ESD), Feuchtigkeit.

8.5.5 Tätigkeiten nach der Lieferung

Tätigkeiten nach der Lieferung könnten umfassen: Installation, Einschulung, technischer Support, Wartung, Fernwartung, logistische Unterstützung, Helpdesk, Verwertung oder Recycling, also alle Tätigkeiten, die die Nutzung und Verwendung des Produkts bzw. der Ergebnisse der Dienstleistung über den gesamten Lebenszyklus betreffen.

Die Anforderungen dazu reflektieren das Prinzip der Kundenorientierung: Services nach der Lieferung bzw. die Handhabung von Garantiefällen und anderen Problemen sind oft ein wesentlicher Grund für Kundenloyalität.

Die Anforderungen in diesem Bereich wurden aufgewertet und dem Thema ein eigener Abschnitt gewidmet. Die Organisation muss Umfang der erforderlichen Tätigkeiten nach der Lieferung auf Basis der gestellten Anforderungen ermitteln. Die Norm gibt auch vor, welche Aspekte dabei explizit zu berücksichtigen sind:

a) gesetzliche und behördliche Anforderungen
   (Hier sollten die Tätigkeiten aufgrund von Gewährleistungsbestimmungen betrachtet werden.),

b) mögliche unerwünschte Folgen in Verbindung mit ihren Produkten und Dienstleistungen
(Hier sollten im Sinne des „risikobasierten Denkens“ die möglichen unerwünschten Folgen betrachtet und daraus Handlungsfelder abgeleitet werden.),

c) Art, Nutzung und beabsichtigte Lebensdauer der Produkte und Dienstleistungen (Hierunter fallen Tätigkeiten wie unterstützende Dienstleistungen, Zusatzangebote, aber auch Themen wie Wiederverwertung und Entsorgung.),

d) Kundenanforderungen
(Diese sind explizit formuliert und damit auch entsprechend in Umsetzung zu bringen.),

e) Rückmeldungen von Kunden
(Diese können wesentliche Informationen über die Art, Nutzung und Lebensdauer bringen, wie auch zu den unerwünschten Folgen in Verbindung mit den Produkten und Risiken, und sind damit mit den Punkten b) und c) eng verknüpft.).

Änderungen im Vergleich zu ISO 9001:2008

Neu: 40 bis 60 %

Diese Normenforderung ist als eigener Unterpunkt und mit mehr Detaillierung neu. Die Forderung als solche (jedoch sehr allgemein gehalten) gab es in der ISO 9001:2008 implizit bereits unter 7.5.1 Unterpunkt f.

Umsetzung

Die Betrachtung des gesamten Lebenszyklus eines Produkts inklusive der Verwendung und Entsorgung, ist aus Umwelt- oder Nachhaltigkeitsüberlegungen bekannt. Diese Methoden können auch für die Umsetzung der gegenständlichen Anforderungen angewendet werden:

Im ersten Schritt sollte der Lebenszyklus der Produkte und Dienstleistungen dargestellt werden. Bei Produkten sind diese Life Cycle-Darstellungen bereits seit einigen Jahren bekannt. Im Dienstleistungsbereich sollte der Output detailliert beschrieben werden: Vereinbarte Leistungen, Projektergebnisse, Information, Wissen, Kompetenz werden mit Unterlagen in Papierform, auf Datenträgern etc. verbunden. Zusätzlich können beispielsweise Servicevereinbarungen und Gewährleistungsregelungen sowie ergänzende Dienstleistungen wie Wiederverwertung oder Entsorgung dargestellt werden. Auf Basis dieser Erhebungen sollte eine „Soweit-zutreffend-Bewertung“ durchgeführt werden, um die wesentlichen Aktivitäten und Verantwortungen zur Erfüllung der spezifizierten Anforderung aufzeigen zu können. Für diese Aktivitäten und Verantwortungen sind entsprechende Regelungen im Managementsystem abzubilden und mit allen Beteiligten zu kommunizieren.

Als hilfreiche Werkzeuge zur Visualisierung eines Lebenszyklus sind Input-Output-Bilanzen (Material-, Wirkungsbilanzen) oder Mindmap-Darstellungen empfehlenswert. Bei Bedarf können Ishikawa-Diagramme mit gegebenenfalls anderen Bezeichnungen der Äste für die Erhebung der Tätigkeiten nach der Lieferung verwendet werden.

8.5.6 Überwachung von Änderungen

Dieser Abschnitt ist in Zusammenhang mit dem Abschnitt 6.3 „Planung von Änderungen" zu sehen. Im Abschnitt 6.3 wird gefordert, dass Änderungen auf geplante Weise erfolgen müssen. Für die Produktion oder Dienstleistungserbringung wird nun hier zusätzlich gefordert, dass Änderungen in einem Umfang überprüft und gesteuert werden, der notwendig ist, um die Konformität mit den Anforderungen sicherzustellen.

Hier geht es nicht darum, wiederum neue Tätigkeiten zu starten, sondern darauf zu achten, dass die gestellten Anforderungen, also jene an die Produkte und Dienstleistungen aber auch die Konformität zur Norm, gewährleistet sind.

Unter diese Anforderungen fallen aber auch ungeplante Änderungen. Kann eine Operation durchgeführt werden, wenn der Patient eines der vorbereitenden Medikamente nicht bekommen hat? Kann ein Werkzeug produziert werden, wenn das verwendete Rohmaterial nicht die korrekte Identifikationsnummer aufweist? Die Organisation muss auch derartige ungeplante Änderungen überprüfen und mögliche daraus resultierende Folgen steuern.

Für geplante und ungeplante Änderungen ist dabei eine lückenlose Dokumentation bei Änderungen zu führen:

Normenauszug ISO 9001:2015:

Die Organisation muss dokumentierte Informationen aufbewahren, in denen die Ergebnisse der Überprüfung von Änderungen, die Personen, die die Änderung autorisiert haben, sowie jegliche notwendige Tätigkeiten, die sich aus der Überprüfung ergeben, beschrieben werden. ■

Änderungen im Vergleich zu ISO 9001:2008

Neu: 80 bis 100 %

In dieser neuen Forderung wird auf geplante Änderungen aber auch den präventiven Umgang mit ungeplanten Änderungen eingegangen.

Umsetzung

Überwachung und Beurteilung von geplanten Änderungen werden am besten in der Projektplanung mit berücksichtigt.

Die Überwachung von ungeplanten Änderungen ist sehr eng mit der Steuerung nicht konformer Ergebnisse verbunden (Abschnitt 8.7). Jedoch sind hier nicht fehlerhafte Produkte und Dienstleistungen gemeint, sondern **wie bei ungeplanten Änderungen vorbeugend zu handeln ist.** Der Fokus liegt auf „vorbeugend".

Es empfiehlt sich, eine Analyse der gängigsten ungeplanten Änderungen, die von wesentlicher Bedeutung sind, durchzuführen und entsprechende Handlungsanleitungen festzulegen. Hier sollten auf alle Fälle auch die Entscheidungsbefugnisse betrachtet werden und in den Funktions-/Stellenbeschreibungen abgebildet sein. Welche diesbezüglichen Vereinbarungen bestehen mit den Auftraggebern? Informationen können auch aus Risikoanalysen, Gefahrenbewertungen, Krisenplänen, Notfallanalysen, Business Continuity-Bewertungen etc. herangezogen oder referenziert werden.

Als Beispiele aus der Praxis könnten folgende Situationen dienen:

- Ein Elektromonteur hat gemäß Leistungsverzeichnis (Vertrag) bestimmte Leuchten zu installieren, die aus welchen Gründen auch immer nicht (zeitgerecht) verfügbar sind. Nun wird ein Ersatzprodukt ausgewählt, das die geforderten Anforderungen zu erfüllen hat. Wie wird in dieser Situation vorgegangen? Wer darf hier welche Entscheidungen treffen? Wo ist das geregelt?
- Bei der Verpackung eines Produkts reichen die kundenspezifischen Kartonagen nicht aus. Welche Maßnahmen sind im Vorfeld mit dem Kunden vereinbart, damit der Auftrag zufriedenstellend ausgeliefert werden kann? Auslieferung mit geringerer Stückzahl? Auslieferung in neutralen Kartons? Verschiebung des Liefertermins? Wer darf welche Entscheidungen treffen? Wer muss informiert werden?

8.6 Freigabe von Produkten und Dienstleistungen

Manfred Merten

Die Organisation muss ihre geplanten Tätigkeiten zur Verifizierung von Anforderungen an Produkte und Dienstleistungen in geeigneten Phasen bzw. Schritten nachweisbar umsetzen und dazu Aufzeichnungen aufbewahren.

Eine Freigabe der Produkte und Dienstleistungen darf erst nach vollständiger Erfüllung sämtlicher Einzelkriterien erfolgen. Wenn dies zutrifft, ist eine Konformitätsbescheinigung auch von anderen dafür zuständigen Stellen, wie z. B. Produktzertifizierungsstellen, Prüfstellen, Werksachverständige gemäß EN 10204 oder im pharmazeutischen Bereich GxP (Good x Practice) wie z. B. Good Manufacturing Practice, bzw. vom Kunden selbst erforderlich.

Die Dokumentation muss die Rückverfolgbarkeit auf sämtliche relevanten Personen im Rahmen aller Freigabephasen sicherstellen und die Nachweise beinhalten, dass die Annahmekriterien erfüllt werden.

Änderungen im Vergleich zu ISO 9001:2008

Neu: 60 bis 80 %

In der ISO 9001:2008 Punkt 7.5.1 f) ist dieses Thema nur in einer Textzeile gefordert. Darüber hinaus bestanden keinerlei weitere Anforderungen. In der gegenständlichen Norm gelten detaillierte Vorgaben über Art, Durchführung sowie Nachweisführung dieser Freigaben.

Umsetzung

Zu beachten ist, dass dieses Kapitel auf die gesamte Wertschöpfungskette in der Organisation inklusive sämtlicher externer Wertschöpfungsanteile (betrifft daher den gesamten Teil 8 dieser Norm) ausnahmslos anzuwenden ist.

Die Umsetzung hat durch eine Kontroll- bzw. Prüfplanung zu erfolgen, die geeignet und angemessen ist, die jeweiligen Produkt- bzw. Leistungskriterien zum dafür relevanten Zeitpunkt zu erheben und zu dokumentieren.

Weitere Details zur Umsetzung sind im Teil 9 dieser Norm (Bewertung der Leistung) geregelt.

Von besonderer Relevanz ist auch die nachzuweisende Kompetenz und Qualifikation des Personals, welches für die Planung, die praktische Durchführung sowie für die Auswertung und Interpretation der jeweiligen Ergebnisse verantwortlich zeichnet.

Methodenbeispiele

An dieser Stelle sind sämtliche qualitätstechnischen bzw. statistischen Verfahren sowie sonstigen Entscheidungstechniken je nach Relevanz anwendbar. Wir sprechen hier von der klassischen „Qualitätssicherung". Das heißt: Sämtliche Prüfungen, Evaluierungen, Bewertungen, Produkt- bzw. Leistungszertifizierungen etc. gehören zum Repertoire der anwendbaren Methoden. Es ist in jedem Fall die Auswahl der jeweils richtigen Methode bzw. die entsprechende Relevanz und Aussagefähigkeit der Ergebnisse nachweisbar sicherzustellen. Dies ist analog auf die Verwendung von geeigneten Mess- und Prüfmitteln, inklusive Prüfsoftware, anzuwenden.

Ein Beispiel ist die Automatisierungstechnik: Hier sind sowohl die mechanischen, elektrischen bzw. pneumatischen Daten mit Einrichtungen ausreichender Genauigkeit als auch die Steuerungssoftware mit dafür geeigneten Prüfroutinen bzw. Test Cases auf die Erfüllung der qualitätsrelevanten Eigenschaften zu prüfen.

Ein weiteres Beispiel ist die EN 10204 (Metallische Erzeugnisse – Arten von Prüfbescheinigungen), die festlegt, wer welche Form an Bescheinigung ausstellen darf (z. B. unter 2.1 Werksbescheinigung, unter 2.2 Werkszeugnis, unter 3.1 und 3.2 Annahmeprüfzeugnisse. Diese können entsprechend 3.1 **von einem von der Fertigungsabteilung unabhängigen Annahmebeauftragten des Herstellers** – oft auch als „Werksachverständiger" bezeichnet und 3.2 als Ergänzungsmöglichkeit vom Annahmebeauftragten oder den in den amtlichen Vorschriften genannten Annahmebeauftragten ausgestellt werden. Das ist zum Beispiel für eine Druckkesselüberwachung der Fall).

Gesetzliche Vorgaben zu diesen Anforderungen treffen speziell für den **„geregelten Bereich"** zu (also überall dort, wo der Gesetzgeber spezielle Prüfungen und Freigaben verlangt). Zu diesem gehören Stahlkonstruktionen Brückenbauten, Aufzüge, Rolltreppen und Krananlagen, Dampf- und Druckkessel, Maschinen- und Fahrzeugbau (z. B. „Homologation" = die Einzelzulassung von Fahrzeugen oder auch eine Typengenehmigung), viele Bereiche aus der Chemie und Pharmazie etc.

Oft gefragt – FAQs

Kann der Freigabeverantwortliche zur Verantwortung gezogen werden?

Grundsätzlich haftet für alle Geschehnisse in einer Organisation immer der Vorstand bzw. die Geschäftsführung einer Organisation. Dabei handelt es sich um die aus dem Firmenbuch ersichtlichen kaufmännischen Verantwortungsträger. Wenn jedoch grob fahrlässiges Verhalten oder grobes Fehlverhalten im Zuge der Freigabeverantwortung nachgewiesen werden kann, besteht die Möglichkeit, dass die betreffende Person, welche die Freigabe fälschlicherweise erteilt hat, zur Verantwortung gezogen werden kann. Für eine detaillierte Analyse derartiger Fälle empfiehlt es sich in jedem Fall, ein rechtliches Gutachten in Auftrag zu geben oder kompetente Rechtsberatung in Anspruch zu nehmen.

8.7 Steuerung nichtkonformer Ergebnisse

Manfred Merten

In der Organisation müssen für alle qualitätsrelevanten Gruppen von Nichtkonformitäten folgende Schritte hinsichtlich Zuständigkeiten und zu setzender Aktivitäten geregelt sein:

Normenauszug ISO 9001:2015:

Die Organisation muss sicherstellen, dass Ergebnisse, die die Anforderungen nicht erfüllen, gekennzeichnet und gesteuert werden, um deren unbeabsichtigten Gebrauch oder deren Auslieferung bzw. deren Erbringung zu verhindern.

Die Fehlerbehebung erfolgt beispielsweise durch Nacharbeit, Reparatur, ergänzende Dienstleistungen, nochmalige Abwicklung in Form eines entsprechend geänderten Prozesses in einer geeigneten Art und Weise, die einen fehlerfreien Zustand bewirken kann. Die entsprechende Freigabe hat im Anschluss noch einmal zu erfolgen.

Entsprechend der Nichtkonformität und deren Auswirkungen müssen geeignete Maßnahmen gesetzt werden. Sollte eine Fehlerbehebung nicht oder nicht zeitgerecht möglich sein, sind Maßnahmen zu ergreifen, die eine weitere Verwendung bzw. Anwendung unmöglich machen wie z. B. Aussonderung, Sperre, Rückgabe, Beendigung der Leistungserbringung oder Unterbrechung der betroffenen laufenden Bereitstellung.

Sollte der Fehler in einer Art und Weise bzw. zu einem Zeitpunkt auftreten, die/der auch beim Kunden relevante Fehler auslösen könnte, ist der betroffene Kunde unverzüglich zu benachrichtigen und mit ihm die weitere Vorgehensweise abzustimmen. Betrifft ein Fehler einen nachfolgenden Leistungsträger innerhalb der eigenen Organisation, ist dieser zu informieren und die weitere Vorgehensweise so abzustimmen, dass vor Auslieferung des Produkts oder der Leistungsfreigabe durch den Kunden die Fehlerfreiheit gewährleistet ist. Ist dies nicht möglich, ist auch in diesem Fall der Kunde zu informieren.

In jedem Fall muss von der Organisation die Befugnis vom Kunden oder vom internen nachfolgenden Leistungsträger eingeholt werden, die entweder die Verwendung im aktuellen Zustand ermöglicht oder die Freigabe, Fortsetzung oder wiederholte Bereitstellung regelt. Fallweise kann auch eine Sonderfreigabe ein angemessenes Vorgehen darstellen.

In jedem Fall muss nach jeder Art von Korrektur die Konformität mit den Anforderungen neuerlich überprüft und freigegeben werden.

Sämtliche der genannten Schritte bzw. Aktivitäten, inklusive der Rückverfolgbarkeit zu den freigabeverantwortlichen Entscheidungsträgern und inklusive allenfalls eingebundenen externen Überwachungs- bzw. Prüfstellen zur Beseitigung der Nichtkonformität, müssen entsprechend dokumentiert werden. Neu ist die Dokumentationsanforderung, dass auch die zuständige Stelle, die über die Maßnahmen in Bezug auf die Nichtkonformität entscheidet, mit dokumentiert werden muss.

In weiterer Folge sind auch entsprechende Korrekturmaßnahmen entsprechend Punkt 10.2 dieser Norm einzuleiten, die Nichtkonformität ist zu beheben und die Korrekturmaßnahmen sind umzusetzen.

Änderungen im Vergleich zu ISO 9001:2008

Neu: 20 bis 40 %

Der Abschnitt spiegelt den Inhalt der ISO 9001:2008 Punkt 8.3 wider. Einige Präzisierungen, z. B. auch Fehler, die erst nach der Lieferung der Produkte oder während bzw. nach der Dienstleistungserbringung erkannt wurden, sind enthalten.

Primär wurde die Dokumentationsanforderung erweitert: Die zuständige Stelle, die über die Maßnahmen in Bezug auf die Nichtkonformität entscheidet, muss mit dokumentiert werden.

Umsetzung

Bei Produkten können die bisherigen Praktiken zur Sperre wie Kennzeichnung, gesonderte Lagerung etc. beibehalten werden, wichtig ist jedoch die Kennzeichnung, wer, wann und aus welchem Grund die Sperre veranlasst hat. Bei Dienstleistungen bzw. Prozessen sollte eine entsprechende Sperrfunktion im IT-System der Organisation verankert werden, die beispielsweise eine Weiterbearbeitung bis nach der Korrektur unmöglich macht.

Oft gefragt – FAQs

Dürfen fehlerhafte Produkte anderweitig verwendet werden?

Wenn in einer anderen Bereitstellung das aktuelle Qualitätsmerkmal in dieser Form nicht relevant ist und daher für den anderen beabsichtigten Gebrauch die Konformität sichergestellt ist, dürfen diese Produkte verwendet werden. Diese Art der „Umwidmung" ist jedoch ebenso inklusive der entsprechenden Freigabeentscheidung zu dokumentieren.

Wie ist vorzugehen, wenn ein Kunde unberechtigt reklamiert bzw. durch falsche Verwendung eine Nichtkonformität bewirkt?

Zur Vorbeugung solcher Fälle hilft in der Regel nur eines: Eindeutige und miteinander abgestimmte Definitionen von Leistungsumfang und zu erfüllenden Anforderungen. Nur wenn die Organisation in der Lage ist, die betreffende Situation klar nachweisen zu können, besteht die Chance auf Einigung mit dem Kunden sowie auf eine weiterführende Beauftragung.

9 Bewertung der Leistung

In der gemeinsamen Struktur für Managementsysteme sind drei Abschnitte zum Thema „Bewertung der Leistung" vorgesehen. Diese wurden entsprechend auch in der ISO 9001:2015 verwendet:

- Überwachung, Messung, Analyse und Bewertung,
- internes Audit,
- Managementbewertung.

Die ISO 9001:2015 stellt die zu erzielenden Ergebnisse in den Vordergrund, damit wird auch die Bedeutung der Leistungsbewertung aufgewertet.

9.1 Überwachung, Messung, Analyse und Bewertung

Wolfgang Hackenauer

9.1.1 Allgemeines

Bild 9.1 gibt einen groben Überblick, welche Normenanforderungselemente im Zusammenhang mit 9.1 „Überwachung, Messung, Analyse sowie Bewertung" zu berücksichtigen, welche konkreten Anforderungen zu erfüllen und welche Gesichtspunkte (z. B. Wissen der Organisation) damit verbunden sind. Die Pfeile auf der linken Seite stellen dar, welche Anforderungselemente einen Bezug zu „Überwachung, Messung, Analyse und Bewertung" beinhalten. Das Thema zieht sich somit als roter Faden durch die Norm. Der mittlere Teil des Bilds zeigt die konkreten Handlungsanforderungen, z. B. zu bestimmen, was überwacht und gemessen werden muss.

Der Abschnitt „Bewertung der Leistung" ist neu in der ISO 9001:2015. Der Begriff „Leistung" kann sich auf das Management von Tätigkeiten, Prozessen, Produkten und Dienstleistungen, Systemen oder Organisationen beziehen.

Der Leistungsbegriff an sich ist in Managementsystemnormen nicht neu. So spielt die Umweltleistung in der „ISO 14001 – Anforderungen an ein Umweltmanagementsystem" schon immer eine wesentliche Rolle (z. B. die Verpflichtung zur Verbesserung der Umweltleistung in der Umweltpolitik). Die Umweltleistung wird dabei als messbares Ergebnis aus dem Managen der Umweltaspekte (wie Energie, Wasser, Abfall, Emissionen usw.) definiert. In der Terminologie von Qualitätsmanagementsystemen können die Umweltaspekte durch Qualitätsaspekte (Erfüllung der Kundenanforderungen, Fehlerfreiheit, Kundenzufriedenheit etc.) ersetzt werden. Diese Qualitätsaspekte sind eng mit den Anforderungen der Kunden und den relevanten Erfordernissen und Erwartungen von interessierten Parteien zu verknüpfen.

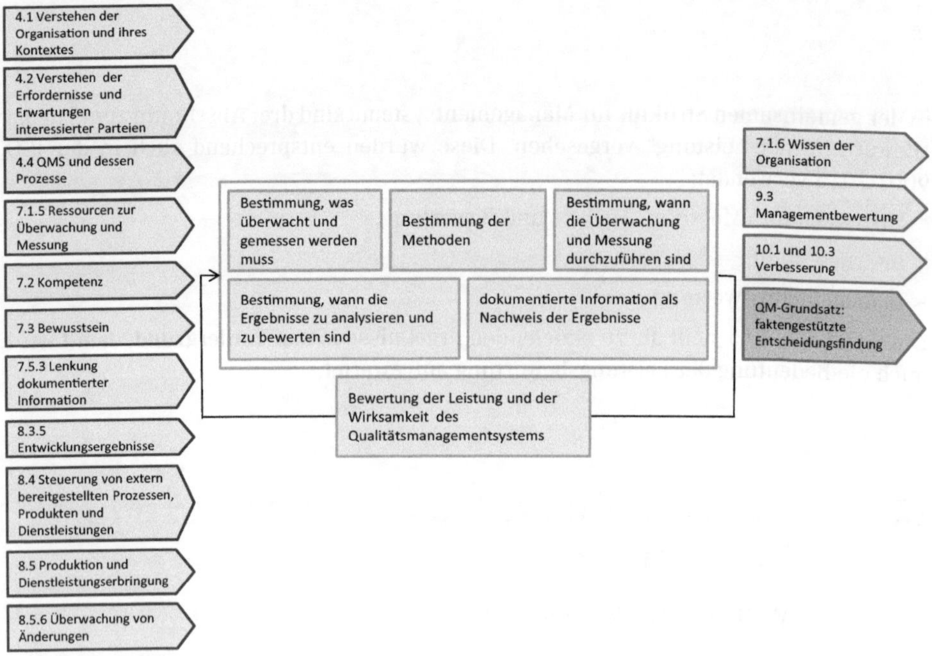

Bild 9.1 Anforderungen des Abschnitts 9.1.1 und Zusammenhänge mit anderen Abschnitten im Überblick

Die Einführung eines Qualitätsmanagementsystems ist eine strategische Entscheidung der Organisation. Externe und interne Themen (z. B. Kontext der Organisation), die für ihren Zweck und ihre strategische Ausrichtung relevant sind, sowie die strategische Ausrichtung bestimmen die Zielsetzungen (die zu erreichenden Ergebnisse) des Qualitätsmanagementsystems. Erfüllt das System die (strategischen) Zielsetzungen, dann ist es offensichtlich wirksam.

Neben den Begriffen „Ergebnis“ und „Leistung“ (= messbares Ergebnis) spielt auch der Begriff „Wirksamkeit“ eine bedeutende Rolle. Wirksamkeit wird als „Ausmaß, in dem geplante Tätigkeiten verwirklicht und geplante Ergebnisse erreicht werden“ (vgl. ISO 9000:2015), verstanden. Wirksamkeit ist dabei die deutsche Übersetzung des Begriffs „Effectiveness“, wird also als Synonym für den Begriff Effektivität verstanden.

Unter „Überwachung“ versteht man die Bestimmung des Zustands eines Systems, eines Produkts, einer Dienstleistung, eines Prozesses oder einer Tätigkeit. Die Zustandsbeurteilung kann durch Prüfung, Beaufsichtigung oder kritischer Beobachtung erfolgen. Die „Messung“ dient zur Bestimmung eines Wertes.

Die Anforderungen in diesem Abschnitt sind mit jenen im Abschnitt 7.1.5 zu verknüpfen, in dem Anforderungen an die Ressourcen zur Überwachung und Messung gestellt werden. Es müssen jene Ressourcen zur Überwachung und Messung bestimmt und bereitgestellt werden, die benötigt werden, um die Konformität von Produkten und Dienstleistungen nachzuweisen und entsprechende Dokumentationen zu führen. Das heißt, immer, wenn es um die Messung und Überwachung in Bezug auf die Konformität von Produkten und Dienstleistungen geht, sind diese zusätzlichen Aspekte wie Gültigkeit, Zuverlässigkeit, Dokumentation etc. zu berücksichtigen.

In diesem Abschnitt gelten auch die Anforderungen im Abschnitt 7.2. und 7.3: Für Personen, die unter Aufsicht der Organisation Tätigkeiten (z. B. Überwachungs- und Messtätigkeiten) verrichten, welche die Leistung und Wirksamkeit des Qualitätsmanagementsystems beeinflussen, muss die erforderliche Kompetenz bestimmt werden. Auch müssen sich diese Personen ihres Beitrags zur Wirksamkeit des Qualitätsmanagementsystems, einschließlich der Vorteile einer verbesserten Leistung bewusst sein. Dies bedeutet, dass die Organisation Konsistenz und Transparenz bezüglich Zielsetzungen und Leistungsparametern schaffen muss.

Die Festlegung von Anforderungen an die Überwachung und Messung ist Teil des Entwicklungsprozesses (Abschnitt 8.3). Entsprechend müssen diese Anforderungen, soweit zutreffend, sowie Annahmekriterien in den Entwicklungsergebnissen enthalten sein oder auf sie verweisen.

Die Leistungsüberwachung und -beurteilung spielt ferner bei der Auswahl von externen Anbietern, bei Produktion und Dienstleistungserbringung sowie bei Änderungen für die Produktion oder die Dienstleistungserbringung eine Rolle.

Die Organisation muss „geeignete“ dokumentierte Informationen als Nachweis über die Ergebnisse aufbewahren. Hier wird der Organisation Eigenverantwortung übertragen, zweckmäßige Dokumentation vorzusehen, um die gestellten Anforderungen zu erfüllen und das System wirksam steuern zu können.

Die Ergebnisse von Überwachungen und Messungen sind wiederum Aspekte bei der Planung und Durchführung der Managementbewertung (vgl. Abschnitt 9.3). Die Organisation muss Möglichkeiten zur Verbesserung der Leistung und Wirksamkeit des Qualitätsmanagementsystems bestimmen (Abschnitt 10.1) sowie Ergebnisse von Analysen und Beurteilungen sowie Ergebnisse der Managementbewertung zur fortlaufenden Verbesserung heranziehen (Abschnitt 10.3).

Ein interessanter Bezug kann von diesem Abschnitt zu den Grundsätzen des Qualitätsmanagements hergestellt werden, die in der ISO 9000:2015 enthalten sind. Ein Grundsatz setzt sich mit „faktengestützter Entscheidungsfindung“ auseinander.

Normenauszug ISO 9000:2015:

Entscheidungsfindung kann ein komplexer Prozess sein und weist immer eine gewisse Unsicherheit auf. Häufig umfasst sie sowohl verschiedene Arten und Quellen von Eingaben, als auch deren Interpretation, die subjektiv sein kann. Es ist wichtig, die Zusammenhänge von Ursache und Wirkung sowie die möglichen unbeabsichtigten Folgen zu verstehen. Tatsachen, Nachweise und Datenanalyse führen zu größerer Objektivität und Vertrauen in die Entscheidungsfindung. ■

Änderungen im Vergleich zu ISO 9001:2008

Neu: 20 bis 40 %

Die Bewertung der Leistung stellt nun einen eigenen Abschnitt dar. In der ISO 9001:2008 lautete der Überbegriff noch Abschnitt 8 „Messung, Analyse und Verbesserung". Nachdem der Leistungsbegriff eine höhere Bedeutung hat – in der ISO 9001:2008 wurde nur der Bezug zur Prozessleistung hergestellt – kommt zu den Themen der Überwachung, Messung und Analyse noch der Begriff der Bewertung dazu.

9.1.2 Kundenzufriedenheit

Josef Hödl

Bild 9.2 stellt die zu berücksichtigenden Anforderungen, Aktivitäten sowie mögliche Auswirkungen für weiterführende Themen dar.

Das Ziel, die Kundenzufriedenheit durch wirksame Anwendung des Systems zu erhöhen, ist in der ISO 9001:2015 schon im Anwendungsbereich (Abschnitt 1) hinterlegt.

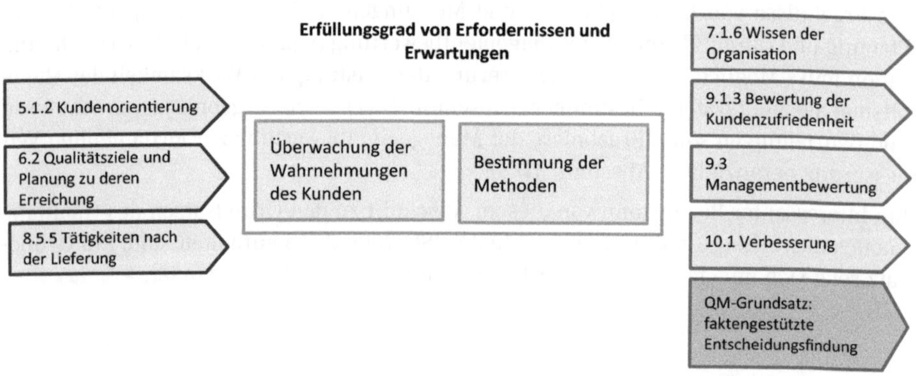

Bild 9.2 Anforderungen des Abschnitts 9.1.2 und Zusammenhänge mit anderen Abschnitten im Überblick

Kundenzufriedenheit wird dabei definiert als „Wahrnehmung des Kunden zu dem Grad, in dem die Erwartungen des Kunden erfüllt worden sind“. Kundenzufriedenheit bezieht sich auf die „Erwartungen“ der Kunden, nicht nur auf die festgelegten Anforderungen. Das heißt, diese „Erwartungen“ sind nicht immer explizit ausgesprochen und damit der Organisation oder auch dem Kunden selbst möglicherweise unbekannt. Oft sind alle vereinbarten Anforderungen erfüllt, aber der Kunde ist trotzdem nicht zufrieden. Erst im Nachhinein realisiert der Kunde: „Das hätte ich mir schon auch erwartet.“. Da nützt es nichts, auf die Erfüllung aller vereinbarten Anforderungen zu pochen, wenn man den Kunden im Sinne der Kundenbindung zufriedenstellen möchte.

Zum Erreichen hoher Kundenzufriedenheit kann es demnach erforderlich sein, Kundenerwartungen auch dann zu erfüllen, wenn sie weder festgelegt noch vorausgesetzt oder verpflichtend sind. Die Herausforderung dabei ist es, diese auch zu kennen, da diese nicht nur rational, sondern auch emotional bestimmt sind. Auch verändern sich Kundenerwartungen mit der Zeit. Sie hängen ab von den vergangenen Erfahrungen und erbrachten Leistungen. Aber auch Kunden sind von ihrem Umfeld und den dort stattfindenden Entwicklungen beeinflusst. Ein nützliches Modell zum Verständnis von Kundenerwartungen ist das Kano-Modell, das schon im Zusammenhang mit der Bestimmung der Anforderungen an die Produkte und Dienstleistungen in Abschnitt 8.2 betrachtet wurde (Bild 8.8). Entsprechend ist die „Überwachung der Kundenzufriedenheit“ nur die andere Seite der Erfolgsmedaille und es können auch die in Abschnitt 8.2 beschriebenen Methoden zum Einsatz kommen.

Die Kundenzufriedenheit ist das Ergebnis eines Vergleichs von Bedürfnissen und Erwartungen des Kunden bezüglich des Produkts oder der Dienstleistung mit den wahrgenommenen Produkten oder Dienstleistungen (siehe auch 7.1.5, Kotler u. a. 2007), der in die Definition als „der Grad der Erfüllung“ der Kundenerwartung eingeht. Es geht also nicht nur darum, möglichst weitgehend die Kundenerwartungen zu kennen, sondern die Organisation muss auch dafür sorgen, dass diese Erwartungen spezifiziert und umgesetzt wurden.

In der Norm werden konkrete Methodenbeispiele gegeben: Kundenbefragungen (weitere Hinweise siehe Methodenbeispiel 9.1.2), Rückmeldungen durch den Kunden zu gelieferten Produkten oder erbrachten Dienstleistungen, Treffen mit Kunden aber auch indirekte Rückmeldungen wie Marktanalysen, Anerkennungen, Gewährleistungsansprüche und Händlerberichte.

Reklamationen sind ein üblicher Indikator für die Unzufriedenheit eines Kunden. Jedoch kann man aus dem Fehlen von Reklamationen nicht automatisch auf hohe Zufriedenheit schließen. Dafür benötigt man eine tiefere und direktere Auseinandersetzung mit den Erwartungen und Bedürfnissen der Kunden.

Die ISO 9001:2015 fordert, dass die Wahrnehmungen des Kunden über den Erfüllungsgrad seiner Erwartungen überwacht werden, dass also Informationen gesammelt werden, inwieweit der Kunde zufrieden ist oder nicht. Aktive und positive Rückmeldungen (Feedback) oder aktive Weiterempfehlungen an Dritte zählen ebenso dazu. Rückmeldungen via Social Media bis hin zu Empfehlungen im positiven Sinn oder bis hin zu Shitstorms im negativen Sinn gewinnen immer mehr an Bedeutung.

Die Methoden zum Einholen, Überwachen und Überprüfen dieser Informationen müssen bestimmt werden. Meist wird nicht nur eine Quelle an Informationen, die hier beschrieben wurden genutzt, sondern eine Kombination.

Kundenzufriedenheit wird auch in anderen Normabschnitten angesprochen. Die oberste Leitung muss Führungsverantwortung in Bezug auf die Kundenzufriedenheit übernehmen, dazu gibt es einen eigenen Abschnitt (siehe ISO 9001:2015, Abschnitt 5.1.2).

Die Organisation muss Qualitätsziele für relevante Funktionsbereiche, Ebenen und Prozesse festlegen, nicht nur um die Konformität von Produkten und Dienstleistungen sicherzustellen, sondern auch um Qualitätsziele festzulegen, die für die Steigerung der Kundenzufriedenheit relevant sind.

Auch die „Tätigkeiten nach der Lieferung" (vgl. Abschnitt 8.5.5) wie z. B. Serviceleistungen, Support, Wartung, Behandlung von Reklamationen, Entsorgung etc. beinhalten vielfältige Möglichkeiten, die Kundenzufriedenheit zu steigern. Entsprechend ist dort auch explizit gefordert, die Rückmeldungen der Kunden zu berücksichtigen. Diese Informationen können dann auch für die Beurteilung der Kundenzufriedenheit mit herangezogen werden.

Die Analyse von Daten und Informationen sowie die Beurteilung der Kundenzufriedenheit sind in Abschnitt 9.1.3 gefordert. Im Rahmen der Managementbewertung (9.3) ist dann die Entwicklung der Kundenzufriedenheit zu behandeln und es sind entsprechende Entscheidungen und Maßnahmen daraus abzuleiten. Damit wird übergeführt auf das Thema der Verbesserung (10.1): Notwendige Maßnahmen sind einzuleiten, um die Kundenzufriedenheit zu erhöhen. Dies kann fortlaufende Verbesserung enthalten, aber auch Verbesserungen durch Innovation (vgl. auch Abschnitt 8.3 „Entwicklung von Produkten und Dienstleistungen"), bahnbrechende Veränderungen oder Neuorganisation etc.

Änderungen im Vergleich zu ISO 9001:2008

Neu: 40 bis 60 %

Der Normentext zum Thema Kundenzufriedenheit enthält wesentliche Neuerungen. In der ISO 9001:2008 steht: „Die Überwachung der Kundenzufriedenheit erfordert die Beurteilung von Informationen darüber, welche Wahrnehmungen bei den Kunden über die Erfüllung der **Kundenanforderungen** durch die Organisation herrschen.".

Die ISO 9000: 2015 definiert Kundenzufriedenheit als die Wahrnehmung des Kunden, zu dem Grad, in dem die Erwartungen des Kunden erfüllt worden sind. Entsprechend wurde auch im Text der ISO 9001:2015 diese Änderung vollzogen: Es geht nun um den „**Erfüllungsgrad der Erfordernisse und Erwartungen des Kunden**". Anforderungen sind kurz gesprochen „festgelegte Erwartungen", damit geht es jetzt auch um nicht festgelegte, unausgesprochene, vielleicht emotional bestimmte Erwartungen. Dieser Perspektivenwechsel kann auch als ein Trend zur stärkeren Kundenorientierung interpretiert werden. Nicht die vereinbarten, oder von der Organisation festgelegten Anforderungen sind als Soll-Größe anzugeben, sondern die subjektiven Kundenerwartungen.

Methodenbeispiel Kundenbefragungen

Im folgenden Beispiel werden verschiedene Methoden der Kundenbefragung dargestellt. Eine Kundenbefragung ist nicht gefordert, aber als eine mögliche Methode der Umsetzung der Anforderungen in der Anmerkung angeführt.

Unter den im Abschnitt 7.1.5 beschriebenen Ressourcen zur Überwachung und Messung wurden „subjektiv kundenorientierte Messungen" beschrieben. Diese setzen direkt beim Kunden an und versuchen die Qualitätswahrnehmung aus der Sicht einzelner Kunden zu erforschen und zu messen. Damit bieten sich diese Vorgangsweisen auch für die Messung der Kundenzufriedenheit an. Dabei kann man die Befragungen in Richtung Merkmale der Produkte und Dienstleistungen, auf Ereignisse (Wie ist ein Prozess, eine Dienstleistung abgelaufen?) oder auf Probleme (Welche kritischen Erlebnisse sind aufgetreten?) fokussieren. Es muss also nicht immer der gleiche, allgemeine, standardisierte Fragebogen, der nach einiger Zeit nur mehr wenig Mehrwert bringt, eingesetzt werden.

Bei Kundenbefragungen wird der Grad der Erfüllung der Kundenerwartung mit Hilfe von Zufriedenheitsskalen gemessen, in denen der Kunde angeben kann, wie seine Einschätzung in Bezug auf Zufriedenheit gerade ist. Auch hier sind viele Varianten möglich, eindimensionale oder mehrdimensionale Verfahren, je nachdem ob ein oder mehrere Merkmale eines Produkts oder einer Dienstleistung zur Messung herangezogen werden. Es könnte auch ein Vergleich herangezogen werden. Die Erwartungshaltung vor der Inanspruchnahme einer Dienstleistung mit der Erfüllung dieser Erwartung nach Nutzung von Produkten oder Dienstleistungen.

Für die Gestaltung einer Kundenbefragung kann man sich an die Methoden der empirischen Forschung anlehnen. Das heißt, dass man die Phasen Konzeption, Pretest, Durchführung der Befragung, Dateneingabe, Analyse und Interpretation und dabei die Gütekriterien Objektivität, Gültigkeit und Verlässlichkeit (vgl. auch Abschnitt 7.1.5) beachtet. Dazu gehören beispielsweise auch Entscheidungen über die Art der Befragung (face to face, online), über den Zeitpunkt der Befragung (unmittelbar nach der Inanspruchnahme der Dienstleistung oder einmal im Jahr), Inhalt der Befragung, die Auswahl der zu befragenden Kundengruppe (ziehen einer Stichprobe oder Erhebung von allen Kunden), Entscheidungen bezüglich der Durchführung der Erhebung, sowie der statistischen Analyse- und Interpretationsmethoden.

9.1.3 Analyse und Bewertung

Bild 9.3 zeigt die Zusammenhänge der zu berücksichtigenden Normelemente, der konkreten Handlungen sowie die weiterführenden Themen, in denen die Ergebnisse zu berücksichtigen sind.

Normenauszug ISO 9001:2015:

Die Organisation muss die entsprechenden Daten und Informationen, die sich aus der Überwachung und Messung ergeben, analysieren und bewerten.

■

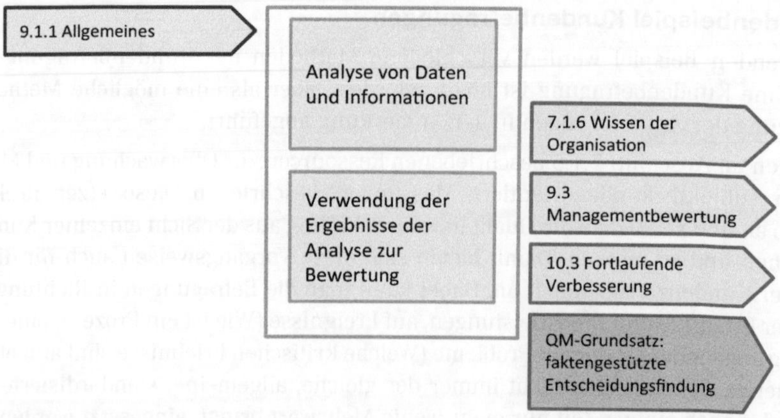

Bild 9.3 Anforderungen des Abschnitts 9.1.3 und Zusammenhänge mit anderen Abschnitten im Überblick

Während im Abschnitt 9.1.1 nur die allgemeinen Anforderungen gestellt werden, was in Bezug auf Überwachung, Messung, Analyse und Bewertung festzulegen ist, werden im Abschnitt 9.1.3 konkrete Anforderungen gestellt, zu welchen Aspekten Daten und Informationen zu analysieren und bewerten sind:

- zu Konformität der Produkte und Dienstleistungen
  (Dies ist der dominante Aspekt im Rahmen eines Qualitätsmanagementsystems.),
- zum Grad der Kundenzufriedenheit
  (Die Bedeutung dieses Aspekts wird hervorgehoben, indem der Messung der Kundenzufriedenheit eigens ein Abschnitt (9.1.2) gewidmet wird.),
- zu Leistung und Wirksamkeit des Qualitätsmanagementsystems
  (Die Begriffe Leistung und Wirksamkeit wurden im Abschnitt 9.1.1 genauer erläutert.),
- zur wirksamen Umsetzung der Planung
  (Dies bezieht sich auf Pläne auf allen Ebenen (vgl. Abschnitt 6) und ist damit ein direkter Verweis auf den in der Norm abgebildeten PDCA-Zyklus.),
- zur Wirksamkeit durchgeführter Maßnahmen zum Umgang mit Risiken und Chancen
  (Diese sind zwar auch grundsätzlich in der Planung mit enthalten, aufgrund ihres Stellenwertes werden sie aber noch separat behandelt.),
- zur Leistung externer Anbieter
  (Hier geht es um messbare Ergebnisse, die in Bezug auf die externen Anbieter analysiert und bewertet werden müssen.),
- zum Bedarf an Verbesserungen des Qualitätsmanagementsystems
  (Hier wird bewusst der gesamte Abschnitt 10 angesprochen, also fortlaufende Verbesserung wie auch mögliche nicht-kontinuierliche Maßnahmen wie Korrekturmaßnahmen, Innovation, Re-Strukturierungen etc.).

Festlegungen zu statistischen Methoden müssen nicht mehr getroffen werden. Dass statistische Verfahren in der Datenanalyse eingesetzt werden können, ist in einer Anmerkung vermerkt. Nachdem aber die verwendeten Methoden, auch diese zählen zu den Ressourcen, gültige und zuverlässige Ergebnisse liefern müssen (vgl. Abschnitt 7.1.5), werden statistische Methoden weiterhin eine wichtige Rolle spielen.

Am Ende des Abschnittes 9.1 bietet es sich an, kurz auf die Begrifflichkeiten einzugehen. Die Begriffe „Überwachung" und „Messung" sind definiert, aber es fehlen Festlegungen für Analyse und Bewertung (Beurteilung). Eine Definition dieser Begriffe könnte aber die Auswahl geeigneter Methoden erleichtern.

Burke P. (2014) beschreibt Analyse als einen Prozess, in dem rohe Informationen zu realem Wissen verarbeitet werden. Der Begriff „Analyse" wird als eine Art „Schirm"-Begriff gesehen, der sich auf eine Abfolge intellektueller Operationen bezieht. Zu diesen Operationen, die früher als eine Form des Verarbeitens beschrieben wurden, gehören das Beschreiben, Klassifizieren, Kodifizieren, Datieren, Messen, Testen, Interpretieren, Erzählen und Theoretisieren. Analyse will nicht nur beschreiben, sondern erklären.

Die Bewertung (im englischen Evaluation) wird oft auch mit „Beurteilung" übersetzt, und genau darum geht es: ein Urteil über die vorliegenden Zahlen, Werte oder Sachverhalte zu geben. In der ISO 9001:2015 ist der Begriff umrissen als „Bestimmung der Eignung, Angemessenheit und Wirksamkeit eines Objekts, festgelegte Ziele zu erreichen".

Änderungen im Vergleich zu ISO 9001:2008

Neu: 20 bis 40 %

Die Anforderung aus der ISO 9001:2008 zu 8.4 „Datenanalyse" sind ähnlich aufgebaut, die zu betrachtenden Aspekte jedoch weniger umfangreich: „Die Datenanalyse muss Angaben liefern über

a) Kundenzufriedenheit,

b) Erfüllung der Produktanforderungen,

c) Prozess- und Produktmerkmale und deren Trends, einschließlich Möglichkeiten für Vorbeugungsmaßnahmen und

d) Lieferanten."

In der ISO 9001:2015 werden nun zusätzlich noch folgende Aspekte zur Datenanalyse konkreter angesprochen:

- die Leistung und die Wirksamkeit des Qualitätsmanagementsystems,
- die wirksame Umsetzung von Plänen,
- die Wirksamkeit durchgeführter Maßnahmen zum Umgang mit Risiken und Chancen,
- die Leistung externer Anbieter,
- der Bedarf an Verbesserungen des Qualitätsmanagementsystems.

Umsetzung

In weiterer Folge werden die in der Norm angeführten Handlungsanforderungen mit möglichen Bemerkungen bzw. Methoden versehen (vgl. Tabelle 9.1). Dies kann bei der Umsetzung der geänderten Anforderungen unterstützen.

Tabelle 9.1 Schrittweise Umsetzung der Anforderungen aus Abschnitt 9.1

Anforderungen/ Umsetzungsaktivitäten	Bemerkungen/Methoden
Festlegung, was überwacht und gemessen werden muss	Berücksichtigung der Anforderungen (vgl. Aspekte in 9.1.3) der Norm sowie Eigenfestlegungen (Eigenfestlegungen ergeben sich aus: Geschäftsmodell, Strategie, Zielen, rechtlichen Verpflichtungen etc.)
dies inkludiert: **Überwachung der Wahrnehmungen des Kunden über den Erfüllungsgrad seiner Erfordernisse und Erwartungen:**	Vorgeschlagene Methoden aus der ISO 9001:2015: Kundenbefragungen, Rückmeldungen durch den Kunden zu gelieferten Produkten oder erbrachten Dienstleistungen, Meetings mit Kunden aber auch indirekte Rückmeldungen wie Marktanalysen, Anerkennungen, Gewährleistungsansprüche und Berichte von Händlern (vgl. Methodenbeispiel Kundenbefragung 9.1.2).
▪ Bestimmung der Methoden zum Einholen und Verwenden dieser Informationen.	
▪ Festlegung von Methoden zur Überwachung, Messung, Analyse und Bewertung, ▪ Festlegung, wann die Überwachung und Messung durchzuführen ist, ▪ Festlegung, wann die Ergebnisse der Überwachung und Messung zu analysieren und zu bewerten sind, ▪ Aufbewahrung geeigneter dokumentierter Informationen als Nachweis für die Ergebnisse.	Für die Definition der ermittelten Aspekte, die zu überwachen, zu messen, zu analysieren und zu bewerten sind, eignet sich z. B. ein Datenblatt. Festgelegt sollte werden: ▪ welcher Indikator für welches Ziel, für welches strategische Vorhaben verwendet wird, ▪ was überwacht und gemessen wird, ▪ wann und wie oft (Intervalle) dies zu erfolgen hat, ▪ von wem (Personen, Gruppe) dies durchzuführen ist, ▪ die Methode, ▪ Aufbereitung der Daten, zielgruppenspezifische Selektion und Verteilung relevanter Informationen, ▪ wer in welcher Form Daten analysieren und auf Ergebnisse reagieren muss, ▪ in welchen Meetings Ergebnisse (falls erforderlich) besprochen und an wen in welchem Fallberichtet wird, ▪ Aufbewahrung (bzw. in IT-Systemen dauerhafte, unveränderte Speicherung) dokumentierter Informationen. Die Umsetzung wird üblicherweise in verschiedenen IT-Systemen erfolgen. Eine enge Integration mit den betriebswirtschaftlichen Daten ist hier sinnvoll, z. B. Materialeinsatz versus Materialkosten, Liefertreue versus Strafgebühren etc.

Anforderungen/ Umsetzungsaktivitäten	Bemerkungen/Methoden
Bewertung der Leistung und Wirksamkeit des Qualitätsmanagementsystems	Sind „messbare Ergebnisse" zu den Aspekten verfügbar? Hier sind zumindest die Informationen zu den im Abschnitt „Managementbewertung" (Abschnitt 9.3) genannten Themen bereitzustellen: ▪ *zu Kundenzufriedenheit und Rückmeldungen von relevanten interessierten Parteien,* ▪ *zur Erfüllung der Qualitätsziele,* ▪ *zu Prozessleistung und Konformität von Produkten und Dienstleistungen,* ▪ *zu Nichtkonformitäten und Korrekturmaßnahmen,* ▪ *zu Auditergebnissen,* ▪ *zur Leistung externer Anbieter.*

Methodenbeispiel Ursachen-Wirkungs-Analyse

Das folgende Beispiel soll im Sinne einer „faktengestützten Entscheidungsfindung" (siehe Grundprinzip des Qualitätsmanagementsystems) die Ursachen- und Wirkungszusammenhänge verdeutlichen.

Das Unternehmen Optimal GmbH beliefert mit qualitativ hochwertigen Produkten im Bereich der Großserienfertigung den Markt. In letzter Zeit kommen von den Kunden Anforderungen in Richtung Fertigung von „Spezialitäten" (neue Spezialanfertigungen mit besonderen Produkteigenschaften und sehr kleinen Losgrößen) anstatt von Großserienfertigungen und gleichzeitig die Anforderung der „Reduktion von Lieferzeiten" für diese Spezialitäten. Der Vertrieb fordert massiv die Erfüllung dieser Kundenwünsche. Geänderte Rahmenbedingungen (in Bezug zum Kontext der Organisation zu sehen) haben nun Auswirkungen auf die strategischen Ziele sowie die Prozesszielsetzungen (Prozesse müssen auf geänderte Ziele ausgerichtet werden).

Der Wandel von der Großserienfertigung zu mengenmäßig kleineren Fertigungslosgrößen bei Spezialanfertigungen wird die Produktivität beeinflussen und stellt für den Entwicklungsprozess entsprechende Herausforderungen dar (z. B. kurze Entwicklungszeiten, Schaffen von Ressourcen).

In der Organisation läuft gerade ein massives Kostensenkungsprogramm. Ziel ist es, die Lagerbestandswerte von Vormaterialien zu reduzieren (Liquiditätsthematik). Im Bereich der Instandhaltung ist man damit konfrontiert, dass aufgrund der älteren Maschinen immer wieder Anlagenstörungen auftreten. Die geplante Prozessleistung von 80 Prozent Anlagenverfügbarkeit wird nicht erreicht.

Die Anlagenverfügbarkeit, die Verfügbarkeit von Vormaterial, die Bemusterungen für die Entwicklung, die Auftrags- bzw. Fertigungsgrößen sowie die Verfügbarkeit von qualifizierten Ressourcen können die Produktivität beeinflussen.

Die geänderten Rahmenbedingungen haben nun Auswirkungen auf die Prozessziele (Prozessergebnis und Prozessleistung). Die Prozessziele (Steuerungsgrößen in Hinblick auf das strategische Ziel) stehen nicht nur in Wechselwirkung zueinander, sondern haben zum Teil auch einen direkten oder indirekten Einfluss auf die Erreichung des strategischen Ziels der Reduktion der Entwicklungszeiten (möglicher Leistungsindikator für die Wirksamkeit des Qualitätsmanagementsystems).

Die geplante Prozessleistung, nämlich die Erhöhung der Produktivität, beeinflusst die vom Kunden erwartete Lieferzeit der Spezialanfertigungen.

Bild 9.4 zeigt eine Möglichkeit zur Identifikation von Indikatoren zur Überwachung und Messung von Prozesszielsetzungen unter Berücksichtigung der Prozesssteuerungsgrößen (z. B. Einstellzeiten, Auslastung bzw. Ausschuss im Produktionsprozess auf die Produktivität) und deren mögliche Zusammenhänge (Wechselwirkungen) auf das strategische Ziel.

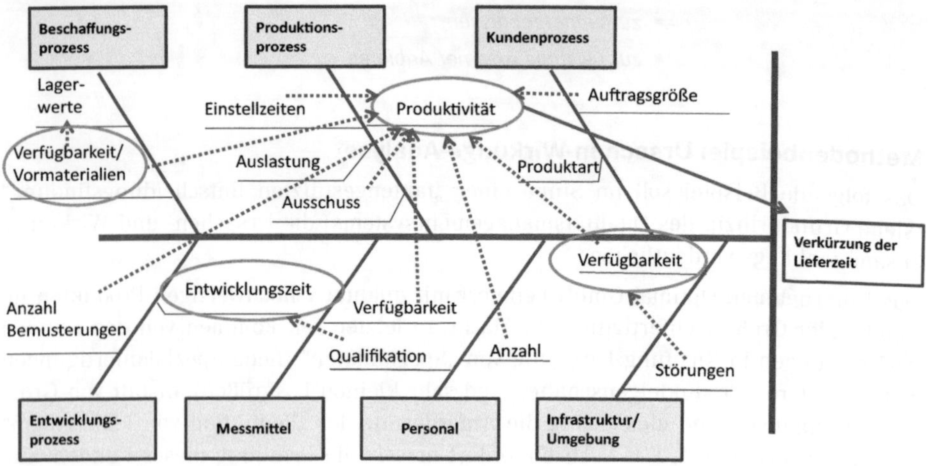

Bild 9.4 Ursachen-Wirkungs-Analyse zur Zielerreichung

Oft gefragt – FAQs

Geht es hier wirklich um die Effektivität (= Wirksamkeit) des Qualitätsmanagementsystems, das heißt „das Richtige tun" oder ist hier die Effizienz gemeint, „es richtig tun"?

Es ist hier wirklich die Effektivität gemeint, also das Richtige tun. Das Anliegen der ISO 9001:2015 ist es primär, Kundenanforderungen zu erfüllen. In der ISO 9001:2015 gibt es keine direkte Anforderung nach Effizienz – jedoch kann dies sowohl eine Kundenanforderung oder eine Anforderung einer relevanten interessierten Partei (z. B. Eigentümer) sein.

Wir haben keine Beschwerden. Ist mein Qualitätsmanagementsystem wirksam?

Ein Qualitätsmanagementsystem ist dann wirksam, wenn durch Erreichen der Ziele und Umsetzung der Planungen **sichergestellt** wird, dass die Kundenanforderungen erfüllt werden und ein ständiges Bemühen besteht, die Kundenzufriedenheit zu erhöhen. Achtung: Es reicht definitiv nicht zu sagen: „Wir haben keine Fehler oder keine Beschwerden, also passt auch unser System." Das könnte ja auch zufällig sein und ist für einen Nachweis der Effektivität zu wenig. Es geht darum, dass hier auch klare Ursachen-Wirkungs-Zusammenhänge hergestellt werden können und funktionierende Regelkreise geschaffen sind.

9.2 Internes Audit

Johann Russegger

Die Anforderungen zum Thema „Internes Audit" sind in der ISO 9001:2015 knapp gehalten. Die Definitionen dazu finden sich in der ISO 9000:2015 und weiterführende Information findet man dazu im Leitfaden ISO 19011 „Leitfaden zur Auditierung von Managementsystemen".

Unter einem Audit versteht man dabei einen systematischen, unabhängigen und dokumentierten Prozess zur Erlangung von Auditnachweisen (Nachweise in Form von dokumentierter Information oder Feststellungen zu den Auditkriterien) und zu deren objektiver Auswertung, um zu bestimmen, inwieweit die Auditkriterien (Referenzgrundlage, beschreiben Anforderungen bzw. Soll-Zustand) erfüllt sind. Das interne Audit bezieht sich nun darauf, dass die Organisation selbst die Anforderungen überprüft und nicht ein Kunde (Zweitparteienaudit, Lieferantenaudit) oder eine externe dritte Partei (z. B. Zertifizierungsaudit).

Interne Audits sind eine wichtige Anforderung in Managementsystemnormen und haben das Ziel, objektiv und nachweislich zu verifizieren, ob eine ausreichende Umsetzung von internen und externen Vorgaben erfolgt. Daher können interne Audits auch sehr gut für das „interne Kontrollsystem" (IKS) eingesetzt werden.

Die Organisation muss in geplanten Abständen interne Audits durchführen. Eine genauere Vorgabe, was diese „geplanten Abstände" sind, wird in der ISO 9001:2015 nicht gegeben. Anhand eines Audits wird nachgewiesen, ob die gestellten Anforderungen erfüllt werden, und zwar hinsichtlich der Anforderungen

- der Organisation an ihr Qualitätsmanagementsystem
  (z. B. interne qualitätsmanagementrelevante Vorgaben wie Qualitätspolitik, Qualitätsziele, Arbeitsanweisungen, Prüfanweisungen, Verfahrensanweisungen, Prozessbeschreibungen oder auch externe Anforderungen wie Qualitätssicherungsvereinbarungen, produktbezogene gesetzliche Vorgaben etc.),
- der ISO 9001
  (alle zutreffenden Normanforderungen).

Ein Audit überprüft dabei, ob diese Anforderungen wirksam verwirklicht und aufrechterhalten werden: „Wirksam verwirklicht" heißt, den Planungen entsprechend umgesetzt, was auch das Erreichen der gesetzten Ziele beinhaltet. „Aufrechterhalten" bezieht sich darauf, ob die Erfüllung der Anforderung dauerhaft praktiziert und, wenn erforderlich, aktualisiert und angepasst wird.

Die Anforderungen bezüglich des Auditprogramms wurden verändert und konkretere Anforderungen bezüglich der Auditplanung aufgenommen. Tabelle 9.2 zeigt diese Veränderungen im Überblick.

Tabelle 9.2 Gegenüberstellung der Anforderungen zu Auditprogramm und Auditplanung von ISO 9001:2008 und ISO 9001:2015 (Erläuterungen zu den Anforderungen der ISO 9001:2015 sind in Klammer gesetzt)

ISO 9001:2008	ISO 9001:2015
▪ „Ein Auditprogramm muss …“	▪ „Ein oder mehrere Auditprogramme“ (Diese Formulierung soll nur darauf hinweisen, dass es mehrere Auditprogramme geben kann. Es müssen nicht alle Informationen in einem „Programm“ zusammengeführt werden.)
▪ „geplant werden …“	▪ „… planen, aufbauen, verwirklichen, aufrechterhalten“ (Das Auditprogramm muss bzw. die Auditprogramme müssen nicht nur geplant werden, sondern auch umgesetzt und, wenn nötig, aktualisiert werden.)
▪ Auditkriterien müssen festgelegt werden	
▪ Auditumfang muss festgelegt werden	
▪ Audithäufigkeit muss festgelegt werden	▪ Häufigkeit der Audits planen
▪ Auditmethoden müssen festgelegt werden	▪ Methoden planen
	▪ Verantwortlichkeiten festlegen (Auditteam bzw. Lead-Auditor definieren)
	▪ Anforderungen an die Auditplanung festlegen: Was ist bei der Auditplanung zu berücksichtigen, z. B. Maßnahmen zu Risiken und Chancen, Leistung der Prozesse, Ziele
	▪ Anforderungen an die Berichterstattung festlegen
▪ Berücksichtigen bei der Planung:	▪ Berücksichtigen bei der Planung:
▪ Status und Bedeutung der zu auditierenden Prozesse und Bereiche	▪ Bedeutung der betroffenen Prozesse
	▪ Änderungen mit Einfluss auf die Organisation – vgl. interne und externe Themen (4.1 und 4.2)
▪ Ergebnisse früherer Audits	▪ Ergebnisse vorheriger Audits

Weitere Anforderungen zu internen Audits in der ISO 9001:2015:

- „für jedes Audit die Auditkriterien sowie den Umfang festlegen“:
  - Unter „Auditkriterien“ werden dokumentierte Informationen und Anforderungen verstanden, die als Bezugsgrundlage zur Ermittlung einer Auditfeststellung (Ergebnis der Gegenüberstellung Auditnachweis zu Auditkriterium) verwendet werden.
  - Unter dem „Umfang“ wird das Ausmaß der Auditierung verstanden. Dabei kann es sich um eine Einzelfallprüfung (z. B. nur ein Projekt wird auditiert) bis hin zu Vollprüfung (z. B. alle Projekte eines definierten Zeitraums werden auditiert) handeln.
- „Auditoren so auswählen und Audits so durchführen, dass die Objektivität und Unparteilichkeit des Auditprozesses sichergestellt sind“:
  - „Objektivität“ bedeutet hier, dass der Auditor oder die Auditorin in der Lage sein muss, objektive Urteile zu fällen, also Bewertungen auf einer sachlichen, unvoreingenommen und wertneutralen Ebene über die Sachverhalte abzugeben.
  - Unter „Unparteilichkeit“ versteht man hier, dass das Audit-Team unabhängig ist, also weder voreingenommen ist noch Interessenskonflikte bestehen.
- „sicherstellen, dass die Ergebnisse des Audits gegenüber der zuständigen Leitung berichtet werden“:
  - Ergebnisse von Audits werden üblicherweise in einem Auditbericht erfasst. Dieser ist der zuständigen Leitung, z. B. der Leitung der Organisationseinheit oder Prozessverantwortlichen nachweislich zu übermitteln. Zu empfehlen ist, dass dieser in einem persönlichen Gespräch erörtert wird.
- „geeignete Korrekturen und Korrekturmaßnahmen ohne ungerechtfertigte Verzögerung umsetzen“:
  - Dazu sollten auch die Anforderungen im Abschnitt 10.2 „Nichtkonformität und Korrekturmaßnahmen“ berücksichtigt werden.
  - Als „ungerechtfertigte Verzögerung“ wird verstanden, wenn festgelegte Umsetzungstermine von Korrekturen bzw. Korrekturmaßnahmen nicht eingehalten wurden. Die Gründe der Nichtumsetzung sind dabei nicht ausreichend nachvollziehbar.
- „dokumentierte Informationen als Nachweise der Verwirklichung des Auditprogramms und der Ergebnisse der Audits aufbewahren“:
  - Die Umsetzung der Audits gemäß Auditprogramm und die einzelnen Ergebnisse der durchgeführten Audits müssen dokumentiert werden. Zum Beispiel könnte dies über eine Statusverfolgung im Auditprogramm und über die Erstellung eines Auditberichts erfolgen. Das Auditprogramm und der Auditbericht sind als Nachweis zu archivieren (Empfehlung: mindestens drei Jahre, also einen Zertifizierungszyklus lang).

Änderungen im Vergleich zu ISO 9001:2008

Neu: 20 bis 40 %

Die Änderungen zwischen der ISO 9001:2015 zur ISO 9001:2008 sind folgende:

- Ergänzt wurde die Anforderung, dass Auditprogramme neben geplant auch aufgebaut, verwirklicht und aufrechterhalten werden müssen.
- Bei der Auditprogrammgestaltung müssen die „Änderungen mit Einfluss auf die Organisation" zusätzlich mit berücksichtigt werden. Auch die Anforderung, sicherzustellen, dass der zuständigen Leitung über das Auditergebnis berichtet werden muss, ist neu.
- Nicht mehr angeführt ist, dass Auditoren ihre eigenen Tätigkeiten nicht auditieren dürfen, sowie
- die explizite Anforderung, dass ein dokumentiertes Verfahren zur Durchführung der internen Audits erstellt werden muss.
- Es fehlen auch Anforderungen über die Umsetzung, Korrekturen und Korrekturmaßnahmen bzw. Folgemaßnahmen. Hier treffen jedoch die Anforderungen in anderen Abschnitten (z.B. 10.2 „Nichtkonformität und Korrekturmaßnahmen" zu.

Umsetzung

Der Auditprozess kann wie in Bild 9.5 gestaltet werden.

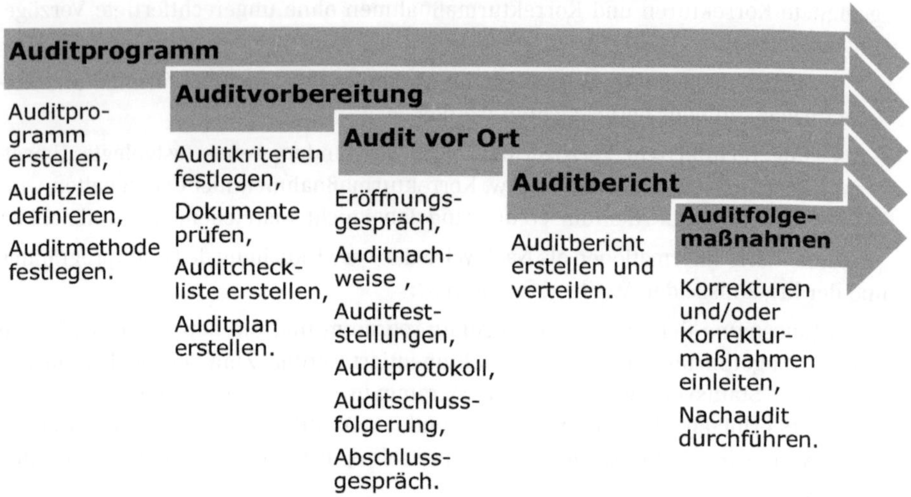

Bild 9.5 Schematischer Ablauf der Audittätigkeiten

Als Basis ist das Auditprogramm zu sehen. Darin wird festgelegt, wann welche Audits stattfinden, wer diese plant und durchführt. Zur Bestimmung der Häufigkeit von Audits, sollte der derzeitige Status des Systems betrachtet werden. Nachdem es um den Nachweis der wirksamen Verwirklichung und Aufrechterhaltung geht, sollten Audits verstärkt dort geplant werden, wo ein derartiger Nachweis nicht vorliegt, sowie dort, wo Leistung und Konformität einen hohen Einfluss auf Produkte und Dienstleistungen haben. Das sind z. B.:

- Prozesse und Bereiche, bei den Nichtkonformitäten bei vorangegangenen Audits (internen, durch Kunden oder bei einer Zertifizierung) festgestellt wurden,
- kritische Prozesse und Bereiche, bei denen hohe Risiken bestehen,
- neu eingerichtete Prozesse bzw. bei Veränderungen,
- Prozesse/Bereiche mit negativen Leistungsindikatoren (Nichterreichung von Zielen, Reklamationen etc.),
- jene Prozesse, deren Leistung wesentlich zur Erfüllung der Kundenanforderungen beitragen, wie z. B. die wertschöpfenden Prozesse.

Als Leitlinie kann auch eine Analogie aus dem Bereich der Systemzertifizierung hergestellt werden (vgl. ISO 17021-1 „Anforderungen an Stellen, die Managementsysteme auditieren und zertifizieren"): Dort muss die Umsetzung aller Normanforderungen innerhalb von drei Jahren überprüft werden.

Ein Auditprogramm kann wie in Tabelle 9.3 erstellt werden.

Tabelle 9.3 Vorlage für ein Auditprogramm

Auditprogramm für das Kalenderjahr ...																
Auditbezeichnung	Auditziel	Auditor(en)	Termin (Monat)												Auditdauer vor Ort	Status
			1	2	3	4	5	6	7	8	9	10	11	12		
internes Systemaudit	Ermittlung der Normkonformität zur ISO ...	Frau ...										X			4 Tage	offen
internes Prozessaudit	Ermittlung der Prozessfähigkeit Prozess ...	Herr ...						X							1 Tag	Durchgeführt Bericht offen
...																

Für weitere Anleitung für die Durchführung von Audits wird auf die ISO 19011 „Leitfaden zur Auditierung von Managementsystemen“ verwiesen.

Oft gefragt – FAQs

Ersetzt ein Zertifizierungsaudit oder Kundenaudit ein internes Audit?

Nein. Die Durchführung eines internen Audit ist eine explizite Normanforderung und kann durch ein Kundenaudit oder Zertifizierungsaudit nicht ersetzt werden.

■ 9.3 Managementbewertung

Johann Russegger

Die Teilabschnitte 9.3.1 bis 9.3.3 hängen eng zusammen und werden deswegen für die Themen „Änderung“ und „Umsetzung“ gemeinsam betrachtet.

9.3.1 Allgemeines

Ziel der Managementbewertung ist es, dass die oberste Leitung einer Organisation (z. B. Vorstand bei einer AG, Geschäftsführer bei einer GmbH, Gesellschafter bei einer OG, Komplementäre bei eine KG, Einzelunternehmer) in geplanten Abständen das eingeführte Qualitätsmanagementsystem bewerten, um Folgendes sicherzustellen:

- Eignung
  (Kernfrage: Passt das, wie wir es tun?),
- Angemessenheit
  (Kernfragen: Tun wir genug? Tun wir zu wenig oder zu viel?),
- Wirksamkeit
  (Kernfragen: Erreichen wir die geplanten Ergebnisse? Setzen wir unsere Pläne um?),
- Angleichung an die strategische Ausrichtung der Organisation
  (Kernfrage: Hilft oder hindert uns das Managementsystem, unsere strategischen Ziele umzusetzen?).

Die Managementbewertung muss von der obersten Leitung durchgeführt werden. Die oberste Leitung kann aber durchaus andere Personen für die Bewertung hinzuziehen. Dies ist meist sinnvoll, um die korrekte Interpretation der vorliegenden Ergebnisse durch sachkundige Personen sicherzustellen. Durch die Managementbewertung soll von der obersten Leitung rechtzeitig erkannt werden, wenn ein Qualitätsmanagementsystem nicht den eigenen Ansprüchen und/oder den externen Anforderungen entspricht, damit sie als verantwortliche Instanz entsprechend gegensteuern kann.

Die Bewertung muss in geplanten Abständen erfolgen. Es bietet sich an, diese halbjährlich oder jährlich durchzuführen. Die Norm gibt hierfür jedoch keine konkrete Vorgabe.

Die Managementbewertung kann auch beispielsweise im Rahmen der regulären (turnusmäßigen oder geplanten) Geschäftsleitungssitzungen durchgeführt und dabei die jeweils aktuellen Themen behandelt werden. Wesentlich dabei ist, dass diese Sitzungen entsprechend geplant werden, zu den Aspekten Entscheidungen getroffen werden und abgeleitete Maßnahmen dokumentiert werden (vgl. Abschnitt 9.3.3).

9.3.2 Eingaben für die Managementbewertung

Damit eine Managementbewertung den Anforderungen der ISO 9001:2015 entspricht, muss eine Reihe von Aspekten bei **der Planung und Durchführung** berücksichtigt werden. Aus den Aktivitäten und Plänen der Organisation lassen sich sinnvolle Zeitpunkte der Bewertung ableiten. Es bietet sich beispielsweise an, die Bewertung mit dem Strategieprozess, mit dem Jahresabschluss oder z. B. den Aspekt der Kundenzufriedenheit mit dem Abschluss einer Kundenzufriedenheitsumfrage zu kombinieren. Um Entscheidungen und Maßnahmen ableiten zu können, müssen Entwicklungen, z. B. in Form von Trenddarstellungen bei quantitativen Größen, betrachtet werden.

Dabei sind mehrere Aspekte zu beachten. Die Liste der Aspekte in der Norm ist umfangreich (In der folgenden Aufzählung wird die Nummerierung wie in der Norm verwendet.):

a) „Status von Maßnahmen vorheriger Managementbewertungen":
Wurden die bei der letzten Managementbewertung festgelegten Maßnahmen wirksam umgesetzt?

b) „Veränderungen bei externen und internen Themen, die das Qualitätsmanagementsystem betreffen":
Diese Anforderung verweist auf den Abschnitt 4.1. Dort ist erläutert, was unter den internen und externen Themen verstanden wird. Welche Veränderungen haben sich seit der letzten Betrachtung zu diesen Themen ergeben? Welche möglichen Auswirkungen auf die Organisation könnte das haben? (vgl. auch Aufzählungspunkt e) zu Risiken und Chancen).

c) „Informationen über die Leistung und Wirksamkeit des Qualitätsmanagementsystems, einschließlich Entwicklungen …":
Dazu sind in weiterer Folge eine Anzahl von Teilaspekten aufgezählt, die wesentliche Indikatoren für die Leistung und Wirksamkeit des Qualitätsmanagementsystems darstellen:

- „Kundenzufriedenheit und Rückmeldungen von relevanten interessierten Parteien":
  Informationen zur Kundenzufriedenheit sind Kundenlob, Reklamationen, Lieferantenbewertungen von Kunden, Ergebnisse von den Kundenbefragungen (vgl. Abschnitt 9.1.2 über Quellen und Methoden im Zusammenhang mit Kundenzufriedenheit).
  Themen in Bezug zu relevanten interessierten Parteien können sein: Informationen bezüglich Behördenauflagen, gesetzliche Änderungen, geänderte Vorgaben der Eigentümer, Rückmeldungen von Mitarbeitenden bzw. Ergebnisse einer Mitarbei-

terbefragung, Informationen von Partnern, Informationen aus der Konzernzentrale etc.

- „Umfang, in dem Qualitätsziele erfüllt wurden“:
  Inwieweit konnten Ziele für Prozesse, Abteilungen etc. erreicht werden? Wie ist zu reagieren? Warum wurden Ziele nicht erreicht? Was lernen wir daraus für die Planung?
- „Prozessleistung und Konformität von Produkten und Dienstleistungen“:
  Wie entwickeln sich die Leistungsindikatoren der Prozesse? Zu welchem Grad konnten Kundenanforderungen erfüllt werden? Zu welchem Grad sind Produkte und Dienstleistungen konform zu den festgelegten Anforderungen?
- „Nichtkonformitäten und Korrekturmaßnahmen“:
  Wo gibt es Probleme mit der Erfüllung von Produkt- oder sonstigen Leistungsanforderungen? Wurden ausreichende Korrekturmaßnahmen (Maßnahmen zur Fehlerursachenbeseitigung) identifiziert, umgesetzt und ist die Wirksamkeit der Maßnahmen erkennbar?
- „Ergebnisse von Überwachungen und Messungen“:
  Viele der Ergebnisse von Überwachungen und Messungen werden schon in den anderen Unterpunkten verwendet worden sein. Welche weiteren Festlegungen zur Überwachung und Messung wurden getroffen? Welche Erkenntnisse sind daraus zu ziehen?
  Als Beispiel kann die Überwachung eines kritischen Prozessschritts angeführt werden. Die Analyse der Ergebnisse zeigt, dass es immer wieder zu Verletzungen von Soll-Vorgaben kommt. Diese Information muss bei der Managementbewertung vorliegen.
- „Auditergebnisse“:
  Welche Ergebnisse von internen Audits, Kundenaudits und Zertifizierungsaudits liegen vor?
- „Leistung von externen Anbietern“:
  Gibt es Qualitätsprobleme mit Lieferanten? Gibt es quantitative Probleme mit externen Anbietern (z. B. externe Anbieter stehen nicht im ausreichenden Maße zur Verfügung) oder Verfügbarkeitsschwankungen?

d) „Angemessenheit von Ressourcen“:
Sind die zur Verfügung gestellten Ressourcen, wie z. B. Gebäude, Versorgungseinrichtungen, Maschinen, Geräte, Prozessumgebung derzeit und in naher Zukunft noch geeignet? Wann müssen Investitionstätigkeiten begonnen werden, um den zeitlichen Vorlauf zu berücksichtigen?

e) „Wirksamkeit von durchgeführten Maßnahmen zum Umgang mit Risiken und Chancen“:
Welchen Effekt zeigen die Maßnahmen, die zur Behandlung von erkannten Risiken und zur Nutzung von Chance umgesetzt wurden? Sind die Risiken beherrscht? Werden Chancen ausreichend ergriffen? Wurden Veränderungen berücksichtigt?

f) „Möglichkeiten zur Verbesserung“:
Welche Weiterentwicklungen sind notwendig, damit die Organisation heute und

morgen für den Kunden relevante Produkte und Dienstleistungen anbieten kann, z. B. Neugestaltung der Organisation, Produktinnovationen, Prozessinnovationen, bahnbrechende Veränderungen, neue Geschäftsmodelle, Verbesserungsideen etc.

9.3.3 Ergebnisse der Managementbewertung

Im Rahmen der Managementbewertung müssen über die Aspekte im Abschnitt 9.3.2 („Eingaben für die Managementbewertung") Entscheidungen getroffen und Maßnahmen festgelegt werden,

- zu den Möglichkeiten der Verbesserung:
  Wo können wir noch besser werden? Welche Verbesserungen sind umzusetzen und welche Maßnahmen sind dazu notwendig? Wo können wir die Kundenzufriedenheit steigern und zukünftige Anforderungen von Kunden abdecken? etc.
- zu jeglichem Änderungsbedarf am Qualitätsmanagementsystem:
  Wo ist eine Änderung am Qualitätsmanagementsystem notwendig? Was müssen wir ändern? Wo haben wir die größten Risiken, die meisten Fehler, zentrale Fehlerursachen? etc.
- zum Bedarf an Ressourcen:
  Welche Ressourcen werden benötigt? Wo müssen wir für das laufende System Ressourcen anpassen? Welche Ressourcen brauchen wir für die Verbesserungen und die Umsetzung der entschiedenen Maßnahmen und können wir diese zusichern?

Diese Ergebnisse, also die Entscheidungen und Maßnahmen, sind zu dokumentieren und aufzubewahren.

Änderungen im Vergleich zu ISO 9001:2008

Neu: 40 bis 60 %

Die wesentlichsten Änderungen betreffen die Eingaben zur Managementbewertung. Dort sind einerseits einige Themen dazugekommen (z. B. Rückmeldungen von interessierten Parteien, Veränderungen im Kontext, Wirksamkeit von Maßnahmen zum Umgang mit Risiken und Chancen). Bei jenen Aspekten, welche eine Aussage zur Leistung und Wirksamkeit des Qualitätsmanagementsystems darstellen, sind nicht nur Informationen, sondern auch Entwicklungen zu berücksichtigen. Dies bedeutet, dass hier Ergebnisse über den Lauf der Zeit zu betrachten sind. Dies ist eine erhebliche neue Anforderung.

Umsetzung

Die Vorgaben für die Managementbewertung legen fest, welche Aspekte die oberste Leitung zumindest betrachten muss, um Entscheidungen zum Managementsystem zu treffen. Zur Methodik gibt es keine konkreten Anforderungen. Entsprechend können eigene Geschäftsleitungssitzungen (oft halbjährlich oder jährlich) spezifisch für die Managementbewertung vorgesehen werden. Alternativ ist es auch möglich, in den üblicherweise regelmäßig stattfindenden Sitzungen der Geschäftsleitung, die jeweils relevanten Punkte zu behandeln.

Wenig sinnvoll ist es, wenn die Entscheidungen schon vom Qualitätsmanagementteam vorbereitet werden und von der Geschäftsleitung nur mehr abgesegnet werden. Die Gefahr dabei ist, dass die Entscheidungen dann primär Themen betreffen, die sich im Wirkungskreis des Qualitätsmanagements befinden und auf andere Abteilungen und Prozesse weniger Einfluss haben.

Die einzelnen Schritte im Zusammenhang mit einer Managementbewertung sind in Bild 9.6 dargestellt. In der Praxis ist eine gute Vorbereitung der Schlüssel zum Erfolg. Dabei geht es darum, die jeweiligen Ergebnisse so darzustellen, dass diese Relevanz für die Geschäftsleitung haben und Entscheidungen, welche auf der Topebene der Organisation zu treffen sind, ermöglichen.

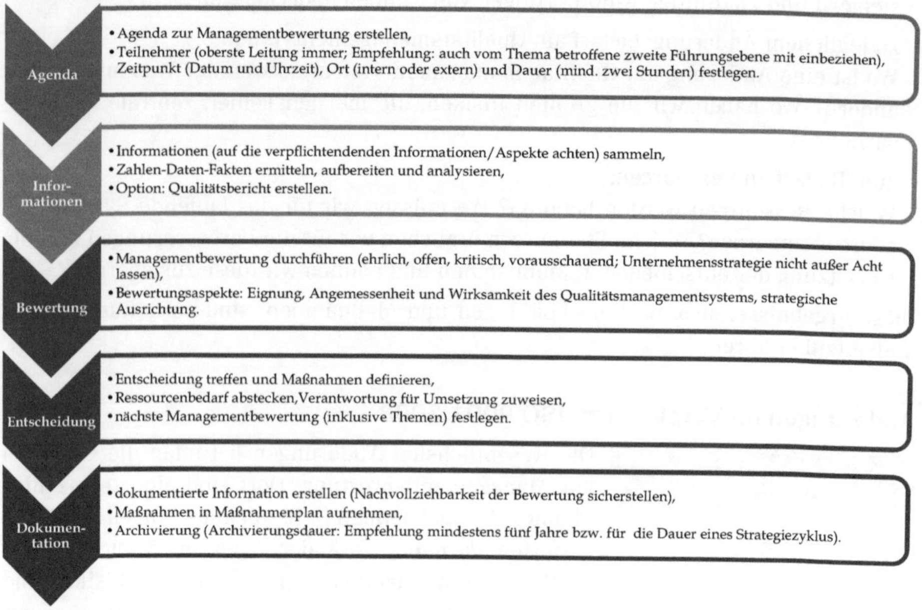

Bild 9.6 Ablaufdarstellung einer Managementbewertung

Oft gefragt – FAQs

Muss ein Dokument „Managementbewertung“ vorliegen, in dem alles zusammengefasst ist?

Nein. In vielen Organisationen ist es nützlich, die Aspekte zusammenzufassen. Aber es reichen die Aufzeichnungen, wann und wo die Aspekte behandelt wurden, welche Entscheidungen getroffen wurden und welche Maßnahmen inklusive Ressourcenbedarf daraus abgeleitet wurden.

Muss die Managementbewertung in einer einzelnen Sitzung erfolgen?

Nein. Die Themen können in verschiedenen Sitzungen des Managements betrachtet werden. Das kann dann sinnvoll sein, wenn die verschiedenen Ergebnisse, z. B. Kundenzufriedenheit, Auditergebnisse, zu unterschiedlichen Zeitpunkten vorliegen und aktuell ins Management zur Bewertung weitergegeben werden. Umgekehrt kann es auch sinnvoll sein, alles gemeinsam im Rahmen eines Strategiereviews zu betrachten. Das kann die Organisation selbst entscheiden.

10 Verbesserung

10.1 Allgemeines

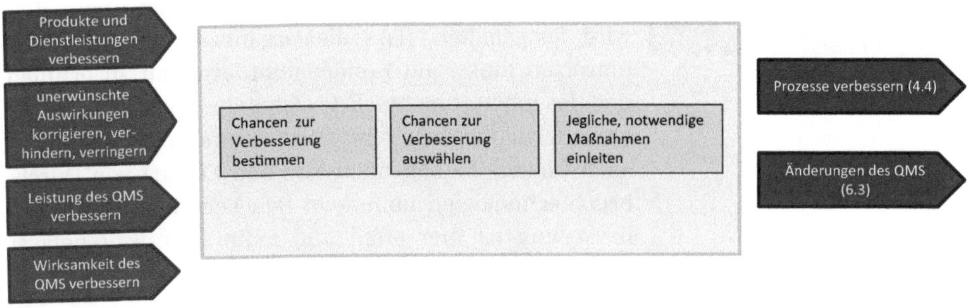

Bild 10.1 Anforderungen des Abschnitts 10.1 im Überblick

Der Abschnitt „Allgemeines" ist die größte Änderung zum Thema Verbesserung im Vergleich zur ISO 9001:2008 (vgl. Bild 10.1). Dabei ist es wichtig, den Anforderungstext gemeinsam mit der Fußnote zu lesen. Während in der Vergangenheit Qualitätsmanagement primär mit „ständiger Verbesserung" assoziiert wurde, wird hier eine Reihe von Beispielen aufgelistet, die darüber weit hinausgehen. Konkret ist von bahnbrechenden Veränderungen („breakthrough change" im Englischen), Innovationen oder Umorganisation zusätzlich zu fortlaufender Verbesserung, Korrektur und Korrekturmaßnahmen die Rede. Für Verbesserungen bei Produkten und Dienstleistungen wird Verbesserung meist in Entwicklung (vgl. Abschnitt 8.3) münden.

Der Begriff „fortlaufende Verbesserung" wurde auch in der Vergangenheit unterschiedlich gebraucht. Während manche den Begriff so interpretierten, dass die Organisation mit verschiedensten Ansätzen fortlaufend an Verbesserungen arbeitet – und damit auch große Veränderungen mit umfasst waren, gab es in der Praxis meist die Interpretation „kontinuierlicher Verbesserungsprozess" (KVP), also Prozess, in dem Verbesserungsansätze, die sich aus der täglichen Praxis ergeben, systematisch in Umsetzung gelangen. Ein derartiger Prozess umfasst typischerweise weder Innovation oder strategisches Change Management.

Mit diesem neuen Abschnitt „Allgemeines" wird nun klargestellt, dass eine Organisation alle Ansätze verfolgen muss, die notwendig sind, damit Produkte und Services den Anforderungen entsprechen und damit auch zukünftige Erfordernisse und Erwartungen erfüllt werden können. Auch dies ist wieder ein klares Indiz dafür, dass es in der ISO 9001:2015 um mehr als nur um „Kaizen" geht (Kaizen = Veränderung zum Besseren).

Liest man diesen Absatz gemeinsam mit Abschnitt 6.3, in dem gefordert wird, dass Änderungen geplant werden müssen und dass in diesem Zusammenhang solides Prozessmanagement angewendet wird, so sieht man die Mächtigkeit dieser Anforderung.

Eine zweite Modernisierung wurde durch die Integration des „risikobasierten Denkens" in die Planung erreicht. Dadurch konnte der bisher verfolgte Ansatz der Vorbeugemaßnahmen fallen gelassen werden.

Änderungen im Vergleich zu ISO 9001:2008

Neu: 80 bis 100 %

Dieser Abschnitt ist in dieser Formulierung neu. Hier wird festgehalten, dass die Organisation Maßnahmen umsetzen muss, um Kundenanforderungen zu erfüllen und das umfasst mehr, als bestehende Produkte und Prozesse fortlaufend zu verbessern. Wenn nötig, kann dies auch Change Management und den Einsatz von Durchbruchtechnologien umfassen. Das Verständnis der Verbesserung ist hier offen und kann sehr weit gefasst werden.

Umsetzung

Für die Umsetzung gibt es eine Vielzahl möglicher Methoden aus der Managementlehre. Ob diese nun als Reengineering, Reorganisation, Turnaround, Change Management, Innovation, Entwicklung, Programm, Prozessoptimierung, Kulturveränderung, Portfoliomanagement, Merger etc. initiiert werden, es handelt sich immer um Veränderung mit dem Ziel, eine Verbesserung zu erreichen. Die ISO 9001:2015 schreibt hier keine Methoden vor, das Ergebnis ist dabei wichtig: die Erfüllung der heutigen Kundenanforderungen sowie der zukünftigen Erfordernissen und Erwartungen.

Oft gefragt – FAQs

Was ist nun Verbesserung und wann spricht man von fortlaufender Verbesserung?

Die fortlaufende Verbesserung ist ein Kernelement eines Managementsystems. Wir planen, führen durch, messen und bewerten und leiten daraus Verbesserungsmaßnahmen ab. Diese Abfolge, die schon im PDCA-Kreislauf abgebildet wurde, ist auch in der ISO 9001:2015 fest verankert.

Jedoch gibt es auch Anlässe für Verbesserungen, die nicht aus diesem Kreislauf entspringen: Korrekturen, Korrekturmaßnahmen, Innovationen, Reorganisation, Fusionen etc. sind nicht automatisch wiederkehrende Aktivitäten, die erforderlich sind, damit das Unternehmen auch in Zukunft noch in der Lage ist, Kundenanforderungen zu erfüllen.

Deswegen wurde in dieser Revision immer wieder auch der allgemeinere Begriff „Verbesserung" verwendet und auf eine Einschränkung auf fortlaufende Verbesserung bewusst verzichtet.

Was ist der Unterschied zwischen Entwicklung und Verbesserung?

Verbesserung ist definiert als eine „Tätigkeit zur Verbesserung der Leistung". Diese Leistung kann sich auf alle Elemente des Qualitätsmanagementsystems beziehen, so auch auf Produkte und Dienstleistungen. Die Verbesserung von Produkten und Dienstleistungen findet für substanzielle Änderungen im Rahmen der Entwicklung statt (vgl. Abschnitt 8.3.1 zur Abgrenzung von Routineprojekten).

10.2 Nichtkonformität und Korrekturmaßnahmen

Rupert Pliem

Die Behandlung von Nichtkonformitäten und Korrekturmaßnahmen beinhaltet die Maßnahmen zur Beseitigung der Ursachen von Nichtkonformitäten, wie auch die vorbeugenden, präventiven Maßnahmen. Ziel dabei ist, dass diese nicht erneut oder an anderer Stelle auftreten. Kann das Auftreten nicht vollständig verhindert werden, so sollte es zumindest auf ein annehmbares Maß gesenkt werden.

Das Prinzip der Korrekturmaßnahme ist in Bild 10.2 dargestellt. Jeder Prozess unterliegt Schwankungen und entsprechend weisen Prozessergebnisse Abweichungen von den Planwerten auf. Diese Schwankungen und Abweichungen können bis zu einer bestimmten Größe ohne Einfluss auf die Konformität von Produkten oder Dienstleistungen sein.

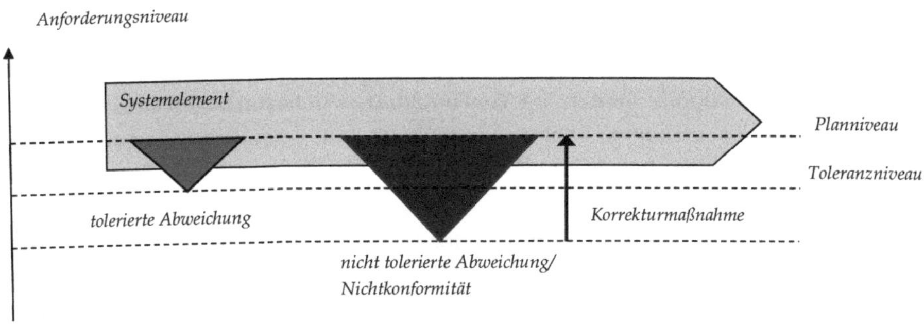

Bild 10.2 Symbolische Darstellung einer Nichtkonformität bei einem Prozess

Sind diese Abweichungen jedoch außerhalb des Toleranzbereichs, liegt eine Nichtkonformität vor, z. B. wenn von den Prozessvorgaben in einer Form abgewichen wird, dass die Konformität der Ergebnisse nicht dauerhaft sichergestellt werden kann bzw. wenn

Produkte hergestellt werden, deren Eigenschaften nicht konform zu den Anforderungen sind.

Die Auslöser für Korrekturmaßnahmen können vielfältig sein: Kundenbeschwerden, interne Fehler, Schäden oder Missstände, unzureichende Fähigkeit von Prozessen, Lieferantenprobleme, Auditfeststellungen, Unfälle, nicht erreichte Ziele etc. Aktivitäten, Prozesse, Produkte oder Dienstleistungen, die nicht den Anforderungen entsprechen, lösen eine Korrekturmaßnahme aus.

Die ISO 9001:2015 sieht vor, dass die Organisation auf Nichtkonformitäten, einschließlich solcher aus Reklamationen, **reagieren** muss. Reklamationen sind hier im Sinn von berechtigten Beschwerden zu verstehen, also wenn das Produkt oder die Dienstleistung nicht den vereinbarten Anforderungen entspricht.

Wenn in dem entsprechenden Fall möglich, muss die Organisation **Maßnahmen zur Überwachung und Korrektur** ergreifen und mit den Folgen umgehen.

Die Organisation muss die **Notwendigkeit von Maßnahmen** zur Beseitigung der Ursachen von Nichtkonformitäten bewerten. Bei dieser Bewertung könnten folgende Aspekte berücksichtigt werden:

- kritische Nichtkonformität/Fehler:
  Die Abweichung gefährdet Menschen, verursacht hohen Sachschaden oder die Nacharbeit verursacht hohe Kosten (z. B. Gefährdung der Kunden bei Lebensmitteln, Fehler in einer Serienproduktion könnten Rückrufaktion von Produkten auslösen),
- Haupt- Nichtkonformität/Fehler:
  Funktion wird wesentlich beeinträchtigt (z. B. Nichteinhaltung der Spezifikationen),
- Neben-Nichtkonformität/Fehler:
  Die Funktion wird nicht oder nur geringfügig beeinträchtigt (z. B. optische Mängel).

Die **Ursachen** der Nichtkonformitäten müssen bestimmt werden. Diese sollten systematisch mit Hilfe von Methoden ermittelt werden. Zum Beispiel werden in der Praxis häufig eingesetzt:

- Ishikawa-Diagramm (Ursachen-Wirkungs-Diagramm),
- Mindmap,
- Brainstorming.

Es muss zudem bestimmt werden, ob **vergleichbare Nichtkonformitäten** bestehen, oder möglicherweise auftreten könnten. Dieses kann zum Beispiel durch eine einfache Frage: „Kann der Fehler auch bei anderen Kunden, Produkten oder Prozessen auftreten?“ erfolgen.

Der nächste Schritt in den Anforderungen der ISO 9001:2015 ist die **Einleitung von erforderlichen Maßnahmen**. Für die identifizierten wahrscheinlichsten Fehlerursachen sollten Maßnahmen zu deren Beseitigung festgelegt und termingerecht umgesetzt werden.

Die **Wirksamkeit** dieser Maßnahmen muss geprüft werden. Wenn die Ergebnisse der eingeleiteten Korrekturmaßnahmen vorliegen, muss demnach beurteilt werden, ob die Ergebnisse der umgesetzten Maßnahmen ausreichend sind oder weitere Korrekturmaßnahmen eingeleitet werden müssen.

Fehler weisen darauf hin, dass die Maßnahmen, welche zum Umgang mit Risiken und Chancen getroffen wurden, nicht ausreichend wirksam waren. Deswegen ist zu prüfen, ob die Annahmen, welche in der Bestimmung der Risiken und Chancen getroffen wurden, korrekt waren. Entsprechend fordert die Norm, dass, falls erforderlich, die **Risiken und Chancen, die während der Planung bestimmt wurden, aktualisiert** werden.

Die Maßnahmen können sowohl korrigierend sein, das heißt, die Ursache der Nichtkonformität ist ein falsch vorgegebener Arbeitsablauf, oder sie können vorbeugend sein, das heißt, durch die Einführung einer Prüfung soll das Wiederauftreten der Nichtkonformität verhindert werden.

Die eingeleiteten Korrekturmaßnahmen müssen zu den **Auswirkungen**, die der Fehler verursacht, adäquat sein. Das bedeutet, dass die Maßnahmen zur Beseitigung eines kritischen Fehlers (Menschen sind gefährdet, hoher Sachschaden kann entstehen etc.) sehr viel umfassender sein müssen als jene zur Beseitigung eines Fehlers, der keine wesentlichen Auswirkungen hat.

Die Dokumentationsanforderungen beziehen sich auf die Erstellung und **Aufbewahrung von dokumentierten Informationen** als Nachweis der Art der Nichtkonformität sowie der daraufhin getroffenen Maßnahmen (Korrektur, Korrekturmaßnahme, also Beseitigung der Ursache einer Nichtkonformität, sowie gegebenenfalls vorbeugende Maßnahmen) inklusive deren Ergebnissen.

Wichtiger Hinweis: Die Steuerung und Kennzeichnung nicht konformer Prozessergebnisse, Produkte und Dienstleistungen ist nicht Bestandteil dieses Abschnitts, sondern im Abschnitt 8.7 der ISO 9001:2015 geregelt.

Änderungen im Vergleich zu ISO 9001:2008

Neu: 40 bis 60 %

Dieser Abschnitt behandelt im Wesentlichen die Anforderungen der ISO 9001:2008 8.5.2 „Lenkung von Korrekturmaßnahmen“, jedoch werden die Anforderungen um einen vorbeugenden Korrekturmaßnahmenansatz, die Überprüfung, ob die erkannten Nichtkonformitäten auch an anderer Stelle auftreten können, ergänzt. Auch die Rückkoppelung auf die Risiken und Chancen ist neu.

Eine wesentliche Änderung ist der Wegfall der Forderung nach einem dokumentierten Verfahren zur Lenkung von Nichtkonformitäten und Korrekturmaßnahmen.

Umsetzung

Für die Umsetzung gibt es eine Reihe von bewährten Methoden zur Bearbeitung von Nichtkonformitäten. Tabelle 10.1 zeigt einige Beispiele.

Tabelle 10.1 Auswahl von Methoden zur Bearbeitung von Nichtkonformitäten

Methode	Verwendung
8D-Methode	▪ bei größeren Problemen, wie zum Beispiel Kundenreklamationen, ▪ bei Problemen, bei denen die Ursachen nicht oder nicht sofort erkennbar sind, ▪ bei größeren bereichsübergreifenden internen Problemen, ▪ im Reklamationsmanagement mit Lieferanten.
4D-Methode (reduzierte 8D-Methode)	▪ bei internen Problemen, ▪ bei der Bearbeitung von Audithinweisen.
moderierte Sitzung	Moderierte Sitzungen werden durchgeführt, wenn mehrere Personen gemeinsam ein Problem lösen sollen. Dabei werden universelle/allgemeine Werkzeuge und Kreativitätstechniken verwendet. Das Ergebnis einer moderierten Sitzung wird häufig in Form eines Protokolls inklusive Maßnahmenplan dokumentiert.
Maßnahmenpläne	Maßnahmenpläne sind eine standardisierte Methode zur Dokumentation und Bearbeitung von Maßnahme. Ein Maßnahmenplan bei einer Nichtkonformität bzw. einem Fehler umfasst beispielsweise folgende Aspekte ▪ Ursache, ▪ Maßnahmen, ▪ verantwortlich, ▪ Termin, ▪ Status.

Methodenbeispiel 8D

Die 8D-Methode beschreibt einen teamorientierten Problemlösungsprozess mit dessen Hilfe ein Problem in acht Disziplinen oder Problemlösungsschritten systematisch gelöst wird. Tabelle 10.2 zeigt die acht Schritte des 8D-Problemlösungsprozesses im Überblick.

Tabelle 10.2 Acht Schritte des 8D-Problemlösungsprozesses (angelehnt an VDA 2011)

D1	Teambildung	Jedes größere Problem sollte in einem Team bearbeitet und gelöst werden. Die Mitglieder des Teams sollten über ausreichende Prozess- und Produktkenntnisse verfügen.
D2	Problembeschreibung	Die Beschreibung des Problems sollte so genau wie möglich erfolgen.
D3	Sofortmaßnahmen	Es handelt sich dabei um Maßnahmen, die der Schadensbegrenzung und der Verhinderung der weiteren Ausbreitung des Problems dienen.

D4	Fehlerursache(n)	Dabei handelt es sich um den aufwändigsten Teil im 8D-Problemlösungsprozess. Bei der Fehlerursachenermittlung sollte man sich auf die wesentlichen Ursachen konzentrieren. Dabei können folgende Methoden hilfreich sein: - Ursache-Wirkungs-Diagramm, - Fünf-Warum-Fragetechnik, - Moderations- und Kreativitätstechniken.
D5	geplante Abstellmaßnahmen	Nach Ermittlung der Grundursachen für das Problem sind geeignete Abstellmaßnahmen im Team zu suchen und zu bewerten. Dabei sollte die Fehlervermeidung und nicht die Fehlerentdeckung im Vordergrund stehen.
D6	eingeführte Abstellmaßnahmen	Die Maßnahmen können sowohl technische als auch organisatorische Lösungen enthalten und sollten prozessverbessernd wirken.
D7	Fehlerwiederholung verhindern (Lessons Learned/gewonnene Erkenntnisse)	Mit Hilfe von Präventivmaßnahmen soll ausgeschlossen werden, dass Fehler nicht erneut oder an anderer Stelle auftreten.
D8	Teamerfolg würdigen	Nach Einführung, Umsetzung und Wirksamkeit der Maßnahmen soll die Arbeit des Teams entsprechend gewürdigt werden und ein Erfahrungsaustausch „Lesson Learned" stattfinden.

Anmerkung: „D" steht für Disziplin oder Problemlösungsschritt

Ein 8D-Formblatt ist ein Dokument mit dessen Hilfe alle acht Problemlösungsschritte bearbeitet und nachvollziehbar dokumentiert werden. Tabelle 10.3 und Tabelle 10.4 zeigen entsprechende Beispiele. Das 8D-Formblatt kann auch als Stellungnahme an den Kunden, wenn es im Rahmen der Bearbeitung einer Kundenreklamation gefordert wird, verwendet werden.

Tabelle 10.3 8D-Report für technischen Erzeugnisse (in Anlehnung an VDA 2011)

8D-Report		
Problem:		Report Nr.:
Teilebenennung:	Teile-Nr.:	Änderungsstand:
1 Team (Name, Abteilung, Telefon):	2 Problembeschreibung:	
3 Sofortmaßnahmen:	% Wirksamkeit:	Einführungsdatum:
4 Fehlerursache(n):	% Beteiligung:	

Tabelle 10.3 *(Fortsetzung)*

8D-Report		
5 geplante Abstellmaßnahme(n):	Wirksamkeitsprüfung:	
6 eingeführte Abstellmaßnahme(n):	Ergebniskontrolle:	Einsatztermin:
7 Fehlerwiederholung verhindern:	verantwortlich:	Einführungsdatum:
8 Teamerfolg würdigen:	Abschlussdatum:	Ersteller:

Tabelle 10.4 8D-Report, individualisiert für die Dienstleistungsbranche

8D-Report		
Problem:		Report Nr.:
Kunde:	Leistung (Produkt):	
1 Team (Name, Abteilung, Telefon):	2 Problembeschreibung:	
3 Sofortmaßnahmen:	zuständig:	Termin:
4 Fehlerursache(n):		
5 geplante Abstellmaßnahme(n):	Verantwortlich:	Datum:
6 eingeführte Abstellmaßnahme(n):	Ergebniskontrolle:	Einsatztermin:
7 Lesson Learned:	verantwortlich:	Einführungsdatum:
8 Teamerfolg würdigen:	Abschlussdatum:	Ersteller:

10.3 Fortlaufende Verbesserung

Wolfgang Pölz

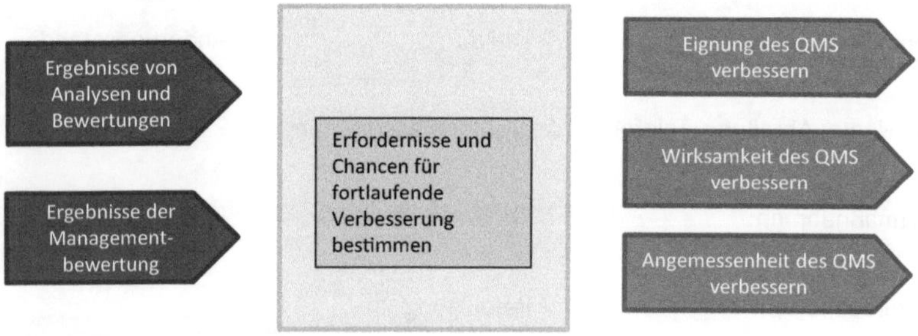

Bild 10.3 Anforderungen des Abschnitts 10.3 im Überblick

Änderungen im Vergleich zu ISO 9001:2008

Neu: 0 bis 20 %

Fortlaufende Verbesserung (die Übersetzung hat hier statt „ständige Verbesserung“ den Begriff „fortlaufende Verbesserung“ gewählt) ist seit jeher ein wesentliches Prinzip der ISO 9001. Der Unterschied zur Ausgabe 2008 besteht darin, dass nun der PDCA(Plan-Do-Check-Act)-Zyklus hier direkt angesprochen wird und nicht mehr auf die Qualitätspolitik und -ziele verwiesen wird.

Umsetzung

„Fortlaufende Verbesserung“ ist im Sinne der ISO 9001:2015 das Schließen des PDCA (Plan-Do-Check-Act)-Zyklus, also konkret aus den Ergebnissen der Analyse und Bewertung die entsprechenden Maßnahmen einleiten. Das heißt, es braucht an dieser Stelle keine neuen, zusätzlichen Programme oder Methoden, sondern nur die konsequente Umsetzung jener Themen, die sich aus all den anderen Anforderungen ergeben.

Auf Basis der Analyse von Daten und deren Bewertung sollten die Notwendigkeiten und Chancen der Verbesserung bereits bekannt sein. Es geht also „nur mehr“ darum, die entsprechenden Maßnahmen einzuleiten. Damit hat sich das PDCA(Plan-Do-Check-Act)-Rad wieder weitergedreht. Sobald die Entscheidungen getroffen sind, geht es darum, die abgeleiteten Maßnahmen zu planen (vgl. Abschnitt 6).

Methodenbeispiele

Viele klassische Qualitätsmethoden zielen auf eine fortlaufende Verbesserung ab.

Besonders haben sich hierzu die folgenden – in weiterer Folge kurz vorgestellten – Methoden bewährt (Bild 10.4).

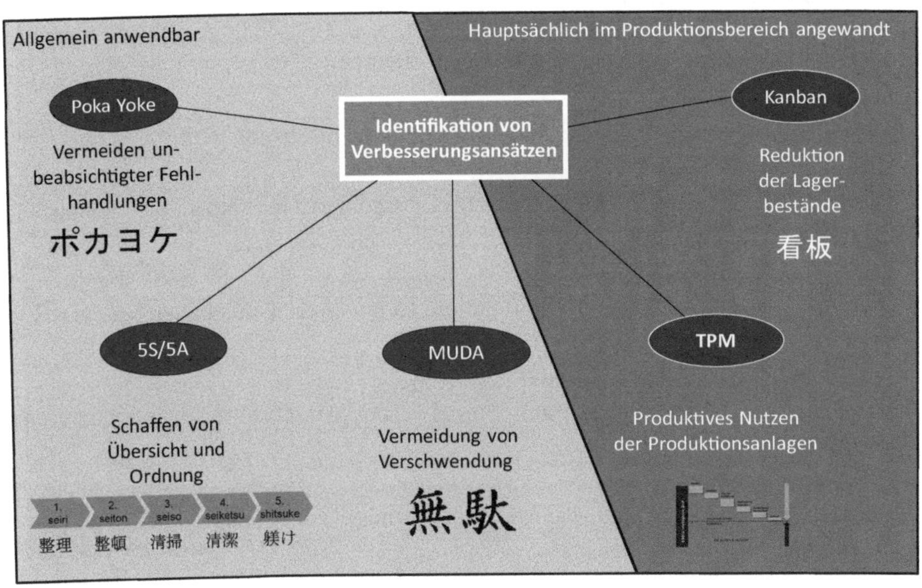

Bild 10.4 Identifikation von Verbesserungsansätzen

Poka Yoke

Kein Mensch und wohl auch kein System ist in der Lage, unbeabsichtigte Fehler vollständig auszuschließen bzw. zu vermeiden. Darauf basierend wurde Poka Yoke (japanisch: verhindern von vermeidbaren Fehlern) eine der tragenden Säulen des Toyota-Produktionssystems. Die Idee lautet: Fehlervermeidung! Fehler und Störungen im Ablauf stellen die wesentlichen Hürden auf dem Weg zu einer effizienten Produktion bzw. Dienstleistungserbringung dar. Nicht nur die wenigen, auf den ersten Blick erkennbaren Störungen, sondern auch die vielfältigen kleineren Störungen sind verantwortlich dafür, dass Ziele nicht erreicht werden. Charakteristisch für Poka Yoke sind einfache Vorrichtungen oder Ablaufsicherungen, die ein Be- bzw. Verarbeiten fehlerhafter Produkte oder das Erbringen fehlerhafter Leistungen von vornherein vermeiden, indem beispielsweise ein Stecker nur auf eine bestimmte Art gesteckt werden kann.

Poka Yoke zielt also darauf ab, anormale Zustände zu erkennen, zu vermeiden und sofort durch unmittelbares Eingreifen abzustellen. Fehler lassen sich nie vollständig ausschließen. Es gilt also, Fehler so früh wie möglich zu erkennen und auszuschalten, um in der Folge eine Vervielfältigung der negativen Auswirkungen zu vermeiden.

Bei der Suche nach (möglichen) Fehlern ist die Verwendung einer „Fehlerliste", anhand derer das betrachtete System analysiert wird, zu verwenden:

- **Fehlbedienung:**
  Hierbei kommt es zum Verdrehen, Vertauschen oder Verwechseln von Teilen.
- **Vergesslichkeit:**
  Wenn Menschen nicht konzentriert sind, wird häufig etwas vergessen.
- **Fehler durch Missverständnisse:**
  Manchmal sehen Menschen die vermeintliche Lösung, bevor sie mit der Situation vertraut sind.
- **Fehler durch Übersehen:**
  Manchmal wird eine Fehlhandlung ausgelöst, weil Menschen zu schnell hinsehen oder zu weit weg sind, um etwas deutlich zu erkennen.
- **Fehler durch Anfänger:**
  Manchmal machen Menschen Fehler, weil ihnen die Erfahrung fehlt.
- **Fehler aus Versehen:**
  Fehler geschehen, wenn Menschen unachtsam sind und dann selbst nicht wissen, wie dies geschehen konnte.
- **Fehler durch Langsamkeit:**
  Manchmal geschehen Fehler, wenn Handlungen unerwartet angehalten oder verlangsamt werden.
- **Fehler durch fehlende Standards:**
  Manchmal entstehen Fehler, wenn Prozess- oder Arbeitsanweisungen fehlerhaft, unvollständig oder unpassend sind.
- **Überraschungsfehler:**
  Fehler geschehen manchmal, wenn ein Ablauf anders verläuft als erwartet.

- **mutwillige Fehler:**
  Manchmal geschehen Fehler, weil sich Menschen absichtlich gewissen Regeln oder Vorschriften widersetzen, beispielsweise wenn jemand bei Rot über die Straße geht, da gerade keine Fahrzeuge in Sicht sind (ursachenorientiert).
- **absichtliche Fehler:**
  Manchmal machen Menschen Fehler mit voller Absicht, beispielsweise Sabotage oder Diebstähle (fehlerorientiert).

Anhand dieser Fehlerliste erfolgt durch Gewichtung und Priorisierung – ähnlich wie bei einer FMEA (Fehlermöglichkeits- und Auftrittswahrscheinlichkeitsanalyse) – eine Ermittlung, wo Maßnahmen erforderlich sind bzw. gesetzt werden können. Anhand einzelner Maßnahmenpakete können die Punkte abgearbeitet werden. Diese können sich beispielsweise an der Sechs-W-Methode orientieren:

- Wer tut was?
- Was ist das Ziel?
- Wo liegen die Grenzen?
- Wann findet das statt?
- Warum benötigen wir die Verbesserung?
- Wie lösen wir das Problem?

Wie es beim KVP (kontinuierlicher Verbesserungsprozess) generell der Fall ist, erfolgt auch hier die Identifikation und Umsetzung der einzelnen Punkte durch die Betroffenen direkt vor Ort.

Muda

„Muda" ist das japanische Wort für Verschwendung und steht für **Aktivitäten, die Ressourcen verbrauchen, ohne substanzielle Werte zu schaffen,** Fehler, in deren Behebung jemand Energie investieren muss: Lagerbestände, die sich türmen, wenn das Angebot die Nachfrage übersteigt, unnötige Arbeitsschritte und Menschen, die herumsitzen und auf irgendetwas warten, damit sie weiterarbeiten können. Verschwendung umfasst all die Dinge, die passieren, aber nicht passieren sollten: alles, was unnötigerweise Zeit, Energie, Geld und Potenzial kostet.

Toyota hat **sieben verschiedene Arten** identifiziert: Überproduktion, Wartezeit, überflüssiger Transport, ungünstiger Herstellungsprozess, überhöhte Lagerhaltung, unnötige Bewegungen und Herstellung fehlerhafter Teile.

Die Suche nach Verschwendung führt dazu, dass die unproduktiven, nicht wertschöpfenden Tätigkeiten identifiziert, markiert und beseitigt werden.

Eine radikale Sichtweise ist hier notwendig, um die vielen kleinen Verschwendungen am eigenen Arbeitsplatz oder im eigenen Arbeitsbereich zu erkennen. Die folgenden Fragen unterstützen dabei:

- Welche meiner Tätigkeiten bringen tatsächlich Wertzuwachs, für die der Kunde auch zu zahlen bereit ist?
- Welche Tätigkeiten behindern die Wertschöpfung?

- Welche Tätigkeiten führen zu oder sind Fehlleistungen?
- Welche Tätigkeiten führen zu Verschwendung bzw. sind Verschwendung?

Die in Bild 10.5 dargestellten Verschwendungsarten findet man sowohl in der Produktion als auch an Büroarbeitsplätzen.

1 **Überproduktion** Zu viel und zu früh; Überprüfen der Prüfer; Formularwesen; Verteilerliste; Mail-Printer; Redundanz/Doppelgleisigkeit	5 **Falsche Verarbeitung** Falsche Maschinen; falsches Verfahren; Formularwesen; falsche Software; fehlende Methode; Gesprächsführung; Projektmanagement; fehlende ABC-Analyse
2 **Transportieren** Viele Materialtransporte; interne Post; Besprechungstourismus (Terminkoordination – Videokonferenz); große Wege zur Infrastruktur	6 **(Unnötige) Bewegungen** Hinlangen, Drehen, Suchen ... Layout (SOS); Sortieren; Clix/Tasterdruck an Tastatur (Shortcut); Suchen (Papier, Dateien, Dokumente ...)
3 **Fehler** Kontrolle und neu bearbeiten	7 **Lagerbestände** Alle Lager und entsprechenden Kontrollsysteme; nicht notwendige Ablagen; nicht notwendige Doppelarchivierung; Daten-Ftp-Server
4 **Warten** Leerlaufzeit; Systemzeiten; Informationen/Entscheidungen; Beginn von Meetings	8 **Menschliches Potenzial** Fähigkeit der Mitarbeiter zur Lösung von Problemen

Bild 10.5 Muda – acht Verschwendungen

Ein gewisser Teil von Verschwendung wird zunächst bestehen bleiben müssen. Er bedarf der Mitwirkung der Kolleginnen und Kollegen oder liegt sogar außerhalb ihres Einflussbereichs. Diese Verschwendungen können dann nur durch grundlegende Änderungen bzw. Optimierungen der bestehenden Abläufe und Systeme reduziert bzw. beseitigt werden.

Handlungsleitend für die Prozessanalyse zur Identifikation von Muda ist die Frage: „Was erwartet der Kunde von diesem Prozess?", wobei der Kunde sowohl intern wie extern sein kann.

Betrachten wir das Beispiel „Herstellen eines Gussteils". Gießen, mechanisch nachbearbeiten und gegebenenfalls die Montage sind tatsächlich wertschöpfende Tätigkeiten. Die Materialbereitstellung, das Warten auf das Material, die Zeit zum Anheizen des Ofens, das Rüsten der Maschine usw. sind alles Tätigkeiten, die Zeit und Geld in Anspruch nehmen, die nicht unmittelbar Wert schaffen. Hier Lösungswege zu finden, diese Tätigkeiten zu reduzieren, steht im Vordergrund.

Bei einer „Muda-Offensive" fragen wir uns also:

- Wie entdecken wir Verschwendungen?
- Wie dokumentieren wir diese (nachvollziehbar)?
- Wie sorgen wir für die Beseitigung?

Auch hier werden dann die identifizierten Verschwendungen gewichtet und bewertet, um dann in weiterer Folge systematisch abgearbeitet zu werden.

5S/5A

Hierbei geht es darum, Übersicht und Ordnung zu schaffen. Es ist eine Vorgangsweise, bei der in fünf Schritten das Arbeitsumfeld so hergerichtet wird, dass einer optimalen Wertschöpfung nichts im Wege steht, wobei es als Gesamtaktion im ganzen Unternehmen oder auch bei jedem einzelnen Mitarbeitenden stattfinden kann.

5S bzw. 5A leitet sich aus den Anfangsbuchstaben folgender Wörter ab:

- Aussortieren (Seri): Stelle fest, was nicht gebraucht wird.
- Aufräumen (Seiton): Ein Platz für jedes, und jedes an seinen Platz.
- Arbeitsplatz sauber halten (Seiso): Der Arbeitsplatz muss immer aufgeräumt und sauber sein.
- Anordnungen zur Regel machen (Seiketsu): Sorge für Standardisierung in allen Bereichen, um die Wiedererkennung leichter zu machen.
- Alle Punkte einhalten und ständig verbessern (Shitsuke): Entwickle eine gute Arbeitseinstellung, schaffe und halte Regeln ein.

Gerade bei KVP (kontinuierlichen Verbesserungsprozessen) hat sich eine 5S/5A-Aktion quasi als „Auftaktaktion" in Verbindung mit einer Verschwendungssuche als sehr wirkungsvoll erwiesen, da Mitarbeiter mittelbare Verbesserungen bei ihrer täglichen Aufgabenerfüllung erleben.

Besonders beachtet werden sollte, dass 5S/5A nicht nur eine einmalige „Sauberkeitsaktion" ist. Es geht vielmehr darum, durch die damit erzielte Sauberkeit und Ordnung mögliche Probleme, Fehler und Schwachstellen sichtbar und somit beseitigbar zu machen.

Im Idealfall stiftet 5S/5A Nutzen in mehreren Bereichen. Die Methode

- schafft Platz.
- erhöht das Engagement der Mitarbeiter.
- senkt die Anzahl der Arbeitsunfälle.
- schafft ein angenehmes Arbeitsumfeld.
- vermeidet das Suchen von Arbeitsmitteln.

Kanban und TPM

Während die bisher genannten Methoden allgemein, also unabhängig von der Branche und Tätigkeit eines Unternehmens angewandt werden können, finden sowohl Kanban als auch TPM (Total Productive Maintenance bzw. Total Productive Manufacturing) vorwiegend in produzierenden Unternehmen ihre Anwendung. Aufgrund dieses spezifischen Charakters wird an dieser Stelle, abgesehen vom Grundprinzip, nicht näher auf die konkrete Anwendung eingegangen.

Kanban ist eine Methode zur Produktionsprozesssteuerung. Diese Steuerung erfolgt basierend auf dem tatsächlichen Verbrauch der Materialien am jeweiligen Bereitstellungsort. Durch die Änderung von der „Push-Befüllung" des Bereitstellungsorts auf eine „Pull-Bereitstellung" wird eine Reduktion der Bestände von Komponenten im Produktionsumfeld ermöglicht.

Bei TPM geht es vor allen Dingen um die systematische Suche nach Verlusten und Verschwendung, um die Ziele keine Ausfälle und keine Qualitätseinbußen zu erreichen. Dabei wird basierend auf acht Sälen versucht die sechs großen Verlustquellen (technische Störungen, Rüsten und Einstellen, Leerlauf und kleine Stopps, verringerte Geschwindigkeit, fehlerhafte Teile, Einschaltverluste) schrittweise zu reduzieren.

Oft gefragt – FAQs

Braucht es ein KVP-Programm für die Abdeckung dieser Forderung?

Nein. Die Norm fordert explizit, die Ergebnisse von Analysen und Beurteilungen sowie die Ergebnisse der Managementbewertung zu berücksichtigen und daraus Verbesserungsmaßnahmen abzuleiten. Ein KVP-Programm ist ein wichtiges Werkzeug, um Verbesserungen zu identifizieren und in Umsetzung zu bringen. In einem derartigen Programm werden aber üblicherweise zuerst Ziele gesetzt, Mitarbeiter mit einbezogen, Maßnahmen durchgeführt, Prozesse weiterentwickelt etc. Das heißt: Es sind viele Anforderungen der ISO 9001 dabei zu berücksichtigen.

Annex A

Wozu haben Normen überhaupt Anhänge? Meist sind sie „informativ", enthalten also keine Anforderungen, sondern nur Erläuterungen. Genauso ist es auch mit diesem Annex A in der neuen ISO 9001.

Der Annex A enthält aber für Anwender wertvolle Informationen. Einerseits sind es - kurz gehaltene - Hintergrundinformationen zu den wichtigsten neuen Normabschnitten aber auch Eingrenzungen der Anforderungen. So beginnen viele Sätze in diesem Annex mit „Es gibt keine Anforderung". Dies soll auch klarer machen, was nun genau gefordert ist und was sich daraus nicht ableiten lässt.

TEIL III

Anhang

ISO 9000:2015

Die ISO 9000 wird weiterhin ein wichtiges Referenzdokument für Organisationen sein, die ISO 9001 anwenden.

Absolut unerlässlich für eine korrekte Interpretation sind die Definitionen. Einige von diesen wurden angepasst. Einige wesentliche wurden schon im Abschnitt 3 herausgehoben. Die ISO 9000 wurde parallel mit der ISO 9001 in der Revision behandelt, damit Begrifflichkeiten und Anforderungen konsistent sind.

Auch die Grundsätze des Qualitätsmanagements wurden weiterentwickelt. Diese waren auch ein wichtiger Input für die Arbeit an der Revision der ISO 9001:2015 und wurden im Vorfeld entsprechend weiterentwickelt.

Die neuen, sieben Grundsätze des Qualitätsmanagements der ISO 9000:2015 sind (teilweise mit veränderten Titeln und weiterentwickelten Inhalten):

1. **Kundenorientierung:** bleibt weiterhin an erster Stelle in der Aufzählung.
2. **Führung:** bleibt aufrecht.
3. **Engagement von Personen:** bleibt aufrecht (früher „Einbeziehung von Personen").
4. **prozessorientierter Ansatz:** bleibt aufrecht.
5. **Verbesserung:** In der Ausgabe ISO 9000:2005 wird von ständiger Verbesserung gesprochen. In der ISO 9001:2015 wird dieses Qualitätsmanagementprinzip primär durch den Abschnitt 10 „Verbesserung" angesprochen, wo nun auch explizit Anforderungen über die ständige Verbesserung hinaus, gefordert werden.
6. **faktengestützte Entscheidungsfindung:** bleibt aufrecht (früher „sachbezogener Ansatz zur Entscheidungsfindung").
7. **Beziehungsmanagement:** In der Ausgabe ISO 9000:2005 wurde von „Lieferantenbeziehungen zum gegenseitigen Nutzen" gesprochen. In der ISO 9001:2015 wird dieses Qualitätsmanagementprinzip durch die Betrachtung der relevanten interessierten Parteien, den Anforderungen zur externen und internen Kommunikation und den externen Bereitstellern angesprochen.

Der systemorientierte Managementansatz ist nicht mehr als Qualitätsmanagementgrundsatz angeführt. Jedoch enthält die ISO 9000:2015 nun einen eigenen Abschnitt, der beschreibt, wie die Qualitätsmanagementprinzipien im Rahmen eines Managementsystems umgesetzt werden können.

Zusätzlich zu den formulierten Qualitätsmanagementgrundsätzen sind zu jedem Grundsatz der Hauptnutzen und mögliche Maßnahmen formuliert.

Übergreifende Fragen

Eckehard Bauer, Wolfgang Hackenauer, Wolfgang Pölz

Was hat sich in Bezug auf das Thema „rechtliche, behördliche Anforderungen" geändert?

Der Stellenwert der gesetzlichen und behördlichen Anforderungen wurde präzisiert. So muss z. B. die oberste Leitung nicht nur „die Bedeutung der gesetzlichen und behördlichen Anforderungen vermitteln" (ISO 9001:2008), sondern in der ISO 9001:2015 „sicherstellen, dass die zutreffenden gesetzlichen und behördlichen Anforderungen bestimmt, verstanden und beständig erfüllt werden."

Auch im Abschnitt 8.2 „Anforderungen an Produkte und Dienstleistungen" wurde das Thema vertieft. Schon jetzt müssen die gesetzlichen und behördlichen Anforderungen an Produkte und Dienstleistungen festgelegt werden. In der ISO 9001:2015 kommt noch hinzu, dass die Organisation, bevor sie die Verpflichtung eingeht, ein Produkt an einen Kunden zu liefern oder eine Dienstleistung für einen Kunden zu erbringen, eine Überprüfung der zutreffenden gesetzlichen und behördlichen Anforderungen durchführen muss.

Eine weitere wichtige Änderung ist die neue Anforderung, bei der Ermittlung des Umfangs der erforderlichen Tätigkeiten nach der Lieferung (Abschnitt 8.5.5) die gesetzlichen und behördlichen Anforderungen zu berücksichtigen.

Die gesetzlichen und behördlichen Anforderungen als Entwicklungseingaben waren schon in der ISO 9001:2008 ein wesentliches Element (vgl. Abschnitt 8.3.3 der ISO 9001:2015).

Welche Vorgaben gelten für die Gültigkeit von ISO 9001:2008-Zertifikaten?

Diese Übergangsregelungen wurden nicht von der ISO getroffen, sondern vom „International Accreditation Forum", IAF. Es wurde eine dreijährige Übergangsfrist festgelegt. Das heißt: Zertifikate nach ISO 9001:2008 sind nur bis drei Jahre nach dem Erscheinungsdatum der ISO 9001:2015 gültig.

Welchen Einfluss hat die ISO 9001:2015-Revision auf branchenspezifische Normen bzw. welche Reaktionen gibt es?

Viele der branchenspezifischen Standards werden im Laufe der nächsten Jahre auf die High Level Structure wechseln bzw. wiederum auf die ISO 9001:2015 aufbauen. Diese Projekte werden entsprechend zeitversetzt initiiert und abgeschlossen. Jede Branche trifft hier ihre eigenen Entscheidungen.

Ist die ISO 9001:2015 auch für Kleinstorganisationen geeignet?

Ja. Alle Anforderungen sind so intendiert, dass sie für Organisationen jeder Größe und jeder Branche zutreffend sind. Auf diese Flexibilität wurde bewusst geachtet. Die Organisation hat Gestaltungsspielraum, die Prozesse, Dokumentation und anderen Systemelemente entsprechend der Notwendigkeiten zu etablieren. Entscheidend ist die Sicherstellung und Erreichung der beabsichtigten Ergebnisse: Im Fokus steht die Wirksamkeit und nicht erzwungene Bürokratie.

Was ist der Unterschied zwischen „Accountability“ und „Responsibility“?

Für Prozesse hat sich das sogenannte „RACI“-Modell bewährt, also die Praxis, zwischen den Funktionen Responsible-Accountable-Consulted-Informed zu unterscheiden. So kann man zu einer klaren Beschreibung der Verantwortlichkeiten und Zuständigkeiten gelangen. Dabei werden die Begriffe wie folgt interpretiert: „Responsible“, „verantwortlich“, heißt zuständig für die eigentliche Durchführung. Das ist jene Person, die die Initiative für die Durchführung gibt oder die die Aktivität selbst durchführt. „Accountable“, „rechenschaftspflichtig“ ist die Person, die im rechtlichen oder kaufmännischen Sinne die Verantwortung trägt, also dafür letztverantwortlich ist, dass die beabsichtigten Ergebnisse erzielt werden.

Ist Projektmanagement Thema in der ISO 9001?

In den Anforderungsabschnitten der Norm wird Projektmanagement zwar nicht explizit angesprochen, jedoch wird in der Tabelle C.1 im Anhang C die ISO 10006 (Guidelines for quality management in projects) allen Abschnitten der ISO 9001 zugeordnet. Dies zeigt sehr deutlich, dass die Normforderungen auch beim Projektmanagement gut angewandt werden können bzw. mittels Projektmanagement erfüllt werden können (beispielsweise Entwicklung).

Je nach Branche wird Projektmanagement eine mehr oder weniger große Rolle in unterschiedlichen Phasen einnehmen. Im Zuge von Audits bietet der „Kontext der Organisation“ einen guten Hinweis, welche Rolle Projektmanagement einnimmt. So kann beispielsweise im Anlagenbau oder auch im Schienenfahrzeugbau bereits in der Angebotsphase Projektmanagement (Angebotsprojekt) zutreffend sein.

Dies wird besonders konkret im Abschnitt 5.1.1 „Führung und Verpflichtung“ in der Anmerkung angesprochen. Dort wird erläutert, dass der Begriff „Geschäft“ (Business) im weiteren Sinne zu verstehen ist und sich auf Tätigkeiten, die für den Zweck der Organisation bzw. deren Existenz entscheidend sind, bezieht. Und das kann eben auch Projektmanagement sein.

Im Anforderungsteil der Norm findet sich dann noch bei Anmerkung 2 zu 7.1.6 „Wissen der Organisation“ der Hinweis, dass Wissen auch aus erfolgreichen Projekten generiert werden kann.

Weitere Hinweise auf Projektmanagement finden sich dann noch bei Begriffsdefinitionen von verwendeten Begriffen (vgl. ISO 9000:2015) z. B. unter den Punkten 3.7.1 – ein Ziel kann auch projektbezogen sein, 3.6.1 ein Objekt kann auch ein Projektplan sein und 3.4.8 Ein Entwicklungsprojekt kann aus mehreren Entwicklungsstufen bestehen.

Statusbewertung der Umsetzung der Anforderungen der ISO 9001:2015 (Delta-Analyse)

Auf den folgenden Seiten wird ein Werkzeug zur Bewertung des Status der Umsetzung der neuen Anforderungen vorgestellt. In dieser Checkliste sind alle neuen Anforderungen erfasst. Gleichzeitig dient dieses Werkzeug auch dazu, ein Stärken- und Potenzialprofil des Qualitätsmanagementsystems zu erarbeiten.

Wann sollte eine Delta-Analyse durchgeführt werden?

Eine Delta-Analyse kann als Ausgangspunkt für die Arbeit an der Umsetzung der neuen Anforderungen dienen. Der Vorteil ist, dass man dabei über die Stärken-/Potenzialprofile gut Schwerpunkte für die Arbeit am Managementsystem herauskristallisieren kann.

Eine Delta-Analyse kann aber auch durchgeführt werden, wenn die wesentlichen Anforderungen schon umgesetzt sind. Dann geht es eher darum, ob wirklich alle einzelnen Anforderungen berücksichtigt wurden und man für ein externes Zertifizierungsaudit vorbereitet ist.

Wie sollte eine Delta-Analyse ablaufen?

Die Checkliste ist ein Werkzeug und kann in verschiedener Form eingesetzt werden. Zum Beispiel könnten Themen die von Relevanz für das Gesamtunternehmen sind (Kontext, Führung, Planung, Prozesse, Leistungsbewertung etc.) in einem Workshop mit der Geschäftsführung bzw. mit dem obersten Führungskreis (erste Führungsebene, maximal fünf Personen) gestaltet werden. Danach könnten die operativen Themen in Einzelgesprächen behandelt werden. Durch ein derartiges Vorgehen kann mehr Betroffenheit bei der Führung und den zuständigen Personen für Themen für die anstehenden Veränderungen erreicht werden.

Wie kann mit der Vorlage gearbeitet werden?

Die Vorlage ist so gestaltet, dass sich nach Abschluss der Delta-Analyse automatisch ein Bericht ergibt. Damit können die Ergebnisse auch sofort präsentiert und für die Gestaltungsarbeit am Managementsystem genutzt werden.

Die Anforderungen der ISO 9001:2015 sind in der Vorlage nur stichwortartig und reduziert auf neue Anforderungen enthalten. Die ausführlichen Anforderungen sind der Norm zu entnehmen, diese ist unterstützend für die korrekte Interpretation erforderlich.

Was bedeuten fett- und nichtfettgedruckte Texte?

Die neuen Anforderungen sind fett gedruckt. Da in manchen Fällen der Zusammenhang im Text zum Verständnis der Anforderung wichtig ist, sind auch diese Textteile (jedoch nicht fett gedruckt) mit angeführt.

Wie funktioniert die Prozentbewertung?

Die Prozentbewertung ist im Abschnitt 4 erläutert. Sie soll unterstützen, nicht intuitiv zu bewerten, sondern die Wirksamkeit bzw. die Risiken für die Wirksamkeit des Systems zu hinterfragen.

Auditbericht

Statusbewertung ISO 9001:2015

qualityaustria
Erfolg mit Qualität

Auditbericht

Statusbewertung

Umsetzung der Anforderungen ISO 9001:2015

für

Firmenname

PLZ, Ort,
Straße

1) KURZZUSAMMENFASSUNG 2
2) ALLGEMEINE ANGABEN 3
3) ANGABEN ZUR FIRMA 3
4) DETAILANALYSE ZUM GRAD DER UMSETZUNG 4
5) WEITERE UNTERSTÜTZUNG 27

Entwickelt durch Quality Austria

Auditbericht

Statusbewertung ISO 9001:2015

qualityaustria
Erfolg mit Qualität

1. KURZZUSAMMENFASSUNG

Umsetzungsstand [%]:

	Umsetzungsgrad (%)
Kontext der Organisation	
Führung	
Planung	
Unterstützung	
Betrieb	
Bewertung der Leistung	
Verbesserung	

Stärken

Abcdef ...

Empfehlungen

Abcdef ...

Auditbericht

Statusbewertung ISO 9001:2015

qualityaustria
Erfolg mit Qualität

2. Allgemeine Angaben

Auditteam:			
Kontaktperson für das Audit:		Telefon:	
		E-Mail:	
Datum des Audits:			

3. Informationen zur Organisation

Vision:	
Mission:	
Politik:	
Relevante externe und interne Themen:	
Strategische Ausrichtung:	

Auditbericht

Statusbewertung ISO 9001:2015

qualityaustria
Erfolg mit Qualität

4. Detailanalyse des Umsetzungsgrades

Die Punktebewertung wurde anhand folgender Kriterien ermittelt:

Anforderung	Bewertung der Auditnachweise					
Vorgehen festgelegt (falls erforderlich auch dokumentiert)	ja	überwiegend		teilweise		noch nicht
Umsetzung wirksam (durchgehend, Ziele erreicht)	ja	überwiegend		teilweise		noch nicht
Risiken für Wirksamkeit und Leistung des QMS	unwesentlich	gering	erheblich	hoch		
Prozent	100	80	60	40	20	0

Auditergebnisse und -empfehlungen stützen sich zum Teil auf die von der Organisation zur Verfügung gestellten Informationen. Die Statusbewertung wurde nicht als Konformitätsprüfung zur ISO 9001:2015 durchgeführt, auf Stichprobenverfahren als Nachweis wurde meist verzichtet. In diesem Prozess vertrauen die Auditoren darauf, dass die von der Organisation zur Verfügung gestellten Angaben umfassend und korrekt sind.

Anforderungen Kapitel 4: Kontext der Organisation

- *Verstehen der Organisation und ihres Kontextes*
- *Verstehen der Erfordernisse und Erwartungen interessierter Parteien*
- *Festlegen des Anwendungsbereichs des Qualitätsmanagementsystems (QMS)*
- *Qualitätsmanagementsystem und dessen Prozesse*

Anforderungen	Nachweis/ Information	%	Hinweise
4.1 Externe und interne Themen bestimmen, die für Zweck und strategische Ausrichtung relevant sind. Informationen überwachen und überprüfen.			
4.2 Die interessierten Parteien, die für QMS relevant sind, bestimmen. Die relevanten Anforderungen dieser interessierten Parteien bestimmen. Informationen überwachen und überprüfen.			

Auditbericht

Statusbewertung ISO 9001:2015

qualityaustria
Erfolg mit Qualität

4.3 Anwendungsbereich festlegen. Berücksichtigung der: ▪ **externen/internen Themen** ▪ **Anforderungen der relevanten interessierten Parteien** ▪ **Produkte und Dienstleistungen der Organisation** **Anwendung sämtlicher Anforderungen (vergl. früher Ausschlüsse)** Anwendungsbereich als dokumentierte Information, inkl: ▪ **Arten der Produkte und Dienstleistungen** ▪ **Begründung** für jede Anforderung, die als nicht zutreffend bestimmt wird			
4.4 QMS und seine Prozesse bestimmen: ▪ **erforderliche Eingaben und erwartete Ergebnisse** ▪ Kriterien und Verfahren bestimmen und anwenden (**einschließlich Überwachung, Messungen und die damit verbundenen Leistungsindikatoren**), ▪ **Verantwortlichkeiten und Befugnisse zuweisen** ▪ **die in Übereinstimmung mit den Anforderungen nach 6.1 bestimmten Risiken und Chancen behandeln**			
In erforderlichem Umfang: ▪ **dokumentierte Information, um Durchführung der Prozesse zu unterstützen** ▪ **dokumentierte Information, so dass darauf vertraut werden kann, dass Prozesse wie geplant durchgeführt werden**			
Erreichter Prozentsatz	**0 %**		

Stärken

- ...
- ...

Potenziale

- ...
- ...

Auditbericht

Statusbewertung ISO 9001:2015

qualityaustria
Erfolg mit Qualität

Anforderungen Kapitel 5: Führung

- *Führung und Verpflichtung*
- *Politik*
- *Rollen, Verantwortlichkeiten und Befugnisse in der Organisation*

Anforderungen	Nachweis/ Information	%	Hinweise
5.1.1 Führung und Verpflichtung zeigen, indem die oberste Leitung: ▪ **Rechenschaftspflicht für die Wirksamkeit des QMS übernimmt** ▪ **sicherstellt, dass Anforderungen des QMS in Geschäftsprozesse der Organisation integriert werden** ▪ **Anwendung des prozessorientierten Ansatzes und risikobasierten Denken fördert** ▪ **Bedeutung eines wirksamen QM sowie die Wichtigkeit der Erfüllung der Anforderungen des QMS vermittelt** ▪ **Personen einsetzt, anleitet und unterstützt** ▪ **Verbesserung fördert** ▪ **andere relevante Führungskräfte unterstützt**			
5.1.2 In Hinblick auf Kundenorientierung sicherstellen, dass: ▪ die Anforderungen der Kunden **und zutreffende gesetzliche sowie behördliche** Anforderungen bestimmt, **verstanden** und beständig erfüllt werden ▪ **Risiken und Chancen bestimmt und behandelt werden**			
5.2 Die Qualitätspolitik ist ▪ für den Zweck **und den Kontext** der Organisation angemessen **und unterstützt deren strategische Ausrichtung** Qualitätspolitik muss ▪ bekanntgemacht, verstanden **und angewendet werden** ▪ **für relevante interessierte Parteien verfügbar sein**			

Auditbericht

Statusbewertung ISO 9001:2015

qualityaustria
Erfolg mit Qualität

5.3 Sicherstellen, dass Verantwortlichkeiten und Befugnisse zugewiesen, bekannt gemacht **und verstanden** werden. Verantwortlichkeit und Befugnis zuweisen für: ▪ **das Sicherstellen, dass das QMS die Anforderungen dieser Internationalen Norm erfüllt** ▪ **das Sicherstellen, dass die Prozesse die beabsichtigten Ergebnisse liefern** ▪ **das Sicherstellen, dass die Integrität des QMS bei Änderungen aufrechterhalten bleibt**			
Erreichter Prozentsatz	**0 %**		

Stärken

- ...
- ...

Potenziale

- ...
- ...

Auditbericht

Statusbewertung ISO 9001:2015

qualityaustria
Erfolg mit Qualität

Anforderungen Kapitel 6: Planung

- *Maßnahmen zum Umgang mit Risiken und Chancen*
- *Qualitätsziele und Planung zu deren Erreichung*
- *Planung von Änderungen*

Anforderungen	Nachweis/ Information	%	Hinweise
6.1.1 Risiken und Chancen bestimmen, um ▪ **zusichern zu können, dass das QMS beabsichtigte Ergebnisse erzielen kann** ▪ **erwünschte Auswirkungen zu verstärken** ▪ **unerwünschte Auswirkungen verhindern, verringern** ▪ **Verbesserung zu erreichen**			
6.1.2 Maßnahmen zum Umgang mit Risiken und Chancen planen: ▪ **wie Maßnahmen in QMS-Prozesse integriert und umgesetzt werden** ▪ **wie Wirksamkeit bewertet wird** **Maßnahmen proportional zur möglichen Auswirkung auf die Konformität**			
6.2 Qualitätsziele für Funktionen, Ebenen **und Prozesse** Die Qualitätsziele müssen: ▪ **zutreffende Anforderungen berücksichtigen** ▪ **für Konformität von Produkten und Dienstleistungen sowie Erhöhung der Kundenzufriedenheit relevant sein** ▪ **überwacht werden** ▪ **vermittelt werden** ▪ **soweit erforderlich, aktualisiert werden** **Bei der Planung bestimmen:** ▪ **was getan wird** ▪ **welche Ressourcen erforderlich sind** ▪ **wer verantwortlich ist** ▪ **wann es abgeschlossen wird** ▪ **wie die Ergebnisse bewertet werden**			
6.3 Änderungen auf geplante Weise (siehe 4.4). Dabei berücksichtigen: ▪ **Zweck der Änderung und deren mögliche Konsequenzen** ▪ **Integrität des QMS** ▪ **Verfügbarkeit von Ressourcen** ▪ **(Neu)zuweisungen von Verantwortlichkeiten und Befugnissen**			
Erreichter Prozentsatz	**0 %**		

Auditbericht

Statusbewertung ISO 9001:2015

qualityaustria
Erfolg mit Qualität

Stärken

- ...
- ...

Potenziale

- ...

Auditbericht

Statusbewertung ISO 9001:2015

qualityaustria
Erfolg mit Qualität

Anforderungen Kapitel 7: Unterstützung

- *Ressourcen*
- *Kompetenz*
- *Bewusstsein*
- *Kommunikation*
- *Dokumentierte Information*

Anforderungen	Nachweis/ Information	%	Hinweise
7.1.1 In Bezug auf Ressourcen berücksichtigen: ▪ **die Fähigkeiten und Beschränkungen von bestehenden Ressourcen** ▪ **was von externen Anbietern zu beziehen ist**			
7.1.2 Personen bestimmen und bereitstellen, die für die wirksame Umsetzung ihres QMS und für das Betreiben und Steuern der Prozesse notwendig sind.			
7.1.4 Umgebung bestimmen, bereitstellen und aufrechterhalten (**sozial, psychologisch,** physikalisch).			
7.1.5.1 Ressourcen bestimmen und bereitstellen, die **für die Sicherstellung gültiger und zuverlässiger Überwachungs- und Messergebnisse benötigt werden.** **Sicherstellen, dass die Ressourcen:** ▪ **für die Art der unternommenen Überwachungs- und Messtätigkeiten geeignet sind** ▪ **aufrechterhalten werden** **Geeignete dokumentierte Information als Nachweis für die Eignung der Ressourcen zur Überwachung und Messung aufbewahren.**			
7.1.5.2 **Wenn messtechnische Rückführbarkeit eine Anforderung darstellt, oder als wesentlicher Beitrag zur Schaffung von Vertrauen in die Gültigkeit der Messergebnisse angesehen wird, muss das Messmittel:** ▪ verifiziert und/oder kalibriert werden			
7.1.6 Wissen der Organisation: ▪ **Wissen bestimmen** ▪ **Wissen aufrechterhalten und in erforderlichem Umfang zur Verfügung stellen** ▪ **Beim Umgang mit sich ändernden Erfordernissen und Entwicklungstendenzen notwendiges Zusatzwissen und erforderliche Aktualisierungen erlangen**			

Auditbericht

Statusbewertung ISO 9001:2015

qualityaustria
Erfolg mit Qualität

7.2 Kompetenz **(neue Definition!)** Die Organisation muss: ▪ für Personen, die unter ihrer Aufsicht Tätigkeiten verrichten, Kompetenz bestimmen ▪ sicherstellen, dass diese Personen kompetent sind ▪ wo zutreffend, Maßnahmen einleiten und die Wirksamkeit der Maßnahmen bewerten ▪ **angemessene dokumentierte Informationen als Nachweis der Kompetenz aufbewahren**			
7.3 Bewusstsein ▪ **der Qualitätspolitik** ▪ **des Beitrags zur Wirksamkeit des QMS, einschließlich der Vorteile einer verbesserten Leistung** ▪ **der Folgen einer Nichterfüllung der Anforderungen des QMS**			
7.4 Kommunikation Interne und **externe** Kommunikation bestimmen, **einschließlich:** ▪ **worüber** ▪ **wann** ▪ **mit wem** ▪ **wie** ▪ **wer kommuniziert**			
7.5.2 Dokumentierte Information Erstellen und Aktualisieren: ▪ **angemessene** Kennzeichnung und Beschreibung ▪ **angemessenes** Format und Medium ▪ **angemessene** Überprüfung und Genehmigung **sicherstellen**			
7.5.3 Dokumentierte Information **muss angemessen geschützt werden.** **folgende Tätigkeiten berücksichtigen:** ▪ **Verteilung, Zugriff, Auffindung und Verwendung** ▪ **Ablage/Speicherung und Erhaltung** ▪ **Überwachung von Änderungen** ▪ **Aufbewahrung und Verfügung über den weiteren Verbleib**			
Erreichter Prozentsatz	**0 %**		

Stärken

- ...
- ...

Potenziale

- ...
- ...

Auditbericht

Statusbewertung ISO 9001:2015

qualityaustria
Erfolg mit Qualität

Anforderungen Kapitel 8: Betrieb

- *Betriebliche Planung und Steuerung*
- *Anforderungen an Produkte und Dienstleistungen*
- *Entwicklung von Produkten und Dienstleistungen*
- *Steuerung von extern bereitgestellten Prozessen, Produkten und Dienstleistungen*
- *Produktion und Dienstleistungserbringung*
- *Freigabe von Produkten und Dienstleistungen*
- *Steuerung nichtkonformer Ergebnisse*

Anforderungen	Nachweis/ Information	%	Hinweise
8.1 Prozesse zur Erfüllung der Anforderungen und zur **Durchführung der unter Abschnitt 6 bestimmten Maßnahmen** planen, **verwirklichen und steuern,** indem die Organisation ▪ **Kriterien für die Prozesse festlegt**			
8.2 Kommunikation mit Kunden muss umfassen: ▪ **Handhabung oder Steuerung von Kundeneigentum** ▪ **Erstellung spezifischer Anforderungen für Notfallmaßnahmen, sofern zutreffend** Bei der Bestimmung von Anforderungen an die Produkte und Dienstleistungen; sicherstellen, dass: ▪ ... ▪ **Zusagen (Anm.: im Sinne Aussagen zu Produkten und Dienstleistungen, z. B Werbung) im Hinblick auf die von ihr angebotenen Produkte und Dienstleistungen erfüllt werden können** **Sicherstellen, der Fähigkeiten, die Anforderungen an Produkte und Dienstleistungen zu erfüllen** Überprüfung: ▪ die vom Kunden festgelegten Anforderungen, **einschließlich der Anforderungen hinsichtlich der Lieferung und der Tätigkeiten nach der Lieferung** ▪ **die von der Organisation festgelegten** Anforderungen dokumentierte Informationen: a) über Ergebnisse der Überprüfung **b) über neue Anforderungen an Produkte und Dienstleistungen**			
8.3.1 Entwicklungsprozess erarbeiten, umsetzten und aufrechterhalten.			

Auditbericht

Statusbewertung ISO 9001:2015

qualityaustria
Erfolg mit Qualität

8.3.2 Bei der Entwicklungsplanung **berücksichtigen:** ▪ **Art, Dauer und Umfang der Entwicklungstätigkeiten** ▪ **...** ▪ **interner und externer Ressourcenbedarf** ▪ **die Notwendigkeit, Schnittstellen zu steuern** ▪ **die Notwendigkeit, Kunden und Anwender einzubinden** ▪ **die Anforderungen an die anschließende Produktion oder Dienstleistungserbringung** ▪ **die Steuerungsebene, die von Kunden und interessierten Parteien erwartet wird** ▪ **die benötigten dokumentierten Informationen** 8.3.3 Entwicklungseingaben: ▪ **Normen, Standards zu deren Umsetzung sich die Organisation verpflichtet hat** ▪ **mögliche Konsequenzen aus Fehlern aufgrund der Art der Produkte und Dienstleistungen** 8.3.5 Entwicklungsergebnisse: ▪ **Anforderungen an die Überwachung und Messung, soweit zutreffend, sowie Annahmekriterien** ▪ **dokumentierte Informationen zu Entwicklungsergebnissen** 8.3.6 Änderungen, die **während oder nach** der Entwicklung vorgenommen werden, **in dem Umfang** ermitteln, überprüfen und steuern, der sicherstellt, dass daraus **keine nachteilige Auswirkung auf die Konformität** entsteht. Dokumentierte Informationen: a) Entwicklungsänderungen b) Ergebnissen von Überprüfungen c) **Autorisierung der Änderungen** d) eingeleiteten Maßnahmen zur Vorbeugung nachteiliger Auswirkungen			
8.4.1 Steuerungsmaßnahmen von extern bereitgestellten Prozessen, Produkten und Dienstleistungen, wenn: ▪ Produkte und Dienstleistungen für Integration in organisationseigenen Produkte und Dienstleistungen ▪ Produkte und Dienstleistungen den Kunden direkt bereitgestellt werden ▪ ein Prozess oder ein Teilprozess bereitgestellt wird Kriterien für die Beurteilung, Auswahl, **Leistungsüberwachung** und Neubeurteilung externer Anbieter bestimmen und anwenden. Dokumentierte Informationen über diese **Tätigkeiten** und notwendige Maßnahmen.			

Auditbericht

Statusbewertung ISO 9001:2015

qualityaustria
Erfolg mit Qualität

8.4.2 Art und Umfang der Steuerung unter Berücksichtigung von: ▪ den potenziellen Auswirkungen auf die Fähigkeit der Organisation Anforderungen zu erfüllen ▪ **Wirksamkeit der durch den externen Anbieter angewendeten Maßnahmen zur Steuerung** 8.4.3 Den externen Anbietern mitteilen: ▪ **die bereitzustellenden Prozesse,** Produkte und Dienstleistungen ▪ **die Kompetenz**, einschließlich Qualifikation ▪ **das Zusammenwirken des jeweiligen externen Anbieters mit der Organisation** ▪ **die Steuerung und Überwachung der Leistung des externen Anbieters, die von der Organisation eingesetzt werden**			
8.5.1 Steuerung der Produktion und Dienstleistungserbringung enthalten: ▪ dokumentierten Informationen: 1) Merkmale der Produkte, Dienstleistungen oder Tätigkeiten 2) **die zu erzielenden Ergebnisse** ▪ Durchführung von Überwachungs- und Messtätigkeiten, **um zu verifizieren, dass Kriterien zur Steuerung von Prozessen oder Ergebnissen sowie Annahmekriterien erfüllt wurden** ▪ **Benennung von kompetenten Personen, einschließlich Qualifikation** ▪ **Maßnahmen zur Verhinderung menschlicher Fehler** 8.5.3 Eigentum der Kunden **oder externen Anbieter** kennzeichnen, verifizieren, schützen und sichern Bei Verlust, Beschädigung dem Kunden **oder externen Anbieter** mitteilen und dokumentierte Informationen aufbewahren. 8.5.5 Bei Ermittlung der Tätigkeiten nach der Lieferung berücksichtigen: ▪ **gesetzliche und behördliche Anforderungen** ▪ **die möglichen unerwünschten Folgen** ▪ **die Art, Nutzung und beabsichtigte Lebensdauer** ▪ **Kundenanforderungen** ▪ **Rückmeldungen von Kunden** 8.5.6 **Änderungen** in der Produktion oder der Dienstleistungserbringung **steuern und überwachen**, um Konformität aufrechtzuerhalten. **Dokumentierte Informationen:** ▪ **die Ergebnisse der Überprüfung** ▪ **die Personen, die die Änderung autorisiert haben**			

Auditbericht

Statusbewertung ISO 9001:2015

qualityaustria
Erfolg mit Qualität

▪ **notwendige Tätigkeiten**			
8.6 Vorkehrungen umsetzen, um zu verifizieren, dass Anforderungen erfüllt worden sind. Freigabe zum Kunden erst nach Umsetzung der geplanten Vorkehrungen, sofern nicht anderweitig von einer zuständigen Stelle und, falls zutreffend, durch Kunden genehmigt. **Dokumentierte Informationen über Freigabe von Produkten und Dienstleistungen:** **a) Nachweis der Konformität mit Annahmekriterien** **b) Rückverfolgbarkeit von Personen, welche Freigabe autorisiert haben**			
8.7.1 Geeignete Maßnahmen basierend auf der Art der Nichtkonformität **auch für nichtkonforme Produkte und Dienstleistungen, die erst nach der Lieferung bzw. während oder nach Dienstleistungserbringung erkannt wurden**. 8.7.2 Dokumentierte Informationen: ... **zuständige Stelle ausweisen, die die Entscheidung über die Maßnahme im Hinblick auf die Nichtkonformität trifft.**			
Erreichter Prozentsatz	**0 %**		

Stärken

- ...
- ...

Potenziale

- ...
- ...

Auditbericht

Statusbewertung ISO 9001:2015

qualityaustria
Erfolg mit Qualität

Anforderungen Kapitel 9: Bewertung der Leistung

- *Überwachung, Messung, Analyse und Bewertung*
- *Internes Audit*
- *Managementbewertung*

Anforderungen	Nachweis/ Information	%	Hinweise
9.1.1 Bestimmen ▪ was überwacht und gemessen werden muss ▪ **die Methoden zur Überwachung, Messung, Analyse und Bewertung** ▪ **wann Überwachung und Messung durchzuführen sind** ▪ **wann Ergebnisse zu analysieren und zu bewerten sind** Die Organisation muss die **Leistung** und die **Wirksamkeit** des QMS **bewerten.** **Dokumentierte Informationen als Nachweis der Ergebnisse.**			
9.1.2 Wahrnehmungen des Kunden über den Erfüllungsgrad **seiner Erfordernisse und Erwartungen** überwachen.			
9.1.3 Ergebnisse der Analyse, um Folgendes zu bewerten: ▪ Konformität ▪ **Kundenzufriedenheit** ▪ **die Leistung und** Wirksamkeit **des QMS** ▪ **ob Planung umgesetzt wurde** ▪ **die Wirksamkeit von Maßnahmen zum Umgang mit Risiken und Chancen** ▪ **die Leistung externer Anbieter** ▪ der Bedarf an Verbesserung des QMS			
9.2 Internes Audit Im Auditprogramm muss berücksichtigt werden: **Änderungen mit Einfluss auf die Organisation.**			
9.3 Managementbewertung: QMS … bewerten, um … **dessen Angleichung an die strategische Ausrichtung der Organisation sicherzustellen.**			

Auditbericht

Statusbewertung ISO 9001:2015

quality**austria** Erfolg mit Qualität

Planung und Durchführung unter Erwägung folgender Aspekte:
▪ **Veränderungen bei externen und internen Themen**
▪ Informationen über die **Leistung und Wirksamkeit** des QMS, einschließlich Entwicklungen bei:
  ▪ **der Kundenzufriedenheit und Rückmeldungen von interessierten Parteien**
  ▪ **Umfang, in dem Qualitätsziele erfüllt wurden**
  ▪ **Ergebnissen von Überwachungen und Messungen**
  ▪ **Leistung von externen Anbietern**
▪ **Angemessenheit von Ressourcen**
▪ **Wirksamkeit von Maßnahmen zu Risiken und Chancen**
 	
9.3.3 Ergebnisse der Managementbewertung: Entscheidungen und Maßnahmen:
a) Möglichkeiten der Verbesserung
b) jeglichem Änderungsbedarf am QMS
 	
Dokumentierte Information als Nachweis der Ergebnisse.			

Erreichter Prozentsatz	**0 %**		

Stärken

- ...
- ...

Potenziale

- ...
- ...

Auditbericht

Statusbewertung ISO 9001:2015

qualityaustria
Erfolg mit Qualität

Anforderungen Kapitel 10: Verbesserung

- *Allgemeines*
- *Nichtkonformität und Korrekturmaßnahmen*
- *Fortlaufende Verbesserung*

Anforderungen	Nachweis/ Information	%	Hinweise
10.1 Chancen zur Verbesserung bestimmen und auswählen und **Maßnahmen** einleiten, **um Anforderungen der Kunden zu erfüllen und Kundenzufriedenheit zu erhöhen.** Diese müssen umfassen: a) die Verbesserung von Produkten und Dienstleistungen, um **Anforderungen zu erfüllen und um zukünftige Erfordernisse und Erwartungen** zu berücksichtigen ANMERKUNG: Beispiele für Verbesserung können Korrektur, Korrekturmaßnahmen, fortlaufende Verbesserung, **bahnbrechende Veränderung, Innovation und Umorganisation sein.**			
10.2 Wenn Nichtkonformität auftritt: ▪ **... bestimmen, ob vergleichbare Nichtkonformitäten bestehen, oder auftreten könnten** ▪ **Risiken und Chancen, die während der Planung bestimmt wurden, aktualisieren** ▪ **sofern erforderlich, das QMS ändern** Dokumentierte Information: ▪ **Art der Nichtkonformität sowie getroffene Maßnahmen**			
10.3 ▪ **Eignung, Angemessenheit** und Wirksamkeit des QMS fortlaufend verbessern ▪ **Ergebnisse von Analysen und Bewertungen** sowie die Ergebnisse der Managementbewertung berücksichtigen, und ▪ **Erfordernisse oder Chancen als Teil der fortlaufenden Verbesserung behandeln**			
Erreichter Prozentsatz	**0 %**		

Stärken

- ...
- ...

Potenziale

- ...
- ...

Literatur

Anzengruber, K.; Hehenberger, P.; Boschert, S.; Rosen R.; Zeman, K. (2014): Development and Usage of a Mechatronic Design Process Model with Focus on Assumptions, 10th Int. Workshop on Integrated Design Engineering, Gommern

Health Quality Council (HQC); National Primary Care Development Team (NPDT) (Hrsg.): Quality Improvement Toolbook. Saskatoon, Manchaster 2005, *http://research.familymed.ubc.ca/files/2012/03/New_QI-Toolbook_01.06.Cover_and_Content.pdf* (Zugriff 13.12.2013)

Blanchard, K. et al. (2003): Whale done! – Von Walen lernen: So motivieren Sie jedes Team zu Spitzenleistungen, Goldmann Verlag,

Bohne, M. (2015): Auftrittscoaching, unter: *http://www.dr-michael-bohne.de/Auftrittscoaching.61.0.html*, abgerufen am 28.06.2015

Bruhn, M. (1998): Wirtschaftlichkeit des Qualitätsmanagements. Qualitätscontrolling für Dienstleistungen, Springer, Berlin

Bruhn, M. (2006): Qualitätsmanagement für Dienstleistungen: Grundlagen, Konzepte, Methoden, 6. Auflage, Springer, Berlin

Burke P. (2014): Die Explosion des Wissens, Verlag Klaus Wagenbach, Berlin

Clarkson, J.; Eckert, C. (Editors) (2005): Design Process Improvement – A review of current practice, Springer, Berlin

Cross, N. (2008): Engineering Design Methods – Strategies for Product Design, Forth Edition, Wiley, New York

DGQ Deutsche Gesellschaft für Qualität e. V. (2001): Quality Function Deployment. DGQ-Band 13 - 21; Beuth Verlag, Berlin

DIN SPEC 77224:2011-07: Erzielung von Kundenbegeisterung durch Service Excellence, Beuth Verlag, Berlin

Ehrlenspiel, K. (2009): Integrierte Produktentwicklung, Denkabläufe, Methodeneinsatz, Zusammenarbeit; 4., überarbeitete Auflage, Carl Hanser Verlag, München

Ehrlenspiel, K.; Meerkamm, H. (2013): Integrierte Produktentwicklung, Denkabläufe, Methodeneinsatz, Zusammenarbeit, 5., überarbeitete und erweiterte Auflage, Carl Hanser Verlag, München

Erpenbeck, J. (2010): Stuttgarter Kompetenz-Tag 2010 – Vortrag Prof. Dr. John Erpenbeck, unter: *http://www.youtube.com/watch?v=OozATu18gX4*, abgerufen am 21.02.2014

Erpenbeck, J.; Rosenstiel, L. v. (2007): Handbuch Kompetenzmessung. Erkennen verstehen und bewerten von Kompetenzen in der betrieblichen pädagogischen und psychologischen Praxis, 2. Auflage, Schäffer-Poeschel Verlag, Stuttgart

Feldhusen, J.; Grote, K.-H. (Hrsg.) (2013): Pahl/Beitz Konstruktionslehre. Methoden und Anwendung erfolgreicher Produktentwicklung, 8. Auflage, Springer, Berlin

Forbes Insights, 2014: Culture of Quality, Forbes Insights und American Society of Quality, 2014; *http://asq.org/2014/08/culture-of-quality.pdf*; abgerufen am 19.4.2015

Funke-Steinberg, K. (2013): Führungskultur – Diener dreier Herren. Vierzig Thesen für die tägliche Praxis, EHP Edition Humanistische Psychologie, Bergisch Gladbach

Garscha, J.B. (2002): Organisationsentwicklung mittels Prozessmanagement, Quality Austria, Wien

Garscha, J.B. (2011): Strategische Konzepte für internationale Entsendungen – Warum der Entsendungsprozess nicht dem Zufall überlassen werden sollte, VDM Verlag Dr. Müller, Saarbrücken

Gausemeier, J.; Hahn, A.; Kespohl, H.D.; Seifert, L. (2006): Vernetzte Produktentwicklung – Der erfolgreiche Weg zum Global Engineering Network, Carl Hanser Verlag, München

Gausemeier, J.; Lanza, G.; Lindemann, U. (2011): Produkte und Produktionssystemen integrativ konzipieren Modellbildung und Analyse in der frühen Phase der Produktentstehung, Carl Hanser Verlag, München

Health Quality Council (HQC); National Primary Care Development Team (NPDT) (Hrsg.): Quality Improvement Toolbook. Saskatoon, Manchester 2005, *http://research.familymed.ubc.ca/files/2012/03/New_QI-Toolbook_01.06.Cover_and_Content.pdf*, abgerufen am 13.12.2013

Hollender J., Gründer und CEO von Seventh Generation wird von C.O. Scharmer zitiert: in „Theorie U", S. 43, 2009, Carl Auer Systeme Verlag

Hubka, V. (1984): Theorie Technischer Systeme, Springer, Berlin, Heidelberg, New York

Hüther, G. (2009): Wie gehirngerechte Führung funktioniert, in: Managerseminare 130, S. 30 – 34, unter: *http://www.kulturwandel.org/content/inspiration/interviews-und-texte/wie-gehirngerechte-fuehrung-funktioniert/*, abgerufen am 28.06.2015

IBM (2013): Reinventing the rules for engagement, IBM Institute for Business Value, unter: *http://public.dhe.ibm.com/common/ssi/ecm/gb/en/gbe03579usen/GBE03579USEN.PDF*, abgerufen am: 19.04.2015

IOS Leadership GmbH (2014): Wirksam Führen, unter: *http://www.iso-leadership.com/kode-und-kodex/kode-bauteile-und-system.html*, abgerufen am 27.01.2014

International Organisation for Standardisation (ISO), (Hrsg.): ISO 9000:2015 Qualitätsmanagementsysteme – Grundlagen und Begriffe. FprEN ISO 9000:2015 D, CEN-CENELEC, Brüssel 2015

International Organisation for Standardisation (ISO), (Hrsg.): ISO 9001:2015 Qualitätsmanagementsysteme – Anforderungen. FprEN ISO 9001:2015 D, CEN-CENELEC, Brüssel 2015

International Organisation for Standardisation (ISO), (Hrsg.): ISO 9004:2009 Leiten und Lenken für den nachhaltigen Erfolg einer Organisation – Ein Qualitätsmanagementansatz. EN ISO 9004:2009 D, CEN-CENELEC, Brüssel 2009

International Organisation for Standardisation (ISO), (Hrsg.): ISO 31000:2009 Risikomanagement Grundsätze und Richtlinien. Deutschsprachige Übersetzung ÖNORM 31000:2010, Austrian Standards Institute, 2010.

International Organisation for Standardisation (ISO), (Hrsg.): ISO/IEC 17024:2012 Konformitätsbewertung – Allgemeine Anforderungen an Stellen, die Personen zertifizieren, EN ISO/IEC 17024:2012 D, CEN-CENELEC, Brüssel 2012

Jiménez. P. (2013): Gesundes Führen: Der Schlüssel zu einem gesunden Arbeitsplatz, Institut für Psychologie, Universität Graz, *http://media.arbeiterkammer.at/PDF/Praesentation_Paul_Jimenez.pdf*, abgerufen 26.7.2015

Kerth, K, Asum, H., Stich V. (2011) Die besten Strategietools in der Praxis, 5., erweiterte Auflage, Hanser

Königswieser, R. (2008a): Systemische Intervention: Architekturen und Designs für Berater und Veränderungsmanager, Schäffer-Poeschel Verlag, Stuttgart

Königswieser, R. (2008b): Das Feuer großer Gruppen: Konzepte, Designs, Praxisbeispiele für Großveranstaltungen, 2. Auflage, Klett-Cotta Verlag, Stuttgart

H. Kormann, Typen der Unternehmensberatung und ihre Stellung im Entscheidungsprozess der Unternehmensleitung. In: Koller, H. und Kicherer, H.-P. (Hrsg.): Probleme der Unternehmensführung, Festschrift zum 70. Geburtstag von Eugen Hermann Sieber. Herausgeber Horst Koller und Hans-Peter Kicherer, München. 1971, S. 115

Kotler, Ph.; Keller, K. L.; Bliemel, F. (2007): Marketing-Management, Strategien für wertschaffendes Handeln, 12. aktualisierte Auflage, Pearson Studium, Hallbergmoos

Kotter, J. P. (1990): Force for Change: How Leadership differs from Management, Free Press, New York

Kotter, J. P. (2012): Leading Change, Harvard Business School Press, Cambridge (Massachusetts)

Kotter, J. P. A (1990): Force for Change: How Leadership Differs from Management

Koubek, A.; Pölz, W. (2014): Integrierte Management-Systeme. Von komplexen Anforderungen zu zielgerichteten Lösungen, Carl Hanser Verlag, München

Krause, F.-L.; Franke, H.-J.; Gausemeier, J. (Hrsg.) (2007): Innovationspotenziale in der Produktentwicklung, Carl Hanser Verlag, München

Krauthammer, E.; Hinterhuber, H. H. (2005): Leadership – mehr als Management: Was Führungskräfte nicht delegieren dürfen, 4. Auflage, Gabler Verlag, Wiesbaden

Lehner F. (2012): Wissensmanagement – Grundlagen, Methoden und technische Unterstützung, 4. aktualisierte und erweiterte Auflage, Carl Hanser Verlag, München

Lindemann, U. (2009): Methodische Entwicklung technischer Produkte. Methoden flexibel und situationsgerecht anwenden, 3. korrigierte Auflage, Springer, Berlin

Loebbert, M. (2009): Kultur entscheidet. Kulturelle Muster in Unternehmen erkennen und verändern, Rosenberger Fachverlag, Leonberg

Logothetics, N.; Wynn, H. P. (1989): Quality Through Design – Experimental Design. Off-line Quality Control and Taguchi's Contributions, Oxford University Press, Oxford

Lombriser, R.; Abplanalp, P. A. (2005): Strategisches Management: Visionen entwickeln, Strategien umsetzen, Erfolgspotenziale aufbauen, 4. Auflage, Versus Verlag, Zürich

Mair, M. (2014): Kompetenzatlas, unter: *http://kompetenzatlas.fh-wien.ac.at/?page_id=1096*, abgerufen am 27.01.2014

Netzwerk Human Change (2015): Situationen emotionaler Belastung in Veränderungsprozessen, unter: *http://human-change.de/veraenderungsprozesse/psychosoziale-auswirkungen-turbulenter-veraenderungen/52-situationen-emotionaler-belastung-in-veraenderungsprozessen.html*, abgerufen am 28.04.2015

Nonaka I. und Takeuchi H. (1995): The Knowledge-Creating Company, Oxford University Press, Oxford

Northouse, P. G. (2006): Leadership: Theory and Practice, Sage Publ Inc Los Angeles/London

P. Jiménez. P. (2013): Gesundes Führen: Der Schlüssel zu einem gesunden Arbeitsplatz, Institut für Psychologie, Universität Graz

Pahl, G.; Beitz, W.; Feldhusen, J.; Grote, K.-H. (2007): Pahl/Beitz Konstruktionslehre. Grundlagen, 7. Auflage, Springer, Berlin

Parasuraman, A.; Zeithaml, V. A. und Berry, L. L. (1986): SERVQUAL. A Multiple-Item Scale for Measuring Consumer Perceptions of Service Quality, Marketing Science Institute, Cambridge, Report 86 – 108

Pomberger, G.; Dobler, H. (2008): Algorithmen und Datenstrukturen – Eine systematische Einführung in die Programmierung, Pearson Studium, Hallbergmoos

Pomberger, G.; Pree, W. (2004): Software Engineering, Architektur-Design und Prozessorientierung, 3. Auflage, Carl Hanser Verlag, München

Porter, M. E. (1980): Competitive Strategy, Free Press, New York

Probst G., Raub, S., Romhardt, K (2006): Wissen Managen. Wie Unternehmen ihre wertvollste Ressource optimal nutzen, 5. Auflage, Betriebswirtschaftlicher Verlag Dr. Th. Gabler/GWV Fachverlage GmbH, Wiesbaden

Punz, St. (2011): Kundenorientierte mehrstufige Konzeptfindung in der mechatronischen Produktentwicklung; Dissertation; Johannes Kepler Universität, Linz

Rosenstiel v., L. (2007): Grundlagen der Organisationspsychologie. 6. Auflage, Schäffer-Pöschel Verlag, Stuttgart

Saatweber, J. (1997): Kundenorientierung durch Quality Function Deployment. Systematisches Entwickeln von Produkten und Dienstleistungen, Carl Hanser Verlag, München

Schein, E. H. (1999). The corporate culture survival guide, Jossey-Bass, San Francisco

Scholl, W., (2007): Grundkonzepte der Organisation. In: Schuler, H. [Hrsg.] (2007): Lehrbuch Organisationspsychologie. 4. vollständig überarbeitete und erweiterte Auflage, Verlag Hans Huber, Bern

Schuler, H. [Hrsg.] (2007): Lehrbuch Organisationspsychologie. 4. vollständig überarbeitete und erweiterte Auflage, Verlag Hans Huber, Bern

Seghezzi, H. D. (1996): Integriertes Qualitätsmanagement – Das St. Gallener Konzept, Carl Hanser Verlag, München

Steyrer J., 2002, S. 159: Theorien der Führung, in: Kasper, H./Mayrhofer, W. (Hrsg.): Personalmanagement – Führung – Organisation, 3. Aufl., Linde Verlag, S. 157 – 213

Suh, N., P. (2001): Axiomatic Design – Advances and Applications, Oxford Press, Oxford

Ulrich, K., T.; Eppinger, St., D. (2012): Product Design and Development, 5th Edition; McGraw Hill International Edition, New York

Vajna S. (Hrsg.) (2014): Integrated Design Engineering – Ein interdisziplinäres Modell für die ganzheitliche Produktentwicklung, Springer Vieweg, Berlin

Vajna S.; Weber, Chr.; Bley, H.; Zeman, K.; Hehenberger, P. (2009): CAx für Ingenieure – Eine praxisbezogene Einführung, 2., völlig neu bearbeitete Auflage, Springer, Berlin

VDI (1993): Richtlinie 2221: Methodik zum Entwickeln und Konstruieren technischer Systeme und Produkte, VDI-Verlag, Düsseldorf

VDI (2004): Richtlinie 2206: Entwicklungsmethodik für mechatronische Systeme, VDI-Verlag, Düsseldorf

Verband der Automobilindustrie (Hg.) (2011): Sicherung der Qualität in der Prozesslandschaft (Qualitätsmanagement in der Automobilindustrie, Band 4), 2. überarbeitete und erweiterte Auflage 2009, aktualisiert: März 2010, ergänzt: Dezember 2011, Verband der Automobilindustrie (VDA), Qualitätsmanagement Center (QMC), Berlin

Weibler, 2001, S. 29, in J. Weibler: Personalführung, München 2001

Weidenmann, B. (2011): Update für Trainer: Inspirierende Ideen und Methoden für moderne Seminare, managerSeminare Verlag, Bonn

Willke H. (2007): Einführung in das systemische Wissensmanagement, 2. Auflage, Carl-Auer-Verlag, Heidelberg

Wunderer, R.; Grunwald, W. (1980): Grundlagen der Führung (= Führungslehre, Band 1), De Gruyter, Berlin

Index

Symbole

8D-Methode 286
8D-Problemlösungsprozesses 286

A

Abfolge
- von Prozessen 170
Abgrenzungen 246
Abnehmer 37
Abschlussberichte 247
Abstände
- der Prozessreviews 54
- geplante 269
Abstraktionsniveau 123
Abteilungsegoismen 97
Abweichungen
- von den Planwerten 283
Akquisition 210, 224
Aktivitäts- und Umsetzungskompetenz 144
Alleinstellungsmerkmale 224
Analyse 203, 257, 265
- statistische 123
Analysefähigkeit 203
Anbieter
- externe 228, 232, 259, 264
- externer 248
Änderung 77
Änderungen 173, 259, 292
- Auswirkungen der 225
- Beherrschung von 170
- Dokumentation bei 251
- nach der Entwicklung 227
- Überwachung und Beurteilung von 251
- unbeabsichtigte 170
- ungeplante 251
Änderungsprozess 227
Anforderungen 29, 184, 191, 211, 269
- Abhängigkeiten zwischen 213
- an die Überwachung und Messung 222
- an Produkte und Dienstleistungen 201
- aus den Entwicklungseingaben 221
- behördliche 23
- definierte 221
- der Kunden 187
- der Zukunft 192
- Erfüllung der 219
- Ermittlung der 212
- festgelegte 178
- Festlegung von 119
- gesetzliche 23
- gesetzliche und behördliche 213, 301
- rechtliche und behördliche 170
- relevante 35
- vereinbarte 284
Anfragen 173, 175
Angemessenheit
- der definierten Anforderungen 239
- der Entwicklungsergebnisse 223
Annahmekriterien 222, 243
- definierte 223
- für Produkte und Dienstleistungen 241
Annahmen
- grundlegende 64
Annex SL 5, 27, 82
Anpassungen 189
Anreiz 102
Ansatz
- prozessorientierter 21, 29, 44, 57, 241, 299
- risikobasierter 82, 93, 171
Antworten
- geschlossene 138
Anwendbarkeit
- des Systems 6
Anwendungsbereich 23, 39, 42
Anwendungsszenarien 205
Arbeitnehmer 38
Arbeitnehmerschutz 115
Arbeitserfahrung 142
Arbeitsergebnisse 210
Arbeitsumfeld 293
Arbeitsunfälle
- Senken der 293

Artefakte 64
ASI-Konzept 215
Assessment 34
Assessment-Center 142 ff.
Audit 15, 34, 98, 113, 269
- internes 13, 186, 246, 248, 257, 269
- retrogrades internes 247
Auditbericht 271
Auditergebnisse 279
Auditinformation
- aussagekräftige 15
Auditkriterien 269, 271
Auditnachweise 161
Auditplanung 270
Auditprogramm 270, 272
- erstellen 273
Audits 81, 232
- prozessuale 234
Auditzweck 234
Aufbewahrung
- dokumentierter Information 164
Aufbewahrungsfrist 163
Aufgabenklarheit 62
Aufgabenstellung 203
Aufzeichnung 28
Ausbildung 142
Ausbildungs- und Unterstützungsmaßnahmen
- für Führungskräfte 66
Ausführungsprozesse 168
Ausrichtung
- strategische 12, 34, 38, 46, 62, 71, 94, 96, 198
Ausrüstung
- geeignete 241
Ausschlüsse 43, 187
Auswahl 210, 230
Auswirkungen
- negative 170
- potenzielle 233
- von Risiken 84
Authentizität 73

B

Balanced Scorecard (BSC) 53, 96
Basismerkmale 181
Baumdiagramme 133
Bearbeitung
- parallelisierte 204
Bedarfe 243
Bedingungen
- beherrschte 240
Bedürfnisse 208
Beeinträchtigungen
- von Eigentum 249
Befragungen 145
Befugnisse 74
Begeisterungsmerkmale 182
Beratung
- externe 207
Bereich
- geregelter 253
Bereitstellung 191
- externe 228, 230
Berichterstattung
- an die oberste Leitung 75
Beschädigungen 247
- von Messgeräten 118
Beschaffung 228
Beschaffungsangaben 238
Beschwerdeanalyse 177
Beschwerdemessung 124
Besprechungen 154
Beurteilung
- der Auswirkung einer Änderung 228
Bewertung 187, 203, 210, 218, 230, 237, 257, 265
- des Qualitätsmanagementsystems 267
- externer Bereitsteller 230
- verschiedener Lösungen 214
- von Maßnahmen 81
Bewertungsergebnisse
- Aufbewahrung der 184
Bewertungsmatrix 230
Bewusstsein 149
Bewusstseinsbildung 186
Beziehungsmanagement 36, 299
Bezugsrahmen
- spezifischer 15
Bilder 152
Brainstorming 83
Brainstorming Camps 130
Branchen 179
- etablierte 208

C

Casebook 140
Chancen 77 ff., 88, 93
Chancennutzung 6
Chancen und Risiken 54, 199
Change 77
Change-Agent 105
Change-Management-Methoden 101
Checklisten 83, 186
Clusterdarstellungen 133
Coaching 113
CoC (Code of Conduct) 70
Critcal Incident Technique 176
Critical Incident-Methode 123
Customer Journey-Methode 175

D

Daten
- qualitative 176
Definition
- der zu besetzenden Stelle 143
Denkansatz
- risikobasierter 185
Denken
- risikobasiertes 21, 57, 62, 77, 80, 82, 99, 225, 233
Design Structure Matrix (DSM) 214
Dienstleister
- externer 229
Dienstleistungen 116
- Eigenschaften einer 182
- Konformität von 119
- outgesourcte 229
- personenbezogene 116, 120
- sachbezogene 116, 120
Dienstleistungsanforderungen
- Festlegen von 120
Dienstleistungsbereich 115
Dienstleistungslebenszyklus 167
Dienstleistungsqualität 116, 177
- Messung der 119
- Modelle für 120
Dienstleistungsverständnis 120
DIN ISO 10002
- 2010 177
DIN Spec 77224 175
Dokumentation 210, 224 f., 252, 259
- von Kompetenz 143
Dokumentationsanforderung 255
Dokumente 28, 130
- gelenkte 242
Durchgängigkeit 207

E

Ebene
- normative 46
- strategische 46
Effektivität 46, 50, 62, 243, 258
Effektivitätsziele 53
Effizienz 46, 50, 243
Effizienzziele 53
Eigenschaften 214
- festgelegte 222
Eigenschaftsabsicherung 201, 219
Eigentum
- geistiges 174, 247
- von externen Bereitstellern 247
- von Kunden 247
Eigenverantwortlichkeit
- der Organisation 156
Eignung 274
Einflussfaktoren 208, 214, 226
- auf den Entwicklungsprozess 202
- externe 30
- interne 30
- veränderte 204
Eingriffsmöglichkeiten 86
Einsatzzweck
- eines Messverfahrens 122
Einsicht 140
Einstelländerungen
- von Messgeräten 118
Einstellungen
- Änderung von 149
Eintrittswahrscheinlichkeit 90
E-Mail-Kommunikation
- Regeln für 155
Employer Branding 112
EN 10204 253
Engagement
- der Mitarbeiter 293
Entlohnungssysteme
- leistungsorientierte 98
Entscheidung 203
- strategische 258
Entscheidungen 210
Entscheidungsbefugnisse 251
Entscheidungsfindung
- faktengestützte 259, 267, 299
Entscheidungskette 174
Entscheidungskriterien
- für Umfang der Dokumentation 157
Entscheidungstechniken 253
Entwicklung 173, 190
- Arbeitsabschnitte der 209
- zentrale Aufgabe der 201
Entwicklungsaktivitäten
- Fixpunkte der 198
Entwicklungsänderungen 225
Entwicklungsaufgabe 218
Entwicklungsauftrag
- externer 212
- interner 212
Entwicklungsbewertungen 218
Entwicklungseingaben 214
Entwicklungsergebnissen 195, 218, 222, 259
Entwicklungslösung
- aktuelle 226
Entwicklungsphasen 210
Entwicklungsplanung 110, 112, 199
Entwicklungsprojekte
- ähnliche 214
Entwicklungsprozesse 187, 191, 195, 259, 206
- Gesamtrahmen für 210
- Gestaltung der 196, 205
- Risiken im 203

- sequenzieller 196
- Vielfalt der 208
Entwicklungssteuerung 227
Entwicklungsziele 206
Ereignismethode
- sequenzielle 123, 176
Erfahrungen 149
Erfahrungskontext 140
Erfolgsfaktor 96
Erfolgsmessung 131
Erfolgsmuster
- persönliche 149
Erfüllung
- der spezifizierten Anforderung 250
Ergebnisorientierung 27, 62
Ergebnisqualität 245
Ergebnisse 98
- definierte 219
- des Entwicklungsprozesses 218
- von Überwachung und Messung 259
- zu erzielende 241
Ergebnissicherung 154
Erhaltung 163
Erneuerung 191
ERP (Enterprise Resource Planning) 169
Eskalationsmechanismen 96
Expatriates 112
Expertenbefragungen 37
Expertenbeobachtungen 121
Externalisierung 130
Extrapolation 85

F

Fach- und Methodenkompetenz 144
Fähigkeit 101
Faktoren
- externe 40
- harte 104
- interne 40
- ökologische 33
- ökonomische 32
- physische 114
- politische 32
- psychische 115
- psychologische 114
- rechtliche 33
- soziale 114 f.
- soziokulturelle 32
- technologische 32
- weiche 60, 104
Fallstudie
- komprimierte 140
FAQs 19
Feedback 150
Fehler 78, 284
- kritischer 285
- menschliche 241, 245
Fehlerbehebung 254
Fehlerliste 290
Fertigkeiten 129
Festlegung
- des Umgangs mit Risiken und Chancen 80
Five Forces (Modell der fünf Wettbewerbskräfte) 32, 37
Flexibilität 9, 206
Fluss-Schaubilder 50
FMEA (Fehlermöglichkeits- und Einflussanalyse) 93, 151, 171
Fragebögen
- standardisierte 123
Fragen
- offene 138
Freigabe 252, 254
- von Produkten und Dienstleistungen 167
Freigaben 242
Freigabeverantwortung 254
Frequenz-Relevanz-Analyse 124
Führung 58, 299
- strategische 30
Führungskräfteentwicklungsprogramm 112
Führungsleitbild 65, 66
Führungsmodell 61
Führungsverantwortung 62
Führungsverständnis 62
Funktionalität 212
Funktions- und Leistungsanforderungen 213
Funktions- und Rollenbeschreibungen 76

G

GAP-Modell 120
Geheimhaltungsvereinbarung 240
Gesamtsicht
- integrierte 201
Gesamtstrategie 244
Geschäftsmodelle 190
- operatives 169
Gestaltung
- des Systems 78
Gestaltungswillen 80
Gewichtung 291
Globalisierung 3
Grad
- der Erfüllung 261
- der Erfüllung der Kundenerwartung 263
- der Kundenzufriedenheit 264
Grundausrichtung
- der Organisation 72
Grundkompetenzen 144

Grundsätze
- des Qualitätsmanagements 299
Gültigkeit 120
- der Überwachungs- und Messergebnisse 116
- früherer Messergebnisse 119
Gütekriterien 116

H

HACCP-Konzept 171
Handbuch 9
Handbücher 130
Handling
- von Produkten 249
Hardware-in-the-Loop (HIL) 220
Häufigkeit
- von Audits 272
Hauptnutzen 299
Hierarchieebenen 72
High Level Structure 170

I

Indikatoren 53, 116
- für den Reifegrad der Organisation 97
- für die Leistung und Wirksamkeit des Qualitätsmanagementsystems 275
- für die Prozessziele 45
- für die Unzufriedenheit des Kunden 261
- messbare 120
Individualziele 98
Informationen 95, 129, 165, 191
- Bewertung der 138
- dokumentierte 9, 28, 39, 41, 117ff., 130, 142, 165, 173, 178, 186, 198, 219, 221, 226, 241, 246f., 259, 271, 285
- fehlende 78
- über Produkte und Dienstleistungen 173
- zu Eigenschaften der Produkte 242
Informationsaustausch
- im Rahmen der Lieferkette 239
Informationsdefizite 191
Informationsflussanalyse 137
Informationsflüsse
- Bewertung der 138
Informationsintegration 239
Informationslücken 203
Informationsniveau 203
Infrastruktur 170, 243
Inhalte
- der Norm 19
Inkonsistenzen
- der aktuellen Entwicklungslösung 219
Innovation 63
Inpatriates 112
Instandhaltungsmanagement 114
Integrationsgrad
- in die Lieferkette 239
Interaktionsgrad 154
Internetzeitalter 3
Interviews 116
- qualitatives 123
Ishikawa-Diagramm 83, 89
ISO 3100 85
ISO 9000 25, 299
ISO 9004 34, 36
ISO 10006 302
ISO 14001 6
ISO 17021-1 273
ISO 17024 142
ISO 19011 269
ISO 21500 14
ISO 31000 80, 84, 92
ISO 45001 6
Issue-Impact-Matrix 33
Ist-Analyse 13
Ist-Profil 147
Iterationsschleifen 203, 207
IT-Systeme 207
- global vernetzte 204

K

Kalibrierung 118
Kanban 293
Kano-Modell 181, 190, 261
Kapitalgeber 61
Kennzahlenreporting 234
Kennzeichnung
- von Messgeräten 118
- von Prozessergebnissen 245
Kernprozesse 129, 167
Kleinstorganisationen 302
Knowledge Café 135
KODE-Verfahren 145
Kollektivziele 97f.
Kombination 130
Kommunikation 70, 130
- externe 153
- interne 153
- mit dem Kunden 211
- mündliche 154
- schriftliche 154
- vertriebsunterstützende 175
- zielgruppengerechte 154
Kommunikationskette 174
Kommunikationsmatrix 155
Kommunikationstechnologie 9
Kompetenzanforderungsprofil 146
Kompetenzatlas 144
Kompetenzbildungsmaßnahmen 111

Kompetenzen 28, 129, 142 f., 157, 184, 191, 243, 253
- Konzept der 142
- personale 66, 144
- sozial/kommunikative 66
- Verbesserung der 142
Kompetenzentwicklung 244
Kompetenzmatrix 110, 147
Kompetenzmessung 145
- Nachweis für eine 148
Kompetenzmessverfahren 144
Kompetenztest 142
Konformität 188, 195, 225, 259, 264
- der erbrachten Leistungen 119
- keine Beeinträchtigung der 225
- mit den Anforderungen 251, 255
- Sicherstellung der 245
- von Produkten und Dienstleistungen 99
Konformitätsbescheinigung 252
Konformitätsüberprüfung 234
Konkretisierung 210
- der übergeordneten Logik 208
Konkurrenten 37
Konsequenzen
- aus Fehlern 213
Konsistenz 259
Kontaktanalyse 177
Kontext 8, 29, 40, 46, 62, 71, 94, 101, 129, 168, 171, 185, 258
Kontrollen 234
Kontrollmaßnahmen 81
Kontrollmechanismen 218
Kontrollplanung 253
Kontrollpunkte 197, 207
Kontrollsystem
- internes 269
Konzernmutter 43
Kooperation
- direkte 229
Korrektur 255
Korrekturmaßnahmen 63, 78, 96, 118, 255
- adäquate 285
Krankenstandrückkehrgespräche 111
Kreativität 203, 205
Kreativitätstechniken 37
Krisenmanagement 82
Kriterien
- für externe Anbieter 229
Kultur
- der Organisation 96
Kunden 23, 61, 179, 191, 254
- Anforderungen der 258
- Bedürfnisse und Erwartungen der 261
Kundenanforderungen 8, 22, 115, 258
Kundenbedürfnisse 199
Kundenbefragungen 261, 263
Kundenbindung 261
Kundeneigentum 174
Kundeneinzelfertigung 178
Kundenerfahrungen 175
Kundenerwartungen 175, 181
- Erhebung der 119
Kundengruppen 199
Kundenkommunikationsprozess 178
Kundenkontakt 141
Kundenlebenszyklus 175
Kundenloyalität 249
Kundenorientierung 36, 58, 60, 69 f., 75, 249, 299
- gelebte 60
Kundenrückmeldungen 175
Kundenwünsche 217
Kundenzufriedenheit 8, 23, 99, 116, 174, 177, 181, 187, 192, 195, 201, 261
- Erreichung hoher 261
- Messung der 119
- Steigerung der 262
- Überwachung der 261
KVP-Programm 294

L

Lagerung
- von Produkten 249
Laufbahnplanung 110, 112
Learning by Doing 130
Lebensphasen
- des Produkts 198
Lebenszyklus
- eines Produkts 250
- Visualisierung eines 250
Leiharbeiter 149
Leistungen 257
- des Qualitätsmanagementsystems 264
- fehlerhafte 290
- von externen Anbietern 276
Leistungsbegriff 257
Leistungserbringung
- wirtschaftliche 170
Leistungsfähigkeit 212
Leistungsindikatoren 55
Leistungsmerkmale 50, 181
Leistungspaket 229
Leistungsparameter 259
Leistungssteigerung 171
Leistungsträger 254
Leistungsüberwachung 230
Leitbilder 64
Leitung
- oberste 43, 60, 63, 67 f., 71, 81, 94, 109, 262, 301
- zuständige 271
Lenkung
- dokumentierter Information 164

Lernen 150
- ohne Kontext 150
- problemorientiertes 150
Lernprozess 149
Lieferanten 37
- Integration der 234
Lieferantenaudits 233 f.
Lieferantenbeurteilung 230
Lieferantenentwicklung 230, 234
Lieferantenmanagements 230
Lieferbedingung 3
Liefertätigkeiten 241
Lieferung
- Tätigkeiten nach der 241
Lieferverpflichtung 184
Life Cycle-Darstellungen 250
Likert-Skala 116
Lösungskonzepte 214
Lösungsvarianten 210

M

Machbarkeit
- juristische 184
- kaufmännische 184
- logistische 184
- technische 184
- terminliche 184
Machbarkeitsprüfung 172, 174
Makro-Modellierung
- des Prozessmodells 47
Managementansatz
- sytemorientierter 299
Managementbewertungen 257, 262
- Planung und Durchführung der 259
- vorherige 275
- Ziel der 274
Managementregelkreis 131
Managementreview 32, 65, 70, 246
Managementsystem 27, 94, 239, 242, 250
- prozessorientiertes 45, 98
Managementsystemnormen 5
Manifestationen
- symbolische 64
Marketingstrategie 199
Markterprobungsphase 199
Marktpotenzial
- der Chance 91
Mass Customizing 178
Maßnahmen 85
- bewusstseinsbildende 150
- mögliche 299
- staatliche 38
- vorausschauende 82
- zum Umgang mit Risiken und Chancen 81
- zur Überwachung und Korrektur 284
- zur Verhinderung menschlicher Fehler 245
Maßnahmenplan 102
Matrixdarstellung 138
Meetings 130, 154
Meilensteine 204, 207
Mengenflussberechnung 247
Mengenflussdarstellung 247
Mengengerüst 110
Mentoring 113
Mentoringmodelle 130
Merkmale
- eines Produkts oder einer Dienstleistung 263
- technische 217
- unerhebliche 182
Messansätze
- kundenorientierte 121
- managementorientierte 124
- mitarbeiterorientierte 124
- objektive 121
- organisationsorientierte 121, 124
- subjektive 121
Messbarkeit
- von Zielen 96
Messergebnisse
- ältere 118
Messmethoden
- für Wissen 132
Messmittel 115
- in der Dienstleistung 126
Mess- und Prüfmittel 253
Messung 167, 257, 259
Messverfahren 116
- ereignisorientierte 121, 123
- merkmalsorientierte 121 f.
- problemorientierte 121, 124
Messwerte
- objektive 116
Methode kritischer Ereignisse 123
Methoden 19, 82
- der empirischen Forschung 263
- des Wissensmanagements 214
- im Veränderungsmanagement 104
- primäre 176
- prozessbezogene 171
- rechnerunterstützte 220
- sekundäre 177
- statistische 265
- zur Bearbeitung von Nichtkonformitäten 285
Methodenkompetenz 204
Mikroartikel 139
Mikro-Modellierung
- des Prozessmodells 47
Mindestanforderungen 15
Mindmaps 133
Mitarbeiter 60, 61
- Motivation der 61

Mitarbeiterbefragung 112
Mitarbeitergespräch 70, 244
Modellbildung
- experimentelle 220
Modellierung
- der Ergebnisse 85
Motivation
- extrinsische 61
- intrinsische 61
Muda 291
Mystery Shopper 121

N

Nachbesserungen 96
Nachfragelebenszyklus 190
Nachweise 189
Navigationshilfen 203
Netzwerkpartner 229
Neuentwicklungen 189
Neuigkeitsgrad 205
- hoher 199, 202
Nichtanwendbarkeit 43
- einer Anforderung 41
Nichterreichung
- von Zielen 96
Nichtkonformitäten 227, 254
- Ursachen der 284
- vergleichbare 284
Non-Disclosure Agreement (NDA) 240
Notfallmaßnahmen 174
Notwendigkeit
- der Rückverfolgbarkeit 246
Nutzungsanlässe 199

O

Oberste Leitung
- Beauftragter der 75
Objektivität 271
Offboarding-Prozess 111
OHSAS 1800 6
Onboarding-Prozess 111
Operationalisierung 110, 116, 120
Optimierungen 292
Organigramme 76
Organisationsanalysen 31
Organisationsprozesse 47
Organisationsstrategie 81
Organisationsziele 81
Organisationszweck 46
Orientierungsmaßnahmen
- im Veränderungsprozess 105
Outplacement 112

P

Paralleltestmethode 126
Parteien
- interessierte 8, 28, 34 ff., 38 ff., 73, 171, 173, 179, 184, 187, 192, 211, 243, 248, 258
Partnerentwicklung 230
PDCA 5, 21
Penalty-Reward-Faktoren-Ansatz 122
Personalarbeit 111
Personalentwicklung 110
Personalentwicklungsmethoden 111
Personalplanung 110
Personen
- eingesetzte 239
- Engagement von 299
PEST 32
PESTEL 32
Planung 78
- Aspekte für die 196
- betriebliche 169, 198
- der Prozesse 78
- des Qualitätsmanagementsystems 78
- optimierte 243
- Qualität der 109
- strategische 190
Planungshorizont
- zeitlicher 189
Planungsprozess 82
Planungszeiträume 96
Poka Yoke 290
Portfolioanalyse 91
Portfolio-Darstellung 91
Potenzialanalyse 235
Primärdaten
- zu Lieferanten 233
Priorisierung 291
Priorität 236
Problembewusstsein 190
Problem Detecting-Methode 124
Problemlösungsprozess 203
- teamorientierter 286
Problemmanagement 82
Process approach 5
Produktaudits 232, 234
Produkt- bzw. Dienstleistungskonzepte 199
Produkte
- beschaffte 232
- fehlerhafte 255, 290
- nicht konforme 234
Produktentwicklung 208
Produkterhaltung 248
Produkte und Dienstleistungen 27, 40, 75, 88
- Entstehung von 141
- Gestaltung von 141
- konforme 232
- Konformität der 114

Produktionsplanungssysteme 169, 243
Produktionsprozesssteuerung 293
Produktionssteuerungssystem 169
Produktions- und Prüfplanung 215
Produktkennzeichnung 249
Produktlebenszyklus 167, 190, 223
Produktmerkmale 190
Produktplanung 199, 215
Produktqualität 171
Produktrückrufe 174
Produkt- und Dienstleistungsanforderungen
- Bestimmung der 180
Projektmanagement 14, 100, 302
Projektplanung 83, 251
Projektportfolios 169
Projektreview 234
Projektsteuerung 197
Projektübersichten 169
Prozess 113
- ausgelagerter 189
- sequenzieller 207
Prozessablauffolge 49
Prozessaudits 234
Prozessbausteine 204, 207, 220
Prozessbeschreibungen 76
Prozesscharakter
- von Dienstleistungen 123
Prozesse 40, 44, 82, 190
- Abfolge der 45
- ausgelagerte 55, 232
- outgesourcte 228
- Steuerung der 171
- wertschöpfende 41, 167
Prozessergebnisse 27, 242
Prozessfähigkeitsbewertungen 244
Prozessgrößen 50
Prozesskontrollen 242
Prozesslandkarte 46, 49
Prozessmodelle 46, 55
Prozessnetzwerk 171
Prozessorientierung 3, 62
Prozessphasen 197
Prozessplanung 215
Prozessreview 53
Prozessstufen 243
Prozessumgebung 243
Prozessvalidierungen 244
Prozessziele 98
Prozesszweck 50
Prüfplanung 253
Prüfung 184

Q

Qualifikationen 142, 147, 184, 243, 253
Qualität 27, 60, 170
Qualitätsansprüche 204
Qualitätsaspekte 258
Qualitätsbewusstsein 62
Qualitätsergebnisse 75
Qualitätsfähigkeit 228
Qualitätsleistung
- der Organisation 141
Qualitätsmanagement 58
Qualitätsmanagementgrundsätze 22
Qualitätsmanagementhandbuch 156, 165
Qualitätsmanagementnormen 3
Qualitätsmanagementprinzipien 69
- Umsetzung der 299
Qualitätsmanagementstandards 22
Qualitätsmanagementsystemen 27, 30, 174, 233, 258
- Gestaltung eines 29
- prozessorientiertes 46
Qualitätsmanagementteam 278
Qualitätsmethoden
- klassische 289
Qualitätsorientierung 211
Qualitätsplanung 171
Qualitätspolitik 57f., 62, 71, 148f.
- Vermittlung der. Siehe
Qualitätssicherung
- klassische 253
Qualitätssicherungsvereinbarungen 234
Qualitätsurteile 122
Qualitätsverbesserung 122
Qualitätsverständnis 120
Qualitätsziele 62, 77, 87, 94, 148, 171, 262
- Überwachung der 95
- Umsetzung der 77
Quality Function Deployment (QFD) 214f.
Quellen
- der Risiken 84
Querschnittkompetenzen 144

R

Rahmenwerk
- für Ziele 96
Realisierungswahrscheinlichkeit
- der Chance 91
Recruiting-Prozess 111
Referenzmethode 126
Regelkreise 269
Regeln 64
Reichweiteninformationen 243
Reklamationen 174, 177, 261
Reliabilität 145
Reorganisation 63
Repatriates 112

Reporting-Strukturen 154
Ressourcen 107, 116, 170, 191
- fehlende 102
- geeignete 241
- materielle 100
- personelle 100
- zur Überwachung und Messung 243, 259
Ressourcenplanung 109
Reviews 206, 218, 219
- der Ziele 219
Risiken 31, 77ff., 82, 101, 191
- Identifikation der 87
- Managen von 80ff.
- unternehmerisches 81
Risiken und Chancen 39f., 264
- Bestimmen der 285
- der Wertschöpfung 171
Risikoanalyse 84, 235
Risikobeherrschung 6
Risikobetrachtung 213
Risikobeurteilung
- der Lieferantenbeziehung 233
Risikobewältigung 85, 92
Risikobewältigungsstrategien 86
Risikobewertung 84, 100
Risikoidentifikation 84
Risikokategorien 87
Risikokommunikation 86
Risikokriterien 85, 87
Risikokultur 86
Risikomanagementmethoden 80
Risikomanagementsystem 85, 92
Risikomatrix 87
Risikoportfolio 83, 91
Risikopotenziale 184, 213
Risikoquelle 86
Risikoscan 83, 87
Risiko- und Chancenmanagement 171
Risikoverminderung 86
Rollenklarheit 62
Routinekommunikationsarchitektur
- Gestaltung der 154
Routineprojekte 212
Routinetätigkeiten 190
Rückfälle
- in alte Verhaltensmuster 149
Rückgangsphase 190
Rückmeldungen
- von interessierten Parteien 277
- von Kunden 174
Rückrufaktionen 227
Rückverfolgbarkeit 246, 252, 255
- der Leistungserbringung 246
- der Messung 119
- der Prozessergebnisse 246
Rückverfolgbarkeitsüberprüfungen 247
Rückweisungsmerkmale 182

S

Sachleistung 116
Schlüsselaspekte
- der betrieblichen Planung 171
Schlüsselkompetenzen 144
Schlüsselparameter
- der Steuerung 171
Schlüsselprozesse 167
Schutz
- von Produkten 249
Schwerpunktsetzungen 205, 208
Sechs-W-Methode 291
SECI-Modell 129
Sekundärdaten
- des Lieferanten 233
Sercive Excellence 175
Sicherung
- von Information 163
Silent Shopper 121
Simulation 224
Social Media-Regeln 155
Software-in-the-Loop (SIL) 220
Soll-Ist-Vergleich 244
Soll-Profil 147
Sonderfreigabe 255
Soweit-zutreffend-Bewertung 250
Sozialisation 130
Sozial- und Kommunikationskompetenz 144
Speicherung 163
Sperre 255
Split-Half-Methode 126
Sprache
- durchgängige 6
Stage-Gate-Prozess 207
Stakeholderanalysen 34, 38
Stakeholderansatz 34f.
Standard
- branchenspezifische 301
- für Kundenbeziehungen 3
- für Lieferantenbeziehungen 3
Standardprodukt 178
Stellenprofile 76
STEP 32, 34
Steuerung 167
- betriebliche 198
- der Produktion und Dienstleistungserbringung 240
- der Prozesse 170, 178
- externer Bereitstellungen 238
- Maßnahmer zur 232
- nicht konformer Prozessergebnisse 251
- operative 241
- von Schnittstellen 197
Steuerungsmaßnahmen 81
Steuerungsmechanismen 197

Steuerungssysteme 243
Störungen 171
Storytelling 123
Strategie 8, 30, 50, 78, 82, 169
Strategiearbeit 30, 31
Strategieprozess 83
Subprozesse 49 f.
Substitutionsprodukte 37
Subunternehmerfunktion 229
Supervision 113
SWOT-Analyse 32, 34
Synthese 203
Szenariotrichter 91

T

Talentmanagement 113
Talentmanagementsystem 110
Tätigkeiten
- nicht wertschöpfende 291
Tätigkeitsbeschreibungen 242
Teamwork 150
Technologien 192
Teileplanung 215
Teilprozesse
- vernetzte 204
Test-Retest-Methode 126
Themen
- externe und interne 40
Top-down-Ansatz 46 f., 49
Total Productive Maintenance (TPM) 293
Trainee-Programme 113
Transparenz 31, 73, 76, 259
Trendszenario 91

U

Überprüfen 39
- der Anforderungen 178
Überprüfungen 197, 227
Überwachen 39
Überwachung 167, 257, 259
- externer Bereitsteller 230
Überwachungsmaßnahmen 234
Überwachungs- und Messanforderungen 245
Überwachungs- und Messmittel 167
Überwachungs- und Messtechniken 241
Überwachung und Steuerung
- des Entwicklungsprozesses 207
Umfang
- eines Audits 271
Umfeld 12, 149, 198
- Veränderungen im 78
Umfeldanalyse 31 f., 37, 38
Umfeldbedingungen 30, 109
Umfeldebenenmodell 34
Umfeldfaktoren 192
Umorganisation 281
Umsetzung 19
- operative 72
- von internen und externen Vorgaben 269
- von Zielen 97
- wirksame 264
Umweltaspekte 39
Umwidmung
- von Produkten 256
Ungewissheit 93
Unparteilichkeit 271
Unsicherheiten 192, 201
Unternehmen
- mittelständische 243
- sytemzertifiziertes 238
Unternehmensgröße 169, 179
Unternehmenskultur 64
- wissensbewusste 131
Unternehmensrisiken 86 f.
Unternehmensziele 99
Unternehmenszweck 12, 169
Untersuchungen
- qualitative 116
- quantitative 116
Unwägbarkeiten 191, 201
Ursachen
- der Risiken 84
Ursachen-Wirkungsdiagramm 89

V

Validierung 187, 197, 218, 221 f.
- der Prozesse 241
- der Prozesse zur Leistungserbringung 244
Validierungsprozess 142
Validität 145
- eines Messmittels 126
VDI-Richtlinie 2221 209
Veränderungen 12, 19, 54, 191, 225
- im Unternehmen 78
Veränderungsmanagement 100 f.
Veränderungsmanager 106
Veränderungsprozess 105
Verantwortlichkeiten 62, 74
Verantwortung 62
- der Leitung 57
- der Organisation 233
Verantwortungsträger 254
Verbesserungen 28, 75, 123, 189, 259, 262, 299
- bei der Aufgabenerfüllung 293
- des Qualitätsmanagementsystems 264
- fortlaufende 28, 246, 289
- kontinuierliche 63
- ständige 28
Verbesserungsmaßnahmen 54, 294

Verbleib
- von Informationen 163
Verfahren
- dekompositionelle 122
- dokumentierte 44, 54, 156
- ereignisorientierte 123
- handlungsorientierte 145
- multiattributive 122
- qualitätstechnische 253
- statistische 253
Verfahrensanleitungen 130
Verhaltenskodex 70
Verifikation 218, 221 f.
Verifizierung 118, 187, 197, 218, 242
- der Kriterien für die Steuerung 241
- von Anforderungen 252
Verluste 247, 294
Vernetzung 224
Verpackung
- von Produkten 249
Verschwendung 291, 294
Versionskontrolle 163
Verträge 173, 175
Vertrauen 65
Vertrieb 210, 224
Verzögerung
- ungerechtfertigte 271
Videos 152
Vignetten-Methode 122
Virtuelle Inbetriebnahme (VIBN) 220
Vision 101
Vorbeugemaßnahmen 78, 82, 282
Vorbildfunktion 66
Vorgangsweise
- methodische 210
Vorgehen
- beim Entwickeln 209

W

Wahrscheinlichkeit
- von Risiken 84
Wareneingangskontrollen 233
Warentests 121
Wechselwirkungen 45, 47, 50, 96, 99
- von Prozessen 170
Wege
- kurze 154
Weiterbildung 142
Weiterentwicklungen 189
Werkzeuge 82
- im Veränderungsmanagement 104
- strukturiertes 87
Werte 64
Wertminderung
- von Messgeräten 118
Wertschöpfungen 6, 168, 201
- externe 230
- Gestaltung und Umsetzung der 171
Wertschöpfungskette 224, 241, 243, 253
- organisationsübergreifende 239
Wettbewerb 37, 192
Wettbewerbsfaktor
- zentraler 128
Willingness-to Pay-Ansatz 122
Wirksamkeit 258
- Beitrag zur 148
- der eingeleiteten Maßnahmen 284
- der Maßnahmen zur Steuerung 233
- des Qualitätsmanagementsystems 264, 268
Wirkungsfokus
- des Veränderungsmanagements 104
Wirkungsnetzwerke 133
Wirtschaftlichkeitsanalyse 199
Wissen 129
- der Organisation 129
- Entstehen von organisationalem 129
- explizites 129
- implizites 129
- organisationales 129
Wissensaustausch 136
Wissensbestand 133
Wissensbewahrung 132
Wissensbewertung 131, 132
Wissensentstehung 130
Wissensentwicklung 130, 132
Wissenserwerb 132
Wissensidentifikation 132
Wissenslandkarte 133
Wissensmanagement 131
- Aufbau eines -s 133
- operative Bereich des -s 131
- strategische Ebene des -s 131
Wissensmanagementinterventionen 132
Wissensmanagementmethoden 133
Wissensmanagementwerkzeuge 133
Wissensnutzung 131, 132
Wissensportfolio 138
Wissensquellenkarte 135
Wissensspirale 130
Wissensträgerkarte 135
Wissensvermittlung 136
Wissensversorgung
- Bewertung der 138
Wissens(ver)teilung 132
Wissensziele 131, 139
- normative 131
- operative 131
- Setzen von -n 131
- strategische 131
Workflow 186, 207
Workshops 130

Z

Zeithorizont 206
- der Planung 169
Zeit- und Kostendruck 204
Zertifikate
- nach ISO 9001
  - 2008 301
Zertifizierungsaudit 269
Zielbild 96
Ziele 40, 47, 53, 78, 98
- Erreichen der gesetzten 269
- quantitative 96
- strategische 47, 198
Zielkonflikte 213
Zielrahmen 219
Zielsetzungen 258
Zielvereinbarungen 65
Zufriedenheitsevaluierung 112
Zufriedenheitsfaktoren 181
Zufriedenheitsskalen 263
Zugang
- risikobasierter 8
- systematischer 153
Zukunft 195
Zukunftsorientierung 82
Zulieferqualität 232
Zustandsbeurteilung 259
Zuverlässigkeit 120
- der Messung 126
- der Überwachungs- und Messergebnisse 116
Zwischenziele 204

Die Autorinnen und Autoren

Autorin und Herausgeberin

Anni Koubek

Anni Koubek ist als Leiterin Innovation bei Quality Austria tätig. Sie beschäftigt sich mit der Frage nach der Zukunft von Qualität, von Managementsystemen und deren Zertifizierung. Sie hat aktiv in der internationalen Arbeitsgruppe zur Revision der ISO 9001 mitgewirkt, gibt Trainings und Vorträge auf nationaler und internationaler Ebene zum Thema und zeichnet für die Umsetzung der ISO 9001:2015 bei Quality Austria verantwortlich.

Mitautorinnen und Mitautoren

Dieses Buch ist ein Teamprojekt. Nur durch das Einbeziehen von Know-how aus Forschung, betrieblicher Praxis und Audit konnte ein gesamtheitlicher Ansatz gewählt werden und einzelne Themen in der Tiefe erarbeitet werden. Folgende Expertinnen und Experten haben an der Erstellung dieses Praxisbuchs mitgewirkt (in alphabetischer Reihenfolge). Ihre Mitwirkung ist zu Beginn der Kapitel angeführt.

Eckehard Bauer

Eckehard Bauer ist seit 1994 im Bereich Umweltmanagement, Arbeitssicherheit und Qualitätsmanagement tätig. Operatives Risikomanagement in Kombination mit Umweltschutz und Arbeits- sowie Anlagensicherheit, basierend auf einer mehr als 30-jährigen Industrieerfahrung, sind seine zentralen Schwerpunkte. Für die Bereiche Risikomanagement und Arbeitssicherheit ist er Mitglied der ISO Arbeitsgruppe. In der Quality Austria ist Eckehard Bauer Lead Auditor und Trainer sowie verantwortlich für die Themenbereiche Qualität, Sicherheit, Risikomanagement und Business Continuity Management.

Joseph B. Garscha

Joseph B. Garscha ist seit 1993 selbstständiger Unternehmensberater. Schwerpunkte sind Personal und Organisation. Seine psychologischen, kaufmännischen und technischen Kenntnisse basieren auf mehreren universitären Ausbildungen sowie Erfahrung in verschiedenen Führungsfunktionen in Industrieunternehmen vor seiner Selbstständigkeit. Mit der Quality Austria und damit den Themen der ISO-Normung verbindet ihn eine über 20-jährige Zusammenarbeit als Auditor und Trainer in über 40 Ländern weltweit.

Wolfgang Hackenauer

Wolfgang Hackenauer ist seit 1995 als Fachexperte für Umwelt und Energie für Quality Austria tätig. Er war treibende Kraft in der Arbeitsgruppe „Auditdesign neu", um den Integrationsansatz im Auditverfahren der Quality Austria nachhaltig zu verankern. Als Dozent und Verfasser von Fachartikeln und Mitautor von einschlägigen Publikationen zum Thema Managementsysteme gilt sein Hauptaugenmerk dynamischen Audits als Stellhebel für Organisationsentwicklung.

Josef Hödl

Josef Hödl ist Lehrender für Soziologie und Sozialforschung sowie wissenschaftlicher Mitarbeiter des August-Aichhorn-Instituts für Soziale Arbeit der Fachhochschule JOANNEUM in Graz. Seine aktuellen Forschungsschwerpunkte liegen in der Stadt-, Jugend- und Qualitätsforschung. 2009 bis 2014 arbeitete er am interdisziplinären ÖKOTOPIA-Projekt mit. Er beschäftigt sich mit Fragen der Dienstleistungsqualität im Bereich der sozialen Arbeit und ist Mitarbeiter im EFQM (= European Foundation for Quality Management)-Team der Fachhochschule JOANNEUM in Graz.

Manfred Merten

Manfred Merten verbindet eine circa 25-jährige enge Partnerschaft mit der Quality Austria. Insbesondere die Einbindung der sogenannten „externen Wertschöpfungskette“ ist der Schwerpunkt seiner Arbeit. Seit dieser Zeit ist er als Unternehmensberater im Bereich Management Consulting tätig. Er ist in der Quality Austria aktuell für das Thema Prozessmanagement zuständig. Sein hauptberuflicher Schwerpunkt liegt derzeit in Projekten zu erneuerbaren Energien und im Bereich der Cybercrime-Vorbeugung.

Sabine Pelzmann

Sabine Pelzmann ist Organisationsberaterin, Führungskräfteentwicklerin und Supervisorin (ÖVS). Sie leitet die PELZMANN Unternehmensberatung in Graz. Ihre Arbeitsschwerpunkte sind: Design und Begleitung von Organisationsentwicklungs-, Transformations- und Redesignprozessen, Corporate Leadership Programme und Großgruppenkommunikation. Sie ist Lehrbeauftragte für Organisationsentwicklung, Systemtheorie und Leadership an der Donau-Universität Krems und an der University of Southern Denmark.

Rupert Pliem

Rupert Pliem lehrt im Fachbereich Wirtschaftsingenieurwesen an der höheren technischen Bundeslehranstalt in Hallein und Qualitätsmanagement an der Fachhochschule Salzburg, Studienlehrgang Informationstechnik und Systemmanagement. Er arbeitet als selbstständiger Unternehmensberater, Trainer und Auditor im Bereich Qualitäts- und Umweltmanagement.

Wolfgang Pölz

Wolfgang Pölz ist als selbstständiger Unternehmensberater, Organisationsentwickler, Coach, Auditor und EFQM(= European Foundation for Quality Management)-Assessorentrainer tätig. Sein Schwerpunkt liegt im Veränderungsmanagement. Dabei achtet er insbesondere auf die zukunftsgerichtete und zieldienliche Vernetzung der wesentlichen Seiten einer Organisation (Aufbauorganisation, Prozessmanagement, Führung und Kommunikation, kontinuierliche Verbesserung, Managementsystem, Betriebswirtschaft).

Johann Russegger

Johann Russegger ist Lead Auditor, Trainer und Produktmanager der Qualitätsmanagement- und Auditorenlehrgänge bei der Quality Austria. Er ist maßgeblich für die inhaltliche Gestaltung der Lehrgänge und des Prüfungsdesigns verantwortlich. Intensiv beschäftigt er sich mit den Themen Auditmethoden, mehrwertorientiertes Auditieren und Ausbildung von Auditoren.

Werner Schachner

Werner Schachner ist seit 2005 Geschäftsführer der SUCCON Schachner & Partner KG. Sein Beratungsfokus liegt in den Themenbereichen Wissensmanagement und ganzheitliche Unternehmensqualität sowie in der Erfolgsdiagnostik. Darüber hinaus ist er Lead Assessor zum österreichischen Staatspreis Unternehmensqualität sowie Dozent bzw. Lehrbeauftragter verschiedener Aus- und Weiterbildungseinrichtungen. Außerdem ist der Autor mehrerer Publikationen Mitglied im Programmkomitee der KnowTech, einem der größten Kongresse für Wissensmanagement, Social Media und Collaboration im deutschsprachigen Raum.

Agnes Sendlhofer-Steinberger

Agnes Sendlhofer-Steinberger sammelte langjährige Berufserfahrung als Qualitätsmanagerin in der internationalen Lebensmittelindustrie und in Kanada. Sie studierte an der Universität für Bodenkultur in Wien.

Als Netzwerkpartnerin der Quality Austria ist sie als Lead Auditorin in den Bereichen Qualität, Umwelt, CSR (= Corporate Social Responsibility bzw. Unternehmerische Gesellschaftsverantwortung) und Lebensmittelsicherheit tätig. Sie gibt Trainings im Auftrag der Quality Austria und vertritt diese in verschiedenen CSR-Gremien (Normungsarbeit).

Friedrich Smida

Friedrich Smida ist seit 2010 selbstständiger Unternehmensberater und war vorher mehr als 30 Jahre in der Industrie in verschiedenen Funktionen tätig. Als Netzwerkpartner der Quality Austria ist er seit mehr als 20 Jahren im Bereich der Zertifizierung von Managementsystemen (Qualität, Umwelt, Sicherheits- und Gesundheitsschutz, Risiko, Energie u. a.) und als Trainer, sowie seit 2011 an der Fachhochschule Campus Wien als Lektor für Qualitätsmanagement tätig.

Thomas Szabo

Thomas Szabo ist freiberuflicher Netzwerkpartner von Quality Austria, Normungsexperte, Auditor und Trainer. Seine Erfahrungen in der Nuklear- und Elektronikindustrie bringt er seit über 30 Jahren in die Normung von Qualitätsmanagement ein. Seit 1992 ist er in ISO-Gremien tätig, auch in Fachgebieten wie Umweltmanagement, Risikomanagement, BCM (= Business Continuity Management), CSR (= Corporate Social Responsibility bzw. Unternehmerische Gesellschaftsverantwortung) und Konformitätsprüfung. Er ist maßgeblich an der Harmonisierung der ISO-Systemnormen sowie an der Schaffung einer Kompetenznormung durch die EOQ (= European Organisation for Quality) beteiligt.

Alexander Woidich

Alexander Woidich ist geschäftsführender Gesellschafter der WOIDICH & PARTNER GmbH. Seit 1995 ist er Unternehmensberater im Bereich Strategieentwicklung, Prozessmanagement, Supply Chain Management, Risikomanagement und Lebensmittelsicherheit. Seit 1994 ist er auch als Trainer und Auditor in verschiedenen Branchen und Ländern tätig.

Seine Erfahrungen sind in verschiedene Publikationen eingeflossen.

Klaus Zeman

Klaus Zeman ist seit 1996 ordentlicher Universitätsprofessor für Maschinenbau an der Johannes Kepler Universität in Linz. Zuvor war er im Anlagenbau, in leitenden Funktionen in der Entwicklung, Akquisition und Realisierung von Walzwerks- und Bandbehandlungsanlagen tätig.

An der Johannes Kepler Universität leitet er das Institut für Mechatronische Produktentwicklung und Fertigung, im ACCM (= Austrian Center of Competence in Mechatronics) ist er für den Forschungsbereich Process Modelling and Mechatronic Design zuständig und an zahlreichen kooperativen Projekten beteiligt.

Fachlektorat

Neben der Lektorin Lisa Hoffmann-Bäuml vom Carl Hanser Verlag haben auch noch weitere Experten sich kritisch mit den Inhalten auseinandergesetzt und wertvollen Input für die Weiterentwicklung geliefert:

Axel Dick

Axel Dick verantwortet seit Januar 2015 den Bereich Business Development Umwelt und Energie bei Quality Austria und repräsentiert Österreich in der Umweltnormung. Davor zeichnete er zehn Jahre lang für den Bereich Marketing und Public Relations verantwortlich und prägte in dieser Zeit den Marktauftritt der Quality Austria maßgeblich. Axel Dick ist gelernter Diplom-Geoökologe, Technischen Universität Wien, und Absolvent des MSc-Lehrgangs Environmental Management.

Michael Drechsel

Michael Drechsel, Geschäftsführer der DQS Holding GmbH, ist nach seinem Studium der Rechtswissenschaften als Leiter des Rechts- und Steuerwesens im Jahr 1992 nach Brasilien zur Deutsch-Brasilianischen Industrie- und Handelskammer in Sao Paulo gegangen. 1994 wurde er dann Geschäftsführer des ersten internationalen Büros der DQS in Sao Paulo und führte dieses zehn Jahre lang sehr erfolgreich. Im Jahr 2004 kehrte er nach Deutschland zurück und ist seitdem Geschäftsführer der DQS-Gruppe, die weltweit in über 60 Ländern vertreten ist. Die DQS-Gruppe zählt weltweit zu den führenden Zertifizierern von Managementsystemen und beschäftigt in ihren Gesellschaften rund 2800 Mitarbeiter, davon rund 2500 Auditoren und Experten. Sie steht für Kompetenz in Managementsystemen - und das seit über 30 Jahren.

Franz-Peter Walder

Franz-Peter Walder ist Managing Partner der FACT Consulting und Mitglied im Board der Quality Austria. Seit 1993 ist er als Berater für Strategie, Prozessgestaltung und Personal- und Organisationsentwicklung tätig und darüber hinaus Auditor für Managementsysteme und Assessor für Excellence (EFQM(= European Foundation for Quality Management)-Modell). Seine umfangreichen Erfahrungen flossen bereits in zwei Bücher („Projektmanagement und Qualitätsmanagement“, „Unternehmensqualität wirkt!“), mehrere Buchbeiträge sowie viele Publikationen und Vorträge ein.

René Wasmer

René Wasmer besitzt langjährige internationale Erfahrung in Auditierung, Zertifizierung, Unternehmensbewertung und Unternehmensführung. Seit 1984 ist er bei SQS, der Schweizerischen Vereinigung für Qualitäts- und Managementsysteme, tätig. Als stellvertretender CEO ist er u. a. für internationale Beziehungen und Akkreditierungen verantwortlich. Seit 1993 vertritt er als Experte bei ISO TC207 (Umwelt), ISO TC 176 (Qualität) und ISO CASCO (Konformitätsbewertung) die schweizerischen Interessen. Seit 2000 ist er Mitglied im IQNet(= International Certification Network) BoD (= Board of Director), davon 2006 bis 2010 als Präsident. Er ist bei SQS für die Umsetzung von ISO 9001:2015 und ISO 14001:2015 verantwortlich und publiziert zu diesen Themen.